石油钻井工程项目管理

刘本勇　编著

中国石化出版社

内 容 提 要

本书是参照中国项目管理研究会推出的“中国项目管理知识体系”的共性内容并结合石油钻井工程项目的管理实践编写的，是一本总结、探索石油钻井工程项目管理的工作手册。它在全面总结、系统研究石油钻井工程项目运作特点和管理实践的基础上，运用项目管理的一般原理，提出了石油钻井工程项目管理的运行程序、不同运行阶段的管理要点、工作目标和管理方法。内容翔实，专业跨度大，紧密贴近石油钻井工程建设和生产施工管理实际。石油钻井工程项目管理特色鲜明，具有一定的理论性和实践操作性。

本书可供广大石油经济工作者、石油工程项目管理人员、钻井生产管理人员参考，也可作为石油钻井工程项目管理培训用教材。

图书在版编目(CIP)数据

石油钻井工程项目管理/刘本勇编著. —北京：
中国石化出版社,2014.10
ISBN 978-7-5114-3058-8

Ⅰ.①石… Ⅱ.①刘… Ⅲ.①油气钻井-工程项目管理 Ⅳ.①TE2

中国版本图书馆CIP数据核字(2014)第228100号

中国石化出版社出版发行

地址:北京市东城区安定门外大街58号
邮编:100011　电话:(010)84271850
读者服务部电话:(010)84289974
http://www.sinopec-press.com
E-mail:press@sinopec.com
北京科信印刷有限公司印刷
全国各地新华书店经销
*
787×1092毫米16开本24印张602千字
2015年6月第1版　2015年6月第1次印刷
定价:106.00元

序

“石油安全，国脉所系”。随着我国经济社会的持续健康、又好又快发展，石油需求量也不断持续攀升。自1993年我国成为石油净进口国以来，石油链越拉越紧，对外依存度越来越高，石油供应受国际能源市场的制约程度也越来越大。在石油风险的背后，蕴含的实质是社会政治和经济风险。

“钻头不到，油气不冒”。钻井是油气勘探开发的主要手段，是油气勘探开发的推进器，是油气生产的必经环节。每口钻井工程都是油气勘探开发方案部署决策、工艺技术要求和人财物投入的集中体现。石油钻井，“一井一策”，施行项目管理势必当然。

对于石油公司来说，是钻井工程的项目业主，是钻井工程的投资方。一口井的造价少则百万，高则过亿。每年石油公司用于钻井工程的投资约占其油气勘探开发总投资的40%～60%，甚至更多。钻井工程是石油公司的建设项目，是油气勘探开发建设工程项目体系中的单项工程。推行钻井工程建设项目管理，就是为了将建井工程投资控制在油气勘探开发投资效益指标的范围内，从确定油气勘探开发方案部署、优化地质设计、工程设计、优选施工队伍到进行合同制约、施工监督等所作出的一系列决策、实施等投资管理控制活动。其管理内容涉及资本运作和项目建设的全过程；其目的是以最少的投资取得一口口实现应有价值的、符合工程质量和工程功能要求的，能够发挥应有效益的油气资产——井；其任务是不断提高油气勘探开发的效率、质量，努力实现投资效益的最优最大化，其目标是实现油气资源的不断增储上产。

对于钻井承包商而言，“市场是天，生产是地，精细管理创效益”。安全、优质、快速、高效、低耗钻井是其立足之本；打出油气，打出品牌，打出效益，才能为更长远的发展赢得更为广阔的市场空间与发展空间。钻井承包商是钻井工程的施工方，钻井工程是钻井承包商的施工项目。推行钻井工程施工项目管理，就是要钻井承包商不断地通过技术进步和科学管理，在确保单井工程质量和工程功能的情况下，不断地创造成本优势，使得单井施工作业成本控制在合同价款的范围内、控制在目标成本的限额内，以实现盈余并不断开拓市场谋求发展所作出的一系列决策、实施等成本控制管理活动。其管理内容包括及时获得市场信息、组织投(议)标、取得施工合同、精选装备和施工人员到井位踏勘、设备搬安、开工钻进、完井交接为止的施工组织和生产管理；其目的是生产出合格的建设工程产品——井，并取得施工活动利润；其任务是为石油公司的资源战略助力加码，支持保障；其目标是不断提高钻井施工项目的管理水平，不断提高综合竞争实力，以面向世界，放眼未来的气魄，努力打造国际一流的世界级钻井承包商。

做好石油钻井工程项目管理，必须突出以增加石油探明储量和新增产能建设为目标，合理、高效利用有限的钻井投资，以获取最优的投资收益。石油公司与钻井承包商是利害相关的利益共同体。二者相辅相成。努力实现油气资源的增储上产，不断提高油气勘探开发的投资效益是双方的共同目标。双方须依此为基点、以共同运作好每一口石油钻井工程项目为契合点，紧密协作，构建和谐共赢的战略合作伙伴关系。

石油钻井工程项目管理科学是油气勘探开发建设工程项目管理科学的一个分支。本书是编者参照中国项目管理研究会推出的《中国项目管理知识体系》的共性内容并结合石油钻井工程项目的管理实践编写的，是一本总结、探索石油钻井工程项目管理的工作手册。它在全面总结、系统研究石油钻井工程项目运作特点和管理实践的基础上，运用项目管理的一般原理，提出了石油钻井工程项目管理的运行程序、不同运行阶段的管理要点、工作目标和管理方法。内容翔实，紧密贴近石油钻井工程建设和生产施工管理，具有一定的理论性和较强的操作性。

项目管理专业知识体系的建设来源于项目管理实践，它需要在管理实践中不断发现并积累这些专业知识。石油钻井工程项目管理知识体系涉及学科面广，专业跨度大，实践性强且管理实践仍需不断总结提炼。这都需要在今后石油钻井工程项目管理实践中，从理论方面做更深一步的研究，从具体操作方面做更进一步的改进，以臻完善。

前 言

《石油钻井工程项目管理》一书，是在全面总结、系统研究石油钻井工程项目运作特点和管理实践的基础上，运用项目管理的一般原理，提出了石油钻井工程项目管理的运行程序、不同运行阶段的管理要点、工作目标和管理方法。本书内容是参照中国项目管理研究会推出的“中国项目管理知识体系”的共性内容并结合石油钻井工程项目的管理实践编写的。全书共 14 章。考虑到涉及的专业跨度大，我们将其归结为三篇：

第一篇：概述。概要介绍现代项目管理并引出石油钻井工程项目管理的概念。

第二篇：生产管理篇。主要介绍石油钻井设计管理、石油钻井生产管理、石油钻井设备、石油钻井钻进工具、石油钻井生产物资和石油钻井 HSE 风险管理。

第三篇：经营管理篇。内容涵盖石油钻井工程项目承包管理模式、石油钻井工程项目招标投标管理、石油钻井工程项目合同管理、石油钻井工程造价管理、石油钻井工程项目统计信息管理、石油钻井工程项目会计核算、石油钻井工程项目审计以及石油钻井工程建设项目管理组织与施工团队管理。

当今世界上有两大项目管理组织，分别是美国项目管理协会(PMI，Project Management Instiute)和以欧盟国家为主的国际项目管理协会(IPMA，International Project Management Association)。这两大组织的项目管理专业人员资格认证制度各有侧重，其中 PMI 更偏重于项目管理专业知识的考核，IPMA 更注重于专业管理实践能力的测评。PMI 是目前全球最大的项目管理专业组织，它颁布了《项目管理知识体系》(PMBOK，Project Management Body of Knowledge)；IPMA 编制了自身组织的项目管理知识体系标准——《国际项目管理专业资质标准》(ICB，IPMA Competence Baseline)。

PMBOK 将项目管理划分为项目整体管理、项目范围管理、项目时间管理、项目费用管理、项目质量管理、项目人力资源管理、项目沟通管理、项目风险管理和项目采购管理等 9 个方面的管理领域。而项目管理本身并没有固定专业与专门职业的限制，它给我们提供了一套运作模式和解决方法。鉴于此，编者拙见：本书也是在一定程度上按照 PMBOK 划分的框架内容并紧密贴近石油钻井工程项目的运作特点和管理实践进行编写的。

本书在编写修改过程中，得到了中国石化中原石油勘探局黄松伟同志、韩天英同志，中国石化石油工程管理部李占英同志，中国石油大学(华东)刘万忠同志、丁仰奎同志，中国石化出版社邓敦夏同志、宋春刚同志，大庆油田有限责任公司季静河同志，中国石化西南油气分公司田长春、吴维斌等各位领导、专家的大力支持、指导和帮助，并提出了许多宝贵的建议和意见，在此表示衷心的感谢！

本书的编写过程，也是编者的一次有益的学习过程；本书的内容亦是编者的一本学习笔记。在此一并感谢本书内容参考书目的作者，感谢诸位领导、专家为我们提供了丰富渊博的知识，是他们的智慧和辛勤研究成果，给了编者在工作中不断充实自己的学习机会和学习内容。本书的出版发行，更是他们卓越才智和工作成果的一种体现。

由于编者水平有限，书中错误在所难免，恳请广大读者斧正。

目　　录

第一篇　概　述

第二篇　生产管理篇

第三篇　经营管理篇

第一篇　概　述

第一章　石油钻井工程项目管理概述

第一节　现代项目管理概述

一、现代项目的概念与一般特征

（一）现代项目的概念

项目是指在一定的约束条件下，具有特定目标的一次性任务。项目来源于人类有组织活动的分化。人类有组织的活动可以分为两类：一类是连续不断、周而复始的活动，我们把它称之为“作业或运作”（Operations），它运作于一个长期稳定的环境中，重复地执行既定的工作任务，如流水线式的生产产品的活动；一类是一次性的、过程不可逆或不宜重复的活动，我们将它称之为“项目”（Projects）。项目构成了当今社会生活的基本单元，项目管理正广泛应用于建筑、油气勘探开发、信息产业（IT）、制造业研发、金融、保险、影视、航空航天、国防等领域，甚至是政府机关、国际组织运作的中心模式。

美国专家约翰·宾（Joho·Ben）指出，“项目是要在一定的时间内，在预算规定的范围内完成预定质量水平的一项一次性任务”。现代项目是指那些作为管理对象，在限定时间范围内，按照既定的费用预算和质量标准完成的一次性任务。重复的、大批量的生产活动及其成果不能称为“项目”。

（二）现代项目的一般特征

项目是指在限定时间、限定资金和既定质量标准等一定的约束条件下，具有特定目标的一次性任务。项目的含义是广泛的。凡是被称为项目的工作，如果抽掉其具体的内容，把项目当作被管理的对象，它们都具有以下共同的特征。

1. 项目成果的单件性

每个项目都有自己的任务内容、完成的过程和最终成果，因此彼此之间根本不会完全相同。项目不同于工业生产的批量性和生产过程的重复性，每个项目都有自己的特点和所要完成的既定目标，每个项目都不同于别的项目。这是项目最主要的特征。认识项目的单件性特征，旨在有针对性地根据项目的特殊情况和要求进行有效的科学管理。

2. 项目过程的一次性

任何项目都是一次性事业。每个项目都有其既定目标、内容和产生过程，而且不同于其他项目。项目过程的一次性带来了较大的风险性和管理的特殊性，所以要依靠科学的管理手段，避免失误和偏差，保证项目一次成功。

3. 项目目标的特定性

项目实施过程中的各项工作都是为完成项目的特定目标而进行的。任何项目都有自己的特定目标，都有围绕这一特定目标形成的自身约束条件，必须在约束条件下保证项目的完成。一般情况下，约束条件为限定的时间、限定的质量要求和限定的投资，我们把这三个约束条件称为项目的三大目标。另外工程建设项目还必须有明确的空间要求。这就要求项目实施前必须进行周密的策划，规定总体工作量和质量标准，规定时间界限、空间界限、资源(人力、资金、材料、设备等)的消耗限额等。

4. 项目整体的系统性

一个项目是一个整体，多由许多个单体组成，甚至会同时要求许多个单位共同协作，甚至由成千上万个在时间、空间上相互影响制约的活动构成。每一个项目在作为其子系统的母系统的同时，亦可能是其更庞大的母系统中的一个子系统。例如，美国阿波罗登月计划，历时 11 年，耗资 250 亿美元，涉及 2 万个企业和 120 个大学和科研机构，其管理协调的难度和重要性是不言而喻的。这就要求我们必须以系统的理念，全面、动态、统筹地规划、处理、分析项目运作中的问题，实现总体优化。

5. 项目环节的依存联贯性

项目实体的单件性和过程的一次性决定了项目具有生命周期，决定了项目环节的相互依存性。任何项目都有产生时间、发展期间和结束时间，在生命的不同时期内都有不同的任务。每个项目都有它特定的程序、阶段，每个阶段都有一定的时间要求和特定目标。项目成果只能在项目运行过程终了时，才能取得完整的“形态”，形成相应的使用价值和价值。从项目运行的全过程看，一般包括立项决策阶段，计划、设计和组织准备阶段，实施阶段，完工验收和考评阶段等。各个阶段紧密相连，互相依存，一个环节出现问题，都会影响到下一个环节，甚至导致项目的失败。

二、项目的分类

项目构成了当今社会生活的基本单元。以项目的最终成果或专业特征为标志可以将项目划分为科研项目、开发项目、工程项目、航空航天项目、维修项目、IT 项目、咨询项目、审计项目、金融保险项目等。对每一类项目还可以以专业领域或其他标志作进一步的若干类细分，其中工程项目是现代项目中数量最多的一类。

三、工程项目

(一)工程项目的概念

通常所说的工程项目是指为达到预期的目标，投入一定量的资金，在一定的约束条件下，经过决策与实施的必要程序从而形成固定资产的一次性事业。工程项目是最为常见最为典型的项目类型，它是一种既有投资行为又有建设行为的项目决策与实施活动。凡是最终成果是“工程”的项目，均可称为工程项目。

(二)工程项目的内部系统构成

按照从大到小的次序，一个工程项目依次可以分解为单项工程、单位工程、分部和分项工程等子系统。

1. 单项工程

单项工程一般是指具有独立设计文件的，建成后可以单独发挥生产能力或效益的一组配套齐全的工程项目。单项工程从施工的角度看也就是一个独立的系统，在工程项目总体施工部署和管理目标的指导下，形成自身的项目管理方案和目标，按其投资和质量的要求，如期建成交付生产或投入使用。

一个工程项目有时包括多个单项工程，也有可能仅有一个单项工程，即该单项工程就是工程项目的全部内容。

单项工程的施工条件往往具有相对的独立性，因此一般单独组织施工和竣工验收。单项工程体现了工程项目的主要建设内容和新增生产能力或工程效益的基础。

2. 单位工程

单位工程是指具有独立的设计文件，可独立组织施工但建成后不能独立发挥生产能力或工程效益的工程。每一个单位工程还可进一步划分为若干个分部工程。

3. 分部工程

分部工程亦即单位工程的进一步分解，一般是按照单位工程部位、装置设施(设备)种类和型号或主要工种工程不同划分的组成部分。

4. 分项工程

分项工程是分部工程的组成部分，一般是按相应的工种承担的工程施工任务划分，也是形成建设工程产品基本部构件的施工过程。分项工程是建设工程施工生产活动的基础，也是计量工程用工用料和机械台班消耗的基本单元，是工程质量形成的直接过程。分项工程既有其作业活动的独立性，又有相互联系联贯、相互制约的整体性。

(三)工程项目的分类

1. 按照工程项目的管理主体进行划分

按照管理主体的不同，工程项目可以划分为工程建设项目和工程施工项目两大类。

(1)工程建设项目

一个工程建设项目就是一个固定资产投资项目。工程建设项目就是需要一定量的投资，按照一定的程序，在一定的时间内完成，达到既定质量标准要求的，以形成固定资产为明确目标的一次性任务。工程建设项目的管理范畴涵盖了工程咨询项目、工程设计项目、工程施工项目、工程监理项目的管理。工程建设项目管理范畴见图 1－1：

工程建设项目具有以下基本特征：

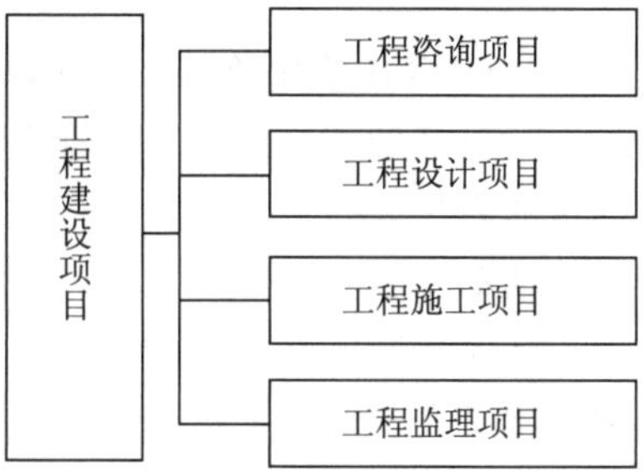

图 1－1　工程建设项目管理范畴示意图

①每一个工程建设项目在一个总体设计或初步设计范围内，都是由一个或若干个相互存在内在联系的单项工程组成的，建设中实行统一核算、统一管理。

②每一个工程建设项目都是在一定的约束条件下，以形成一定规模或数量的特定固定资产为目标。约束条件一是时间约束，即每一个工程建设项目具有明确合理的建设工期要求；二是费用约束，即每一个工程建设项目都必须受一定的投资总量控制；三是质量目标约束，即每一个工程建设项目在建成投产运行后都必须有预期的生产能力、技术水平或使用效益目标。

③每一个工程建设项目都需要遵循必要的决策、建设程序和特定的建设过程。即每一个工程建设项目从提出建设的设想、建设方案拟定、前期经济评价、决策、勘察、设计、施工一直到竣工投产运营、投资效果后评估，都需要一个经济、科学、有序的过程控制保障。

④每一个工程建设项目都是具有特定任务和目标的一次性组织活动。具体表现为资金的一次性投入，建设地点的一次性固定，工程、地质设计的专业专一针对性，建设成果的单件性。

⑤每一个工程建设项目都有一定的投资限额标准。一方面表现为每一个工程建设项目都要受到一定的、合理的工程造价总额预算控制；另一方面表现为每一个工程建设项目只有在

科学合理、足够有效的投入后，才能达到预定的工程质量标准、使用价值和预期效果。

(2)工程施工项目

工程施工项目是工程施工承包单位承建工程项目的一次性事业。工程施工项目属于工程建项目实施阶段管理范畴的管理内容，是实现工程建设项目实体构筑建造完成的过程。工程施工项目具有以下基本特征：

①一个工程施工项目是一个工程建设项目的实体建造过程或是其中的一个或多个单项工程或是其中的一个或多个单位工程的施工任务。

②工程施工项目的管理主体是工程施工承包单位。

③一个工程施工项目的管理内容是由相关的工程承包合同约定的。

2. 按照工程项目的行业或专业领域进行划分

按照工程项目的行业或专业领域不同，可以将工程项目划分为建筑安装工程、道桥工程、水利工程、油气勘探开发建设工程等。每一类工程项目按照不同的施工技术特点或建成后的工程实体不同还可作更进一步的细分。

(四)工程建设与投资的关系

投资的内涵比工程建设的内容宽泛得多，投资是可以与工程建设相分离的，即：有投资行为而不一定有建设活动，不需要通过工程建设活动就可以实现投资目的。但是工程建设与投资活动却是密不可分。投资决策是工程建设项目的起点，投资活动是工程建设项目的资金来源与组织实施保障。没有投资活动就没有工程项目；没有工程建设行为，也就无从谈起投资目的的实现。工程项目的建设过程实质上是投资的决策与实施过程，是投资目的的实现过程，是投入货币资金转换为实物资产的经济活动过程。

四、项目管理与工程项目管理

(一)项目管理的概念与起源

项目管理就是以项目为管理对象，在既定的约束条件下，为最优地实现项目目标，根据项目的内在规律，对项目运行周期的全过程进行科学有效的计划、组织、控制和协调的系统管理活动。

从人类开始有组织的活动，就一直执行着各种规模的“项目”。中国的长城和埃及的金字塔都是人类历史上运作大型复杂项目的范例。事实上，我们在日常工作与生活中都会触及方方面面的项目，但是很少有人去有意识地来控制和管理这些项目。随着现代项目设计的专业领域越来越广泛，规模越来越大，投资越来越高，项目的内部关系越来越复杂，传统的管理模式已经远远不能满足运作好一个现代项目的需要，于是便产生了对项目进行管理的模式，并逐步发展成为主要的管理手段之一。

通常认为现代项目管理起源于美国，是第二次世界大战的产物。美国在二战期间研制原子弹的“曼哈顿计划”最早采用了项目管理的方法。20 世纪 40 ~ 50 年代主要应用于国防和军工项目，60 ~ 80 年代，其应用范围也还只局限于建筑、国防和航天等少数领域。随着信息时代的来临，知识经济已现端倪，现代项目的特点也发生了巨大的变化。在制造业经济环境下，强调的是预测能力和重复性的活动，管理的重点在很大程度上决定于制造过程的合理性和标准化。信息本身是动态的、不断变化的，在信息经济环境中，事务的独特性取代了重复性的过程。管理人员发现，许多在制造业经济环境中建立的管理方法，到了信息经济时代已经不再适用，而实行项目管理是实现的关键手段。经过长期探索总结，在欧美发达国家，现代项目管理逐步发展成为独立的学科体系，成为现代管理学的重要分支。目前，项目管理不仅普遍应用于建筑、航天、国防等传统领域，而且已经在信息产业(IT)、制造业、金融业、保险业、影视业，甚至政府机关和国际组织中已经成为其运作的中心模式。比如 AT&T、Bell、USWest、IBM、EDS、ABB、NCR、Citybank、Morgan Stanley、美国白宫行政办公室、美国能源部、世界银行等在其运营的核心部门都广泛应用项目管理。

项目管理的理论来自于管理项目的工作实践。当前大多数的项目管理人员拥有的项目管理专业知识不是通过系统教育培训得到的，而是在实践中逐步积累的，并且还有许多项目管理人员仍在不断地重新发现和积累这些专业知识。用一句话来给项目管理这一学科体系下定义是很困难的。我们可以通过美国项目管理学会在《项目管理知识指南》中的一段话来了解项目管理的轮廓："项目管理就是把各种系统、方法和人员结合在一起，在规定的时间、预算和质量目标范围内完成项目的各项工作，有效的项目管理是指在规定用来实现具体目标和指标的时间内，对组织机构资源进行计划、引导和控制工作。"有的项目管理专家认为，"项目管理是指在限定的资源条件下，为完成既定的特殊任务目标，通过特殊形式的横向体系和纵向体系相结合的矩阵式的运行机制，达到对企业有限资源进行有效的计划、组织、指导和控制的一种系统管理方法。"即：项目管理就是以项目为管理对象，对有限资源进行计划、组织、指导和控制，以"限制"实现一次性特定目标的系统管理方法。其中心意思有两点：一是按项目有效地对资源进行管理，二是限期实现特定目标。

(二)工程项目管理

1. 工程项目管理的概念

工程项目管理是项目管理的一个重要的大类，其管理对象是工程项目。工程项目管理的本质是工程建设者运用系统工程的原理和方法，对工程项目建设进行的全过程、全方位的管理，以追求生产要素在工程项目上的最优配置，为用户提供优质的合格工程建设产品。

2. 工程项目管理的任务

总的来说，工程项目管理任务就是在科学决策的基础上，充分发挥和利用计划、组织、控制、协调、检查、考核、激励等手段与职能，对工程项目建设进行的全过程、全方位的管理，使其在既定约束条件下，实现工程项目建设质量、工期进度和建设成本的最佳统一。具体来讲，工程项目管理的任务包括项目决策、项目组织、质量控制、费用控制、工期进度控制、合同控制和信息管理等几个方面，其核心事宜就是控制。

(1)项目决策

决策失误造成的浪费是最大的浪费。项目决策一定要根据客观实际和预期投资回报，在认真研究相关信息资料的基础上，按照一定的决策程序和决策标准，通过科学、客观的项目论证和项目评估，对投资项目做出科学、理性、明智的选择和决定，最大限度地减少和避免投资失误。

(2)项目组织

建立项目管理组织，设立科学、合适的项目管理组织机构和组织实施形式，任命或聘任项目经理及各职能人员，制订项目管理制度，建立项目信息管理系统，明确各参与建设单位在项目实施过程中的组织关系和沟通联系渠道，做好项目各阶段的计划准备和具体的组织实施工作。

(3)质量控制

按照各项工作的质量控制标准，对各阶段的各项工作进行质量监督和验收。

(4) 费用控制

费用控制体现在两个方面，其一是业主方严格将工程项目建设成本控制在投资计划之内；其二是承包商等施工单位严格将施工成本控制在预算之内。

(5) 工期进度控制

工期进度控制的任务就是通过检查工期进度计划的执行情况，及时处理项目建设过程中出现的问题，协调好各有关方面的协调配合和工作进度，将项目建设工期控制在工期计划之内。必要时，应当本着“客观实在，实事求是”的原则适时调整工期进度计划。

(6) 合同控制

通过约定施工合同价款及支付结算方式、工期要求、违约责任、争议及纠纷的处理方法等内容条款，明确业主方与各施工方的权责义务关系，规范和约束合同双方的管理和经营行为，确保合同目标的实现。

(7) 信息管理

信息管理的任务就是通过建立项目信息管理及传递系统，明确项目信息的收集处理方法和手段，明确相互间的信息传递内容、传递形式及传递时间要求，以及时取得真实完整的项目信息资料，为下步相同及类似工程项目的投资决策和施工管理提供依据。

五、工程项目管理与企业管理的区别

管理是企业发展的永恒主题。我们可以这样认为，工程项目管理是企业管理的某个组成单元，是实现企业管理的一种手段、一个方面。

工程项目管理与企业管理同属于管理活动的范畴，二者在管理对象、管理目标、运行规律、管理内容、管理主体等方面有着明显的区别。

其一，管理对象不同。工程项目管理的对象是一个具体的工程项目——一次性活动(项目)；而企业管理活动的对象是企业，即一个持续稳定、持续经营的经济实体。工程项目管理的对象是工程项目发展周期的全过程，需要按项目管理的科学方法进行组织管理；企业管理的对象是企业综合的生产经营业务，需要按企业的特点及其经济活动的规律进行管理。

其二，管理目标不同。工程项目管理是以具体项目的目标为目标，一般是一种以效益为中心、以项目成果和项目约束实现为基础的目标管理体系，其目标是临时的、短期的；企业管理的目标以实现企业财富、股东财富、员工财富最大化为目标，其目标是长远的、稳定的。

其三，运行规律不同。工程项目管理是一项一次性多变的活动，其管理的规律性是以工程项目发展周期和项目的内在规律为基础；企业管理是一种稳定持续的活动，其管理的规律性是以现代企业制度和企业经济活动的内在规律为基础。

其四，管理内容不同。工程项目管理活动局限于一个具体项目从设想、决策、实施、总结后评价的全过程，主要包括工程项目立项、论证决策、规划设计、采购、施工、总结评价等活动，是一种任务型的管理；企业管理则是一种职能管理和作业管理的综合，本质上是一种实体型管理，主要包括企业综合性管理、专业性管理和作业性管理。

其五，管理主体不同。工程项目管理实施的主体是多方面的，包括业主、业主委托的咨询公司、承包商等；而企业管理的实施主体是企业股东。

第二节　油气勘探开发建设工程项目管理

一、油气田勘探开发的概念

油气田勘探开发是以寻找、发现和探明油气田，开发油气资源为目的的系统工程，是一个资金密集、技术密集、高风险、高利润的高科技产业。寻找和发现更多的油气田、探明更多的地质储量、经济高效地开发利用油气资源、保障国家和地区的长期石油安全，是油气勘探开发工作的目标。

石油是支撑经济发展的基础性战略物资，是国民经济建设中不可或缺的、关系国计民生、社会发展和国家(地区)安全的重要物质基础，是一种世界性的战略资源。从根本上来说，当今世界国际政治和经济博弈的焦点就是石油问题。在当今国际政治经济关系格局下，石油是一条重要的命脉，它不仅关系到一个国家(地区)的经济发展和防务安全，而且时刻影响着世界经济的兴衰和国际形势的震荡。

近些年来，随着我国经济社会的持续健康、又好又快发展，石油需求量持续攀升，增长很快。2009 年石油表观消费量达到了 3.9328×10^8t。其中：原油产量 1.8949×10^8t，原油进口量 2.0379×10^8t(海关统计)。

自 1993 年我国首度成为石油净进口国以来，原油对外依存度由当年的 6% 一路攀升，到 2008 年业已突破 50% 的警戒线。净进口石油由当年 1000×10^4t/a 增加到 2009 年的 20379×10^4t/a。2001 年，我国成为继日本之后亚太地区的第二大石油产品需求国。2002 年即超过日本成为亚太地区第一、世界上仅次于美国的第二大石油产品需求国。据美国福布斯杂志及国家海关总署于 2008 年 6 月份公布的数据显示，我国自 2008 年 5 月首次超过日本，成为世界上第二大石油进口国。

国际能源机构(IEA，2001)分析，2020 年我国石油需求将有 80% 依赖进口。2020 年我国的石油进口量将高达 5×10^8t，天然气将超过 $1000\times10^8\mathrm{m}^3$。我国石油产品需求的对外依存度越来越高，石油链越拉越紧，石油战略安全问题已日益严峻地摆在我们面前。

普遍认为，我国石油资源相对于保障未来经济社会的持续健康又好又快发展来讲，严重不足。我们应当清醒地认识国内石油资源的状况及其供应保障能力。一个国家的能源政策，若不站在全球的角度去考虑，其能源政策就不是一种切实可行的方案。油气资源的勘探开发应当树立全球化的石油资源观，正确认识世界石油资源及其为我所用的可获得性，大力实施“走出去”战略，加强与世界石油生产国政府、国际能源组织和跨国石油公司的交流与合作，建立稳定的协作关系和利益纽带，积极参与世界油气资源的合作与开发。

二、油气勘探开发建设项目的划分

油气勘探开发建设工程由各种类型的项目构成。考虑油气勘探开发建设工程的特点及项目本身的规律，按照“一个油田一个项目；一个油藏一个项目”的宏观管理标准，根据特定的任务目标，划分确定项目类别，根据整体性、系统性的原则，划分项目组成层次，根据地域范围、经营要求和工作阶段，划分确定项目的范围、规模、周期，油气勘探开发建设项目在横向上可以分为五大项目类别，在纵向上可以划分为六个工程等级：

（一）油气勘探开发建设项目

油气勘探开发建设项目一般是在一个总体设计或初步设计范围内，由一个或若干个能够独立完成地质、储量任务或独立形成配套生产能力的油藏经营管理工程和其他生产配套工程组成。按照各油藏经营管理工程的任务目标不同，油气勘探开发建设项目在横向上可以划分为五类综合性的工程项目：

1. 油气勘探项目

油气勘探项目是指在一定的时间内，以一定的地质单元为对象、以不同的勘探阶段的地质任务或油气资源储量为目的，由物化探、钻井、录井、测井、试油（试气）地质研究等组成的综合勘探工程。油气勘探项目主要以地质任务或探明一定储量为目标。油气勘探项目由一个或若干个油藏经营管理项目组成。每个油藏经营管理项目可由一个或若干个单项工程组成，其主要单项工程包括物化探工程、探井工程、地质录井工程、测井测试工程、试油（试气）工程、水电通讯等探区临时工程、综合研究区域评价工程、油气资源预测工程、综合研究及储量计算工程、勘探辅助工程项目及装备购置等。

2. 油气田开发建设项目

油气田开发建设项目，是指以开发油气资源为目的，以油气田（区块、构造或油藏）为单元，在一个开发建设总体设计或初步设计范围内的钻井工程、地面建设工程及相应的附属配套工程等。油气田开发建设项目主要以建成一定油气生产能力为目标。根据开发建设任务不同，可将油气田开发建设项目划分为产能建设项目、油气田调整改造工程项目、油气田开发试验、前期准备及新技术应用工程项目、开发辅助工程及装备购置项目。其单项工程内容包括：

①开发井工程；

②油气田地面建设工程，其单项工程主要包括油气集输储运工程、驱注建设工程及水、电、讯、道路等配套工程；

③油气田调整、改造工程项目，其单项工程主要包括调整井、检查井、更新井钻井工程，油气集输管网、驱驻物处理设施及管网、注入物驱驻设施及管网改造工程，配电、通讯、道路、供排水系统改造等工程；

④油气田开发建设试验及前期准备工程，其单项工程主要包括油气田开发先导试验工程、特殊油气藏开发试验工程、提高采收率试验项目工程以及为下步开发区块的准备井和评价井等钻井工程项目；

⑤新技术利用工程项目，主要指与形成生产能力紧密相关的工业化应用新技术项目；

⑥开发辅助工程项目，主要指辅助生产车间的新建、改造工程项目；

⑦油气田开发建设其他工程项目。

3. 滚动勘探开发项目

滚动勘探开发建设项目，是指勘探阶段发现工业油气流之后，在已获得一部分基本探明储量和控制储量的复杂油气藏地区进行的综合勘探开发工程。其主要任务是提交探明储量和建成一定规模的生产能力。在复杂油气藏地区勘探开发两个阶段难以分开，而且地质情况和储量不能在短期内全部探明的情况下，将滚动勘探开发项目单独划分为一类，以便进行计划与控制管理，缩短勘探与开发周期，及早回收投资。滚动勘探开发项目兼有储量和产能的双重目标任务，同时也兼有勘探工程项目和开发建设工程项目的工程内容。滚动开发建设项目一般由一个或几个油藏经营管理项目（小型圈闭、断块）所组成。每个油藏经营管理项目均为能够完成储量和产能任务目标的综合勘探开发工程，其单项工程可继续划分为：

①物化探工程；

②探井工程；

③开发井工程；

④综合研究和储量计算工程；

⑤油气田地面建设工程；

⑥附属配套工程。

4. 油气田公用及独立系统工程项目

油气田公用及独立系统工程项目，是指在一个油区内，为两个以上油气田（区块）配套的油田公用及独立系统工程，包括油气集输储运、处理，供变电、供水、通讯、道路等生产辅助等工程作业项目。

5. 综合利用工程项目

主要是指石油、天然气综合利用工程项目以及共生、伴生和钻遇其他资源的开发、加工、生产建设工程项目等。

这五大类项目建设工程是油气勘探开发建设项目的组成部分，每类工程项目建成后都能够独立地进行油气生产或为油气生产提供生产辅助的综合性工程，由油藏经营管理工程项目、单项工程、单位工程、分部工程和分项工程等子系统构成。

油气勘探开发建设项目划分示意简图见图 1－2。

（二）油藏经营管理工程项目

油气藏是地壳中油、气聚集的基本单位，是在单一圈闭中，属同一压力系统并具有统一油气水界面的石油和天然气聚集。在一个油气勘探开发建设项目内，凡是以完成一定的地质任务或探明一定储量为目标，或能够独立形成一个配套生产系统的即构成一个油藏经营管理工程项目。

油藏经营管理是指从油藏发现、开发建设、开发生产直到油藏开发退出全过程的经营管理，是用集成的思维和理念经营管理油藏，实现人、财、物、技术和信息等各种资源要素的优化配置，达到资源合理利用，实现最佳经济采收率和经济效益最大化的目标（最多的累油量和最大的净现值利润）。根据油气田勘探开发的过程阶段管理内容的不同，可以将油藏经营管理划分为油气田勘探发现、开发建设、开发生产和资本退出等四个阶段的油藏经营管理。

油藏经营管理系统是将不可再生的油藏资产作为基础对象，有效整合人力、物力、财力及信息等各种资源，在充分认识油藏性质和开发规律的基础上，对油藏进行科学管理及经营，以期实现经济可采储量最大化和经济效益最大化的资源、技术和经济复合系统。

（三）单项工程

单项工程一般是指具有独立设计文件的，建成后可以单独发挥生产能力或效益的一组配套齐全的工程项目。单项工程从施工的角度看也就是一个独立的系统，在工程项目总体施工部署和管理目标的指导下，形成自身的项目管理方案和目标，按其投资和质量的要求，如期建成交付生产。一个工程项目有时包括多个单项工程，但也有可能仅有一个单项工程，即该单项工程就是工程项目的全部内容。单项工程的施工条件一般具有相对的独立性，因此一般单独组织施工和竣工验收。单项工程体现了工程项目的主要建设内容，是考核投资计划完成情况和计算新增生产能力或工程效益的基础。例如：一口探井、一口开发井、一条集输干线、一座联合站等。

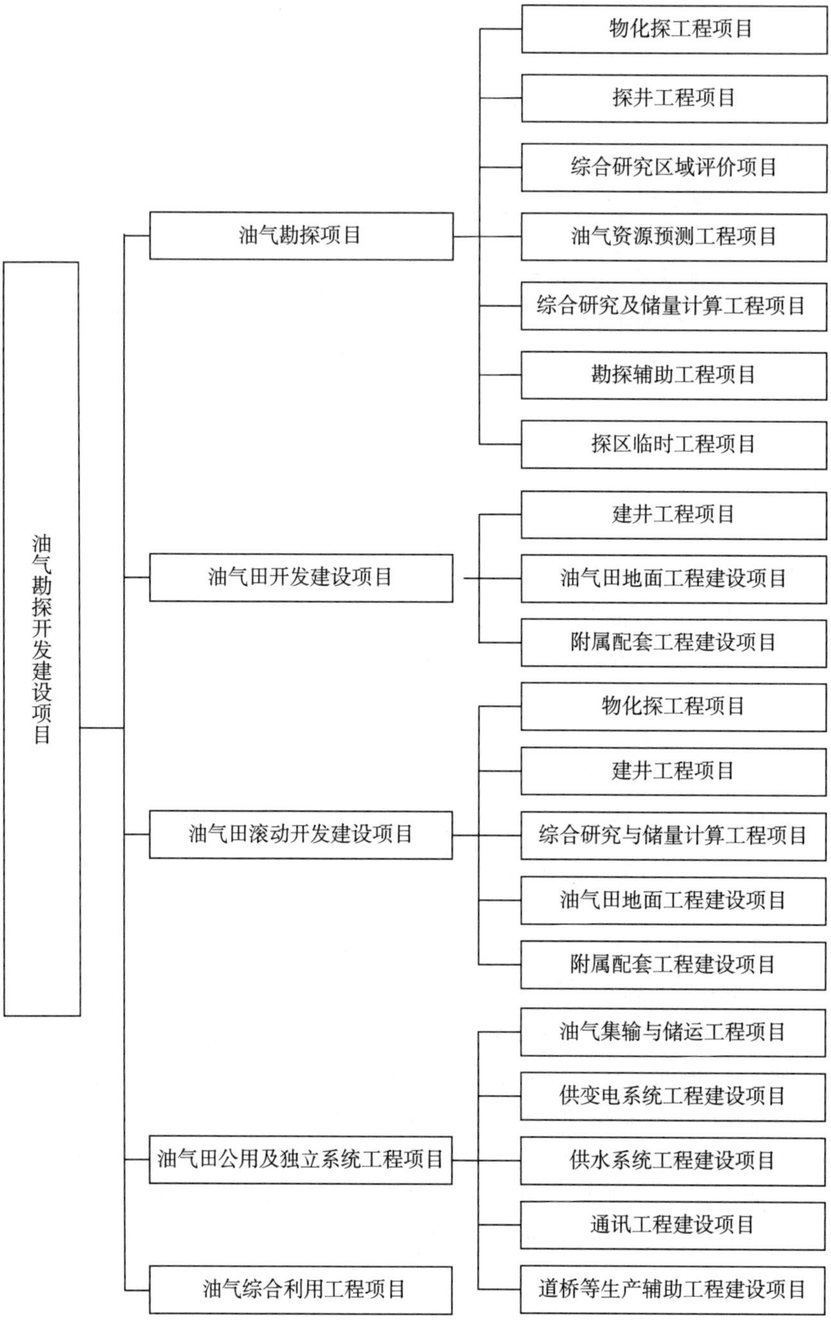

图 1－2　油气勘探开发建设项目划分示意简图

（四）单位工程

单位工程是指具有独立的设计文件，可独立组织施工但建成后不能独立发挥生产能力或工程效益的工程。每一个单位工程还可进一步划分为若干个分部工程。

（五）分部工程

分部工程亦即单位工程的进一步分解，是按单位工程部位划分的组成部分。

（六）分项工程

分项工程一般是按工种工程划分，也是形成建设工程产品基本构（部）件的施工过程。分项工程是工程施工生产活动的基础，也是计量工程用工用料和机械台班消耗的基本单元，是工程质量形成的直接过程。分项工程既有其作业活动的独立性，又有相互联系、相互制约的整体性。

三、推行油气勘探开发工程项目管理的意义

在20世纪60年代的时代背景下，我国的石油工业建设采取的是大会战形式，"集中兵力打歼灭战"，相继建成了大庆、胜利、大港、辽河、华北、河南、中原等油田。十一届三中全会后，我国的石油工业贯彻改革开放方针，首先在海上油气资源的勘探开发与外国合作的过程中，引入了现代项目管理模式。从1982年起，开始探索用现代项目管理模式组织陆上油气资源的勘探开发建设，当时主要在大庆油田的一些项目上进行试点，并逐步扩大试点范围。1986年，在试点的基础上，召开了石油工业推行项目管理工作座谈会，并进行了认真研讨。1987年，在大庆油田召开的石油工业深化企业改革座谈会上，制订了《关于推行石油勘探开发项目管理的意见》，要求各石油企业广泛推行项目管理。1990年，在胜利油田召开了石油工业项目管理工作会议，总结交流推行项目管理的经验，制订了推行项目管理的有关规定，并对全面推行项目管理提出了更加具体明确的要求。这些年来，油气勘探开发项目管理的推行和应用工作取得了很大的进展和显著的效果，且直接推动了油气勘探开发工程项目管理学科的建立和发展。

油气勘探开发工程项目管理是项目管理科学的一个分支，是在多种学科相互交叉的基础上形成的边缘学科。它以系统论、控制论、信息论和行为科学作为方法论；以经济学、管理学、石油地质学、石油工程学作为基本理论基础；以运筹学、统计学、概率论及其他数学知识作为进行科学管理的基本手段，在长期的发展中形成了可行性研究方法、CPM、PERT、GERT、VERT、WBS、条线图、里程碑系统等专门技术。油气勘探开发工程项目在管理机构上有适应不同类型项目的单体式和矩阵式组织；在领导方式上实行项目经理负责制；在施工组织上运用市场经济手段，通过招标将作业任务承包给作业公司，明确甲乙双方的权利和义务。油气勘探开发工程项目管理要求按照科学的程序组织项目运行，这一程序体现了从项目建议、可行性研究、计划与组织、项目实施直到项目结束工作的规律性，按照这一程序组织项目运行可以最大限度地保证投资目的的实现。油气勘探开发工程项目管理要有明确的责任制度，要求各层次的管理人员在效益最优的原则下实行目标管理，在保证工期、保证工程质量的前提下，实现最佳投资效益。

作为管理科学，油气勘探开发工程项目管理具有计划、组织、指挥、控制、协调和激励六大基本职能。其中尤以计划、组织和控制最为重要。

油气勘探开发工程项目管理，是在宏观计划指导下，基于培育、建立和完善油气勘探开发工程市场的需要，按照市场经济体制的基本运作规律和要求，优化生产要素的配置，加强和改进油气勘探开发经营管理，以油气勘探开发建设投资活动为对象，以提高投资整体效益，解决投资规模、投资结构、投资筹措、投资分配等问题，改革相应的投资管理体制为目的，以项目经理负责制为基础，采用招投标管理方式和系统工程管理方法，对油气勘探开发项目的全过程进行计划、组织、协调和控制，在限定的资源内实现增储上产为目标的一整套管理制度和管理活动的总称。

当前，各大石油公司对油气勘探开发建设投资活动实行“投资切块、市场运作、专业承包、计划单列、项目管理”的管理模式，将油气勘探开发投资活动的宏观管理和项目的微观管理紧密结合起来，其着眼点和落脚点都在于以搞活微观管理为基础，控制油气勘探开发投资总规模和投资结构，提高投入产出总体效益，实现增储上产的总目标。

油气勘探开发工程项目的管理水平直接影响着油气勘探开发的效益。推行项目管理是培育、建立和完善油气勘探开发市场的基础，培育、发展油气勘探开发市场是实行项目管理的前提和条件。推行油气勘探开发项目管理，使其在提高油气勘探开发效益中充分发挥作用，就必须把推行项目管理和油气勘探开发市场的建立和有效运作紧密结合起来。

现代市场机制是在漫长的发展中逐步形成的，是随着社会分工和经济发展而不断健全完善的。与此不同，我国国内的油气勘探开发市场是在人为设计的计划经济模式下进行培育，并逐步建立、完善和发展起来的。培育、建立、完善并发展油气勘探开发市场，按照市场经济的基本规律进行油气勘探开发市场的运作，全面实行科学的油气勘探开发项目管理，是提高油气勘探开发投资决策和项目运行水平与效率，进而实现多找储量、多建产能，降低投资成本、提高油气勘探开发总体效益的必由之路。

现阶段，我国油气勘探开发工程作业市场是一个不完全竞争的市场，是一种弱市场型的经济运行形态。因为我国的石油资源属于短缺的战略性资源，石油行业也是相对垄断的行业。石油公司不能简单地以效益指标来调整产量，国家对石油的产量和价格进行一定程度的计划调控，石油公司在很大程度上也不能以市场供求关系的变化来调整价格，而生产所需的原料、材料、动力、设备等资源却要完全从市场取得，承担着市场价格调整的全部压力。另外，在长期计划经济体制下，石油工程施工单位一般是超量配置的，部分存量资产闲置或劣化，且市场的局限性很大，而且还要面对石油公司对其关联方进行市场保护而设置的市场准入壁垒等问题，要完全面向市场，还有一定的局限。

培育、发展油气勘探开发市场的目标是：充分发挥市场机制对油气勘探开发资源的优化配置作用，实现勘探开发对象与油气勘探开发施工队伍、勘探开发技术、勘探开发资金等油气勘探开发资源的优化配置，提高油气勘探开发投资的最优经济效益。

油气勘探开发的甲方—石油公司，是油气勘探开发投资的经营方，其任务和责任就是用一定规模的投资，完成一定的勘探地质储量任务和实现勘探开发投资的最优效益。

油气勘探开发的乙方—石油工程技术服务公司，是油气勘探开发工程的施工方，包括物化探工程、钻井工程、测井工程、测试工程、地质录井工程、试油/试气工程、完井工程、油气集输与储运工程等施工作业和技术服务单位，其任务和职责就是根据甲方的要求完成施工任务，交出合格的工程产品或劳务，实现最佳施工活动利润。

石油公司与石油工程技术施工(服务)单位是甲乙方关系，但油气田勘探开发的最终产品是甲乙双方共同劳动的成果，是甲乙双方的根本利益所在，甲乙双方是为了实现同一目标的战略合作伙伴。这主要表现在各自都以对方的存在和发展为自己存在和发展的前提。没有良好的油气勘探开发资源前景，就没有油气勘探开发工程市场；没有石油工程施工单位技术力量的发展，就无法保证优质高效地实施油气勘探开发部署，把地质综合研究成果变成现实生产力。同时，双方又存在着相互矛盾、相互制约的一面。这主要表现在甲方希望以较少的投入，能够买入相对更多、更优质的工程技术服务，保证增储上产的需要。而乙方则希望拿到最大的合同收入，获得生存和发展的经济基础。如果这种矛盾处理得好，将会在一定程度上促进双方集约型管理水平的提高和勘探开发生产力的发展。如果处理得不好，将会影响勘探开发生产力的发展，形成恶性循环。即：如果削弱了油气勘探开发的财力资源，就会造成油气勘探开发市场的萎缩，使得乙方失去赖以生存发展的基础。如果不恰当地压低工程造价，使得乙方所付出的必要劳动和耗费得不到相应补偿，则乙方则可能无法保证为甲方的油气增储上产提供优质高效的工程技术服务，甚至连自身必要的装备维护也得不到保证。

油气勘探开发市场是我国市场经济体系的组成部分，它是受国家宏观调控的、以油气勘探开发工程作业为活动的、特殊的专业性市场。其中：石油公司作为甲方，全面组织油气勘探开发生产活动并完成一定的探明储量和油气资源生产任务；石油专业工程技术服务公司作为乙方，积极参与市场竞争，为石油公司提供优质石油专业工程技术劳务。甲乙双方是利害相关的利益共同体。两者一荣俱荣，一损俱损，相辅相成。提高油气勘探开发投资效益是甲乙双方的共同目标。因此，甲乙双方应当以此为基点，建立“两分两合”(在作业职责上分，在工作目标上合；在管理运作型态上分，在最终成果上合)和互惠互利的战略合作伙伴关系。甲方不能以减少必要的资金投入、安全投入、工程物资投入和技术投入来节约投资，乙方也不能进行不恰当、不合理的要价。双方都要靠实力和信誉在市场竞争中不断发展壮大，进而建立并保持紧密合作、互利双赢的战略合作伙伴关系。

第三节 石油钻井工程项目管理

一、石油钻井的概念

“钻头不到，油气不冒”。石油、天然气埋藏于地层深处，为了勘探和开发油气资源，借助一套专用设备和工具，在预先选定的地表位置处，向下钻成一口井眼，以钻达目的层的工作叫钻井。钻井是油田勘探开发的主要手段之一，是油气生产过程的必经环节。它是以钻井队或钻井平台为生产作业主体，配置有钻进工艺、钻井液工艺、钻柱工艺技术、井控工艺、地质录井、测井、固井、中途测试、试油/试气、完井工艺等诸多井筒技术工艺，加之环境保护工程、运输、机修、通讯、生活服务等后勤保障、辅助生产的多专业、多工种、多部门协同施工的、直接接触地下目标层位的隐蔽工程。

二、石油钻井的分类

(一)按照地质设计目的不同的划分

按照地质设计目的的不同，分为探井和开发井两大类：

探井，是指为查明地层及油气藏情况所钻的井，包括地层探井(参数井、基准井)、预探井、详探井(评价井)、地层浅井(剖面探井、制图井、构造井)等。

开发井，是指为开发油气田、补充地下能量以及为研究已开发区块地下情况的变化所打的井，包括生产井(油井、气井)、辅助生产井(注入井)、调整井(滚动开发井)、检查井、资料井(观察井)等。

(二)按照钻探目的和任务不同的划分

按照钻探目的和任务不同，石油钻井可分为以下种类：

1. 基准井

在区域普查阶段，为了了解地层的沉积特征及含油气情况，验证物探成果，提供地球物理参数而钻的井。基准井一般钻到基岩并要求全井取心。

2. 剖面井

在覆盖区沿区域性大剖面所钻的井。目的是为了了解区域地质剖面，研究地层岩性、岩相变化并寻找构造。主要用于区域普查阶段。

3. 参数井

在含油气盆地内，为了了解区域构造，提供岩石物性参数所钻的井。参数井主要在综合详查阶段部署。

4. 构造井

是为了编制地下某一标准层的构造图，了解其地质构造特征，验证物探成果所钻的井。

5. 探井

在有利的集油气构造或油气田范围内，为确定油气藏是否存在，圈定油气藏的边界，并对油气藏进行工业评价及取得油气开发所需的地质资料而钻的井。各勘探阶段所钻的井，又可分为预探井、初探井、详探井等。

6. 资料井

为了编制油气田开发方案，或在开发过程中为某些专题研究取得资料数据而钻的井。

7. 生产井

在进行油田开发时，为开采石油和天然气而钻的井。生产井又可分为产油井和产气井。

8. 注入井

为了提高采收率及开发速度，而对油田进行注液(注水、注液态 CO_2 等)、注气、注汽、注微生物等驱注物，以补充和合理利用地层能量所钻的井，统称为注入井。

9. 检查井

油田开发到某一含水阶段，为了搞清各油层的压力和油、气、水分布状况，剩余油饱和度的分布和变化情况，以及了解各项调整挖潜措施的效果而钻的井。

10. 观察井

是在油田开发过程中，专门用来了解油田地下动态的井。如观察各类油层的压力，含水变化规律和单层水淹规律等。它一般不承担生产任务。

11. 调整井

油田开发中、后期，为进一步提高开发效果和最终采收率而调整原有开发井网所钻的井(包括生产井、注入井、观察井等)。这类井的生产层压力或因采油后期呈现低压，或因注入井保持能量而呈现高压。

(三)按完钻井深划分

按完钻井深，分为浅井、中深井、深井和超深井：

①浅井是指井深在1500m以内(含1500m)的井。

②中深井是指井深在1500~3000m以内(含3000m)的井。

③深井是指井深在3000~6000m以内(含6000m)的井。

④超深井是指井深在6000m以上的井。

(四)按照井身轴线轨迹特征的划分

按照井身轴线轨迹特征，可以分为直井、定向井、水平井和大位移井：

直井的井眼轨迹大体是垂直的。对于直井来说，设计轨道是一条铅垂线，不需要进行特殊的设计。井眼轴线偏离铅垂方向的现象叫井斜。直井的轨迹控制，就是要防止实钻轨迹偏离设计的铅垂直线。工程术语上称作直井防斜技术。钻井实践表明，直井的轨迹控制难度有时甚至比定向井的轨迹控制难度还大。直井不是井斜角为零的井。真正一点不斜的井是不存在的，也是难以达到的。只要井斜参数不超过有关的参数标准就是合格的直井。一般来说，实钻轨迹总是要偏离设计轨道的。控制直井井眼绝对不斜是不可能的。直井防斜技术的关键在于控制井斜的度数或井眼的曲率在一定的范围之内。

定向井的井眼轨迹为倾斜状。设计目标点在一个既定的方向上与井口垂线偏离一定距离的井，称为定向井。事实上，直井可看作是定向井的特例。定向井按照地面井口数的多少，又可分为丛式井和分支井(多底井)。一个井场内，丛式井下部有几个井底，地面就有几个对应的井口；分支井是指在一个主井眼的底部钻出两个或多个进入油气藏的分支井眼(二级井眼)，甚至再从二级井眼的基础上钻出三级及其更下一级的井眼，实现一井多靶的立体开采。分支井的下部有多个井底(眼)，地面只有一个井口。

水平井是以水平方向钻进于储集层，在产层内有水平的或近似于水平段井身的井。水平钻井技术是在定向钻井技术的基础上发展起来的。水平钻井就是指在地下某一深度的地层中沿水平方向钻出一段水平井眼的工艺过程。

大位移井(ERD)也称为大位移延伸井，一般是指水平位移(HD)与垂深(TVD)之比≥2的井。大位移钻井是在定向井、水平井钻井技术基础上发展起来的，主要是为了满足海油陆采及一井开采多个不相连油气藏构造的需要。相对于水平井而言，大位移井的水平位移更大，能更大范围地控制含油面积。当前，大位移井的水平位移已超过了 1×10^4m，这意味着利用大位移钻井技术可以在陆地上布井开发 10km 之内的海上油气田。

(五)按照钻井井位的地域划分

按照钻井井位的地域划分，分为陆上钻井和海洋钻井。

陆上钻井是指在陆地范围内，包括在湖泊和沼泽地区的钻井。

海洋钻井包括海滩、滩涂和潮汐波及区内的钻井。以 5m 水深线为界，海洋钻井又可划分为深海钻井和浅海钻井。

三、石油钻井工程项目的特点

石油钻井工程项目是在限定资金、限定时间及特定质量标准等一定的约束条件下，具有特定目标的一次性任务；是一组有起止时间的、相互协调的受控活动组成的特定过程，这个过程必须达到符合规定要求的目标，包括时间、成本、质量等约束条件。这个定义指出了一口钻井工程就是一个特定的过程，即一次性的、单件性的、不宜重复、不宜逆向返工的过程。这也是“项目”的最一般特征，是识别“项目”的最主要标志。

限定时间、限定投资和限定质量标准是石油钻井工程项目的三大约束条件。这三大约束条件构成了石油钻井工程项目管理的三大受控目标。对于钻井工程项目来说，限定时间是指建井周期，它包括设备搬安日期、开钻日期、完钻日期、完井日期、交井日期等重要的时点概念；限定投资可以用费用来表征；限定质量见之于相关钻井工程技术规程(标准)作出的强制性规定。

(一)项目的单件性

每口钻井工程都要有自己的钻探任务、完成过程和钻探结果。它不同于工业生产的批量性和生产过程的连续性、重复性。它与采油(气)生产、油气集输生产、炼油化工生产的连续性、重复性、批量性有着根本的不同。这是石油钻井工程项目一个根本的特征。所以，我们应当正确认识钻井工程项目的单件性特性，有针对性地根据每口钻井的实际情况和特殊要求，对每一口钻井工程都制定科学有效的管理措施。

（二）项目过程的一次性

一口井的建井过程是不宜重复的，是不宜逆向返工的。项目过程一次性决定并增大了钻井生产的风险性。所以钻井生产必须依靠科学的管理手段精心组织施工，坚决避免井下复杂及钻井事故的发生，保证一口井的建井过程一次成功。

（三）工程风险大

钻井是油气勘探开发的手段，目的是勘探地下油气储量和开发地下油气资源。勘探开发的劳动对象埋藏在地下，施工过程及是否能够实现钻探目的的不确定因素很多。所以，钻井工程是高风险的投入。这里的风险包括两个方面，一方面是投资方的投资风险，即石油公司投资钻井，不能够形成能够收回投资、带来经济利益的固定资产而需承担的费用风险；另一方面是施工方的工程施工风险及商业风险，即钻井承包商在钻井生产过程中发生井下复杂甚至钻井工程事故或因施工方种种原因造成工程报废，不能够按期保质安全完工交井的施工风险，以及工程成本超出合同价款，不能实现预期利润和现金流入的经营风险。特别值得说明的是，在钻进过程中，常常发生的卡钻、井下落物、井涌、井喷等井下复杂及工程事故会严重影响施工作业，可能会随时危及人员的健康甚至生命安全，酿成设备毁坏、工程报废等一系列恶性生产事故，甚至带来灾难性的后果。

（四）施工环境艰苦、施工流动性大、施工难度大

钻井工程属野外露天作业的地下隐蔽工程，施工区域常在戈壁沙漠、荒山野岭、河流沼泽、海洋等旷无人烟或远离城镇、社区的地方。每打完一口井，都要进行一次队伍和设备调遣，点多、面广、线长、流动性大。工程占地等情形往往需要支付一定的社会交易成本去协调方方面面的社会公共关系。暴风雨雪、严寒、酷暑等恶劣的自然气候条件往往会给施工作业带来极大的负面影响和危害。不同的作业区块、不同的地质条件都会要求不同的工艺技术、井身结构和完井方法，钻井工艺复杂，需要协调配合的专业工种、施工环节诸多，施工组织难度大。

（五）工程造价高

钻井工程的每步动作都需要相当的资金投入，工程造价高。一口井的造价少则百万元，高则过亿元。所以必须在确保安全、确保工期、确保质量的情况下，优化钻井设计并对人、财、物投入制订合理消耗限额，对工程造价实施有效的全过程管理控制。

（六）涉及的专业领域广、专业性强、技术含量高、施工过程复杂，是一项工作量巨大的系统工程

钻井工程是多专业、多工种、多环节、多部门相互依存、协同施工的工程，施工过程复杂，各个环节都有相应的专业公司分工负责、协作配合。钻井生产的主体是钻井队，是钻井生产的基本单元。钻井生产的协作配合工程有钻前准备、钻具供井、钻柱组合、钻进、井控工艺、测井测试、地质录井、固井、试油/试气、完井作业、环境保护以及机械设备修理、运输、生活服务等劳务项目。各个部门相互依存、紧密相连，一个环节出现问题都势必影响到其他环节，甚至直接导致工程报废，项目失败。所以说，一口钻井工程需要多个工种协作配合，一道道工序紧密衔接，钻井工程是一项需要有严密的生产组织、适用的工艺技术和科学的管理方法才能进行的施工作业。

四、石油钻井工程项目管理

（一）石油钻井工程项目管理依据

石油钻井工程项目管理是油气勘探开发工程项目管理的重要组成部分，是一个油气勘项目或油气开发项目工程系统中的单项工程。

每口钻井工程都是油气勘探开发决策、工艺技术要求和人财物投入的集中体现。钻井工程实行单井项目管理。

钻井工程单井项目管理的依据是单井地质设计、单井工程设计、单井成本预算，以及相应的钻进、钻柱工艺、井控、地质录井、测井测试、固井、试油/试气、完井工艺、HSE 管理、运输、机修、生活服务等有关合同协议和相应的技术标准规范、法律法规、规章制度等文件资料。

钻井工程项目管理实行单井设计、单井预算、单井决算、单井计奖的管理办法控制造价和施工成本。钻井承包商根据单井设计做好施工预案，并执行由计划、财务、工程预算部门编制的单井预算，施工过程中，取得各项经济技术指标资料和各项消耗支出的记录，完井后编制单井决算和施工总结，做好完井交接，并做好施工项目管理的考核兑现。业主在施工过程中作好项目监督、组织协调和纠差指导，及时组织阶段性的工序验收、竣工验收和完井交接，并做好项目后评价等建设项目管理考核工作。

（二）石油钻井工程项目管理范畴

石油钻井工程项目管理范畴包括石油钻井工程建设项目管理和石油钻井工程施工项目管理两个方面。

1. 石油钻井工程建设项目管理

石油公司是钻井工程的项目业主，是钻井工程的投资方。石油公司每年用于钻井工程的投资约占其勘探开发总投资半数左右。钻井工程是石油公司的建设项目，是石油公司油气勘探开发工程项目体系中的单项工程。其任务是提高油气勘探开发的效率、质量，提高勘探开发投资效益。使得勘探开发投资控制在勘探开发效益指标的范围内，从确定勘探开发部署方案、优化地质设计、工程设计、优选施工队伍到进行合同制约、施工组织、施工监理等所作的一系列决策、实施等投资管理控制活动；管理内容涉及资本运作和项目建设的全过程的管理；其最终目标是为取得符合要求的、能够发挥应有效益的固定资产——井。

2. 石油钻井工程施工项目管理

钻井承包商是钻井工程的施工方，钻井工程是钻井承包商的施工项目。钻井工程施工项目管理就是钻井承包商不断地通过技术进步和科学管理，在确保单井工程质量和工程功能的情况下，不断地创造成本优势，使得单井施工作业成本控制在工程合同价款之内，控制在目标成本限额之内，以实现盈余并不断开拓市场谋求发展空间所作出的一系列决策、实施的成本控制等管理活动。其管理内容包括及时获得市场信息、组织投标以及从设备搬安到交工为止的施工组织和生产管理。其目的是生产出合格的建设工程产品——井，并取得施工活动利润和足额及时的现金流入。

（三）石油钻井工程建设项目管理与施工项目管理的区别

1. 两者的管理主体不同，项目目标有着根本的区别

石油公司是钻井工程的建设单位，是以工程的投资者和工程产品的购买者身份出现的，所追求的目标是如何以最少的投资取得最有效的满足功能要求的使用价值。石油公司的这种目标是一种成果性目标，至于实现这种成果的具体活动的效益与其无关。钻井承包商是以工程活动承包者和产品出卖者的身份出现的，所追求的目标是实现施工企业的利润。钻井承包商的这种目标是一种效率效益性目标。钻井工程建设项目的管理目标以投资额、钻井工程质量、建井周期为主；钻井工程施工项目管理目标以单井利润、施工成本、施工工期、施工质量和现金流入为主。

2. 两者所管理的客体对象性质不同，所采用的管理方式和手段有较大的区别

钻井工程建设项目的客体是投资活动，其工作重点是如何部署井位、控制投资费用、控

制周期和保证工程质量；钻井工程施工项目管理的客体是施工活动，其工作重点是如何利用各种有效的手段完成预期施工任务。

3. 两者的范围和内容不同，所涉及的环境和关系不同

钻井工程建设项目管理所涉及的范围包括一个油气勘探开发项目从井位设计到投资收回全过程各方面的工作；而钻井工程施工项目管理所涉及的范围是从获得钻探工程市场信息、确定投标意向开始到工程交井、办理工程决算收回工程价款为止的施工管理活动，接标后的工作范围由施工合同约定。

4. 管理主体的工作内容不同

石油公司要对参与钻井工程建设活动的各种主体进行组织、监督、协调、控制等管理工作，其中包括：油气勘探开发设计单位、勘察勘探、钻井、固井、地质录井、测井、测试、试油/试气、完井作业等直接作业施工单位，地质和工程监督监理单位，资金材料设备供应单位等。而钻井承包商只是负责合同确定的工程项目的组织施工，对参与其分包工程生产及具有合同协调管理义务的单位和人员进行组织、监督、控制、协调等管理工作。

石油钻井工程建设项目管理与施工项目管理的区别见表 1－1：

表 1－1　石油钻井工程建设项目管理与石油钻井工程施工项目管理范畴与管理程序比较

石油钻井工程建设项目管理			石油钻井工程施工项目管理		
管理主体	项目周期		管理主体	项目周期	
石油公司	立项阶段	(1)地质论证	钻井承包商	立项阶段	(1)获得市场信息确定投标意向 (2)调查工程环境研究招标文件 (3)估价 (4)研究市场环境确定投标策略 (5)编制投标文件 (6)投标→谈判→签约
		(2)工程论证			
		(3)经济论证			
		(4)资金筹措			
		(5)评审			
		(6)立项			
	设计阶段	(1)地质设计		设计阶段	(1)施工规划准备 (2)钻井设计→施工组织设计
		(2)工程设计			
		(3)投资概预算及工期计划			
		(4)编制招标文件			
		(5)招标准备			
	实施阶段	(1)组织招标		施工阶段	(1)安全优质高效低耗组织钻井生产 (2)控制工期、成本、质量
		(2)定标→谈判→签约			
		(3)运作资金组织实施			
		(4)地质和工程监督、控制			
	终结阶段	(1)工程验收		终结阶段	(1)交井 (2)工程决算 (3)施工总结 (4)绩效考核
		(2)完井报告验收			
		(3)工程交接、试运、投产			
		(4)工程价款结算			
		(5)项目运营、投资回收			
		(6)项目后评估			

明晰石油钻井工程建设项目与施工项目的区别，有助于我们客观地界定石油公司和钻井承包商各自的任务范围和主体利益，落实各自的责、权、利关系。知悉双方管理内容的不同侧重点，以便我们研究运用符合各方各自特点的规律、理论和方法，不断提升石油钻井工程项目管理水平。

五、石油钻井工程项目管理流程

石油钻井工程项目管理流程如图 1－3 所示。

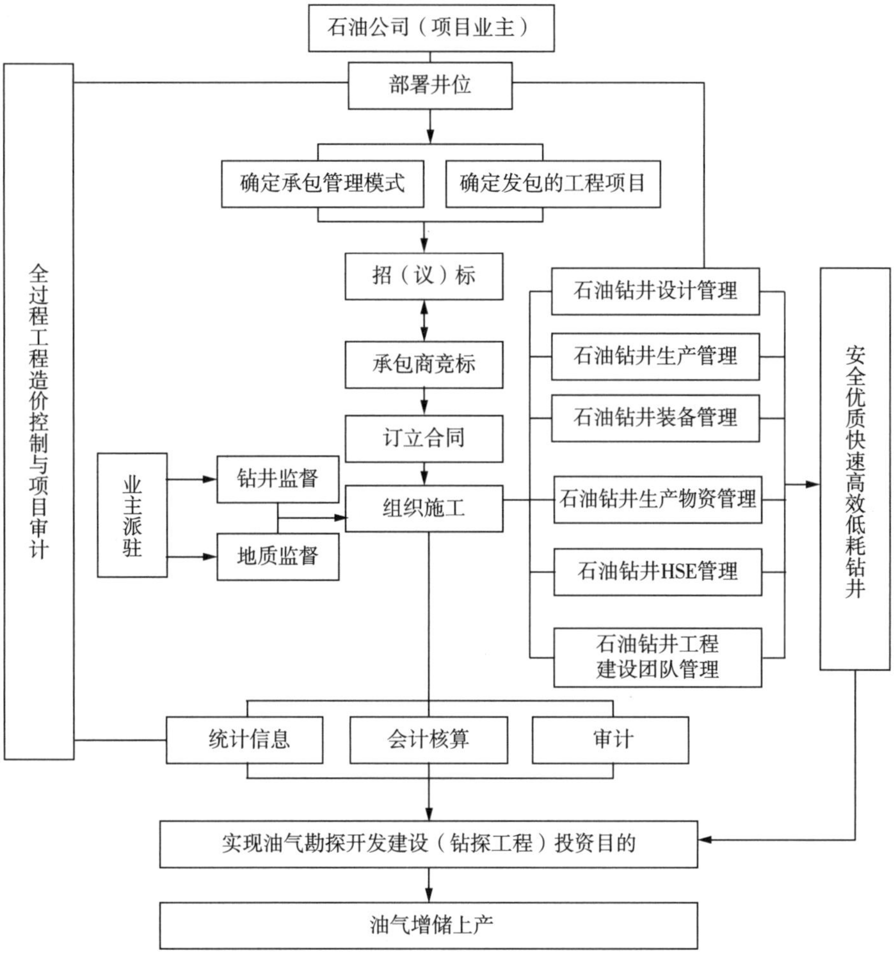

图 1－3　石油钻井工程项目管理流程示意图

第二篇　生产管理篇

第二章　石油钻井工程生产管理

按照油气勘探开发建设工程之单项工程的内容划分标准，以采油(气)树为界，采油(气)树以及完井所需的井下井筒工艺措施划分在建井工程的内容范畴内，采油(气)树以外的工艺工程划分在地面油气集输等相应建设工程项目管理的内容范畴内。

石油钻井是为勘探地下油气储量和开发地下油气资源而实施的基本建设工程，是由钻井设计、钻前准备、钻进、井控、地质录井、测井、测试、固井、试油/试气、完井投产、环境保护、取全取准各项资料以及综合评价等构成的成套技术的生产系统。石油钻井工程管理可以分为设计、施工、竣工验收三个阶段的管理。

油气勘探开发建井过程见图 2－1。

第一节　石油钻井设计管理

一、石油钻井设计概述

石油钻井设计是石油钻井工程项目管理的第一个环节。钻井设计是项目业主控制钻井工程项目质量和投资额度的重要措施，是钻井施工作业的依据，是钻井承包商提高钻井技术和经营管理水平，实现钻井生产安全、科学、经济、环保管理须遵循的前提。钻井设计是钻井施工作业遵循的指令，是组织钻井生产的指导。

钻井生产必须以钻井设计为前提，精心组织钻井施工，取全取准各项资料，安全、快速、优质、高效地完成钻井设计规定的钻探目的、井身质量等各项任务要求。

钻井设计编制的是否科学、先进、合理、适用，直接关系到建井工程的成败和油气勘探开发的直接效益。建井水平在一定程度上取决于钻井设计的水平。

钻井设计是钻井造价预算、钻井计划编制、钻井工程项目招投标、钻井合同订立、钻井施工、钻井工程质量控制、钻井竣工验收及钻井费用决算的依据。

钻井设计实行项目业主负责制。项目业主负责组织钻井设计编制、履行设计审批程序，并负责钻井设计工作的管理。

钻井设计实行设计资质管理。钻井设计必须由具备相应设计资质的单位(部门)或中介机构完成。

钻井设计必须符合行业、企业标准规范并符合 HSE 管理方针措施的具体规定。

石油钻井设计由地质部分和工程部分组成。前者包括井位设计以及对录取地质资料的要求；后者是各项施工的具体措施，包括工程设计、施工进度、成本预算、HSE 管理要求等方面的内容。

石油钻井设计主要内容见表 2－1。

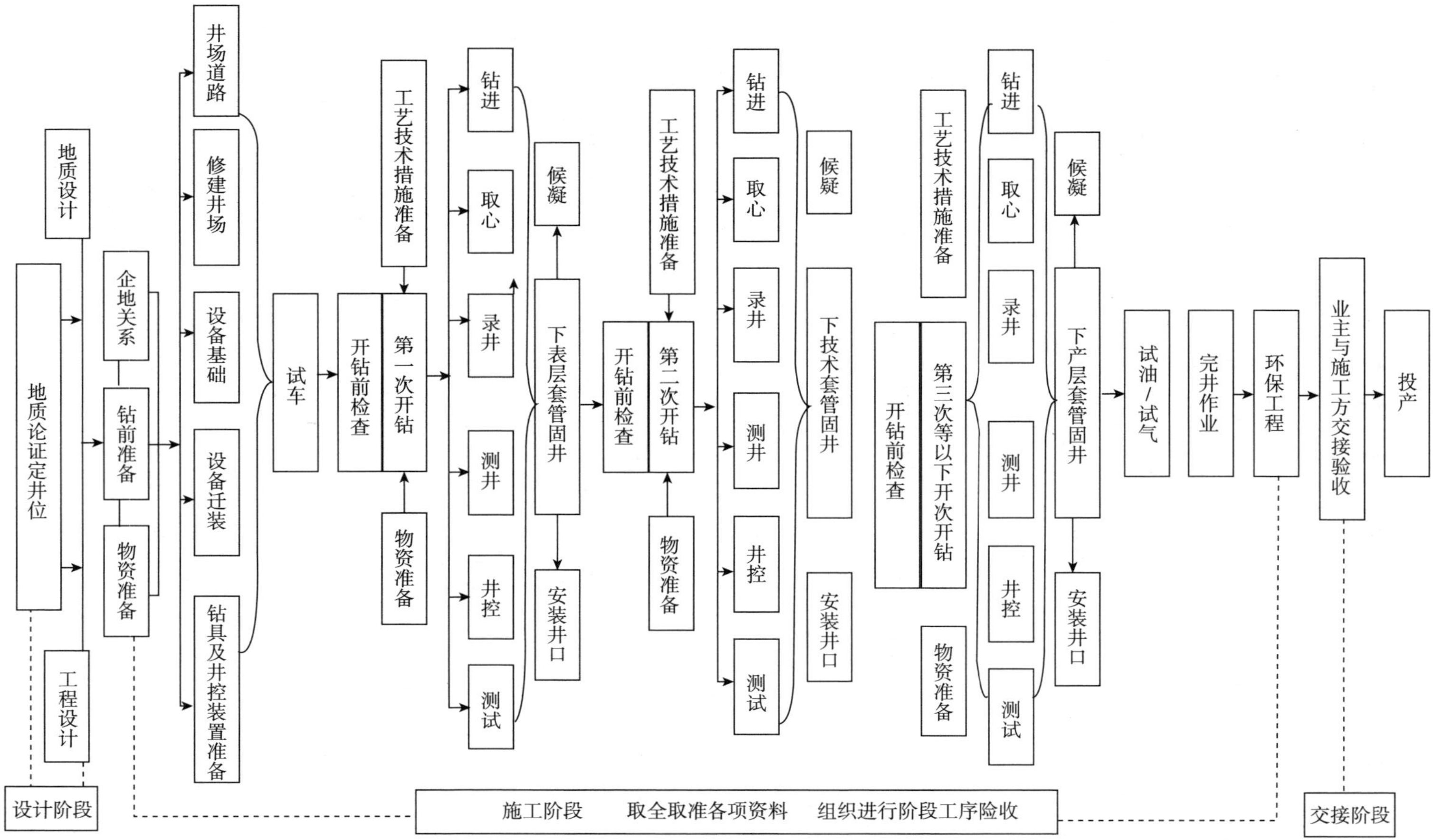

图2-1　油气勘探开发建井过程示意图

表 2－1　石油钻井设计的主要内容

石油钻井设计	地质部分	1. 井位设计	
		2. 地质预测与提示	
		3. 对录取地质资料的要求	
		4. 地质设计其他内容	
	工程部分	1. 工程设计	(1)钻井设备的选择
			(2)井身结构与管柱程序设计
			(3)钻具组合设计
			(4)钻头型号选择
			(5)钻井参数设计
			(6)井眼轨道设计
			(7)钻井液设计
			(8)井控装置选用与井控工艺设计
			(9)固井设计
			(10)完井设计
			(11)物资材料计划
			(12)工程设计其他内容
		2. 施工进度设计	
		3. HSE 方针措施与管理要求	
		4. 成本预算	
		5. 工程设计其他内容	

二、石油钻井井位设计

(一)油气探井井位设计

油气探井井位设计是由地质研究部门根据其研究成果，在不同地区为实施不同钻探目的，提出单井井位部署建议。井位部署建议经批准实施的井位即可以《钻探任务书》的形式发给设计部门，地质设计部门根据《钻探任务书》中的任务和要求，完成钻井地质设计。

油气探井井位设计包括区域探井(参数井或科学探索井)、预探井、评价井、地质井等井位的提出、论证和确定。区域探井、预探井、评价井的井位分别依据盆地分析模拟、圈闭描述评价和勘探阶段油藏描述评价成果。没有进行盆地分析模拟以前不得确定区域探井，没有进行圈闭描述评价以前不得部署预探井，没有进行油藏描述以前不得部署评价井。

(二)开发井井位设计

开发井井位设计一般根据整体开发部署提出单井或整体井位部署建议，经主管部门审查批准后实施。

开发井井位设计管理工作包括生产井、注入井、观察井、资料井、检查井等井位的提出、报批和确定。

(三)井位落实

井位落实是根据油气田勘探开发方案部署，把确定的井位坐标通过测量，确定野外施工现场。钻井地质设计必须依据现场确定的井位，以现场井口的实测大地坐标为依据进行设计。

1. 井位测量工序

(1)井位初测

根据预选井口位置，测量并计算出预选井口的实际大地坐标。

(2)井位复测

钻机到位前，必须进行井位复测，所得测量坐标供钻井地质设计使用。

2. 井位勘察与现场确定

由项目业主提供井位坐标，会同承包商一同前往勘察地理位置、井眼位置、井场地形地貌、道路交通、水源、通讯条件、驻地位置、占地面积，并绘制草图，由参加人员签认并各持一份以备查对。确定井位时，要对井场附近的地形、地貌、地面附着物、地质、水文等条件进行现场踏勘。项目业主要对井场附近的地下管网、电缆等敷设物提供详细必要的资料。

由项目业主提供坐标确定井位，但因地面条件不允许而需移动井位时，必须在允许的范围内。超出允许范围，必须在现场提出移动方案，然后由项目业主确定地面井口位置，并在井架安装完成后进行复测。

三、石油钻井地质设计

(一)石油钻井地质设计概述

石油钻井地质设计是油气勘探开发部署意图的具体体现，是单井各项地质工作的依据，是编制钻井工程设计和测算钻井费用的基础。地质设计不仅直接影响到地质资料的录取、整理、分析，而且影响到对油气层的识别和评价，是油气勘探和开发的重要前提工作之一。

(二)石油钻井地质设计的主要内容

探井地质设计描述的主要内容包括：井号、井别、井位(井位坐标、井口地理位置、构造位置、测线位置)、设计井深、钻探目的、完钻层位、完钻原则、目的层等基本数据；区域地层、构造及油气水情况、设计井钻探成果预测等区域地质简介资料；设计依据；钻探目的；预测地层剖面及油气水层位置；地层孔隙压力预测和钻井液性能及使用要求；地质录井、测井测试等录取资料要求；井身结构及井身质量要求；技术说明及故障提示；气象、地形、地物等地理及环境描述及相关的附图附表资料。

开发井地质设计描述的主要内容较探井地质设计需描述的内容可适当简化。区域地质简介、地震资料预测压力、设计井地层岩性简述等项内容可适当简化。其余各项应当详细描述。

四、石油钻井工程设计

(一)石油钻井工程设计概述

钻井工程设计是钻井施工作业必须遵循的原则，是组织钻井生产和技术协作的基础，是编制单井成本预算、控制单井工程造价的重要依据。

钻井工程设计必须以地质设计为前提。钻井工程设计必须坚持科学、安全、经济、环保的设计原则，有利于取全、取准各项地质、工程资料，有利于发现并保护好目的层，满足各种作业要求，实现安全、优质、快速、经济、高效钻井，切实保证钻井工程质量。

(二)石油钻井工程设计的主要内容

钻井工程设计的主要内容包括：钻井设备的选择、井身结构与套管程序设计、钻具组合设计、钻头型号选择、钻井参数设计、钻井液设计、固井设计、井控设计、完井设计、HSE方针措施、物资材料计划、钻井施工进度计划、施工成本预算等。

第二节　石油钻井施工管理

目前，不论在陆地还是海上，石油钻井大都采用的是旋转方法钻井，包括转盘旋转钻、井下动力旋转钻和顶部驱动旋转钻。

一口井的建井过程从确定井位到最后投产，要完成很多作业，按其施工顺序，钻井生产过程大致可分为钻前准备、钻进、完井三个阶段，每个阶段又包括相应具体的工艺及劳务作业，主要有：井场修建、设备迁装、钻进及井眼轨迹控制、井控、地质录井、测井、测试、取心、固井、试油/试气、完井作业、环境保护、取全取准各项资料等工作。

一、钻前准备

在确定井位、完成钻井设计后，钻前工程是建井过程的第一道工序。钻前工程要完成井位勘察与现场确定、道路与井场修建、设备基础准备、钻井设备调遣安装、开钻前物资及技术工艺准备以及整机试车等工作。钻前工程质量关系到建井周期和钻井工程的质量，也影响着钻井生产的安全与环境保护。

二、钻进

钻进即形成井眼的过程。钻进时，需要不断地给钻头施加压力，使钻头牙齿吃入地层；同时地面动力系统通过接在钻头之上的钻柱带动钻头不断旋转钻进。为了及时把井底碾碎的岩屑等固相颗粒带离井底并返到地面，钻进中还必须不断地循环钻井液，清洗井底。

井眼加深到一定深度后，为了防止井壁坍塌及其他井下复杂情况发生，保证井眼顺利钻达完钻井深，需下入套管，并向管外与井壁间的环空注入水泥浆，以加固井壁，封隔复杂地层。待水泥凝固后，再换用尺寸小一级的钻头，从套管内继续向下钻进。由于每口井的设计井深不同，所钻达的地层岩性、地质情况各异，因此，所下套管层数也不一样。少则一层，多则三四层，甚至更多。每下一层套管需要再更换较小直径的钻头继续钻进的情况称为一次开钻。一口井钻进过程中首次开钻叫一开，下第一层套管后再次开钻叫二开，依次类推，则为三开、四开……

钻井的基本含义就是通过一定的设备、工具和技术手段形成一个从地表到地下某一深度处具有不同设计轨迹形状的孔道。在钻井施工中，大量的工作是破碎岩石和加深井眼。在钻进的过程中，钻井的速度、成本和质量将会受到多种因素的影响和制约，这些影响和制约因素分为可控因素和不可控因素。不可控因素是指客观存在的因素，如所钻的地层岩性、储层埋藏深度以及地层压力等。可控因素是指通过一定的设备和技术手段可进行人为调节的因素，如地面机泵设备、钻头类型、钻井液性能、钻压、转速、泵压和排量等。所谓钻进参数就是指表征钻进过程中的可控因素所包含的设备、工具、钻井液以及操作条件的重要性质的量。即钻进时，加在钻头上的钻压、带动钻头转动的转速、循环钻井液时的排量和泵压，统称为钻进参数。

钻进速度、钻头总进尺、每米钻进成本等钻井技术指标与井径、井深、地层岩性、钻井液性能、钻头类型、钻进参数、操作水平等诸多因素有关。钻进技术的核心就是在井

径、井深、地层岩性、钻井液性能、钻头类型等已知条件下，如何选择合适的钻进参数以获得最优的技术指标，实现安全优质快速高效钻井，使得每米钻进成本尽可能地实现最低。钻进参数的优选就是指在一定的客观条件下，根据不同参数配合时各因素对钻进速度的影响规律，采用最优化方法，选择合理的钻进参数配合，使得钻进过程达到最优的技术和经济指标。

三、井眼轨迹控制

井眼轨迹实指井眼轴线，即一口井的实际井眼轴线形状。井眼轨迹控制技术经历了从经验到科学、从定性到定量、直至当前向自动控制的发展和应用阶段。

一口井的井眼轴线是一条空间曲线。井眼轨迹控制就是要了解这条空间曲线的形状，这就需要进行轨迹测量，即“测斜”。测斜的目的，一是在完钻后了解是否打中了目的层；二是在实钻过程中，及时了解掌握已钻井眼的轨迹形状并判断其变动趋势，以及时采取必要工艺措施，进行轨迹控制。

按照结构、性能、工作方式的不同，测斜仪器主要分为磁性测斜仪和陀螺测斜仪两大类。其中，陀螺测斜仪是一种不受大地磁场和其他磁性物质影响的测斜仪器，适用于有磁干扰或磁屏蔽环境条件下的井眼测量。

钻井常用测斜仪器见表 2－2。

表 2－2　测斜仪器种类列举

<table>
<tr><td rowspan="10">测斜仪器</td><td rowspan="6">磁性测斜仪</td><td rowspan="2">照像测斜仪</td><td colspan="2">磁性单点照像测斜仪（常温单点测斜仪、高温单点测斜仪）</td></tr>
<tr><td colspan="2">磁性多点照像测斜仪（常温磁性多点测斜仪、高温磁性多点测斜仪）</td></tr>
<tr><td rowspan="2">电子测斜仪</td><td colspan="2">单点工作方式</td></tr>
<tr><td colspan="2">多点工作方式</td></tr>
<tr><td rowspan="2">随钻测斜仪</td><td colspan="2">有限随钻</td></tr>
<tr><td colspan="2">无限随钻</td></tr>
<tr><td colspan="2" rowspan="4">陀螺测斜仪</td><td>单点陀螺</td><td>主要用于有磁干扰情况下的定向造斜、扭方位，套管内定向开窗侧钻</td></tr>
<tr><td>多点陀螺</td><td>多用于套管和钻杆内或有磁干扰井段的多点测斜</td></tr>
<tr><td>电子陀螺</td><td>多用于套管内、钻杆内或其他有磁干扰的井眼内进行多点测斜及数据处理</td></tr>
<tr><td>地面记录陀螺</td><td>多用于有磁干扰的井眼中进行定向造斜及扭方位作业、套管内开窗侧钻等</td></tr>
</table>

井眼轨迹控制技术是钻进施工中的关键技术之一。它是一项使实钻井眼沿着预先设计的轨迹钻达目标靶区的综合性技术。分为相应的直井段、造斜段、增斜段、稳斜段、降斜段、水平段、扭方位等井段的控制技术。

井眼轨迹控制贯穿钻进的全过程，其技术工艺内容包括：优化钻具组合、优选钻井参数、利用地层影响轨迹的自然规律、应用科学先进合理适用的工具仪器对井眼轨迹进行及时监控调整等。

井眼轨迹控制技术对于指导钻井施工安全优质快速钻达目标靶区起着决定性的作用。优良的钻井工艺技术装备、测量技术仪器设施，特别是先进的导向钻井系统等技术措施的应用，对于提高井眼轨迹控制水平有着重要的现实应用意义。

四、钻井液工艺

洗井是钻井过程中的重要环节之一。我们把钻井时用来清洗井底并把岩屑等固相颗粒携带到地面、维持钻井作业正常进行的流体称为钻井液，俗称泥浆。钻井液技术管理是关系到钻井成败的重要因素之一，它与钻井成本密切相关，直接关系着安全、快速、优质钻井和油气层的保护。

钻井液是用各种原材料和化学添加剂配制而成的用于钻井工艺的循环流体。钻井液在钻杆内向下循环，通过钻头水眼流出，经过井壁或套管和钻杆的环形空间上返。钻井液携带着钻屑经过振动筛，钻屑留在筛布上面，钻井液流经钻井液槽到循环罐或钻井液池，去掉钻屑后的钻井液被再次泵入钻杆内，开始下一循环。

API 及 IADC 把钻井液体系共分为九类，即：不分散体系，分散体系，钙处理体系，聚合物体系，低固相体系，饱和盐水体系，完井修井液体系，油基钻井液体系，空气、雾、泡沫和气体体系。其中前七类为水基型钻井液，第八类为油基型钻井液，第九类以气体为基本循环介质。

五、井控工艺与井控装置

(一)井控的基本概念

井控技术是指对油气井压力控制的工艺、装置和一系列配套技术的总称。它涉及钻井、测试、井下作业等多个专业及作业环节。井控的目的是控制油气井的压力。概括起来，井控的任务主要表现在两个方面：一方面是通过控制钻井液密度使钻井在合适的井底压力与地层压力差下进行；另一方面是在地层流体侵入井眼过量后，通过更换合理的钻井液密度及控制井口装置将环空内过量的地层流体安全排出，并建立新的井底压力与地层压力平衡。

油气井的压力通常是指：油气水层本身具有的压力、井内钻井液静液柱压力、循环钻井液时的流动压力、起下钻所产生的抽汲压力和激动压力等。

当井内作用于地层上的压力小于地层压力时，地层流体就会流入井内酿成溢流、井涌、井喷等复杂情况，甚至失控着火等重大事故；如作用于地层上的压力过大，则可能压漏地层，引起钻井液的大量漏失。如何建立井内的压力平衡，一旦平衡打破又如何重新恢复平衡，就是井控技术所要解决的问题。

(二)井内压力失衡程度的有关情形

1. 井侵

当地层孔隙压力大于井底压力时，地层孔隙中的流体将侵入井内，通常称之为井侵。

2. 溢流

当井侵发生后，井口返出的钻井液量比泵入的钻井液量多，停泵后井口钻井液也能自动外溢的现象称之为溢流。

3. 井涌

溢流进一步发展，钻井液涌出井口的现象称之为井涌。

4. 井喷

地层流体无控制地进入井筒、喷出地面或进入其他低压层的现象称之为井喷。井喷流体自地层经井筒喷出地面叫地上井喷；从井喷地层流入其他低压层叫地下井喷。

5. 井喷失控

井喷发生后，无法用常规方法控制井口而出现敞喷的现象叫井喷失控，这是钻井工程最恶性的钻井事故。

(三)井控作业的分级

根据井涌的程度和采取的控制方法不同，把井控作业分为三级：

1. 一级井控

一级井控亦称初级井控，是指依靠适当的钻井液密度来控制住地层孔隙压力，无地层流体侵入井内，溢流量为零。

2. 二级井控

二级井控是指依靠井内正在使用的钻井液密度控制不住地层孔隙压力，地层流体侵入井内、出现溢流和井涌时，依靠地面设备和适当的井控技术排除气侵钻井液，恢复井内压力平衡，重新恢复一级井控状态。

3. 三级井控

三级井控是指二级井控失败、井涌量大、失去控制发生井喷(地面或地下)时，使用适当的技术和设备重新恢复对井的控制，恢复初级井控状态。

一般地讲，常规正压钻井条件下，要力求使井的生产处于一级井控状态，同时做好一切应急准备，一旦溢流、井涌或井喷发生，能够迅速做出反应加以及时处理，恢复正常钻井作业。

(四)井控装置

井控技术的实施必须借助于一整套专用的设备与工具。井控装置是指实施油气井压力控制所必需的设备、管汇、仪表和专用工具的统称。井控装置主要包括井口防喷器组、控制装置、节流与压井管汇、钻具内防喷工具、起钻灌钻井液装置、钻井液加重装置、钻井液除气装置以及与之相应配套的监测仪器仪表、操控装置等。

六、地质录井

(一)地质录井的概念

钻井过程中收集、检测、分析地下地质资料的工作称为地质录井。地质录井是配合钻井勘探油气的一种重要手段，是随着钻井过程利用多种资料和参数观察、检测、判断和分析地下岩石性质和含油气情况的方法之一。地质录井是钻井工程作业不可或缺的一项基础工作。

地质录井工作随钻采集资料，随钻进行实时评价，具有获取地下信息及时，分析解释快捷的特点，是发现和评价油气层最及时的手段之一。一口井的地质录井工作质量不仅直接影响到能否迅速认识本井地下地层、构造及含油气情况，而且还关系到对整个构造的地质情况的认识、含油气远景的评价和油田开发方案的设计等重要问题。

地质录井工作的主要任务是根据井的设计要求，取全取准反映地下情况的各项数据、资料，以判断井下地质及含油气情况，为识别和及时发现油气层、评价油气性质、选择试油试气层段、进行烃源岩评价、储层评价、产能预测等提供依据。

(二)地质录井的方法

地质录井主要有钻时录井、岩心录井、岩屑录井、钻井液录井、荧光录井、气测录井、地化录井等工艺技术方法。其中：荧光录井在岩心、岩屑描述中进行。

目前，综合录井技术已经成为地质录井的龙头技术，它通过在钻台、钻井液循环通道及钻具组合等相关部位安装布置相应的采集工具，可以实时获得钻进参数信息、钻井液循环动态信息、钻井液性能信息、气测信息以及随钻测量信息等，具有随钻实时采集、信息多样化和定量化的特点。

七、地球物理测井

（一）测井的概念

地球物理测井简称测井，是油气田勘探开发必不可少的工艺技术。它是指在钻孔内放置专用特定测试仪器，利用岩层的电化学、电、磁、声学、放射性及核物理等地球物理响应特性，测量地球物理参数的方法，以间接获取井眼周围地层和井眼信息的测试过程。测井工作包括信息资料采集、处理及其解释过程。

（二）测井的任务

地球物理勘探以寻找有利的油气聚集和局部圈闭为目标，在平面上覆盖面广、信息连续，主要用来进行盆地、区域或局部的构造分析。而地球物理测井的主要特点是在垂向上提供多数据、信息连续的资料，为认识地下地层岩性、物性、含油气特征，评价产层岩性、物性、含油性、生产能力及固井质量、射孔质量、套管质量、井下作业效果，分析研究沉积特征与沉积相模式，探测裂缝，确定地层异常压力，进行储量计算，检测钻井工程质量等提供依据。

测井的基本任务概括起来主要有：建立钻井地质剖面，详细划分岩性和油气生、储、盖层，准确确定岩层深度和厚度；评价油气储集层的生产能力，估算储层性能，对储集层的含油性作出评价；进行地层对比，研究构造产状和地层沉积等问题；在油田开发过程中，提供油层动态资料，研究地层压力变化等情况；研究评价井的技术状况，如井斜、井温、井径、固井质量、井身状况等。

（三）测井的工艺技术方法

电、声、放射性是测井技术的三种基本方法，特殊方法如电缆地层测试、地层倾角测井、成像测井、核磁共振测井等。各种测井方法基本上是间接地、有条件地反映岩层地质特性的某一特性或测试目的。不同的测井仪器有不同的性能和作用，在某种地质条件和钻孔条件下，根据一定的地质或工程目的，采用多种有针对性的测井仪器组合进行测井，称之为达到这种目的的测井系列。

建井工程常用到的测井工艺技术方法主要有：视电阻率测井、微电极测井、自然电位测井、感应测井、侧向测井、放射性测井、声波测井、井径测井、温度测井、地层倾角测井、油气井工程测井以及井壁取心、电缆地层测试、钻柱地层测试、垂直地震剖面(VSP)测井等其他井筒电缆作业技术。测井技术能够为油气建井工程提供的信息资料主要包括：孔隙压力、地层破裂压力、地应力、岩石力学性质、坍塌压力、地层可钻性、岩石矿物组分、岩性及泥质百分含量、油气水层、孔隙度、渗透率、孔隙结构、孔洞直径、裂缝识别、泥浆浸入带深度、地层倾角、井温、井径、井斜、方位、地层密度、漏层位置、落物或落鱼位置、卡点、固井质量、套管腐蚀情况等。

八、钻井取心

所谓钻井取心就是利用钻井设备和特制的取心工具把岩层取到地面的整个过程，这在钻井过程中是一项特殊作业。在油气田勘探开发的各个阶段，为查明储油、储气层的性质或从大区域的地层对比到检查油气田开发效果，评价和改进开发方案，任一研究步骤都离不开对岩心的观察和研究。钻井取心是提供地层剖面原始标本的唯一途径，是获取地下岩石岩性和储层物性的有效手段。通过大量的对岩心的分析和研究能够为制定合理的勘探开发方案、准确计算油气田储量、有效制定增产措施提供依据。

钻进取心的环节主要包括：环状破碎井底岩石，形成岩心(圆柱体)；钻进取心时，已形成的岩心要加以保护，避免循环的钻井液冲蚀岩心及钻柱转动的机械碰撞损坏岩心；在钻进取心到一定长度后，要从所形成岩心的底部割断并夹紧，在起钻时随钻具一同提升到地面。

钻井取心要制定科学合理的取心作业计划，设计合理的取心钻进参数，正确选择取心钻头和取心工具，所选用的工具要符合取心目的的要求并同时适应所钻遇的地层，并严格遵循操作技术规范。取心钻进首先要保证岩心收获率，在此前提下尽量提高钻速，提高取心钻进效率。

钻井取心的评价指标主要有：岩心收获率、岩心密闭率、岩心保压率和岩心定向成功率等。

岩心收获率是指实际取出岩心长与该次岩心进尺之比的百分数。通常钻进时，钻进效率是以机械钻速和钻头总进尺(一次行程)来评价的。取心钻进时，其目的是获取岩心，应将与取心钻进进尺同样长度的岩心全部取出。但常常由于种种原因不能将应有长度的岩心全部取出，一般以“岩心收获率”来评价。

岩心密闭率是指岩心密闭、微浸块数之和与岩心取样总块数之比的百分数。

岩心保压率是指地面实测岩心压力与井底液柱计算压力之比的百分数。

岩心定向成功率是指岩心有刻痕标记的定向成功点数与总定向点数之比的百分数。

钻井取心质量指标见表 2－3。

表 2－3　取心质量指标表

取心类型		项目	指标/%	
			一般地层	散碎地层
常规取心		收获率	≥90	≥50
特殊取心	密闭取心	收获率	≥90	≥50
		密闭率	≥80	≥50
	保压取心	收获率	≥80	≥50
		保压率	≥80	≥80
		密闭率	≥70	≥40
	定向取心	收获率	≥80	≥50
		定向成功率	≥80	
备注		散碎地层：岩层松散、破碎、胶结成岩差，岩心不易成形的地层。		
		一般地层：散碎地层以外的其他地层。		
		岩心收获率＝实际取出岩心长度÷本次取心钻进进尺×100%		

九、中途测试

中途测试是试油试气作业的一种，是在钻进中根据本地区勘探开发的需要，或在钻进新的油气显示井段有必要进行测试且具备条件的情况下停钻进行测试，测试后或恢复钻进或在获得高产油气流时完井投产，这种自上而下逐层测试的方法叫中途测试。

中途测试整个工艺分为诱导油气流和取得测试资料两大环节。中途测试除应保证测试质量、取全取准各项资料外，还要求测试时间尽可量缩短，工艺要力求简单。

中途测试的井口装置可分为两类：一类是不卸封井器的简易井口装置，它适用于测试层地层压力不高，经测试后一般不投产而要恢复钻进作业的井；一类是卸掉封井器再在特殊四通上安装采油(气)树的正规测试井口装置，它适用于测试层地层压力较高，经测试后投产可能性较大的井。

在钻进过程中发现油气显示后，用电缆下入地层测试器以取得地层中流体样本并测量地层压力的作业，称为电缆地层测试。这种测试方法简单，可多次重复进行。

钻柱地层测试是将钻柱作为地层流体流到地面的导管，它主要测试地层流体类型和地层的潜在产能。钻柱地层测试可以计算确定井底压力与产量的基本关系。钻柱地层测试按照不同类型的井可以分为裸眼井测试和套管井测试。

随钻地层压力测试器的推出，完善了随钻测井系列，使其和电缆测井一样，在提供全套的电测井、核测井、声测井、核磁测井的同时，能够提供地层压力测试数据。在钻进过程中，地层压力测试器用于沿井眼测量地层压力。利用测得的地层压力数据，可以得到有关地层流体类型、流体界面深度和地层连通性等信息。

十、固井

(一)固井工程概述

下套管，向环空注入水泥，以加固井壁、封隔封固井段的作业叫固井。固井工程包括下套管和注水泥两个生产过程。下套管就是在已经钻成的井眼中按设计要求下入一定深度的套管柱。注水泥就是在地面上将水泥浆注入到井眼与套管柱之间的环形空间中的过程。水泥将套管柱与井壁岩石牢固地固结在一起，可以将油、气、水层及复杂层位封固起来以利于进一步钻进或井的生产。

固井是建井过程中的一项重要单位工程，其质量不仅影响着该井的后续施工，而且还直接关系到今后井的正常生产和这口井的寿命。

固井工程要消耗大量的钢材和水泥。据统计，生产井的固井成本要占到单井总成本的10%~25%，甚至更多。因此要在保证井身结构和质量的前提下科学优化或简化井身结构，降低工程造价。

(二)固井质量要求及其评定

1. 固井质量要求

固井是一次性工程，不能返工，也无法返工。在各种情况下固井质量应当达到的基本要求是：套管的下入深度、水泥浆返高和管内水泥塞高度符合设计要求和规定；注水泥井段环空内的钻井液全部被水泥浆替走；水泥环与套管和井壁岩石之间的连接良好；水泥石能抵抗油、气、水的长期侵蚀；水泥石与井壁和套管胶结良好，油气不窜至地面或在地下层间窜漏，能经受住高压挤注作业的要求。

固井质量指标中，最重要的是水泥环的固结质量。其表现为水泥与套管和井壁岩石两个胶结面都有良好的有效封隔，能够承受两种力的作用。一种是水泥的剪切胶结力，它用于支撑井内套管的重量；另一种是水力的胶结力，它可以防止地下高压的油、气、水穿过两个胶结界面上窜，造成井口的冒油、气、水。

2. 固井质量评定

固井质量的评测主要从水泥返高、人工井底要求、套管鞋封固、水泥环胶结质量、套管柱试压等方面进行。

固井质量评测项目及相关评测方法、质量要求见表2-4。

表 2-4 固井质量评测项目及质量要求

<table>
<tr><th colspan="2">评测项目</th><th colspan="4">质量标准</th></tr>
<tr><td colspan="2" rowspan="2">水泥返高要求</td><td colspan="4">水泥浆返高应超高油气层顶界 50m</td></tr>
<tr><td colspan="4">气井及稠油注蒸汽井水泥返高要求到地面</td></tr>
<tr><td colspan="2">人工井底要求</td><td colspan="4">人工井底距油气层低界不少于 15m；人工井底指管内水泥面</td></tr>
<tr><td colspan="2" rowspan="2">套管鞋封固质量要求</td><td colspan="4">产层套管采用双塞固井，阻流环距离套管鞋长度不小于 10m</td></tr>
<tr><td colspan="4">技术套管或先期完成井阻流环距离套管鞋长度一般为 20m</td></tr>
<tr><td rowspan="27">水泥环胶结质量</td><td rowspan="8">CBL 测井评定</td><td colspan="2">常规密度水泥</td><td>低密度水泥</td><td>评价结论</td></tr>
<tr><td colspan="2">CBL≤15%</td><td>CBL≤20%</td><td>优</td></tr>
<tr><td colspan="2">15% < CBL≤30%</td><td>20% < CBL≤40%</td><td>合格</td></tr>
<tr><td colspan="2">CBL > 30%</td><td>CBL > 40%</td><td>不合格</td></tr>
<tr><td colspan="4">1. 水泥胶结测井(CBL)亦称声幅测井</td></tr>
<tr><td colspan="4">2. 声幅测井曲线评定水泥环胶结质量通过声幅衰减相对幅度判定</td></tr>
<tr><td colspan="4">3. 环空内全为钻井液的自由套管段的声幅值为基准</td></tr>
<tr><td colspan="4">4. 相对幅度 = 目的段声幅曲线幅度 ÷ 自由套管段声幅曲线幅度 ×100%</td></tr>
<tr><td rowspan="15">VDL 测井定性评定</td><td colspan="2">VDL 特征</td><td colspan="2">定性评价结论</td></tr>
<tr><td>套管波特征</td><td>地层波特征</td><td>第一界面胶结情况</td><td>第二界面胶结情况</td></tr>
<tr><td rowspan="4">很弱或无</td><td>清晰，相线与 AC 良好同步</td><td>良好</td><td>良好</td></tr>
<tr><td>无，AC 反映为松软地层，未扩径</td><td>良好</td><td>良好</td></tr>
<tr><td>无，AC 反映为松软地层，大井眼</td><td>良好</td><td>差</td></tr>
<tr><td>较弱</td><td>良好</td><td>部分胶结</td></tr>
<tr><td rowspan="4">软弱</td><td>地层波清晰</td><td>部分胶结或微环隙</td><td>部分胶结至良好</td></tr>
<tr><td>无或弱地层波</td><td>部分胶结</td><td>差</td></tr>
<tr><td>地层波不清晰</td><td>中等</td><td>差</td></tr>
<tr><td>地层波弱</td><td>较差</td><td>部分胶结至良好</td></tr>
<tr><td>很强</td><td>无</td><td>差</td><td>无法确定</td></tr>
<tr><td colspan="4">1. 变密度测井(VDL)可测地层波，反映水泥与地层的胶结情况</td></tr>
<tr><td colspan="4">2. 第一界面是指水泥与套管的胶结面；第二界面是指水泥与地层的胶结面</td></tr>
<tr><td colspan="4">3. AC 是指在裸眼中测量的纵波时差曲线</td></tr>
<tr><td colspan="4">4. 将 VDL 测井结果与 CBL 测井结果加以对比分析，可更全面评价胶结质量</td></tr>
<tr><td rowspan="4">SBT 测井评定</td><td colspan="4">1. 分区水泥胶结测井(SBT)可从纵横两个方向测量水泥胶结质量</td></tr>
<tr><td colspan="4">2. 显示套管周围全方位的水泥胶结情况，克服 CBL 测井结果的多解向</td></tr>
<tr><td colspan="4">3. 判断窜槽位置</td></tr>
<tr><td colspan="4">4. 能有效评价大口径套管及水平井套管的水泥胶结情况</td></tr>
<tr><td colspan="2" rowspan="2">加压验窜</td><td colspan="4">1. 主要用于测井方法评定为不合格层段的水泥环胶结情况</td></tr>
<tr><td colspan="4">2. 以一定时间的窜通量不大于规定值为合格</td></tr>
<tr><td colspan="2">套管柱试压</td><td colspan="4">30min 压降不超过 0.5MPa 为合格</td></tr>
</table>

十一、钻进过程中的油气层保护

钻进过程中油气层的损害主要与钻井液类型、组分和性能直接相关，其损害程度随着钻井液与岩石、地层流体的作用时间和侵入深度的增加而加剧。因此钻井液技术是保护好油气层的首要环节，同时在钻井过程中，采取降低压差、实现近平衡压力钻井、减少钻井液浸泡时间、优选环空返速、防止井喷井漏以及采用欠平衡压力钻井、选择合适的完井方法和完井液等措施来避免或减轻对油气层的损害。

钻开储集层时，防止污染的有效方法是采用合理的钻井液体系，快速钻进减少产层在钻井液中的浸泡时间。另外，合理设计井身结构以封固已钻开的储集层，在固井过程中采用低失水、低密度的水泥浆，减少试油试气及其他井下作业中关井、压井的次数，可以减少油气层在这些作业环节中的受污染程度。

十二、欠平衡钻井工艺

（一）欠平衡钻井的概念

欠平衡钻井是井内流体总压力（包括流动压力和静液柱压力）小于地层压力的钻井方式，又称为有控制的负压钻井。即在钻井过程中允许地层流体有控制地进入井内，循环出井，并在地面得到有效的控制和处理。欠平衡钻井作业的关键技术包括建立并保持欠平衡条件、井控技术、产出流体的地面处理和随钻测量监测技术等。

欠平衡钻井技术按工艺可分为两类：一是流钻，是指使用常规钻井液进行的欠平衡钻井，也就是所谓的“边喷边钻”；二是用人工诱导方式建立的欠平衡钻井，它采用特殊的钻井液和工艺建立欠平衡。采用人工诱导方式建立欠平衡条件，一种方法是直接使用空气、天然气、氮气、雾状流体、泡沫等低密度的钻井液；另一种方法是向钻井液基液中注入一种或多种不凝气，降低钻井液密度，建立并保持欠平衡钻井条件。

（二）欠平衡钻井的系列划分

欠平衡钻井系列分为：

①气体钻井：包括空气、天然气、氮气钻井。

②雾化钻井：在气体钻进过程中，如果有少量地层水进入井眼，就应适时改用雾状流体作为循环介质钻井。

③泡沫钻井液钻井：包括稳定和不稳定钻井液钻井。

④充气钻井液钻井：包括通过立管注气和环空井下注气两种方式。环空井下注气技术是通过寄生管、同心管、钻柱和连续油管等在钻进的同时往井下的钻井液中注入空气或天然气或氮气。

⑤气化水钻井液钻井：使用气化淡水、卤水或淀粉水等作为欠平衡钻井的主要循环介质。

⑥油包水或水包油钻井液钻井：钻井液中使用柴油或原油等建立并保持欠平衡钻井条件。

⑦常规钻井液钻井：使用常规钻井液建立并保持欠平衡条件钻井。

⑧泥浆帽钻井：又称浮动泥浆钻井，用于钻地层较深的高压裂缝或高含硫化氢的地层。

美国石油天然气研究协会出版的《欠平衡钻井手册》，将欠平衡钻井技术分为以下类型：干空气钻井、氮气钻井、天然气钻井、雾化钻井、稳定泡沫钻井、刚性泡沫钻井、气化液体、边喷边钻、泥浆帽钻井、强行钻井、封闭钻井、连续油管钻井。

（三）欠平衡钻井技术的发展和应用方向

欠平衡钻井可以避免或减少对油气层的损害，可能大幅提高钻速，可以减轻钻头磨损、提高钻头使用寿命和使用效果，可以避免或减少压差卡钻和井漏情况的发生，能够实现对油气藏数据的实时评价，可能减少完井及油气层的改造费用，可能大幅提高油气井的产量。据国外一些油公司的报道，运用欠平衡建井技术建成的水平井的产量较常规钻井产量之提高不可同比而语。当前，欠平衡钻井技术正积极应用于低压低渗油气藏、多裂油气藏、压力衰竭油气藏、边际油气藏及水平井的钻探，正积极应用于某些技术适用井段提高钻速的钻进过程，这对于解放相应油气层、大幅提高钻速、缩短建井周期具有重要的现实应用意义。

欠平衡钻井技术发展应用的方向是全过程的欠平衡建井，包括全过程的欠平衡钻进和相应的全过程的欠平衡完井。全过程的欠平衡钻进可以最大程度地降低因接单根、起下钻及因机械设备故障等因素出现的过平衡钻井对油气层的损害。作为欠平衡钻井的配套工艺，欠平衡完井是欠平衡钻井的自然延伸，其目的是将油气层可能受到的损害降至最低程度，以最大程度地提高产能。如果只应用欠平衡钻进技术，那么欠平衡钻井技术的应用可能就会停留在仅仅提高某个井段的钻速方面，就会大大降低欠平衡建井技术应用的综合效益。

十三、多工艺空气钻井技术

（一）多工艺空气钻井技术的主要特点

多工艺空气钻井技术源于欠平衡压力钻井技术。多工艺空气钻井技术就是采用以气体为主要的循环流体的欠平衡压力钻井技术。相对于常规钻井而言，其优势主要表现在保护储层、提高油气产量和采收率、提高钻井速度、减少或避免井漏等方面，但是不能克服水层对钻井的影响。若地层出水，易造成井壁坍塌卡钻、造浆引起堵塞的井内事故等。

多工艺空气钻井技术发展很快，目前已形成以低密度循环洗井介质为主要特征的综合性钻井新技术。与常规泥浆循环钻井技术相比，多工艺空气钻井技术的主要特点是：第一，以气体为主的低密度循环介质使得井筒液柱压力（纯气体钻井，孔底岩石表面没有液柱静水压力）大幅降低，可以明显地降低对井底的压力，能够及时清除岩屑，减少“压持作用”，使钻头不断继续切削新岩石而不是碾压已破碎的岩屑，有利于提高井底破岩效率，提高机械钻速；第二，以气体为主的低密度循环介质对不稳定地层和复杂岩矿层、易漏失低压、低渗天然气储层有保护作用；第三，以气体为主的低密度循环介质在井内循环速度快，能迅速将井底岩屑气举至地面，有利于及时判断井底情况；第四，气体在井内的循环方式可以根据需要采取正循环或反循环；第五，气液混合介质容易制备，在干旱缺水、高寒冰冻、供水困难的地区钻探施工可以规避钻井生产用水问题的制约；第六，压缩气体除在井内循环洗井外，还可作为动力源实现冲击回转钻进，有利于提高钻速。

（二）多工艺空气钻井的主要方式

当前，现场应用的多工艺空气钻井方式主要包括气体钻井、雾化钻井、泡沫钻井及充气钻井液钻井四种类型。

（三）多工艺空气钻井方式的转换

当前，现场应用的多工艺空气钻井技术的转化次序依次为：气体钻井—雾化钻井—泡沫钻井—充气液钻井—常规钻井液钻井。

多工艺空气钻井方式钻井方式的转换一般应遵从以下原则：

钻遇出水地层造成携屑困难，应根据出水量大小视情况转化成雾化、泡沫或常规钻井液钻井；钻遇地层产气量增加或当井下连续发生两次燃爆，视情况转化成雾化、泡沫或常规钻井液钻井；当硫化氢浓度超过一定限度时，转化成常规钻井液钻井；当井壁失稳，井下阻卡严重，转化成常规钻井液钻井。

十四、地质导向钻井技术

1993年，Schlumberger公司首先推出的以IDEAL系统（Intergrated Drilling Evaluation and Logging，综合钻井评价和测井系统）为代表的地质导向钻井系统被公认为最有发展前景的21世纪的钻井高新技术。此前，这项技术只有国外Schlumberger、Halliburton和Baker Hughes三家公司拥有。国外公司垄断此项技术，拒不出售产品，只提供高价位技术服务，目前我国具有自主知识产权的CDGS－I系统的研制成功及现场应用打破了国外对此项技术的垄断。

地质导向钻井（Geo－Steering Drilling）是用地质信息、随钻测井仪器响应和用于引导井眼进入目的层并保持在目的层内解释技术的一种综合。在钻井过程中，通过实时测量多种井下信息，对所钻地层的地质参数进行实时评价，从而精确地控制井下钻具命中最佳地质目标。

先进的地质导向系统已经应用了近钻头传感器，可以测量近钻头范围内的井斜角、方位角、地层电阻率、伽马射线和转速等数据，通过无线传输系统把这些数据从钻头附近传到MWD系统，这样可以更好地引导钻头穿过薄层和复杂地层，利用测井数据直接进行地质导向钻井，而不是按预先设计的井眼轨道钻井。该系统集井眼轨迹无线随钻测量控制技术（MWD）、随钻地震技术（SWD）和随钻测井技术（LWD）为一体，相当于给钻头装上了一个“方向盘”，现场地质师和定向工程师根据仪器反映的所钻地层岩性及其孔隙流体的客观情况，能够及时“看到”所钻井眼的井身轨迹、地层岩性及其孔隙流体物性，并以此来设计和控制井眼轨迹的走向，及时调整和修改原钻井设计，使钻头能够安全有效地向着储集层目标钻进。

地质导向钻井技术可根据随钻监测到的地层特性来实时调整和控制井眼轨道，可广泛适用于复杂地层、薄油层钻进的开发井、水平井、大位移井、分支井、深探井的工程施工。

十五、井下复杂情况及事故的预防

井下复杂情况和钻井事故会给钻井工程施工带来很大的困难和额外的麻烦，降低钻井效率，增加钻井成本，增加工程施工风险因素，严重的钻井事故可能会直接导致井报废、钻机设备损毁、人员伤亡，甚至灾难性的后果和影响。钻井过程中如果一种井下情况的产生不能得到及时的处理，就有可能引发其他更多的复杂情况甚至事故的发生。

钻井生产必须严格执行钻井操作规程和既定的各项技术措施。熟知各种事故发生的原因及过程，事先制订应急预案，掌握处理各种井下复杂情况和事故的技术和技能，能够有预见性、有针对性地及时采取有效的措施预防和处理各种复杂情况和事故的发生。

十六、完井工艺与完井方式

油气井的完井工艺过程包括确定完井方法、钻开储集层、确定完井井底结构、安装井

底、使井眼与产层连通并安装井口装置等工序。完井质量直接关系到油井的寿命和生产能力，关系到井的后续生产。因此，完井工作必须为保护油气层、多采油气、长期稳产打好基础。

目前，常见的完井方式主要有：射孔完井、裸眼完井、割缝或冲缝衬管完井、砾石充填完井、化学固砂完井、其他防砂筛管完井以及欠平衡技术条件下的完井方法等。完井方式选择要综合油藏类型、渗流特征和油气性质针对单井进行选择。

建井常见完井方式见表2－5。

表2－5　主要完井方式例举

主要完井方式	主要特点
射孔完井	1. 射孔完井利于下步进行储层改造或增产措施作业 2. 应用最为广泛的一种完井方式
裸眼完井	1. 产层完全裸露，具有最大的渗流面积 2. 使用局限性大 3. 裸眼完井累计产量不一定高于射孔完井累计产量，且不利于下步储层改造或增产措施作业
衬管完井	可起到裸眼完井的作用，可有效防止裸眼完井井壁坍塌堵塞井筒，可起到一定防砂作用
砾石充填完井	主要适用于胶结疏松出砂严重的地层
化学固砂完井	适用层位防砂方法
筛管完井	适用层位防砂方法
欠平衡技术条件下的完井	欠平衡钻井技术的延伸、配套工艺

十七、试油(气)

试油(气)工艺包括诱导油气流和完井测试两大部分。

对于自喷井，可进行放喷测试；对于不能自喷的井，则进行诱导油气流的作业，其方法主要有替喷法、抽汲和提捞诱喷法、气举法和混水排液法等。

完井测试的主要任务是测定油气井产量、井口压力、原始地层压力和井底流动压力，并取全取准油、气、水样本资料，为投产决策积累资料。

十八、完井投产

完井投产前应作必要的准备，如通井检查井筒是否畅通无阻，刮管清除套管内壁上的水泥及炮眼毛刺、用洗井液冲洗带出井筒内的脏杂物等。

当油气产量达到具有商业开采价值的产量要求且具备投产条件时即交付投产使用。

当油气井的自然产能达不到商业油气流或开发试采对产能的要求时，就需要对产层进行投产前的改造，常用措施主要有：完井解堵、完井水力压裂、完井酸化、完井酸压裂、完井高能气体压裂、完井排液等工艺技术措施。

完井投产工序及主要措施见表2－6。

表 2－6　完井投产工序及主要措施

投产准备	通井		检查井筒是否畅通
	刮管		清除套管内壁
	洗井		冲洗带出井筒内的脏杂物
主要投产措施	解堵	物理解堵	解除或减轻产层堵塞，提高产层渗流能力
		化学解堵	
	水力压裂	单井压裂	致裂地层、延伸裂缝
		整体压裂	
	酸洗酸化		解堵工艺措施
	酸压裂(压裂酸化)		致裂地层、酸蚀裂缝
	高能气体压裂		致裂地层
	排液	替喷排液	诱喷、诱导油流
		抽汲排液	
		气举排液	
		泡沫排液	
投产	当达到具有商业开采价值的产量要求且具备投产条件时即交付使用		

十九、环境保护

环境保护贯穿于建井全过程。钻井施工现场对环境保护工作的要求是：将有害气体、有害液体及固体废弃物的排放减少到最低程度；做好水污染、空气污染、噪声污染的防治工作；对废弃物进行必要的处置；对场地清理、地貌恢复负责。

钻井现场环境保护与治理项目见表 2－7。

表 2－7　钻井现场环境保护措施(例举)

钻井污水处理	对建井过程中产生的各种污水进行处理，达到国家和当地政府规定的水质标准，排出井场或重复利用	
废弃钻井液处理	直接排放处理	必须得到许可方可排放
	直接埋填处理	必须得到许可方可填埋
	坑内密封填埋处理	储存坑须衬垫材料，必须得到许可方可填埋
	土地耕作	须适用条件及专门技术
	脱稳干化处理	
	注入安全地层	
	闭合回路系统法	须专门处理装置及处理技术
	微生物法	去除有机物效率高
	固化处理	固化处理原地填埋或做它用
	油基钻井液溶解萃取处理	
	钻井液——水泥浆转化法	将废弃钻井液转化为固井水泥浆(MTC 水泥浆技术)
	专门集中处理	集中拉运到指定地点，专门集中处理
噪声防治	对噪声有环保要求的，应配套能够达到噪声防治标准的钻井设备或分时段施工	
地貌恢复	清理场地、恢复地貌	

第三节　石油钻井工程竣工验收与交接管理

一、钻井工程竣工验收的内容

钻井工程竣工验收的内容不仅仅包括完井验收。钻井工程竣工验收的内容可以划分为阶段性工序验收、单井工程验收和区块项目验收等三个层次、三个方面的验收。

（一）阶段性的工序验收

工序是整个钻井工程的基本生产单元，是一项项的独立作业，对工序质量特别是关键工序质量的检验，是保证单井工程竣工验收的基础和前提。阶段性工序验收属于中间作业或工序的验收交接。它是在钻井施工过程中根据作业或工序需要由甲乙双方技术人员在现场进行的验收。严格而及时的中间作业或工序验收是保证钻井工程质量和单井工程目标实现的重要手段。

阶段性工序验收一般包括井位勘测、钻机安装、各次开钻前的检查、井眼轨迹控制情况、地质录井、测井、测试、固井、打开油气层前的检查、完钻前的检查、完井作业、试油/试气、环境保护、工程资料以及业主认为其他必要的检查验收等作业内容。验交依据是钻井工程施工合同与各项作业、工序的质量标准以及环保要求。验交合格后，甲方签发相应工序的竣工验收合格单，乙方即可据此办理相应的工程价款结算，并被准许进行下一阶段的施工作业。

（二）单井工程验收

单井验收是在阶段性工序验收基础上的完井交接验收。钻井完井后由施工方向项目业主（发包方）或其委托代理方进行工程验收交接。交接验收时应填写钻井完井现场交接验收单，并经交接各方签字认可。交接各方签署验收意见后，应评定该井的质量级别——优质井、合格井、不合格井。

验收合格的，施工方据此办理工程价款决算。现场验收不合格的项目应限期组织处理整改，整改完毕后再组织重新验收。若验收不合格又无法整改或整改后仍不合格的，按照合同约定的权责义务关系处理。

单井验收要根据不同专业作业的具体质量标准和施工技术规范进行检查验收。总之，对各道工序和作业检验合格后，才能视为一口验收合格的井。单井验收应达到以下基本要求：

第一，井位准确，已完成设计井深，钻达目的层；

第二，井身质量合格；

第三，井口装置安装合格；

第四，单井施工各道工序质量检验合格，并有记录；

第五，资料录取符合要求；

第六，环保符合要求；

第七，项目业主的其他必要要求。

（三）区块项目验收

区块项目验收可以按照某一油气勘探项目区块验收、油气开发项目区块验收以及老区改造调整区块项目验收等进行分类。这些项目按设计要求已打完全部部署井位，并符合竣工验收条件时，即可按项目验收级别进行全部验收。

区块项目验收，应首先组织设计、施工和生产单位对项目任务、项目工程量、工程质量、工期、储量、综合生产能力、工程概预算等指标进行初验，在此基础上，向有关主管部门提出区块项目竣工验收申请，同时对该区块项目作出综合评价，报请项目业主有关主管部门进行全面的检查验收。

二、钻井工程竣工验收的依据

钻井工程竣工验收的依据主要有：油气勘探开发建设项目总体设计及概算，年度勘探开发部署、方案、设计，区块设计和概算；钻井设计；建井实际情况；现行钻井施工技术验收规范及钻井工程质量标准；招标文件及订立的合同协议；环保法律法规；有关主管部门制订的相关钻井工程竣工验收的规章、规范、标准等。

钻井工程竣工验收一定要严格各阶段性工序的验收，一定要结合钻井设计和建井实际进行，一定要有利于钻井的安全优质快速钻进和 HSE 管理目标的实现。

第三章　石油钻井装备

第一节　石油钻井装备概述

一部用于石油钻探施工作业所使用的全套技术装备统称为石油钻井装备。

“工欲善其事，必先利其器”。钻井生产的直接效益主要表现为单井成本节支和全员生产效率，而钻井安全生产的实现、工程质量的保证、节能降耗、生产效率的高低在很大程度上取决于钻井队伍的技术装备水平。

一、常规钻机

一部钻机可以看作是一个工厂，但它只能生产或修理一种产品——“井”。它是钻井承包商承揽作业任务的“敲门砖”。钻机不同于其他的制造设备，它必须经常性地遣移。受此影响，钻机各组成部件在研发设计阶段就必须考虑其在重量和尺寸方面应有的限制。因为在调遣运移钻机设备时，钻井装备的各组成部件或组件的重量和尺寸绝对不能超过吊载运载设施的吊重载重能力和不同运输方式下所允许通过的最大重量、高度和宽度等方面的限制。

当前，广泛使用钻井设备为转盘旋转钻机。陆地钻井所用的转盘钻机是钻井设备的基本型式，通常所说的钻机指的就是这种型式的钻机，也称为常规钻机。

二、海上钻井装置

海上钻井装置可以划分为移动式和固定式海上钻井装置两大类。其中，移动式海上钻井装置主要包括坐底式、桩脚式、半潜式、浮船式、步行式钻井平台等海上钻井装置；固定式海上钻井装置主要有固定平台式海上钻井装置和固定平台加附属船海上钻井装置两种情形。

三、石油钻井装备的编号规范

编号是石油钻井装备的“身份证”。钻井队必须在经过业主方或其主管部门注册登记统一编号或备案后，方能接受市场准入资质等级认证管理，承揽钻、修井施工作业。石油钻井装备的编号应当统一、规范。

中国石油化工集团公司在 2003 年对所属陆上钻井队的番号进行了重新统一编号规范。新的钻井队番号由 5 位阿拉伯数字和所属各油田企业名称的汉语拼音缩写字母组成。其中：前两位数字代表钻机的钻深能力，如“90”代表 9000m 钻机，“70”代表 7000m 钻机；第三位数字代表钻机类型；第四、第五两位数字表示申报钻井队番号的先后顺序。中国石油化工集团公司要求，各油田企业所属钻井队必须经过集团公司注册登记和统一编号以后，才能从事钻井、修井施工作业；钻井队未经集团公司注册登记和发放番号，不能申请集团公司的资质等级认证，不得承担其所属油气勘探开发区块的钻井、修井施工劳务。

第二节　钻机的组成及类别

石油钻机是一套联合的工作机组，主要由动力机组、传动系统、控制系统、绞车、天车、游动滑车、大钩、水龙头、转盘、顶部驱动装置、钻井泵、钻井液净化及循环设备、井架和底座以及电力、液压和空气动力等辅助设备配套组成。

一、钻机的组成

根据钻井工艺中钻进、洗井、起下钻具等各工序的不同要求，一套钻机必须具备钻具起升、旋转钻进、钻井液循环、动力、传动、控制、钻机底座、辅助设备等八大系统和装备。

(一) 钻具起升系统

起升系统主要包括主绞车、辅助绞车(或猫头)、主刹车、辅助刹车(电磁涡流辅助刹车、水刹车等)、游动系统(包括钢丝绳、天车、游动滑车和大钩)以及悬挂游动系统的井架和底座等，另外还有起下钻具操作使用的工具及设备，包括吊环、吊卡、卡瓦、大钳、立根移运设施等。

(二) 旋转钻进系统

主要包括：转盘或顶部驱动装置、水龙头、钻柱组合(包括井下动力钻具)和钻头等。

(三) 钻井液循环系统

钻井液循环系统包括钻井泵、地面高压管汇、钻井液调配设备、固控设施及钻井液循环罐等。

(四) 动力系统

动力系统是用来驱动绞车、钻井泵和转盘等工作机组的动力设备，按驱动类别的不同，其动力设备可以是柴油机、交流电动机或直流电动机，也可以是网电动力设施、钻井用天然气发动机等。

(五) 传动系统

传动系统主要是用来把动力设备的机械能传递和分配给绞车、钻井泵和转盘等工作机。传动系统在传递和分配动力的同时具有减速、并车、倒车等特种功能。石油钻机的传动方式分为：机械传动，包括联动机并车传动、链条箱并车传动；机械—电混合传动；电传动；液压传动。

(六) 控制系统

为了使钻机各个系统协调工作，钻机上配有气控制、液压控制、机械控制和电控制等各种控制设备，以及集中控制台和显示仪器仪表等。

(七) 钻机底座

钻机底座包括钻台底座、机房底座和钻井泵底座等。钻机底座的主要功用就是用来安装钻井设备、方便钻井设备的移运等。

(八) 辅助设备设施

成套钻机除具有上述的主要设备外，还须配备有供气设备、辅助发电设备、井控装置、起重设备、防沙防寒等设施等。在寒冷地区或高寒季节施工还须配备供暖保温设施。

二、钻机的分类

(一) 按照钻深能力划分

①浅井钻机，指的是钻井深度不大于1500m的钻机，主要有用于钻地质调查井的钻机、

岩心钻机、水井钻机、地震和炮眼钻机等；

②中深井钻机，指的是钻井深度在1500～3200m之间的钻机；

③深井钻机，指的是钻井深度在3200～5000m之间的钻机；

④超深井钻机，指的是钻井深度能够超过5000m的钻机。

(二)按采用的传动幅类型划分

①胶带并车传动——皮带钻机；

②链条并车传动——链条钻机；

③锥齿轮——万向轴并车传动——齿轮传动。

(三)按驱动设备类型划分

①机械驱动钻机，包括柴油机直接驱动或柴油机——液力驱动的钻机；

②电驱动钻机，包括交流变频电驱动钻机、直流电驱动钻机等；

③液压钻机，是指通过液压动力和传动方式驱动的钻机。

三、钻机的基本参数和标准系列

(一)钻机的基本参数

钻机的基本参数是反映钻机基本工作性能的技术指标，也称特性参数。它是设计、制造、选择、使用、维修和改造钻机的主要技术依据。

石油钻机基本参数见表3－1。

钻机的基本参数主要分为：主参数、起升系统参数、旋转系统参数、循环系统参数和驱动系统参数。

1. 主参数

在基本参数中，选定一个最主要的参数作为主参数。主参数能最直接地反映钻机的钻探能力和主要性能，对其他参数具有影响和决定作用，可用来标定钻机型号并作为设计、选用钻机装备的主要技术依据。

我国钻机标准采用名义钻井深度(名义钻深范围的上限)作为主参数。因为钻机的最大钻井深度影响并决定着其他参数的大小。俄罗斯和罗马尼亚钻机标准采用最大钩载作为主参数。美国钻机没有统一的国家标准，其各大公司生产的钻机基本上以名义钻深范围作为其主参数。

(1)名义钻井深度

名义钻井深度是指钻机在标准规定的钻井绳数下，使用127mm(5in)钻杆可钻达的最大井深。

(2)名义钻深范围

名义钻深范围是指在使用规定的钻井绳数下、在使用规定的钻柱时，钻机的经济钻深范围。名义钻深范围的下限与前一级的重叠，其上限即为该级钻机的名义钻井深度。

2. 起升系统参数

(1)最大钩载

最大钩载是钻机在标准规定的最多绳数下，起下套管、处理事故或进行其他特殊作业时，大钩不允许超过的最大载荷。

最大钩载决定了钻机下套管和处理事故的能力，是计算起升系统零部件静强度及计算转盘、水龙头主轴承静载荷的主要技术依据。

表 3－1　石油钻机基本参数（SY/T5609—1999）

钻机级别		10/600	15/900	20/1350	30/1700	40/2250	50/3150	70/4500	90/6750 / 90/5850③	120/9000
名义钻深范围①/m	127mm 钻杆	500～800	700～1400	1100～1800	1500～2500	2000～3200	2800～4500	4000～6000	5000～8000	7000～10000
	114mm 钻杆	500～1000	800～1500	1200～2000	1600～3000	2500～4000	3500～5000	4500～7000	6000～9000	7500～12000
最大钩载荷 kn(tf)		600(60)	900(90)	1350(135)	1700(170)	2250(225)	3150(315)	4500(450)	6750(675) / 5850(585)③	9000(900)
绞车额定功率	kW	110～200	257～330	330～400	400～550	735	1100	1470	2210	2940
	(hp)	(150～270)	(350～450)	(450～550)	(550～750)	(1000)	(1500)	(2000)	(3000)	(4000)
游动系统绳数	钻井绳数	6	8	8	8	8	10	10	12 / 10③	12
	最多绳数	6	8	8	10	10	12	12	16 / 14③	16
钻井钢丝绳②直径	mm	22	26	29	32	32	35	38	42	52
	(in)	(7/8)	(1)	($1\frac{1}{8}$)	($1\frac{1}{4}$)	($1\frac{1}{4}$)	($1\frac{3}{8}$)	($1\frac{1}{2}$)	($1\frac{5}{8}$)	(2)
钻井泵单台功率不小于	kW	260	370	590	735		960	1180		1470
	(hp)	(350)	(500)	(800)	(1000)		(1300)	(1600)		(2000)
转盘开口直径	mm	381, 445		445, 520, 700			700, 950, 1260			
	(in)	(15, $17\frac{1}{2}$)		($17\frac{1}{2}$, $20\frac{1}{2}$, $27\frac{1}{2}$)			($27\frac{1}{2}$, $37\frac{1}{2}$, $49\frac{1}{2}$)			
钻台高度	m	3, 4	4, 5		5, 6, 7.5		7.5, 9, 10.5, 12			
井架④	各级钻机均可采用提升 28m 立柱的井架；对 10/600，15/900，20/1350 三级钻机也可采用提升 19m 立柱的井架，对 120/9000 一级钻机也可采用提升 37m 立柱的井架									

①114mm 钻杆组成的钻柱的名义平均质量为 30kg/m，127mm 钻杆组成的钻柱的名义平均质量为 36kg/m。以 114mm 钻杆标定的名义钻深范围上限作为钻机型号的表示依据。
②所选用钢丝绳应保证在游动系统最多绳数和最大钩载荷的情况下的安全系数不小于 2，在钻井绳数和最大钻柱载荷的情况下的安全系数不小于 3。
③为非优选参数。
④不适用于自行式钻机、拖挂式钻机。

(2)最大钻柱质量

最大钻柱质量是钻机在标准规定的钻井绳数下，正常钻进或进行起下钻作业时大钩所允许承受的最大钻柱在空气中的质量。

标准规定，127mm(5in)钻杆接 80～100m 的 7in 钻铤，每米钻柱质量平均取值为 36kg/m，化整即为系列钻机的最大钻柱质量。最大钻柱质量是计算钻机起升系统零部件疲劳强度和转盘、水龙头主轴承动载荷的主要技术依据。

最大钩载与最大钻柱质量的比值称为钩载储备系数。钩载储备系数一般在 1.8～2.08 之间取值。钩载储备系数越大，表明该钻机下套管、处理事故等方面的作业能力越强；但钩载储备系数过大，会导致起升系统零部件过于笨重，不利于动迁。

(3)钻井绳数和最大绳数

①起升系统钻井绳数：起升系统钻井绳数是指正常钻井时游动系统采用的有效提升绳数。

②游动系统最大绳数：游动系统最大绳数是指钻机配备的游动系统轮系所能提供的最大有效绳数。

此外，起升系统参数还包括：绞车各挡起升速度、绞车挡数、绞车最大快绳拉力、钢丝绳直径、绞车额定输入功率、井架有效高度、钻台高度等。

3. 旋转系统参数

旋转系统参数包括：转盘开口直径、转盘各挡转速、转盘挡数、转盘额定输入功率等。

4. 循环系统参数

循环系统参数包括：钻井泵额定压力、钻井泵额定流量、钻井泵额定输入功率等。

5. 驱动系统参数

驱动系统参数包括：单机额定功率、总装机功率等。

(二)钻机标准系列

根据有关标准规定，按照名义钻深范围上限和最大钩载荷将石油钻机分为九个级别。钻机标准系列编号规范见图 3－1：

例如，7000m 块装直流电驱动钻机第二次改型表示为：ZJ70/4500 DZ—2

第三节　钻井绞车

一、钻井绞车的功能

钻井绞车不仅是起升系统设备，而且也是整个钻机的核心部件。钻井绞车应当具备的功能主要有：第一，具有足够大的功率，有足够的提升最重钻柱和解卡能力。在最低转速下钢丝绳能产生足够大的拉力，保证游动系统安全可靠。第二，各提升部件具有足够的强度和刚度。滚筒、滚筒轴、轴承以及各机构、易损件具有足够长的寿命。第三，绞车滚筒具有足够的尺寸和容绳量，保证缠绳状态良好。第四，能适应起重量的变化，具有足够的起升档数。第五，具有灵敏而可靠的刹车机构及强有力的辅助刹车，能准确地调节钻压，均匀地送进钻具，在下钻过程中能随意控制下放速度以及能在较省力的状态下将最重钻柱载荷刹住。第六，具有一个或两个猫头。紧扣猫头最大拉力应为 30kN，卸扣猫头最大拉力应为 100kN，以满足用大钳紧扣和卸扣及其他辅助起重的需要。第七，具有稳定的支架和底座，整个绞车不应超重、超宽、超长、超高，以免给运输带来困难。传动部分应有严密的保护罩，并保证充分润滑。易损件拆卸、更换方便。第八，采用集中控制，使控制手柄、刹把、指重表等集中在司钻控制台上，便于司钻操作。

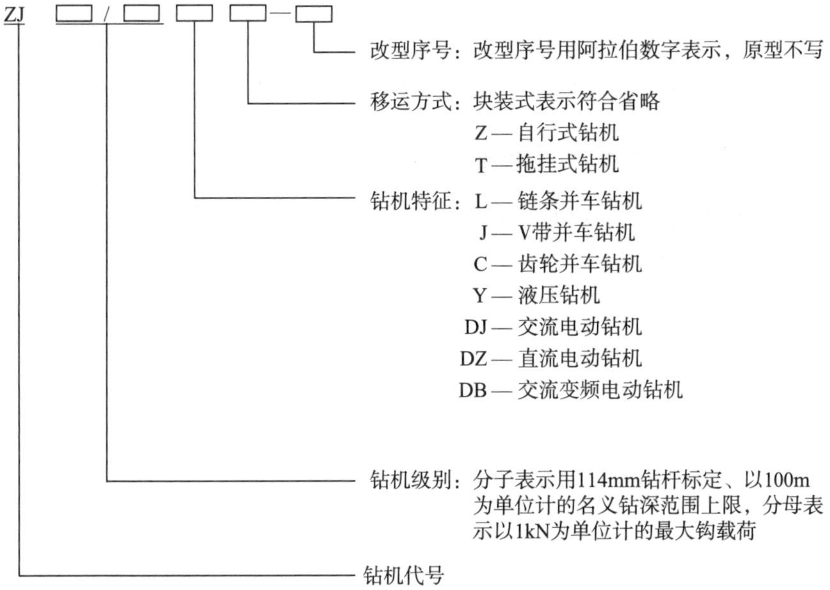

图 3－1　钻机型号编号规范示意图

二、钻井绞车的结构类型

绞车的种类繁多，习惯上有多种分类方法。按轴数分，有单轴、双轴、三轴及多轴绞车；按滚筒数目分，有单滚筒和双滚筒绞车；按提升速度分，可分为二速、三速、四速、六速、八速绞车。

最能体现绞车结构特点的是它的传动方案，下面按照绞车轴数对各种绞车传动方案的结构特点和类型进行说明。

（一）单轴绞车

猫头直接装在滚筒两端，滚筒活装在轴上。绞车外变速。结构简单，移运方便，但猫头使用不方便，且滚筒高档不能独立安排，影响起下钻速度。

（二）双轴绞车

它是由滚筒轴加猫头轴组成。仍为绞车外变速，但猫头位置及速度可不受限制，比单轴绞车方便。

（三）三轴绞车

这类绞车传动方案的特点是，多加了一根引入动力的传动轴，并在绞车内实现链条变速传动。取消了外带的变速箱，但绞车本身却复杂了，重达20t，运输及安装不方便。也有的三轴绞车是内、外联合变速的。

（四）多轴绞车

四轴以上的绞车称为多轴绞车。

（五）独立猫头轴—多轴绞车

一般是独立猫头轴与转盘传动装置构成一单元置于钻台上，猫头只进行紧卸扣和辅助

起重作业，功率小、结构简单、质量轻，上钻台容易；将主滚筒连同链条变速箱或联动机组组成一单元置于机房底座上。这样就大大改善了大功率链传动的工作条件，便于安装和移运。

（六）电驱动绞车

某些电驱动钻机利用直流电动机分别驱动滚筒轴和猫头轴，主滚筒和猫头轴各自成为独立单元，或将绞车分解成主滚筒绞车和猫头绞车两个独立单元。

三、钻井绞车的表示方法与基本参数

行业标准 SY/T5532—1992 规定了钻井绞车的表示方法和基本参数。

(1)钻井绞车的表示方法

钻井绞车的表示方法见图 3－2：

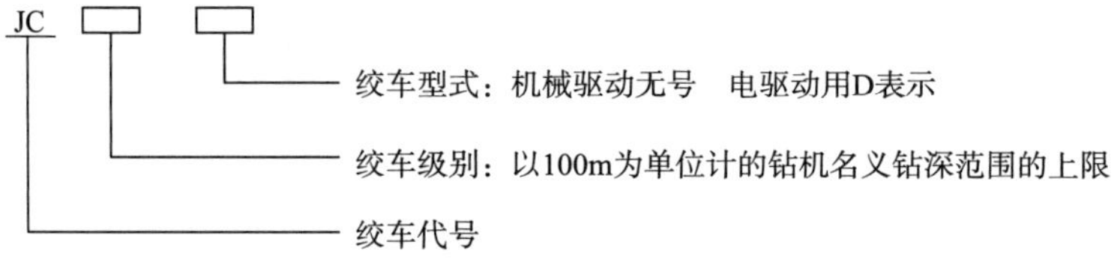

图 3－2　钻井绞车表示方法示意图

例如，级别为 50 的机械驱动绞车型号为 JC50；级别为 50 的电驱动绞车型号为 JC50D。

(2)钻井绞车的基本参数

钻井绞车的基本参数见表 3－2。

表 3－2　绞车的基本参数

绞车级别	基本参数			
	名义钻深范围（用 127mm 钻杆）	最大输入功率/kW	最大快绳拉力/kN	钢丝绳公称直径/mm
15	900～1500	330	135	26
20	1300～2000	510	200	29
32	1900～3200	740	275	32
45	3000～4500	1100	340	35
60	4000～6000	1470	485	38
80	5000～8000	2210	565	42

第四节　刹车装置

现阶段钻机上所用的主刹车一般是机械式的，称为机械刹车或带（盘）式刹车或液压盘式刹车。辅助刹车主要有电磁涡流刹车和水刹车。

一、钻井工艺对刹车机构的要求

刹车机构是钻井绞车中十分重要的部件，但又是较薄弱的环节。目前所使用的刹车机构存在的问题主要有刹车杠杆增力倍数小、辅助刹车的刹车能力不够、刹车块摩擦系数小、耐磨性差等。

二、机械刹车组成机构与作用原理

机械刹车主要由刹带、刹车鼓、杠杆、刹把、司钻阀、平衡梁、行程限制螺杆、刹车气缸、弹簧等部件组成。

刹车时，操作刹把转动传动杠杆，通过曲轴拉动刹带的活端使其抱住刹车鼓。扭动刹把手柄可控制司钻阀启动气刹车，气刹车起省力作用。平衡梁是用来均衡左右刹带的松紧程度，以保证它们受力均匀。当刹车块磨损使刹带与刹车鼓初始间隙增大导致刹把的刹止角过低时，可通过调整螺杆调整到合适的初始间隙。

三、石油钻机刹车块

刹车块是通过螺钉固定在刹带上，一般可分为模压型（用 M 表示）和编制型（用 B 表示）。刹车块有四螺钉孔、六螺钉孔和不带螺钉孔三种规格。

模压型刹车块是指以绒质纤维为骨架材料的刹车块，通常用于无水冷却装置的钻机刹车副。

编制型刹车块是指以纤维—铜丝线织物结构为骨架材料的刹车块，通常用于有水冷却装置的钻机刹车副。

四、刹车块表示方法与基本参数

行业标准 SY/T5023—1994 规定了刹车块的表示方法和基本参数。

（一）刹车块表示方法

刹车块表示方法见图 3－3：

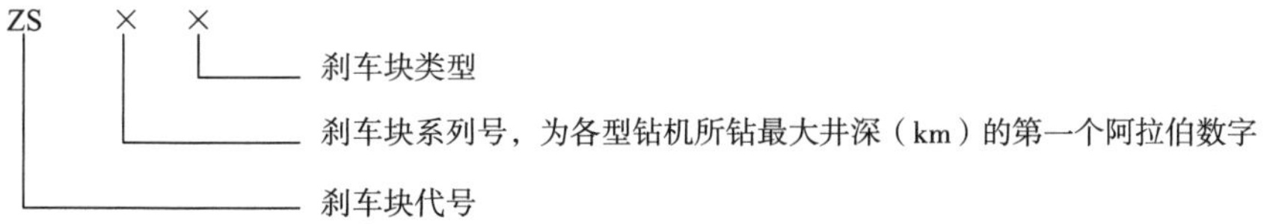

图 3－3　刹车块表示方法示意图

例如，ZS2—M 表示可用于最大井深为 2000m 钻机的模压型刹车块。

（二）刹车块技术参数

刹车块技术参数见表 3－3。

表 3-3 剎车块的技术参数 （单位：mm）

<table>
<tr><th rowspan="2">序号</th><th rowspan="2">型号</th><th colspan="2">R</th><th colspan="2">A</th><th colspan="2">B</th><th colspan="2">δ</th><th colspan="2">a</th><th colspan="2">b</th><th colspan="2">H</th></tr>
<tr><th>基本尺寸</th><th>极限偏差</th><th>基本尺寸</th><th>极限偏差</th><th>基本尺寸</th><th>极限偏差</th><th>基本尺寸</th><th>极限偏差</th><th>基本尺寸</th><th>极限偏差</th><th>基本尺寸</th><th>极限偏差</th><th>基本尺寸</th><th>极限偏差</th></tr>
<tr><td rowspan="2">1</td><td>ZS2—M</td><td rowspan="2">534</td><td rowspan="4">±5.50</td><td rowspan="2">305</td><td rowspan="8">±4.00</td><td rowspan="2">203</td><td rowspan="8">+0.00
−2.00</td><td rowspan="2">26</td><td rowspan="8">±1.00</td><td rowspan="8">173</td><td rowspan="8">±0.50</td><td rowspan="2">127
140①</td><td rowspan="8">±0.50</td><td rowspan="2">12</td><td rowspan="8">+0.00
−1.00</td></tr>
<tr><td>ZS2—B</td></tr>
<tr><td rowspan="2">2</td><td>ZS3—M</td><td rowspan="2">584
590①</td><td rowspan="2">305
294①</td><td rowspan="2">254
220①</td><td rowspan="6">32</td><td rowspan="6">178</td><td rowspan="6">18</td></tr>
<tr><td>ZS3—B</td></tr>
<tr><td rowspan="2">3</td><td>ZS4—M</td><td rowspan="2">635</td><td rowspan="4">±6.20</td><td rowspan="4">305</td><td rowspan="4">254</td></tr>
<tr><td>ZS4—B</td></tr>
<tr><td rowspan="2">4</td><td>ZS6—M</td><td rowspan="2">685</td></tr>
<tr><td>ZS6—B</td></tr>
<tr><td>5</td><td>ZS8②</td><td colspan="14">待发展</td></tr>
</table>

①为过渡尺寸，新产品不得使用。
②待发展型号。

五、辅助剎车

（一）电磁涡流剎车

电磁涡流剎车是目前广泛使用的新型辅助剎车。它不是通过摩擦式的或其他形式的摩擦副完成，而是利用电磁感应原理进行无磨损制动，冷却方式为强制风冷或水冷。制动性能好，无磨损件，使用寿命长，操作维修简便。当前在石油钻机上正获得广泛的应用。

（二）水剎车

水剎车的作用就是在下钻时将滚筒的旋转速度剎慢，保持钻具以要求的速度安全均匀地下放。水剎车的工作原理的实质就是通过叶片和液流的相互作用，以吸收下钻时产生的大部分动能，转化为热能释放掉，从而减轻机械剎车的负担。水剎车现已较少使用，正逐步被淘汰。

第五节 链条与链轮

一、石油钻机链传动的主要特点

采用套筒滚子链并车传动的钻机称为链传动钻机。石油钻机链传动的主要特点是：功率大、排数多；中心距大小受到结构限制，且不可调节；链速高、速度变化范围宽；冲击负荷变化幅度大，运转工况复杂。基于上述链传动中的工况要求，一般标准链条不能满足钻机链传动的要求，必须采用特制石油专用链条。

二、石油钻机链传动的组成结构与技术规范

（一）滚子链组成结构

滚子链有单排和多排之分，并按链板厚度不同分为基本和加重两个系列。

滚子链的基本零件是外链板、内链板、销轴、滚子、套筒和止锁件。由这些零件组成外链节和内链节，若干链节形成闭环，接头处采用连接链节或组合式过渡链节。外链节由 2 个外链板、2 根销轴和中链板组成，内链节由 2 个内链板、2 个套筒和 2 个滚子组成。

当传递大功率时，采用多排链，由几个单排链用长销轴横穿连接。

（二）链条的表示方法

根据行业标准 SY/T5595—1997 规定，石油钻机用滚子链条的表示方法见图 3－4：

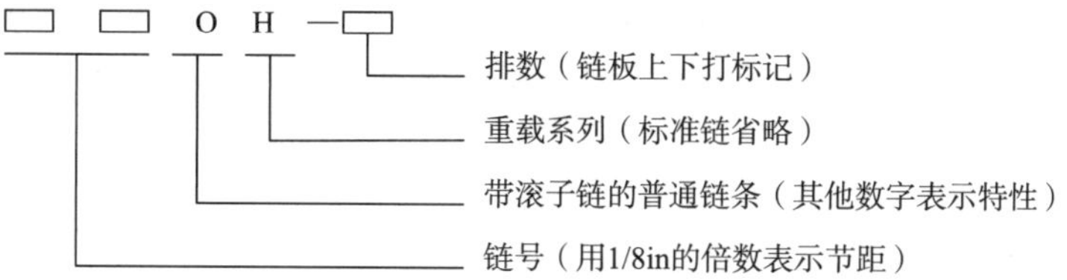

图 3－4　链条表示方法示意图

例如，160H—6 表示节距为 50. 8mm，带滚子链的加重链条，排数为 6 排。

（三）标准链条承载能力

标准链条承载能力见表 3－4。

表 3－4　标准链条承载能力表（SY/T5595—1997）

链号	最小极限拉伸载荷/N(lbf)	最小压出力/N(lbf)		动载实验载荷/N(lbf)	
		销轴	套筒	最小	最大
40	13900(3125)	801(180)	480(108)	3069(690)	307(69)
50	21710(4880)	1334(300)	801(180)	4808(1080)	480(108)
60	31270(7030)	1833(412)	1099(247)	6895(1550)	690(155)
80	55600(12500)	3238(728)	1944(437)	12055(2710)	1206(271)
100	86740(19500)	4715(1060)	2825(635)	18460(4150)	1846(415)
120	125100(28100)	6361(1430)	3821(859)	25978(5840)	2598(584)
140	170270(38300)	8363(1880)	4982(1120)	34340(7720)	3434(772)
160	222400(50000)	10542(2371)	6316(1420)	43771(9840)	4377(984)
180	281570(63300)	15747(3540)	9430(2120)	53823(12100)	5382(1210)
200	347410(78100)	20373(4580)	12188(2740)	64499(14500)	6450(1450)
240	500400(112500)	23931(5380)	15747(3540)	86296(19400)	8630(1940)

注：动载试验的数据不能用作实际设计中的有效特性值。所规定的数据和试验的结果都不能用作工作载荷。动载试验是一种破坏性试验，即使在试验结束时链条没有失败，它也有可能已经破坏而不能使用。

第六节　钻井泵

钻井泵是钻井液循环系统中的关键设备，一般用于在高压下向井底输送循环钻井液，同时也是高压喷射钻井和井下动力钻具的动力液。习惯上将钻井泵称为泥浆泵。

一、钻井泵的工作原理

钻井泵属于往复泵中的一种，其作用原理与一般往复泵完全相同。它由驱动部分(动力端）和水力部分（液力端）两大部分组成。

工作时，动力机通过传动部件带动主动轴，主动轴通过齿轮传动带动曲轴旋转。当曲柄从水平位置自左向右逆时针旋转时，活塞向动力端移动，液缸内压力逐渐减小并形成真空，吸入液体顶开吸入阀进入液缸，直到活塞移到右止点，这个过程称为泵的吸入过程。完成了吸入过程后，曲柄继续沿逆时针方向旋转，这时活塞开始向液力端运动，液缸内液体受挤压，压力升高，吸入阀关闭，排出阀被顶开，液体进入排出管，直至活塞运动到左止点，这个过程称为泵的排出过程。随着动力机连续不断地运转，钻井泵不断重复吸入和排出过程，将吸入的液体源源不断地送向井底。活塞在液缸中移动的距离称作泵的冲程，活塞每分钟往复运动的次数称作泵的冲次。

二、钻井泵的分类

钻井泵的种类较多，分类方法也不一样，归纳起来大致可以按照以下特点进行分类：

①按液缸数目分，有双缸泵、三缸泵等。

②按一个活塞在液缸中往复一次吸入或排出液体的次数分，吸液或排液一次的，称为单作用泵；两次的称为双作用泵。

③按液缸的布置方式及相互位置分，有卧式泵、立式泵、V 形泵和星形泵等。

④按活塞式样分，有活塞泵、柱塞泵等。

我国用于石油和天然气钻井的国产钻井泵已经逐步系列标准化，例如 NB_1-470，3NB－500，NB_8-600，3NB－1000，3NB－1300，3NB－1600，3NB－2200 等。其中，NB 表示“泥浆泵”，NB 前面的数字表示泵的液缸数，无数字则为双缸泵；NB 的下标表示设计序号，后面的数据表示泵的额定输入功率（马力）。

国外的钻井泵一般具有不同的代号，多数按制造厂家编排的系列而定，但代号后面或前面的一组数字则通常表示该泵的额定输入功率（马力）或其$^1/_{10}$的倍数。

目前石油矿场上使用的钻井泵主要是三缸单作用卧式活塞泵。

三、钻井泵的基本参数

钻井泵工作能力的大小可以用其基本参数来表示，分别是流量、扬程、功率、效率、冲次和泵压。

1. 流量

流量是指在单位时间内泵通过排出管输出的液体量。流量通常以体积单位表示，又称为体积流量，其单位为“m^3/s”或“L/s”。钻井泵中的流量又分为平均流量和瞬时流量，现场上所说的流量一般是指平均流量。石油矿场上把流量习惯上称为排量。

2. 扬程

也称为压头，是指单位质量的液体经泵压所增加的能量，单位为“m 液柱”。

3. 功率和效率

功率是指泵在单位时间内所做的功。一般把在单位时间内发动机传到泵轴上的能量称作输入功率或主轴功率。把在单位时间内液体经过泵后增加的能量称作泵的有效功率。功率的单位为“kW”。泵的效率是指有效功率与输入功率之比。

4. 冲次

泵的冲次是指在单位时间内活塞的往复次数，单位为“次/min”。

5. 泵压

泵压是指泵排出口处的液体压力，单位为“N/m^2(Pa)”，“MPa”。

第七节　动力机

动力机给各工作机提供能够适应各种钻井工况所需的动力。它使用可靠、维修方便、操作简单、质量轻、移运方便，具有足够大的功率和相当的效率，能够变速度、变转距，其动力性能能够满足钻井各种工况的需要是对动力机的基本要求。

一、各工作机对动力机的要求

(一)绞车对动力机的要求

①能够无级变速，以充分利用效率；

②速度调节范围为 $R=5\sim10$，R 为最高与最低工作转速之比；

③具有短期过载能力，以克服启动动载、振动冲击、轻度卡钻。即绞车须具有恒功率调节、能无级变速地柔性驱动。

(二)转盘对动力机的要求

钻井工况要求转盘：

①转速调节范围为 $R=4\sim8$；

②能倒转、能微调转速；

③有限制扭矩装置，防止过载扭断钻杆。

转盘配备的功率是一定的，具有恒功率调节，能无级变速地柔性传动，能充分利用功率，但钻井工艺有时也要求恒转矩调节。

(三)钻井泵对动力机的要求

钻井泵一般都按照额定冲次工作，复杂的波动幅度也不大，因此对驱动系统的要求比绞车和转盘要简单。钻井泵对动力机的要求主要是：

①速度调节范围 $R=1.3\sim1.5$，以充分利用功率；

②运行短期过载，能够克服可能出现的憋泵。

二、动力机的类型与特点

(一)柴油机驱动

柴油机被广泛用作钻井设备的动力。柴油机直接驱动钻机的驱动特性，就是柴油机本身的特性。

1. 柴油机作为钻机动力的特点

①柴油机本身适应性强，不受地区限制，具有自持能力。

②在性能上，转速可平稳调节，能够有效防止工作机过载，避免设备故障。

③结构紧凑、体积小、质量轻，便于移运，适于野外作业。

④柴油机本身有一定的过载能力和调速范围。

柴油机作为钻机的动力，存在扭矩曲线平坦、适应性系数小、过载能力有限、调速范围小、调节范围窄、噪声大、燃料成本高、维修费用高等不足之处。

2. 柴油机表示方法和技术参数

(1)柴油机的表示方法

根据行业标准 SY/T 5030—2000 规定，柴油机的表示方法见图 3－5：

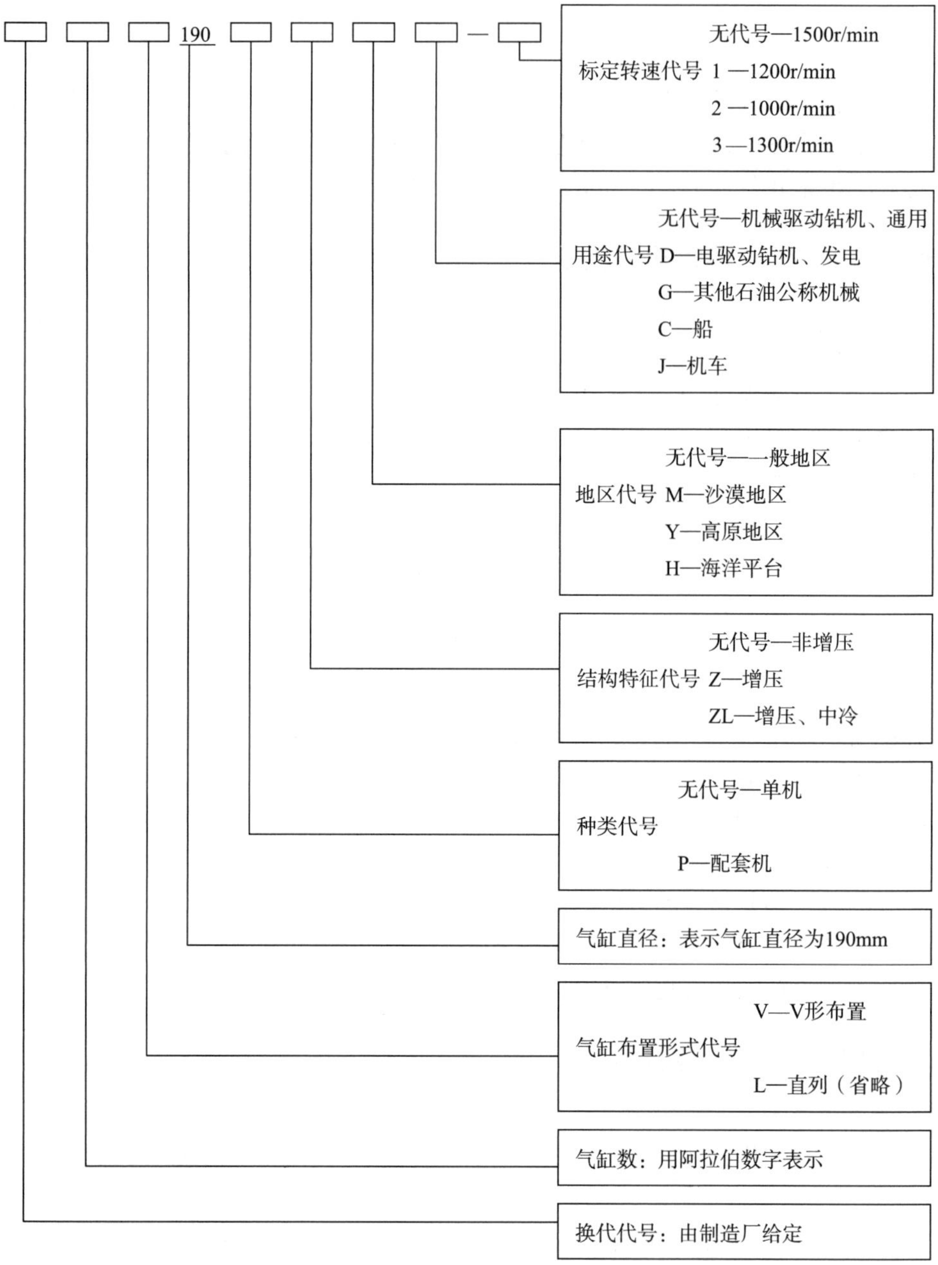

图 3－5　柴油机表示方法示意图

例如，G12V190ZLD—1：为改进型、12 缸、V 形、缸径为 190mm 单机、增压中冷、一般地区、电驱动钻机用(发电用)、1200r/min。

(2)190 系列柴油机的技术参数

190 系列柴油机的技术参数见表 3－5。

表 3-5　190 系列柴油机的型式与基本参数

<table>
<tr><td>序号</td><td colspan="2">项目</td><td>单位</td><td colspan="12">基本参数</td></tr>
<tr><td>1</td><td colspan="2">气缸直径</td><td>mm</td><td colspan="12">190</td></tr>
<tr><td>2</td><td colspan="2">气缸数及布置形式</td><td></td><td colspan="5">12V</td><td colspan="3">8V</td><td>6V</td><td colspan="3">6L</td></tr>
<tr><td>3</td><td colspan="2">活塞行程</td><td>mm</td><td colspan="12">210</td></tr>
<tr><td>4</td><td colspan="2">标定转速</td><td>r/min</td><td colspan="2">1500</td><td>1300</td><td>1200</td><td>1000</td><td>1500</td><td>1200</td><td>1000</td><td>1000</td><td>1500</td><td>1200</td><td>1000</td></tr>
<tr><td rowspan="2">5</td><td rowspan="2">标定功率</td><td>12h 功率</td><td rowspan="2">kW</td><td>1000</td><td>882</td><td colspan="2">735</td><td>588</td><td>588</td><td>471</td><td>390</td><td>250</td><td colspan="3" rowspan="2">按产品技术条件</td></tr>
<tr><td>持续功率</td><td>900</td><td>794</td><td colspan="2">662</td><td>529</td><td>529</td><td>426</td><td>353</td><td>225</td></tr>
<tr><td>6</td><td colspan="2">气缸编号</td><td></td><td colspan="5">输出端 1 2 3 4 5 6
——————
7 8 9 10 11 12</td><td colspan="3">输出端 1 2 3 4
————
5 6 7 8</td><td>输出端 123
—
456</td><td colspan="3">输出端 1—2—3—4—5—6</td></tr>
<tr><td>7</td><td colspan="2">活塞平均速度</td><td>m/s</td><td colspan="2">10.5</td><td>9.1</td><td>8.4</td><td>7.0</td><td>10.5</td><td>8.4</td><td colspan="2">7.0</td><td>10.5</td><td>8.4</td><td>7.0</td></tr>
<tr><td>8</td><td colspan="2">总排量</td><td>L</td><td colspan="5">71.45</td><td colspan="3">47.60</td><td colspan="4">35.73</td></tr>
<tr><td>9</td><td colspan="2">压缩比</td><td></td><td colspan="12">14:1</td></tr>
<tr><td>10</td><td colspan="2">旋转方向</td><td colspan="13">逆时针（面向输出端视）</td></tr>
</table>

注：标定功率值也可由供需双方协商，另行确定。

当前我国石油钻机配套广泛使用是 190 系列柴油机。该系列产品主要包括：Z12V190B 型柴油机、2000 系列柴油机、3000 系列柴油机、B3000 系列柴油机、6000 系列柴油机等。

（二）电驱动

电动机按调速方式来分，有直流电动钻机和交流电动钻机两大类。

1. AC—AC 电驱动系统

柴油机与交流发电机机组发出交流电驱动交流电动机，交流电动机驱动钻机进行钻井，传动方式见图 3-6。这种电驱动系统称为 AC—AC 电驱动系统。交流电动机的转速一般是不可调节的，因而采用这种系统的钻机不能进行调速。

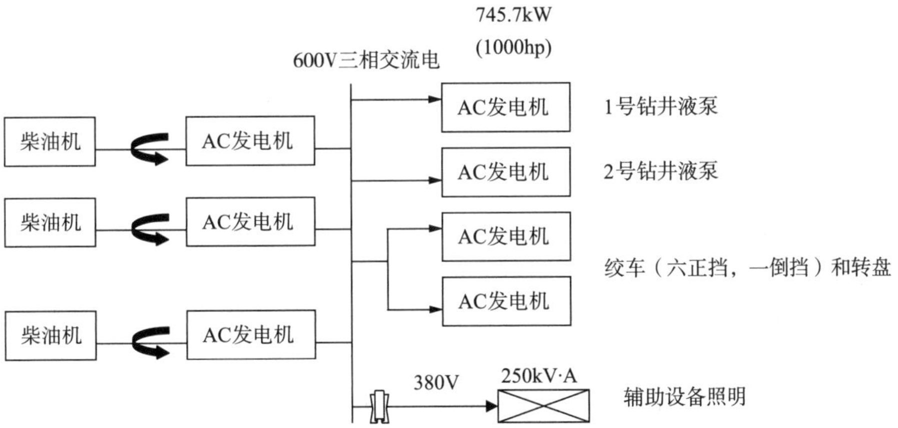

图 3-6　AC—AC 电驱动钻机动力分配图

交流电动机具有硬特性，绞车、转盘应设立较多机械档进行有机变速。和柴油机直接驱动相比，短时过载能力强；采用单独驱动，传动效率高；易实现倒转；维护保养简单，工作安全，噪声小。

正是由于交流电动机具有硬特性，不能满足钻机工作机对调速的要求，随着 DC—DC 和 SCR 驱动型式的发展，国内外已经不再采用 AC—AC 电驱动系统。

2. DC—DC 电驱动系统

柴油机与直流发电机机组发出直流电驱动直流电动机，直流电动机驱动钻机进行钻井，这种钻机的传动方式见图 3－7，这种电驱动系统称为 DC—DC 电驱动系统。调节发电机的励磁电流可改变该系统中发电机的输出电压，因而直流电动机的转速可从最小无级平滑地调节到最大。该系统采用单独驱动的方式。

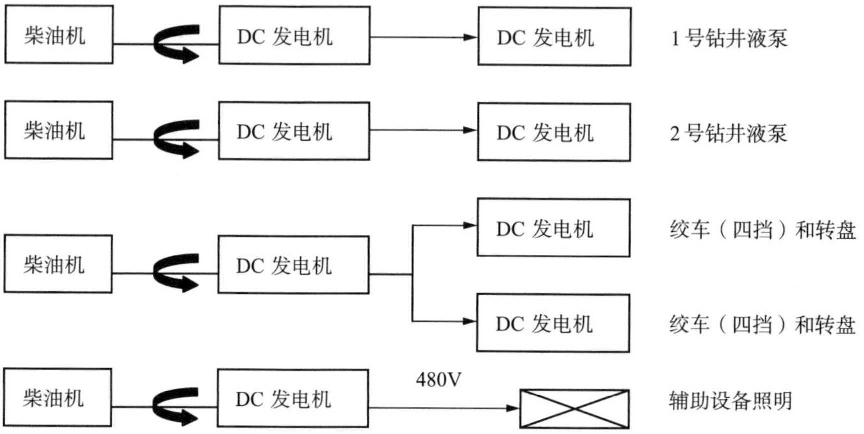

图 3－7　DC—DC 电驱动钻机动力分配图

和机械驱动系统相比，DC—DC 电驱动系统具有以下特点：

(1)直流发电机具有人为软特性，调速范围宽，启动能力强。

(2)极大地简化了机械传动系统，提高了传动效率。如从动力机轴到绞车输入轴的传动效率，机械驱动系统为 75%，而 DC—DC 系统可达 87.5%。

(3)采用电子调速器可使柴油机处于最佳运行状态，节省燃料，延长柴油机使用寿命。

(4)便于柴油机的平面和立体布置。各工作机采用单独驱动，还可以采用电—机械混合驱动，避免机械驱动系统转盘负荷变化对钻井泵工作的干扰。

DC—DC 电驱动系统需要专门配备柴油机—交流电发电机组作为辅助设备及照明用交流电源。现在很少配套这种电驱动钻机。

3. SCR 电驱动系统

柴油机与交流发电机机组发出交流电，经可控硅整流后输出的直流电驱动直流电动机，直流电动机驱动钻机进行钻井，这种钻机的传动方式见图 3－8，这种电驱动系统称为 SCR(或 AC—SCR 或 AC—SCR—DC)电驱动系统。在该系统中，几台柴油机分别带一台交流发电机并联运行。电子调速器将几台柴油机的转速均匀调节到额定转速，使每台发电机都发出 600V 的三相交流电，并网输到同一母线电缆上，经可控硅整流后输出 0～750V 的直流电，驱动直流电动机，带动绞车、转盘、钻井泵运转。这是目前应用较为广泛的电驱动方式。SCR 驱动具有 DC—DC 驱动的全部优点，且摈弃了后者的全部不足。

并联驱动电力可以互济，动力分配更合理。比 DC—DC 驱动系统节省燃料 7%～9%，比机械驱动系统节省燃料 18%～20%；柴油机大修周期比机械驱动系统延长 80%。从动力机轴到绞车输入轴的传动效率达 86%，虽比 DC—DC 系统低约 1.5%，但比机械驱动系统高

11%。初期投资略高于 DC—DC 及机械驱动系统，但 SCR 系统综合经济性最好，现在国内外大量采用。

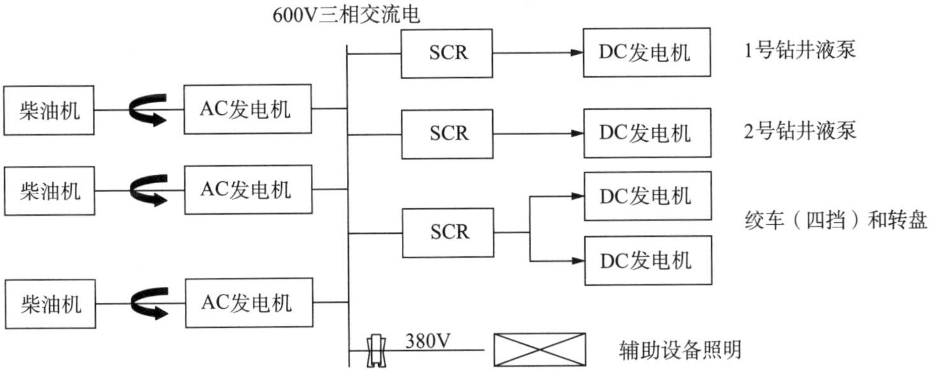

图 3－8　SCR 电驱动钻机动力分配图

4. VVVF 电驱动系统

VVVF(Variable Voltage Variable Frequency)电驱动系统，即交流变频电机驱动钻机。驱动方式见图 3－9。发电系统发出交流电，经过交流变频器驱动交流电动机，交流电动机驱动钻机进行钻井。

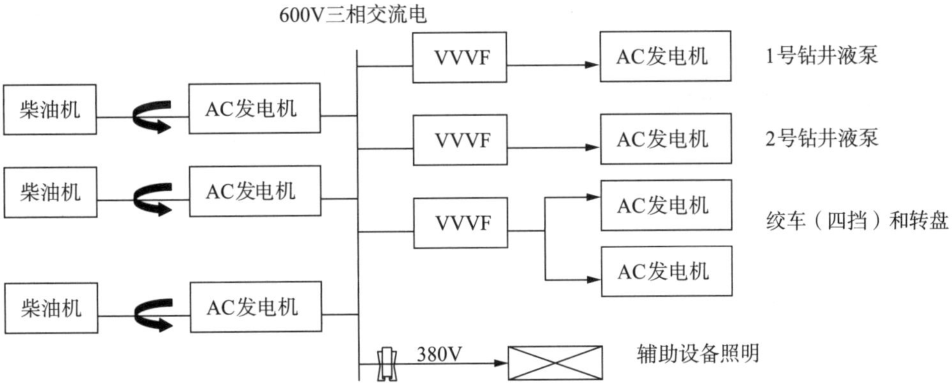

图 3－9　VVVF 电驱动钻机动力分配图

这是一种调频调压逆变器，对三相交流异步电动机提供可调的电压与频率成比例的交流电源，因而交流电动机的转速可从最小无级平滑地调节到最大。目前正逐步推广使用。

（三）网电动力驱动

1. 网电钻机的概念

网电钻机就是直接使用工业电网的电代替柴油机给钻井系统提供动力进行钻井作业，实现“油改电”的转换，其意义不仅在于省钱、省油、省力、降低施工现场噪声污染，而且对于打造绿色钻井，提升本质安全水平，实现节约、安全、清洁、高效生产都将产生深远的影响。

2. 网电钻机改造方案的主要内容

网电钻机改造的方案包括的内容主要有：

①网电变压器装置及变频控制房的设计制造。

②网电改造基础技术。网电改造基础技术涉及的内容主要包括：变电系统及电传动系统、网电交流变频驱动钻机控制系统、钻机电控系统、安全保护系统、无滤波系统及谐波抑制和动态无功补偿技术。其中：谐波抑制和动态无功补偿技术能够有效地避免谐波电压和谐波电流的影响，功率因数最高可达0.98，可以避免因使用大容量的变频器，钻机设备的谐波会反作用于电网，电网的谐波也会反作用于井队的电器设备上而引发事故。

③柴油机和网电变压器的互锁装置。使用网电进行钻井作业，在电网出现异常、供电系统故障不能得到及时排除的情况下，有可能发生断电。在使用网电钻机的时候，也必须有应急预案，配备临时辅助柴油发电机，但是网电与原柴油发电机不能同时给井队设备供电，为处理好二者之间的关系，设计使用柴油机和网电变压器的互锁装置，以免相互影响。

3. 网电钻机改造应注意协调处理的事项

用网电代替柴油机提供动力，是一个应用方向。网电钻机改造应注意协调处理的事项主要包括：供电系统的电保障问题；网电钻机对电网的影响；钻井与其他用电单位及供电部门的关系协调事宜；电气工程师和具体操作人员的配备；网电设备的故障处理；机械驱动钻机网电改造的成本与效益的统一问题等。

（四）钻井用天然气发动机及钻井用柴油/天然气双燃料发动机动力驱动

钻井用天然气发动机研制与使用开创了以天然气发动机作为钻井动力的先河。由我国自主研发、拥有100%自主知识产权的钻井用柴油/天然气双燃料发动机，成功解决了钻井用天然气发动机的动力性能与钻井工况适应性的技术难题，在钻井动力气化的先导试验方面取得了商业应用的价值突破。柴油/天然气双燃料发动机采用了世界首创的核心技术，实现BCU自动控制，使发动机既能在柴油与天然气双燃料状态下工作，又能实现柴油和双燃料工作模式的方便转换，具有扭矩储备大、动态响应快、抗冲击负荷能力强的特点。该产品正常工作情况下以天然气为主要燃料，柴油仅起引燃点火作用，当双燃料发动机遇冲击负载时，柴油量会自动补偿；当发动机负载趋于稳定时，柴油和双燃料又会自动转换，恢复到引燃状态。通过智能化控制，双燃料发动机的抗冲击负载能力已接近柴油机。现场应用检测结果表明，钻井用天然气发动机可以完全替代柴油机进行各种工况下的钻井作业，运行中用10000m^3天然气可以替代7t柴油，柴油综合替代率达70%。目前，液态压缩天然气供气模块的设计制造与钻井平台底盘换装等机组配套的现场应用，以及相应配套系统和标准化的制定工作，为钻机动力的气化推广应用提供了具有重要现实意义的换装总体解决方案。

在钻井生产过程推广使用以天然气作为主要燃料的动力机可以充分利用廉价、清洁、丰富的天然气资源，能够大幅度降低钻井燃料成本，钻井生产节能、降耗、减排、环保的功效明显，经济和社会效益显著。

第八节　水龙头和水龙带

水龙头和水龙带是钻机中非常具有专用特点的设备。水龙头通过提环挂在大钩上，可随大钩运动而上提下放，下部接方钻杆，连接下井钻具，上部通过鹅颈管与长长的水龙带相连，是提升、旋转、循环三大工作机组相汇交的“关节”部位。

一、水龙头和水龙带的功用和特点

①悬挂旋转着的钻柱承受大部分乃至全部钻具重力；

②向旋转着的钻杆柱内引输高压钻井液。

二、水龙头的结构组成

我国石油行业所用水龙头已经系列化。各种钻井水龙头虽然在结构上互有不同，但一般都是由以下三部分组成的，这是它们结构组成上的共性。

1. 承载系统

包括中心管及其接头、壳体、耳轴、提环和主轴承等。

重达百吨以上的井中钻具重力通过方钻杆加到中心管上；中心管通过主轴承坐在壳体上，经耳轴、提环将载荷传给大钩。

2. 钻井液输入系统

包括鹅颈管、钻井液冲管总成(包括上、下钻井液密封盒组件等)。

高压钻井液经鹅颈管进入钻井液管(冲管)，流经旋转着的中心管到达钻杆柱内。上、下钻井液密封，以防止高压钻井液泄漏。

3. 辅助系统

壳体空壳构成油池，由上盖的机油孔加入机油，以润滑主轴承、扶正轴承和防跳轴承。

上、下机油密封盒主要是防止钻井液漏入油池和机油泄漏，以保证各轴承的正常工作。

上、下扶正轴承对中心管起扶正作用，保证其工作稳定、摆动较小，以改善钻井液和机油密封的工作条件，延长其寿命。

防跳轴承用以承受钻井过程中由钻杆柱传来的冲击和振动，防止中心管可能发生的轴向窜跳。

三、水龙头表示方法和基本参数

行业标准 SY/T5530—1992 规定了水龙头的表示方法和基本参数。

(一)水龙头的表示方法

水龙头的表示方法见图 3－10：

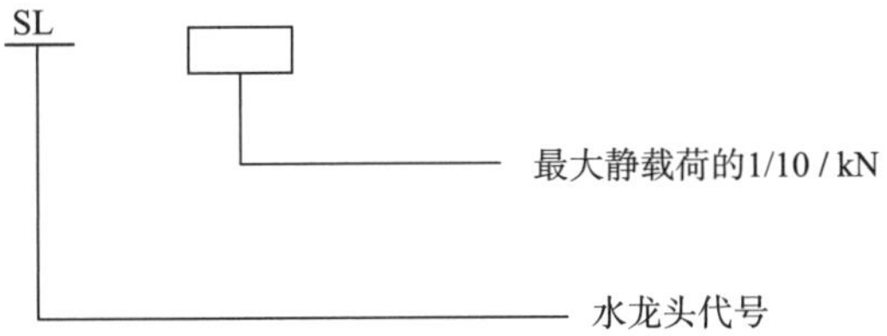

图 3－10　水龙头表示方法示意图

例如，最大静载荷为 1350kN 的石油钻机用水龙头，其型号为 SL135。

(二)水龙头的基本参数

水龙头的基本参数见表 3－6。

表 3-6　水龙头的基本参数

序号	基本参数	型号					
		SL90	SL135	SL225	SL315	SL450	SL505
1	最大静载荷/kN	900	1350	2250	3150	4500	5050
2	主轴承额定负荷/kN	≥600	≥900	≥1600	≥2100	≥3000	≥3900
3	鹅颈管中心线与垂直夹角/(°)	15					
4	接头下端螺纹	$4\frac{1}{2}$FH 左旋或 $4\frac{1}{2}$REG 左旋		$6\frac{5}{8}$REG 左旋			
5	中心管通孔直径/mm	64		75			
6	钻井液管通孔直径/mm	57	64	75			
7	提环弯曲半径/mm	102	115				
8	提环弯曲处断面半径/mm	51	57	64	70	83	83
9	最大工作压力/MPa	25	35				

四、水龙带

（一）水龙带的功用

水龙带是输送钻井循环液的一个中间环节，一端与水龙头的鹅颈管相连，另一端与立管相连。

水龙带是由胶管和管接头组合而成。水龙带胶管由能够耐弱酸、碱的合成橡胶内胶层、织物或钢丝材料的增强层及耐油、耐天候老化的外胶层组成；水龙带管接头由金属材料制造。

（二）水龙带的基本参数

水龙带的基本参数见表 3-7。

表 3-7　水龙带的基本参数

内径/mm	长度/m	管接头螺纹代号	最大工作压力/MPa
38 45	4.6 10.7	$2\frac{3}{8}$TBG	11
51	10.7 12.2	$2\frac{3}{8}$TBG $2\frac{1}{2}$LP	14
63.5	15.2 16.8	$2\frac{7}{8}$UP TBG 3LP	28
76 89	4.6 10.7 15.2 18.3 21.3	4LP	28
102		5LP	35

第九节　井架和游动系统

一、井架

钻井井架是钻机起升设备的重要组成之一，高度可达40～50m。钻井井架必须具有足够的强度、高度和整体稳定性。

（一）井架的主要作用

①安放天车，悬挂游车、大钩、顶驱、钻柱及其他专用工具等，进行不同的钻井作业。

②在起下钻过程中用于存放立柱。能容纳立根的总长度称为立根容量。

（二）井架的结构组成

井架主要由以下几部分组成：

①井架主体——多为型材组成的空间桁架结构；

②天车台——安放天车架和天车；

③天车架——安放、维修天车之用；

④二层台——供井架工进行起下钻操作的工作台和存靠立根的指梁；

⑤立根平台——装拆水龙带操作台；

⑥工作梯。

（三）井架类型

钻井井架类型较多，按整体结构型式的主要特征可分为塔形井架、前开口井架、A形井架、桅形井架、动力井架五种类型。

1. 塔形井架

塔形井架是一种四棱截锥体的空间结构，横截面一般都为正方形或矩形。井架本体分成四扇平面桁架，每扇又分成若干桁架，同一高度的四面桁架构成井架的一层，故塔架主体又可看成是由许多层空间桁架所组成。

塔形井架的主要特征：

①井架本体是封闭的整体结构，整体稳定性好，承载能力大；

②整个井架是由单个构件用螺栓连接而成的可拆卸结构。

塔形井架整体稳定性好，承载能力大；制造容易，尺寸可不受运输条件限制，内部空间大。但单件拆装工作量大，拆装高空作业不安全。

2.“K”形井架

“K”形井架为前开口井架，其主要特征是：

①整个井架本体分成四五段，各段一般为焊接的整体结构，段间采用锥销定位和螺栓连接，地面或接近地面水平安装，整体起放，分段运输；

②因受运输尺寸限制，井架本体截面尺寸比塔形井架小；

③井架各段两侧扇桁架结构形式相同。

“K”形井架具有较低的结构经济指标；结构简单，拆装方便，安全、移运迅速；整体稳定性优于“A”形井架。

3.“A”形井架

“A”形井架的主要特征是：

①两根大腿通过天车台、二层台及附加杆件构成“A”字形；

②大腿可以是空间杆件结构或管柱式结构，分成3～5段。

“A”形井架的每根大腿都是封闭的整体结构，承载能力和稳定性较好。但因只有两腿，腿间联系较弱，致使井架整体稳定性不理想。

“A”形井架大腿结构简单，钻台宽敞，拆装移运方便。

4. 桅形井架

桅形井架是一节或几节杆件结构或管柱结构组成的单柱式井架，有整体式和伸缩式两种。桅形井架一般是利用液缸或绞车整体起放，整体或分段运输。

桅形井架工作时整体向井口方向倾斜，其稳定性需利用绷绳来保持，以充分发挥其承载能力，这是桅形井架整体结构的重要特征。

桅形井架结构简单、轻便、但承载能力小，只用于车装轻便钻机和修井机。

5. 动力井架

安装在海上浮式钻井装置上的井架，因设计计算时必须计入动力载荷，通称为动力井架。

动力井架一般是塔架，也有前开口“K”形井架。动力井架不需绷绳。动力井架必须有控制游动系统的导轨。

(四)井架的表示方法

行业标准SY 5025—1991中的井架表示方法见图3－11：

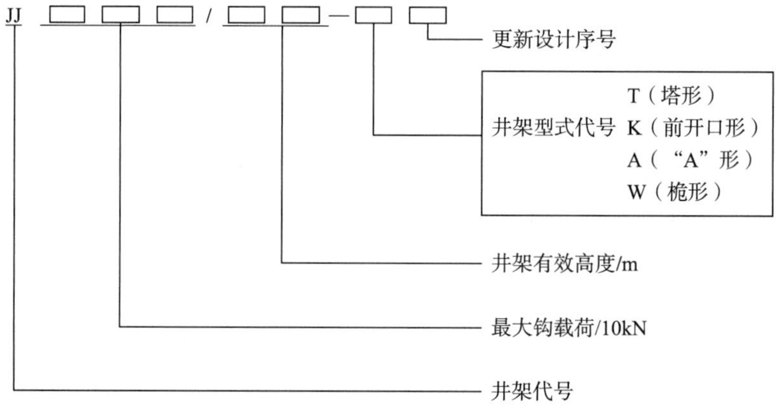

图3－11　井架表示方法示意图

二、游动系统

游动系统包括天车、游车、钢丝绳和大钩。

(一)天车和游车

天车是安装在井架顶部的定滑轮组。游车是在井架内部做上下往复运动的动滑轮组。游动系统结构指的就是游车轮数目乘以天车轮数目。

1. 天车和游车的组成结构

天车主要由天车架、滑轮、滑轮轴、轴承、轴承座和辅助滑轮等零件组成。

天车和游车结构简单，但应注意以下几点：

①现代天车和游车都是单轴的。多个绳轮通过滚动轴承装在一根心轴上，或虽是二根

轴，但二根轴的轴心线一致。

②单轴天车或游车的轴一般是双支撑的，轴的直径较大，轴上钻有轴向和径向黄油孔道，引黄油去润滑轴承。

③单轴天车或游车的轴也有多支撑的。轴及轴承直径可比双支撑的小，但不易保证载荷均匀分布于各支撑上。

2. 天车的表示方法和基本参数

(1)天车的表示方法

根据行业标准 SY/T 5527—1992 规定，石油钻机用天车的表示方法见图 3－12：

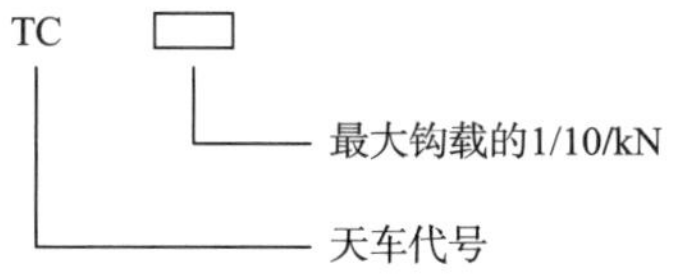

3－12　天车的表示方法示意图

例如，最大钩载为 900kN 的石油钻机用天车，其型号为 TC90。

(2)天车的技术参数

天车的技术参数见表 3－8。

表 3－8　天车技术参数

天车型号	最大钩载/kN	滑轮数	钢丝绳公称直径/mm
TC90	900	5	26
TC135	1350	5	29
TC225	2250	6	32
TC315	3150	7	35
TC450	4500	7	38
TC585	5850	8	42

3. 游车的表示方法和技术参数

(1)游车的表示方法

根据行业标准 SY/T 5528—1992 规定，石油钻机用游车的表示方法见图 3－13：

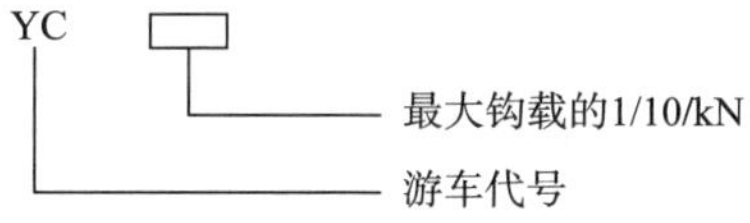

图 3－13　游车的表示方法示意图

例如，最大钩载为 2250kN 的石油钻机用游动滑车，其型号为 YC225。

(2)游车的技术参数

游车的技术参数见表 3－9。

表 3－9 游车技术参数

型号	最大钩载/kN	滑轮数	钢丝绳公称直径/mm
YC90	900	4	26
YC135	1350	4	29
YC225	2250	5	32
YC315	3150	6	35
YC450	4500	6	38
YC585	5850	7	42

(二)大钩

1. 大钩的结构

大钩有单钩、双钩和三钩。石油钻机用大钩一般为三钩。

大钩主要由吊环、销轴、吊环座、定位盘、外负荷弹簧、内负荷弹簧、筒体、钩身、安全锁块、安全锁插销、安全锁体、钩杆、座圈、钩座、提环、止推轴承、转动锁紧装置、安全锁转轴等部件组成。

2. 大钩的表示方法和技术参数

(1)大钩的表示方法

根据行业标准 SY/T5529—1992 规定，石油钻机用大钩的表示方法见图 3－14：

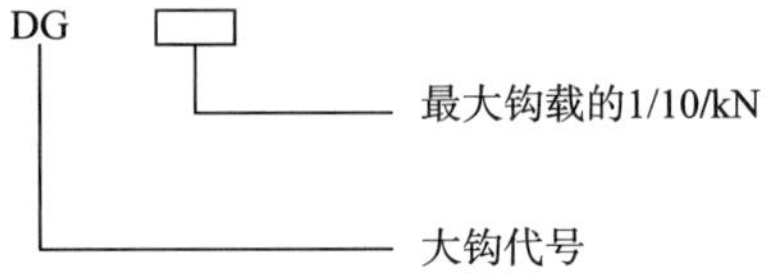

图 3－14 大钩的表示方法示意图

例如，最大钩载为 900kN 的石油钻机用大钩，其型号为 DG90。

(2)大钩的技术参数

大钩的技术参数见表 3－10。

表 3－10 大钩技术参数

型号	最大钩载/kN	圆弧接触表面半径/mm					
		A_2(最小)	B_2(最大)	C_1(最大)	D_1(最小)	E_1(最小)	F_1(最大)
DG90	900	70	76	64	38	57	102
DG135	1350	70	76	64	38	64	114
DG225	2250	102	76	102	45	70	114
DG315	3150	102	76	102	45	76	114
DG450	4500	102	83	102	57	89	114
DG585	5850	102	86	102	57	89	114

第十节　钻井管具装卸设备

一、转盘和方补心

（一）转盘

1. 转盘的功用

转盘的功用主要是：

①转动井中钻具，传递足够大的扭矩和必要的转速；

②下套管或起下钻时，承托井中全部套管柱或钻杆柱质量；

③完成卸钻头、卸扣，以及处理事故时倒扣、进扣等辅助工作；井下动力钻具钻井时，转盘制动上部钻杆柱，以承受反扭矩。

2. 转盘的使用要求

为保证转盘能正常运转，要求：

①转盘的主轴承有足够的强度和寿命（不低于3000h）；

②转台和锥齿轮能传递足够大的扭矩（50～100kN·m），并能倒转，能可靠地制动；

③密封性好，严防外界的钻井液、油水污液渗入转盘底部，否则将加速齿轮和轴承的磨损，迅速破坏转盘的正常工作。

3. 转盘的组成结构

转盘主要由水平轴（快速轴）总成、转台总成、主辅轴承（负荷轴承、防跳轴承）和壳体等几部分组成。

（1）水平轴总成

水平轴头部装有小锥齿轮，尾部装连接法兰（万向轴传动时）或链轮（链传动时）。轴通过一幅双列调心轴承和套筒座在壳体中，套筒的作用是使水平轴能进行整体式装配。轴中部有制动棘轮，通过壳体上的棘爪可实现转台的制动。水平轴下方壳体构成一独立油池，使水平轴轴承得到良好的润滑。

（2）转台总成

转台体如同一根又短又粗的空心立轴，借助于主轴承坐在壳体上。下部辅助轴承防止转台倾斜或向上振跳。转台中心通孔都比较大，以便通过钻进所用的最大号钻头。通孔内装着方补心和小方瓦，小方瓦正好和方钻杆相配合，两者通过锁销锁在转台体上。转台上部静配合装着一个迷宫盘，构成一个整体结构，防止钻井液污水漏入转盘油池内。

（3）主、辅轴承

主轴承为向心止推球轴承，有3in球26个。主轴承起承载和承转作用。主轴承、锥齿轮共用一个油池，飞溅润滑。

辅助轴承也是向心止推球轴承，有$1\frac{3}{8}$in球40个，起径向扶正和轴向防跳作用。辅助轴承单独用黄油润滑，迷宫密封。

有的转盘，如ZP－275，主、辅轴承共用一个油池，润滑比较方便。

（4）壳体

壳体是结构比较复杂而紧固的铸钢件，内腔形成两个油池；外形上便于安装固定和运输。

4. 转盘的结构特点

转盘的结构特点主要表现在转盘轴承布置方案上。转盘轴承布置方案可分为两大类：

①主、辅轴承同在大齿轮下方。这种方案的特点是：转台、迷宫盘可座在一体，使外界钻井液不易漏入转盘内部；辅助轴承离大齿轮远，在齿轮径向力作用下，因辅助轴承有间隙而使转台发生倾斜的程度减小了，不致使主轴承产生过度偏磨；辅助轴承座在下部大螺母支座上，使轴承磨损后间隙易调整，以确保主轴承不过度偏磨和锥齿轮副的正常啮合条件。不足的是，由于轴承长期承受振动冲击载荷的作用，大螺母易滑扣，甚至脱落，或因钻井液污水长期侵蚀使螺母不易卸下，检修不便。

②主、辅轴承分置在大齿轮的两侧，主轴承在下，辅轴承在上。这种转盘主轴承易偏磨；转台迷宫盘做成两体，污水、钻井液易漏入油池。

5. 转盘的特性参数

①通孔直径。它应比第一次开钻时最大号钻头直径至少大 10mm。

②最大静载荷。应与钻机的最大钩载相匹配。

③最大工作扭矩。它决定着转盘的输入功率以及传动零件的尺寸。

④最高转速。它指转盘在轻载荷下允许使用的最高转速，一般规定为 300r/min。

⑤中心距。转台中心至水平轴链轮第一排轮齿中心的距离。

表征转盘特性的基本参数都已系列化，见表 3－11。

表 3－11　石油钻机转盘基本参数

型号	通孔直径/mm(in)	中心距/mm	最大静载荷/kN(tf)	最大工作扭矩/N·m(kgf·m)	最高转速/(r/min)
ZP175	444.5(17.5)	1117.6	1324(135)	13729(1400)	
ZP205	520.7(20.5)	1352.6	3138(320)	22555(2300)	
ZP275	698.5(27.5)	1352.6	4413(450)	27459(2800)	300
ZP375	952.5(37.5)	1352.6	5884(600)	32362(3300)	
ZP495	1257.5(49.5)	1651	6865(700)	26285(3700)	

（二）方补心

1. 方补心的结构

方补心主要由上盖、下座、轴、滚轮、紧固螺栓、加油杯等组成。

方补心内装有 4 只滚轮，滚轮内装有滚针轴承。滚轮由轴紧固在上盖和下杯之间。滚轮两端有密封体，防止钻井液渗入。为了防止密封体转动，密封体上装有一止动销子。

滚轮轴由 4 条 M38 螺栓固定，该螺栓的紧固力矩为 2×10^3N·m。4 条大螺栓顶部用 4 条内六角螺栓将其与螺帽固定在一起，以防松动。

2. 方补心技术规格

滚子方补心的主要技术规格见表 3－12。

表 3－12　方补心主要技术规格

方钻杆尺寸		高度/mm		底座/mm		锥度	滚子直径/mm
in	mm	上部	下部	对边	大端		
$3\frac{1}{2}$	88.9						
$4\frac{1}{4}$	107.95	406	356	332	φ332	1:3	
$5\frac{1}{4}$	133.35						200

二、吊钳、吊环、吊卡和卡瓦

（一）吊钳

1. 吊钳功用

吊钳又名大钳，是上、卸钻杆螺纹和套管螺纹的专用工具。吊钳用钢丝绳吊在井架上，钢丝绳另一端绕过井架上的滑轮拉至钻台下方并坠以重物，以平衡吊钳自重，调节其工作高度。

普遍采用的 B 型吊钳钳头由五节组成，相互由铰链连接，内面装有钳牙，可以抱住管柱。换用不同规格的 5in 扣合钳，可用于 $3\frac{1}{2}$ ~ $11\frac{3}{4}$in 的各种管柱。

2. 吊钳标准规范

钻井吊钳已标准化（SY5035—1983），其规范见表 3 – 13。

表 3 – 13　吊钳额定扭矩和扣合范围

型号	额定扭矩/kN · m	扣合范围		各级扣合范围的额定扭矩	
		in	mm	in	kN · m
Q$12\frac{3}{4}$ ~ $25\frac{1}{2}$/35	35	$12\frac{3}{4}$ ~ $25\frac{1}{2}$	323.85 ~ 647.70	$12\frac{3}{4}$ ~ $25\frac{1}{2}$	35
Q$2\frac{3}{8}$ ~ $10\frac{3}{4}$/35	35	$2\frac{3}{8}$ ~ $10\frac{3}{4}$	60.32 ~ 273.05	$2\frac{3}{8}$ ~ $10\frac{3}{4}$	35
Q$3\frac{3}{8}$ ~ $12\frac{3}{4}$/75 Q$3\frac{3}{8}$ ~ $12\frac{3}{4}$/65	75 (65)	$3\frac{3}{8}$ ~ $12\frac{3}{4}$ $3\frac{3}{8}$ ~ $12\frac{3}{4}$	85.72 ~ 323.85	$3\frac{3}{8}$ ~ $4\frac{1}{2}$	75
				$4\frac{1}{2}$ ~ $7\frac{3}{4}$	75(65)
				$7\frac{5}{8}$ ~ $12\frac{3}{4}$	55(50)
Q$3\frac{3}{8}$ ~ 17/90	90	$3\frac{3}{8}$ ~ 17	85.72 ~ 431.80	$3\frac{3}{8}$ ~ $8\frac{1}{2}$	90
				$8\frac{1}{2}$ ~ 17	55
Q4 ~ 12/140	140	4 ~ 12	101.60 ~ 304.80	4 ~ 12	140

3. 吊钳型号表示方法

吊钳型号的表示方法见图 3 – 15：

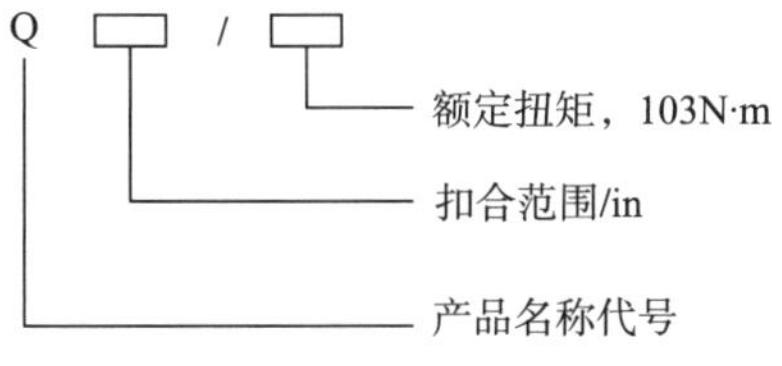

图 3 – 15　吊钳型号表示方法

（二）吊环

1. 吊环的功用、型式及额定载荷

吊环挂在大钩的耳环上用以悬挂吊卡，有单臂和双臂两种型式。吊环结构型式和基本参数已标准化（SY5042—1983），但长度按供货要求确定。

吊环额定载荷系列：

DH 型：50kN　75kN　150kN　250kN　350kN　500kN

SH 型：30kN　50kN　75kN　150kN

DH 型单臂吊环，采用高强度合金钢整体锻造、焊接而成，适用于一般钻井作业。

2. 吊环型号的表示方法

吊环型号的表示方法见图 3－16：

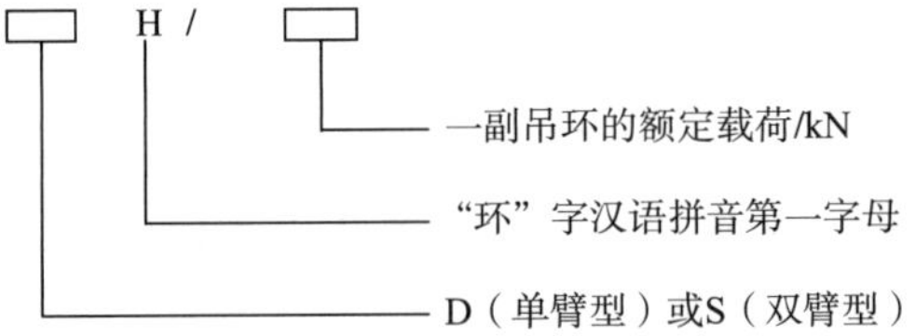

图 3－16　吊环型号表示方法

（三）吊卡

1. 吊卡的功用、分类

吊卡是挂在吊环上用于起下钻杆、油管和下套管的专用工具。

吊卡依用途分为钻杆吊卡、套管吊卡和油管吊卡三类。

吊卡依结构可以分为对开式、侧开式和闭锁式三种。对开式吊卡开合方便，质量轻，可用于钻杆、套管。侧开式吊卡质量较轻，适用于钻杆、套管和油管，能用作双吊卡起下钻。闭锁式吊卡只适用于油管。

2. 吊卡的额定载荷

吊卡的结构型式和基本参数已标准化。

吊卡的额定载荷系列（kN）：

钻杆吊卡：　1500　2000　2500　3500
（150）（200）（250）（350）

套管吊卡：　1250　1500　2000　2500　3500　4500
（125）（150）（200）（250）（350）（450）

油管吊卡：　400　750　1250
（40）（75）（125）

3. 吊卡型号的表示方法

吊卡型号的表示方法见图 3－17：

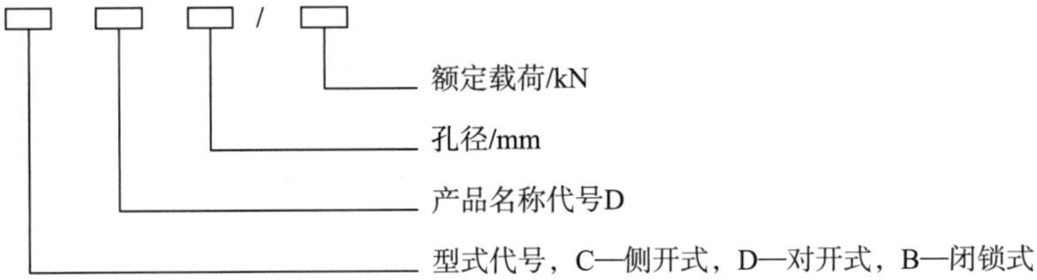

图 3－17　吊卡型号表示方法

（四）卡瓦

1. 卡瓦的功用、结构

卡瓦外形呈圆锥形，可楔落在转盘的内孔内，而卡瓦内壁合围成圆孔，并有许多钢牙，在起下钻、下套管或接单根时，可卡住钻杆或套管柱，以防落入井内。

卡瓦体背锥度为 1:3。钻杆卡瓦为铰链销轴连接的三片式结构。钻铤卡瓦和套管卡瓦瓦铰链销轴连接的 4 片式结构。安全卡瓦可防止无台肩的管柱（如钻铤）从卡瓦中滑掉。增加其牙板套的数量可以调整卡持钻铤的尺寸，拧紧调节丝杠上的螺母，即可卡紧夹持的钻铤。

2. 卡瓦的基本参数

卡瓦型式和基本参数已标准化(SY5034—1983)。卡瓦的名义尺寸和载荷系列见表3-14：

表3-14　卡瓦的名义尺寸和载荷系列

钻杆卡瓦	
名义尺寸/in	$3\frac{1}{2}$　　5
额定载荷/kN (tf)	750　1250 (75)(125)　　750　1250　5000 (75)(125)(500)
钻铤卡瓦	
名义尺寸/in	$4\frac{1}{2}\sim6$　$5\frac{1}{2}\sim7$　$6\frac{3}{4}\sim8\frac{1}{4}$　$8\sim9\frac{1}{2}$　$9\frac{1}{2}\sim10$
额定载荷/kN (tf)	400 (40)
套管卡瓦	
名义尺寸/in	5　$5\frac{1}{2}$　$6\frac{5}{8}$　7　$7\frac{5}{8}$　$8\frac{5}{8}$　$9\frac{5}{8}$　$10\frac{3}{4}$　$11\frac{3}{4}$　$13\frac{3}{8}$　16　20
额定载荷/kN(tf)	2000(200)　　1250(125)

3. 卡瓦型号的表示方法

卡瓦型号的表示方法见图3-18：

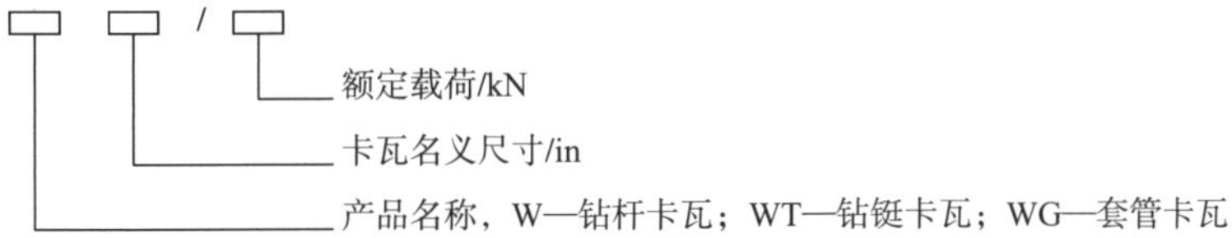

图3-18　卡瓦型号表示方法

第十一节　顶部驱动钻井装置

顶部驱动钻井系统(Top Drive Drilling System)是20世纪中后期美国、法国、挪威等国家研制应用的一种新型的钻井系统，是取代转盘旋转钻进的新型石油钻井系统。顶部驱动钻井系统适用性极广，从2000~9000m的井都可以使用。从世界石油钻井装置的发展趋向上看，它符合21世纪钻井自动化的发展趋势，是当今石油钻井向自动化发展的突出阶段成果之一，当前已发展到的最先进的一体化顶部驱动钻井系统，英文简写为IDS(Integrated Drive Drilling System)。在某些石油钻井工程的招议标中，项目业主已将是否配备顶部驱动钻井装置列为钻井承包商投标资格的必备条件。

顶部驱动钻井系统是科技含量高、结构较为复杂的机电液一体化设备。我国是世界上继美国、挪威、加拿大、法国之后第五个能够研发制造顶部驱动钻井装置的国家，拥有自主知识产权，且具备了批量生产能力。

一、顶部驱动钻井系统的特点

所谓的顶驱，就是可以直接从井架空间上部直接旋转钻柱，并沿井架内专用导轨向下送钻的钻进驱动系统，可以完成钻柱旋转钻进、循环钻井液、起下钻、接单根、钻杆上卸扣、下套管、取心和倒划眼等多种钻井操作的机械设备。和转盘旋转钻井法相比，顶部驱动钻井装置旋转钻井法优点较多，主要表现在以下几点：

①系统直接以立根钻进，省去转盘、方钻杆、大鼠洞，避免了转盘钻井频繁的常规接单根操作，减轻了员工体力劳动强度，可以显著提高钻井作业的能力和效率。钻定向井时，可以节省定向钻进时间。

②起下钻时，顶部驱动钻井系统可在任意高度立即循环钻井液，实行倒划眼起钻和划眼下钻，可以减少和预防卡钻事故的发生。

③系统可以连续取心一个立柱，可以改善取心条件，提高取心质量。

④系统具有内防喷器的功能，起钻时如遇井喷迹象，可由司钻遥控钻杆上卸扣装置迅速实现水龙头与钻杆柱的连接，循环钻井液，避免事故发生。

⑤系统可以下入多种井下作业工具、完井装置(工具)及其他设备或工具，完成相应的建井工艺作业。

⑥系统内防喷器内接有钻井液截留阀，可以在接单根时避免钻井液外溢。

⑦顶部驱动钻井装置自身重量大，减小了游动系统的有效起重量，增大了钢绳、轴承等机件的磨损甚至破坏机率，因此必然要对其他机件设计、制造、材料等方面进行改进。顶部驱动钻井装置要向结构简化、重量减轻、尺寸减小的方向再加以改进，才能满足修井机、轻型钻机改装的要求，以寻求更广阔的市场需求空间。

二、顶部驱动钻井装置的结构组成

顶部驱动钻井系统的构件主要包括：水龙头—钻井马达总成、导向滑车总成、钻杆上卸扣装置总成、平衡系统、冷却系统、装置控制系统及其他辅助设备。

(一)水龙头—钻井马达总成

水龙头—钻井马达总成是顶部驱动钻井装置的主体部件。它由水龙头、电动机和齿轮减速箱组成。钻井水龙头具备一定的额定载荷。采用串激或并激直流马达，立式传动，驱动主轴。马达轴上端装有气动刹车，用于马达的快速制动。马达转轴下伸轴头装有小齿轮，与装在主轴上的大齿轮相啮合，主轴下方接钻杆柱。

(二)导向滑车总成

整个导向滑车总成沿着导轨与游车导向滑车一起运动。钻井马达和一个特制的导向滑车组装在一起，并通过专用连杆挂到水龙头加长的提环销上。它主要由钻井马达座架和导向滑车构成，前者用于支撑钻井马达及其附件，后者有导向轮，可沿导轨滚动。导轨装在井架内部，对游车及顶部驱动钻井系统起导向作用，钻进时导轨承受反扭矩。导轨分为单轨和双轨两种。

(三)钻杆上卸扣装置

钻杆上卸扣装置是顶部驱动钻井系统的关键部件，它主要由扭矩扳手、吊环连接器及限扭器、吊环倾斜装置、内防喷器和启动器、旋转头等构件组成。可完成接立根、起下钻时上卸立根螺纹及打开与扣紧吊卡等操作。

1. 扭矩扳手

扭矩扳手总成用于钻杆的上卸扣。由连接在钻井马达上的吊架支撑。它位于内防喷器下部的保护接头一侧，有两个液缸在扭矩管和下钳头之间。钳头有一夹紧活塞，用以夹持与保护接头相连接的钻杆母扣。钻杆上卸扣装置另有两个缓冲液缸，类似大钩弹簧，可提供丝扣补偿行程。

2. 吊环连接器及限扭器

吊环连接器坐在花键短节的台肩上，短节与主轴相连。吊卡承受的载荷可通过吊环、吊环连接器传给水龙头。

3. 吊环倾斜装置

吊环倾斜装置有两种功用：一是吊鼠洞中的单根；二是在接立柱时，不再需要井架工在二层台上将大钩拉靠到二层台上。

4. 内防喷器和启动器

内防喷器是全尺寸、内开口、球型安全阀式的。远控的上部内防喷器和手动的下部内防喷器构成顶驱井控防喷系统。

（四）平衡系统

平衡系统的主要作用是防止上卸接头扣时螺纹的损坏，其次在卸扣时可帮助公扣接头从母扣接头中弹出，这依赖于它为顶部驱动钻井装置提供了一个减震冲程。这是因为使用顶部驱动钻井装置后没有再安装大钩了；即使装有大钩，它的弹簧也将由于顶部驱动钻井装置的重量而吊长，起不了缓冲作用。

（五）冷却系统

钻井马达的冷却系统采用强制风冷。

（六）顶驱装置控制系统及其他辅助设备

不同标准系列的顶部驱动钻井系统都需要加装相应的控制装置及辅助设备。

第十二节　欠平衡工艺钻井设施

一、欠平衡工艺钻井设施概述

欠平衡工艺钻井设施是建立和实现欠平衡工艺钻进、欠平衡工艺完井的关键。当前，国外已经实现了全过程欠平衡工艺钻进、全过程欠平衡工艺完井。而实现欠平衡工艺钻井、欠平衡工艺完井必须借助一整套专用适宜的欠平衡工艺钻井设施。本章节仅对欠平衡工艺钻井的主要设施做一些简要概述。

二、欠平衡工艺钻井的主要设施

（一）欠平衡钻井井口设施

欠平衡工艺钻井井口设备自上而下配备如下：旋转防喷器或旋转控制头、环形防喷器、双闸板防喷器、四通、单闸板防喷器、套管头。一般认为，欠平衡工艺钻井井口装置应按此标准配备。旋转控制头或旋转防喷器的作用是封闭钻杆与方钻杆，旋转控制头靠井内压力自封，而旋转防喷器利用外加的液压封闭。两者都是安装在井口防喷器组的最上端，用以封闭钻杆与方钻杆并在限定的井口压力条件下允许钻具旋转，实现负压钻进作业。

（二）欠平衡钻井循环介质注入与返出物排放处理系统

1. 欠平衡钻井循环介质注入系统

供气及注入系统包括空气压缩机、气体增压机、供氮气设施、雾化泵、泡沫发生器、化学药剂注入泵、所有必要联接管汇及相关配套设施。其中：

(1)空气压缩机有活塞和螺杆两种增压方式。

(2)气体增压机一般通过螺杆增压，高压气体增压需要多级螺杆增压。选择增压机的类型和数量应根据现场实际需求而定。

(3)供氮气设备与注入装置目前有低温液氮供给装置和隔膜制氮装置两种供氮设施。

低温液氮供给装置包括低温液氮储存罐和泵氮机组，其中泵氮机组包括容积式泵和热交换器。液氮被泵入热交换器中汽化。泵氮机组可替代空气钻井中的压缩机组和增压器，但是低温液氮供给装置存在供氮气不连续的缺点，需要有足够的液氮供给才能保证作业的连续进行。

隔膜制氮装置设备能够保证供气连续，是一种方便可行的氮气源。该装置可以安装在小型撬架上，适于在施工现场制取氮气，易于运输和现场安装。但是隔膜制氮装置受温度和压力的影响较大，不同的隔膜制氮设备需要在不同的最佳工作压力和温度下才能获得所要求的氮气纯度。

(4)泡沫发生器按结构可分为孔隙式、同心管式、螺旋式和涡轮式。其工作原理是增压器出口与泡沫发生器气体入口相连，液泵与液体入口相连，气体经过腔内填充物的缝隙和丝网孔洞充分混合，形成均匀的气液混合物，通过管汇注入井内。

(5)雾化泵的作用是将注入液体和气体混合形成雾化液和泡沫。

2. 返出物排放处理系统

返出物排放处理系统主要包括排放管汇和各种必要的接头、弯头、软管、排放管线支撑架、点火燃烧设施、防喷器泄压工具、节流阀、除气器及配套部件、控制系统等。其中：

(1)管汇系统主要包括节流管汇、液动节流阀控制台、立压传感器、套压传感器、泵冲传感器及其液压管线和传感器信号线。

(2)液气分离器主要用于液气混合物的气相分离。

(3)除油分离系统主要是将液相中的油分离出来，主要包括除油分离器、储油罐等。

(4)点火燃烧设施主要包括放喷管线、防回火阀、点火装置、燃烧池等。

（三）不压井起下钻装置

主要有强行起下钻井口装置和井下套管阀两类。

（四）数据采集系统

欠平衡钻井时，要测量并记录压力、速度、气含量、液含量和温度，并实时显示这些数据，避免出现过平衡和井喷现象。该系统可在钻井作业时，通过与现有钻井控制与监测系统接口，提供实时信息，还可与动态多相流量模型接口，将实际参数与计算参数进行对比分析。数据采集系统包括但不限于安放在钻台、注气端和地面监控场所的监视器，流量计及全套孔板，安装在空气系统出口的流量/压力记录仪，雾化泵体积流量计等，完成欠平衡钻井数据的收集、处理。

（五）其他配套工具及设施

其他配套工具及设施包括顿钻空气锤及钻头、钻杆浮阀、井底浮阀、钻头短接、喷射接头、井下三阀(包括箭形回压凡尔、投入式止回阀、旁通阀)、移动式作业工作房、配电系统、可燃气体报警器、二氧化碳报警器、硫化氢报警器、警笛、火焰观测器、风机、防毒面具等。

需要说明的是：欠平衡工艺钻井设备设施不限于以上列举的设备设施及工器具。

第十三节　石油钻机的发展现状

一、国外新型石油钻机的发展状况

自20世纪90年代以来，国外研制和发展了许多新型的石油钻机。如小井眼石油钻机、套管石油钻机、液压石油钻机、交流变频石油钻机、连续软管石油钻机、激光石油钻机、自动化石油钻机等。

下面简单介绍几种新型石油钻机的发展状况。

（一）小井眼石油钻机

直径小于5in的井称为小井眼井。美国对小井眼的定义是，对直井来说，全井90%以上井眼的直径小于7in或70%的井眼直径小于5in的井称为小井眼井；对于水平井来说，水平段井眼直径小于6in的井称为小井眼井。

井径的减小可以相应引起钻机负荷的减小，直接引起套管、钻具、动力、钻井液材料等建井成本消耗的减少。小井眼钻井技术在水平井、分支井、重入井、连续管钻井、欠平衡工艺钻井等领域具有很大的发展应用空间。

小井眼石油钻机具有大大减少常规钻机的体积和质量，降低钻机负荷，降低钻杆、套管、动力、钻井液等建井成本的消耗，装机功率小、占地面积小，方便运输和安装等优点。

（二）套管石油钻机

套管钻井用套管替代常规钻具对钻头施加扭矩和钻压，实现钻头旋转钻进。套管钻井过程中，套管由顶部驱动装置带动旋转，由套管传递扭矩，带动安装在套管端部工具组上的钻头旋转钻进。整个钻井过程不再使用钻杆、钻铤等管柱，利用钢丝绳等提放工具设施可以实现钻头在套管柱内的起下作业，即可实现不起钻更换钻头的操作。

套管钻井具有简化井身结构、降低建井和修井成本、克服（或降低）井漏等井下复杂情况的发生的技术优点。

与套管钻井工艺相配套的钻机就是套管钻机。钻机的钻进过程也就是下套管的过程，完钻后即可进行固井等完井作业。

（三）交流变频石油钻机

交流变频调速电驱动（AC—GTO—AC）石油钻机是国外新发展起来的一种先进的电动石油钻机。这种钻机在满足石油钻井要求方面具有现代机械驱动钻机和直流电驱动钻机无可比拟的优越性能，是当代石油钻机的发展趋势。

（四）新型液压石油钻机

20世纪90年代初期，挪威Mari Time液压装置公司与英国石油公司联合研制成功了一种新型液压石油钻机。该钻机采用液缸作为提升机构，取消了传统的绞车、井架和游车等常规设备。钻机提升系统由双液缸、游动轭、提升钢丝绳、平衡器总成、液缸导向架、顶部驱动装置和液压系统等部件组成。

（五）连续管石油钻机

连续管钻井技术（Coiled Tube Drilling）是在分支井、原井重钻、过油管钻井、小井眼钻井和欠平衡工艺钻井技术的需要方面发展应用的新型钻井技术。连续管是一种高强度、低碳钢管。它须连续制造，长度可达 7600m，甚至更长。常规钻井需要进行接单根作业，将 9. 14m 长的钻杆一根根连接起来加深钻进，钻柱需要井架及游动系统悬持。而连续管钻井使用的“软管”缠绕在滚筒上，像井绳一样在井中起下，实现起下钻、更换钻头等作业操作。

当前，连续管和钻杆两用钻机的推出、连续管制造工艺技术的发展、连续管位移增大工具及连续管钻井专用钻头的研发应用为连续管钻井工艺技术的日臻成熟提供了可靠支持。

1991 年美国 Oryx 能源公司应用 2in 连续软管和井下马达在美国得克萨斯州钻了一口水平位移 1062m 的定向井。目前有许多国家应用了连续管技术，其中美国、加拿大是应用连续软管钻井技术钻井最多、最活跃的国家。

二、国内石油钻机的发展状况

石油钻机是一组十分复杂的大型成套设备，为其直接和间接配套可能需要 100 多家供货厂家。我国目前具备年生产陆上 1000 ~ 12000m 系列成套石油钻机 300 套左右的制造能力。其中大部分产品用于满足国内市场需求，一部分产品出口到国际市场。当前，工程项下的石油钻机出口在国际市场上取得了优良的施工业绩，得到了国际市场的普遍认可；贸易项下的石油钻机出口数量正逐年增加。我国石油钻机凭借着较高的性价比在国际市场上具备一定的竞争力。

目前，我国石油钻机的标准化、技术和制造水平以及研发能力有了很大的提高和发展。特别一提的是，由我国自主设计、建造，拥有完全知识产权的当今世界最先进的深水半潜式钻井平台“海洋石油 981”，其最大作业水深可达 3000m，钻深能力可达 12000m。它的建成，标志着我国深水油气资源的勘探开发和装备制造跨入了世界先进行列。

当前，随着钻井技术水平不断提高，市场竞争的日益激烈，业主对石油钻井装备性能的要求越来越高。因此，钻机整体规模保持一个什么样的数量水平，以及如何保证钻机装备水平能够适应国内、国际石油工程技术服务市场的需要，是关系钻井承包商生存与发展的重要问题。

钻井承包商应当本着“优化存量，提高质量，适应市场需求稳步控制增量”原则，逐步淘汰陈旧装备，稳步提升钻井队装备水平，增强行业整体优势，集中力量打造一批市场适用、装备精良的精锐钻井队伍，不断提高市场竞争能力、创效能力和满足油气勘探开发生产需要的钻探能力。

第四章　石油钻井钻进工具

第一节　钻头

一、钻头概述

（一）钻头的概念

钻头是破碎岩石的主要工具。钻头的类型、质量的优劣，与岩性及其他钻井工艺条件是否适应，将直接影响钻井速度、钻井质量和钻井成本。随着钻井工艺要求的提高及钻井技术的发展、材料和机械制造工业的发展，钻头的设计、制造和使用水平已有着很大的提高，并且在不断地发展提高之中。这种发展体现在新技术在钻头上充分适宜的应用，钻头的品种和使用范围的不断扩大，钻头的经济技术指标在不断地得到提高等方面。

在钻井过程中，影响钻进速度的因素很多，诸如钻头类型、地层、钻井参数、钻井液性能和操作等。而根据地层条件合理地选择钻头类型和钻井参数，则是提高钻速、降低钻进成本的重要环节。在对钻头的工作原理、结构特点以及地层岩石的物理机械性能充分了解以后，就能根据邻井相同地层已钻井的钻头资料，结合本井的具体情况选择钻头，并配以恰当的钻井参数，使之获得最好的经济技术效果。

选用的钻头对所要钻的地层是否适合，要通过生产实践的检验才能下结论。对于同一地层使用过的几种类型的钻头，在保证安全优质快速高效钻井和井身质量的前提下，一般以综合成本效益原则或以钻头的单位进尺成本作为评价钻头选型是否合理的依据。

（二）钻头的种类及公称尺寸

目前在石油钻井中使用的钻头分为牙轮钻头、金刚石材料钻头及刮刀钻头三大类。其中：牙轮钻头使用的较多，而刮刀钻头用量最小，金刚石材料钻头具有很大的发展应用空间。金刚石材料钻头按破岩元件材料分为天然金刚石钻头（常称金刚石钻头）、聚晶金刚石复合片钻头（简称 PDC 钻头）和热稳定性聚晶金刚石钻头（简称 TSP 钻头）。

钻头尺寸以其钻出的井眼内径为公称尺寸，国际上已经形成基本统一的系列，常见的钻头尺寸为 26in，20in，$17\frac{1}{2}$in，$14\frac{3}{4}$in，$12\frac{1}{4}$in，$10\frac{5}{8}$in，$9\frac{1}{2}$in，$8\frac{1}{2}$in，$7\frac{7}{8}$in，$6\frac{1}{2}$in，$5\frac{7}{8}$in，$4\frac{3}{4}$in（1in = 25.4mm）。

二、牙轮钻头

（一）牙轮钻头的结构与种类

1908 年，美国人 Howard R · Hughes 取得第一个牙轮钻头的专利，其最初思路是把钻柱的旋转运动转变为牙齿对井底的冲击压碎作用，使旋转钻也能实现以类似顿钻的方式来破碎硬地层。随后又相继发明了两牙轮钻头和三牙轮钻头，由于三牙轮钻头比其他牙轮钻头相比具有较大的优点，至今仍在广泛使用。

常用的三牙轮钻头，钻头上部车有螺纹，供与钻柱连接；牙爪（亦称巴掌）上接壳体，下带牙轮轴（轴颈）；牙轮装在牙轮轴上，牙轮带有牙齿，用以破碎岩石；每个牙轮与牙轮轴之间都有轴承；水眼(喷嘴)是钻井液的通道；储油密封补偿系统储存并向轴承腔内补充润滑油脂，同时可以防止钻井液进入轴承腔和防止漏失润滑脂。

目前牙轮钻头牙轮上的牙齿按材料不同分为铣齿(也称钢齿)和镶齿(也称硬质合金齿)两大类。

铣齿牙轮钻头的牙齿是由牙轮毛坯经铣削加工而成的，主要是楔形齿，齿的结构参数包括齿高、齿宽和齿距。一般软地层钻头的齿高、齿宽和齿距都较大，而硬地层则相反。

镶齿牙轮钻头是在牙轮上钻出孔后，将硬质合金材料制成的齿镶入孔中。常见的硬质合金齿的齿形主要有楔形、圆锥形、球形、抛物体形齿、勺形、偏顶勺形、锥勺形、平顶形、尖卵形、边楔形等。确定齿形的主要依据是岩石性能，同时必须考虑齿的材料性质、强度、镶装工艺等。齿形、材质对钻头的机械钻速、适用地层和进尺具有决定性的影响。

(二)牙轮钻头的分类方法及型号编码

1. 国际钻井承包商协会(IADC)对牙轮钻头的分类方法及型号编码

1972 年，IADC 按照地层硬度顺序制订了全世界第一个牙轮钻头的分类标准，各厂家生产的钻头虽有自己的代号，但都标注了相应的 IADC 编号。1987 年 IADC 将原有的分类方法及型号编码进行了修订和完善，形成了现在的分类标准和编码方法。

IADC 规定每一类钻头用四位字码进行分类及编号，各字码的意义如下：

第一位字码为系列代号，用数字 1 ~8 分别表示 8 个系列，表示钻头牙齿特征及所适用的地层：

1—铣齿，低抗压强度高可钻性的软地层；

2—铣齿，高抗压强度的中到中硬地层；

3—铣齿，中等研磨性或研磨性的硬地层；

4—镶齿，低抗压强度高可钻性的软地层；

5—镶齿，低抗压强度的软到中硬地层；

6—镶齿，高抗压强度的中硬地层；

7—镶齿，中等研磨性或研磨性的硬地层；

8—镶齿，高研磨性的极硬地层。

第二位字码为岩性级别代号，用数字 1 ~4 分别表示在第一位数码表示的钻头所适用的地层中再依次从软到硬分为 4 个等级。

第三位字码为钻头结构特征代号，用数字 1 ~9 计 9 个数字表示，其中 1 ~7 表示钻头轴承及保径特征，8 与 9 留待未来的新结构特征钻头用。1 ~7 表示的意义如下：

1—非密封滚动轴承；

2—空气清洗、冷却，滚动轴承；

3—滚动轴承，保径；

4—滚动、密封轴承；

5—滚动、密封轴承，保径；

6—滑动、密封轴承；

7—滑动、密封轴承，保径。

第四位字码为钻头附加结构特征代号，用以表示前面三位数字无法表达的特征，用英文字母表示。目前，IADC 已经定义了 11 个特征，用下列字母表示：

A—空气冷却；

C—中心喷嘴；
D—定向钻井；
E—加长喷嘴；
G—附加保径/钻头体保护；
J—喷嘴偏射；
R—加强焊缝(用于顿钻)；
S—标准铣齿；
X—楔形镶齿；
Y—圆锥形镶齿；
Z—其他形状镶齿。

如果某些钻头的结构可能兼有多种附加结构特征，则应当选择一个主要的特征符号表示。

2. 国产三牙轮钻头的分类及型号表示法

(1)国产三牙轮钻头的系列划分

国产三牙轮钻头的标准规定，根据钻头结构特征，钻头分为铣齿钻头及镶齿钻头两大类，共八个系列，见表4－1。

表4－1　国产三牙轮钻头系列

类别	系列名称		代号
	全称	简称	
铣齿钻头	普通三牙轮钻头	普通钻头	Y
	喷射式三牙轮钻头	喷射式钻头	P
	滚动密封轴承喷射式三牙轮钻头	密封钻头	MP
	滚动密封轴承保径喷射式三牙轮钻头	密封保径钻头	MPB
	滑动密封轴承喷射式三牙轮钻头	滑动轴承钻头	HP
	滑动密封轴承保径喷射式三牙轮钻头	滑动保径钻头	HPB
镶齿钻头	镶硬质合金齿滚动密封轴承喷射式三牙轮钻头	镶齿密封钻头	XMP
	镶硬质合金齿滑动密封轴承喷射式三牙轮钻头	镶齿滑动轴承钻头	XH

(2)国产牙轮钻头的型号表示方法

国产牙轮钻头的型号表示方法如图4－1所示：

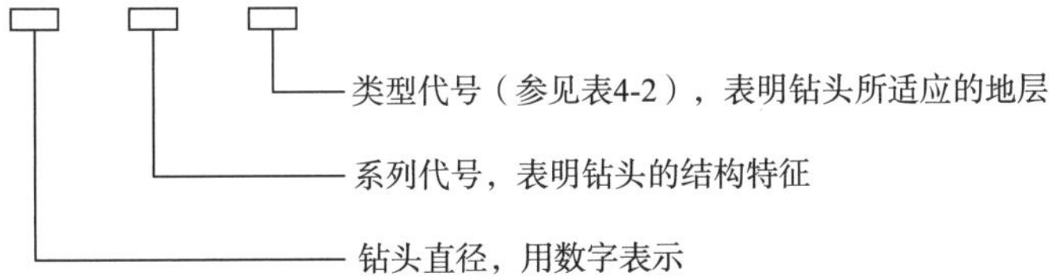

图4－1　国产牙轮钻头的型号表示方法

例如，用于中硬地层、直径为$8\frac{1}{2}$in(215.9mm)的铣齿滑动密封轴承喷射式三牙轮钻头的型号为$8\frac{1}{2}$×HP5或215.9×HP5。

(三)牙轮钻头的适用范围

牙轮钻头是应用范围最广的钻头，主要原因是改变不同的钻头设计参数，例如齿高、齿

距、齿宽、移轴距、牙轮布置等，可以适应不同地层的需要。

国内外对牙轮钻头均进行了系统的分类，命名了型号编码，对每类钻头都基本上标明了所适应的地层，为钻头选型提供了参考依据，见表4－2。

表4－2　国产三牙轮钻头的类型标示及其相适应的类型

地层性质		极软	软	中软	中	中硬	硬	极硬
类型	类型代号	1	2	3	4	5	6	7
	原类型代号	JR	R	ZR	Z	ZY	Y	JY
适用岩石举例		泥岩 石膏 盐岩 软页岩 白垩 软石灰岩		中软页岩 硬石膏 中软石灰岩 中软砂岩	硬页岩 石灰岩 中软石灰岩 中软砂岩	石英砂岩 花岗岩 硬石灰岩 大理岩		燧石岩 花岗岩 石英岩 玄武岩 黄铁岩
钻头体颜色		乳白	黄	浅蓝	灰	墨绿	红	褐

三、刮刀钻头

（一）刮刀钻头的结构与种类

刮刀钻头的结构可分为上钻头体、下钻头体、刀翼和水眼四部分。其中：上钻头体位于钻头上部，有螺纹用以连接钻柱，侧面包有装焊刀片的槽，一般用合金钢制成。下钻头体焊在上钻头体的下部，内开三个水眼孔，以安装喷嘴，用合金钢制造。刀翼焊在钻头体上，也称刮刀片，是刮刀钻头直接与岩石接触、破碎岩石的工作刃。

刮刀钻头以其刀翼数量命名，如三刀翼的称作三刮刀钻头，两刀翼的称作两刮刀钻头或鱼尾刮刀钻头。一般常用三刮刀钻头。

（二）刮刀钻头的适用范围

刮刀钻头适于在松软至软的泥岩、泥质砂岩、页岩等塑性和塑脆性地层中钻进。

四、金刚石材料钻头

（一）金刚石材料钻头的总体分类

金刚石材料钻头是用金刚石材料作为切削齿的钻头。根据不同的切削齿材料制造的金刚石材料钻头分别称为天然金刚石钻头、聚晶金刚石复合片（PDC）钻头以及热稳定聚晶金刚石（TSP）钻头。TSP钻头也称巴拉斯钻头。天然金刚石钻头用天然生成的金刚石颗粒作为切削刃，PDC钻头及TSP钻头用人造金刚石作为切削刃。

（二）金刚石材料钻头的总体结构

金刚石材料钻头属一体式钻头，整个钻头无活动部件，主要有钻头体、冠部、水力结构（包括水眼或喷嘴、水槽亦称流道、排屑槽）、保径、切削刃（齿）五部分。

钻头的冠部是钻头切削岩石的工作部分，其表面（工作面）镶装有金刚石材料切削齿，并布置有水力结构，其侧面为保径部分（镶装保径齿），它和钻头体相连，由碳化钨胎体或钢质材料制成。

钻头体是钢质材料体，上部有螺纹，和钻柱相连接；其下部与冠部胎体烧结在一起，钢质的冠部则与钻头体成为一个整体。

金刚石材料钻头的水力结构分为两类。一类用于天然金刚石钻头和TSP钻头，这类钻头的钻井液从中心水孔流出，经钻头表面水槽分散到钻头工作面各处冷却、清洗、润滑切削齿，最后携带岩屑从侧面水槽及排屑槽流入环形空间。另一类用于 PDC 钻头，这类钻头的钻井液从水眼中流出，经过各种分流元件分散到钻头工作面各处冷却、清洗、润滑切削齿，PDC 钻头的水眼位置和数量根据钻头结构而定。

金刚石材料钻头的保径部分在钻进时起到扶正钻头、保证井径不致缩小的作用。采用在钻头侧面镶装金刚石的方法达到保径目的时，金刚石的密度和质量可根据钻头所钻岩石的研磨性和硬度而定。对于硬且研磨性高的地层，保径部位的金刚石的质量应较高，密度也应较大。保径部分的结构及方式主要有拉槽式、平镶式和组合式。

（三）金刚石材料钻头的分类方法和型号编码

IADC 于 1987 年制订了一个适用于金刚石钻头的《固定切削齿钻头分类标准》。这个标准主要根据钻头的结构特点进行分类，并没有像牙轮那样考虑钻头适用的地层。但这个在世界范围内的统一标准对金刚石钻头的分类、设计、制造、选型和使用都具有重要意义。

标准采用四位字码描述各种型号的固定切削齿钻头的切削齿种类、钻头体材料、钻头冠部形状、水眼（水孔）类型、液流分布方式、切削齿大小、切削齿密度七个方面的结构特征，见图 4－2。

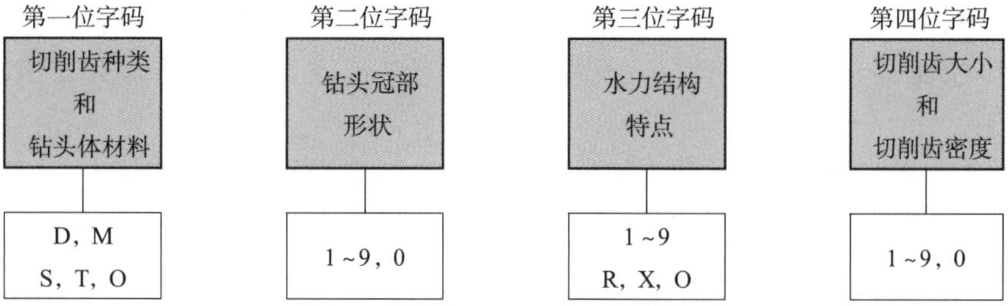

图 4－2　固定切削齿钻头 IADC 分类编码意义（1987 年）

第一位字码标示切削齿种类和钻头体材料。编码中第一位字码用 D、M、S、T 及 O 等五个字母中的一个描述有关钻头的切削齿种类及钻头体材料。具体定义为：

D——天然金刚石切削齿（胎体式）；

M——胎体，PDC 切削齿；

S——钢体、PDC 切削齿；

T——胎体，TSP 切削齿；

O——其他。

第二位字码标示钻头冠部形状。编码中第二位字码用数字 1～9 和 0 中的一个描述油管钻头的剖面形状。具体定义见表 4－3。表中 *D* 代表钻头直径，*G* 代表锥体高度。

表 4－3　钻头冠部形状编码定义

外锥高度（*G*）	内锥高度（*G*）		
	高　$G>1/4D$	中　$1/8D\leqslant G\leqslant 1/4D$	低　$G<1/8D$
高　$G>3/8D$	1	2	3
中　$1/8D\leqslant G\leqslant 3/8D$	4	5	6
低　$G<1/8D$	7	8	9

第三位字码标示钻头水力结构。编码中第三位字码用数字 1 ~9 或字母 R、X、O 中的一个描述有关钻头的水力结构。水力结构包括水眼种类以及液流分布方式，具体定义见表4 –4。

表 4 –4　水力结构编码定义

液流分布方式	水眼种类		
	可换喷嘴	不可换喷嘴	中心出口水孔
刀翼式	1	2	3
组合式	4	5	6
单齿式	7	8	9

替换编码：R—放射式流道；X—分流式流道；O—其他形式流道。

上表中水眼种类列出了三种，其中：中心出口水孔主要用于天然金刚石钻头及 TSP 钻头。液流分布方式是根据钻头工作面上对液流阻流方式和结构定义的。刀翼式和组合式是两种用突出钻头工作面的脊片阻流的方式，切削齿也安装在这些脊片上。脊片(包括其上的切削齿)高于钻头工作面 1in 以上者划归刀翼式，低于或等于 1in 者划归组合式。单齿式则在钻头表面没有任何脊片，完全使用切削齿起阻流作用。对于天然金刚石钻头和 TSP 钻头的中心出口水孔(编码为 3、6、9)，为了更确切地描述其液流分配方式，使用了 R、X、O 三个替换编码。

第四位编码标示切削齿的大小和密度。编码中的第四位字码使用数字 1 ~9 和 0 表示切削齿的大小和密度，具体定义见表 4 –5。

表 4 –5　切削齿大小和密度编码定义

切削齿大小	布齿密度		
	低	中	高
大	1	2	3
中	4	5	6
小	7	8	9

注：0 代表孕镶式钻头。

切削齿大小划分的方法见表 4 –6。

表 4 –6　金刚石切削齿尺寸划分方法

切削齿大小	天然金刚石粒度/(粒/克拉)	人造金刚石有用高度/mm
大	<3	>15.85
中	3 ~7	9.5 ~15.85
小	>7	<9.5

备注：1 米制克拉 $=2\times10^{-4}$kg。

编码中未对切削齿密度作出明确的规定，只能在比较的基础上确定编码。

(三)金刚石材料钻头的适用范围

天然金刚石钻头的切削结构选用不同粒度的金刚石，采用不同的布齿密度和布齿方式，能满足在中至坚硬地层钻井的需要。TSP 钻头适合于具有研磨性的中等至硬地层的钻井。PDC 钻头适用于软到中等硬度地层，但是 PDC 钻头钻进的地层必须是均质地层，以避免冲击载荷，含砾石的地层不能使用 PDC 钻头。

随着人造金刚石材料技术以及钻头技术的发展，金刚石材料钻头的品种在逐渐增加，金刚石材料钻头的应用范围将会不断扩大，由适用于坚硬地层发展到适用于软到硬的各类地层。金刚石材料钻头的设计、制造和使用必须避免金刚石材料经受高的冲击载荷并保证金刚石切削齿的及时冷却。

克里斯坦森公司根据大量的使用经验总结制订了金刚石材料钻头选型指南表，通过此表可以大体了解各类金刚石材料钻头所适应的地层，见表 4 –7。

表 4 –7　克里斯坦森金刚石材料钻头选型指南

牙轮钻头 IADC 编码	地层	岩性	牙轮钻头	大复合片 钻头	复合片 钻头	TSP 钻头	天然金刚石钻头
111—126 / 417	黏土 低抗压强度的软地层	黏土 泥灰岩	ATJ—1 ATX—1 ATJ—05 ATM—05	R522 R523 R516 R573	R423 R426		
111—126 / 417—447	低抗压强度 高可钻性地层	黏土 盐岩 石膏 页岩	ATJ—1 ATJ—05 ATM—05 ATJ—11	R522 R523 R516 R535	R423 R426	T18	
136—216 / 417—447	夹硬层的低抗压强度 软到中硬地层	砂岩 页岩 白垩	J3—J4 ATJ—22 ATM—22 ATJ—33 ATM—33	R535	R426 R435 R428 R437 AR435	S725 S225	D262 D311
536—627	高抗压强度 低研磨性的 中到硬地层	页岩 泥岩 灰岩 砂岩	ATJ—33 ATM—33 ATJ—44 ATJ—55		R428 R437 AR435	S725 S226 S248	D331 D41
637—737	非研磨性很高 抗压强度的硬致 密地层	灰岩 白云岩 石膏	ATJ—55 ATJ—77			S725 S226 S248	D41 D24
637—737	一定研磨性很高 抗压强度的硬致密 地层	粉砂岩 砂岩 泥岩	ATJ—55 ATJ—77			S279(1)	D41 D24
837	极硬研磨性地层	石英岩 火山岩	ATJ—99			S279(1)	D24

五、取心钻头

取心钻头用于钻取岩心。取心钻头是以环状破碎井底岩石，在中心部位形成岩心柱。岩心收获率的大小、钻进快慢都与钻头质量和选择有关。取心钻头的结构设计要利于提高岩心

收获率。钻头钻进时应平稳以免振动损坏岩心，钻头外缘与中心孔应同心，钻头水眼位置应使射流不直射岩心处并减少漫流对岩心的冲蚀。钻头的内腔应能使岩心爪尽量靠近岩心入口处，这样可使岩心形成后很快经岩心爪进入岩心筒而被保护起来，同时可使割心时尽量靠近岩心根部减少井底残留岩心。

取心钻头同样可分为牙轮取心钻头、刮刀式取心钻头和金刚石取心钻头等几种类型。

牙轮取心钻头有四牙轮取心钻头和六牙轮取心钻头，适用于中硬及硬地层。因钻头结构关系的限制，岩心直径不宜太大。

刮刀式取心钻头以切割方式破碎岩石。与全面钻进刮刀钻头相同，在刀刃部镶焊硬质合金，刮刀片对称均布在一个同心圆的环状面积上，钻头多制成阶梯状以提高钻进效率。

金刚石取心钻头的结构形式多样，适应地层范围较广，有天然金刚石取心钻头和人造金刚石取心钻头。

六、钻头的经济技术指标

钻头的经济技术指标是衡量钻头选型适应性及其现场使用质量的重要指标。包括：

①钻头进尺。是指钻头钻进的井眼总长度。

②钻头工作寿命。是指一个钻头的累计总使用时间。

③钻头平均机械钻速。是指一个钻头的进尺与工作寿命之比。

④钻头单位进尺成本。以公式表示为：

$$C_{pm} = [C_b + C_r(t + t_t)]/H$$

式中 C_{pm}——单位进尺成本，元/m；

C_b——钻头成本，元；

C_r——钻机作业费，元/h；

t——钻头纯钻进时间，h；

t_t——起下钻及接单根时间，h；

H——钻头进尺。

⑤取芯钻头要衡量取芯质量、效率及效果。

第二节 钻柱

一、钻柱的概念

钻柱是指钻头以上、水龙头以下部分的钢管柱的总称，它是钻进的重要工具，是连通地下与地面的枢纽，一般由方钻杆、钻杆段和下部钻具组合三大部分组成。其中：钻杆段主要是指钻杆、加重钻杆及各类接头等；下部钻具组合主要是指钻铤、无磁钻铤、稳定器、减震器、震击器、扩眼器、取心工具、井下动力钻具、随钻测量仪器、随钻测井仪器、地质导向钻井系统和其他特殊工具仪器及各类接头等。

钻柱的具体组合因不同的钻井工艺技术要求而不同。根据钻柱在井下的工作条件及钻井工艺技术要求，合理地设计组合与使用钻具是实现安全优质快速高效钻井的重要技术前提，同时也能够有效预防和减少钻柱刺漏、脱扣及断落等各种钻柱事故引发的井下复杂情况的发生。

二、钻柱的作用

（一）钻柱的主要作用

①转盘旋转钻和顶部驱动旋转钻，要靠钻柱来传递破碎岩石所需要的能量，给井底施加钻压和循环钻井液。井下动力钻井，井下动力钻具是用钻柱送到井底并靠它来承受反扭矩，同时钻头和井下动力钻具所需的液体能量也要通过钻柱输送到井底。

②起下钻。

③通过自身的联接及延长，不断加深井眼。

④根据钻柱的长度计算井深。

⑤其他必要作用。

（二）钻柱的特殊作用

①通过钻柱可以观察和了解钻头的工作情况、井眼状况及地层情况等；

②进行取心、挤水泥、打捞井下落物、处理井下事故等特殊作业；

③进行钻柱地层测试。

三、钻柱组合常用管具及工具仪器

（一）方钻杆

1. 方钻杆的结构特点与主要功用

方钻杆位于钻柱的最上端，上接水龙头，它承受全部入井钻具的重力。它的主要作用是传递扭矩。其断面为正方形或六边形，大小正好和转盘的方补心内孔相配合，将地面转盘扭矩传递给钻杆，带动钻头旋转。

方钻杆多用强度较高的优质合金钢制成，其壁厚一般要比钻杆大 3 倍左右，API 方钻杆长度有 12.19m（标准）和 16.46m 两种，驱动部分长度分别为 11.25m 和 15.54m。为了适应钻柱配合的需要，方钻杆有多种尺寸和接头类型，并用高强度合金刚制造，具有较大的抗拉强度及抗扭强度，可以承受整个钻柱的重量和旋转钻柱及钻头所需要的扭矩。

方钻杆旋转时，上端始终处于转盘面以上，下部则处在转盘面以下。方钻杆上端至水龙头的连接部位的丝扣均为左旋丝扣（反扣），以防止方钻杆转动时卸扣。方钻杆下端至钻头的所有连接丝扣均为右旋丝扣（正扣），在方钻杆带动钻柱旋转时，丝扣越上越紧。为减轻方钻杆下部接头丝扣（经常拆卸部位）的磨损，常在该部位加装一个保护接头。

在高压油气田勘探开发中，方钻杆上安装方钻杆旋塞阀，以备紧急情况下控制井喷。

2. 常用方钻杆规格

通常所说的几英寸方钻杆指的是方形部分的边宽。常用方钻杆规格是：

四方方钻杆 mm（in）：88.9（$3\frac{1}{2}$），108（$4\frac{1}{2}$），133.4（$5\frac{1}{4}$），140（$5\frac{1}{2}$），152.4（6）；

六方方钻杆 mm（in）：76.2（3），88.9（$3\frac{1}{2}$），108（$4\frac{1}{2}$），133.4（$5\frac{1}{4}$），152.4（6）。

（二）钻杆

钻杆是钻柱的基本组成部分，其主要作用是传递扭矩，输送钻井液，连接增长钻柱，加深井眼。

1. 钻杆的结构与规范

钻杆由高级合金钢的无缝钢管制成，壁厚一般为 9 ~ 11mm，单根长 8 ~ 12m。钻杆由钻杆管体和钻杆接头两部分组成。钻杆管体与接头的连接有两种方式：一种是用细丝扣

连接，即管体两端都车有细公扣，与接头一端的母细扣相连接，这种钻杆称为有细扣钻杆；另一种是管体与接头用摩擦焊对焊在一起，这种钻杆称为对焊钻杆。有细扣钻杆目前已经基本淘汰，目前我国使用的钻杆大都是按 API 标准生产的对焊式钻杆（无细扣钻杆）。

钻杆本体两端都是做成加厚的，以增强管体与接头的连接强度。常用的加厚形式有内加厚、外加厚、内外加厚三种类型。

钻杆本体外径称为钻杆的通称直径，以毫米或英寸表示。钻杆尺寸有 $2\frac{3}{8}$in、$2\frac{7}{8}$in、$3\frac{1}{2}$in、4in、$4\frac{1}{2}$in、5in、$5\frac{1}{2}$in。常用的钻杆尺寸有 88.9mm（3.5in）、114.3mm（4.5in）、127mm（5in）三种。

根据美国石油学会 API 的规定，钻杆按长度分为三类：

第一类：5.486～6.706m（18～22ft）；

第二类：8.230～9.144m（27～30ft）；

第三类：11.582～13.716m（38～45ft）。

常用钻杆尺寸见表 4－8。

表 4－8　钻杆尺寸及代号

钻杆外径		外径代号	壁厚/mm	内径/mm	重力/N·m^{-1}	重力代号
mm	in					
60.30	$2\frac{3}{8}$	1	4.826	50.70	70.83	1
			7.112	46.10	97.12	2
73.00	$2\frac{7}{8}$	2	5.512	62.0	100.00	1
			9.195	54.60	151.83	2
88.90	$3\frac{1}{2}$	3	6.452	76.00	138.69	1
			9.374	70.20	194.16	2
			11.405	66.10	226.18	3
101.60	4	4	6.655	88.30	173.00	1
			8.382	84.80	204.38	2
			9.652	82.30	229.20	3
114.30	$4\frac{1}{2}$	5	6.883	100.50	200.73	1
			8.560	97.20	242.34	2
			10.922	92.50	291.98	3
			12.700	88.90	333.15	4
			13.975	86.40	360.03	5
127.0	5	6	7.518	112.00	237.73	1
			9.195	108.60	284.68	2
			12.700	101.60	373.73	3
139.7	$5\frac{1}{2}$	7	7.722	124.30	280.30	1
			9.169	121.40	319.71	2
			10.541	118.60	360.59	3

注：本表根据 API RP 7G 整理。

2. 钻杆的钢级与强度

钻杆的钢级是指钻杆钢材的等级，它是按钻杆钢材的最小屈服强度划分的。API 规定钻杆的钢级有 D、E、95(X)、105(G)、135(S)级共五种，其中 X、G、S 级为高强度钻杆。钻杆钢级的规格划分见表 4-9。

表 4-9　钻杆钢级

物理性能		钻杆钢级				
		D	E	95(X)	105(G)	135(S)
最小屈服强度	MPa	379.21	517.11	655.00	723.95	930.70
	lb/in^2	55000	75000	95000	105000	135000
最大屈服强度	MPa	586.05	723.95	861.85	930.79	1137.64
	lb/in^2	85000	105000	125000	135000	165000
最小抗拉强度	MPa	655.00	689.48	723.95	792.90	999.74
	lb/in^2	95000	100000	105000	115000	145000

新钻杆的强度数据见表 4-10。

钻杆的钢级越高，管材的屈服强度越大，钻杆的各种强度(抗拉、抗扭、抗外挤等)也就越大。在钻杆的强度设计中，推荐采用提高钢级的方法来提高钻柱的强度，而不采用增加壁厚的方法。

3. 钻杆接头与丝扣

钻杆接头是钻杆的组成部分，分公扣头和母扣头，连接在钻杆管体的两端。接头上车有丝扣(粗扣)，用以连接各单根钻杆。在钻井过程中，接头处要经常拆卸，接头表面受到相当大的大钳咬合力的作用，所以钻杆接头壁厚较大，接头外径大于管体外径，并采用强度更高的合金钢。国产钻杆接头一般都采用 35CrMo 合金钢。

丝扣的连接必须满足三个条件，即尺寸相等、丝扣类型相同、公母扣相匹配。不同尺寸钻杆的接头尺寸不同。同一尺寸钻杆的丝扣类型也不尽相同。各钻杆生产厂家的钻杆采用的接头类型也不一定完全一致。因此，为了便于区分钻杆接头和工程应用，API 对钻杆接头的类型作了统一的规定，形成了石油工业普遍采用的 API 钻杆接头技术规范。

API 钻杆接头有新、旧两种标准。旧 API 钻杆接头是对早期使用的有细扣钻杆提出来的，分为内平式(IF)、贯眼式(FH)和正规式(REG)三种类型。内平式接头主要用于外加厚钻杆，其特点是钻杆内径与管体加厚处内径、接头内径相等，钻井液流动阻力小，有利于提高钻头水功率，但接头外径较大，易磨损。贯眼式接头适用于内加厚钻杆，其特点是钻杆有两个内径，接头内径等于管体加厚处内径，但小于管体部分内径。钻井液流经这种接头时的阻力大于内平式接头，但其外径小于内平式接头。正规式接头适用于内加厚钻杆，这种接头的内径比较小，小于钻杆加厚处的内径，所以正规式接头连接的钻杆有三种不同的内径。钻井液流过这种接头时的阻力最大，但它的外径最小，强度较大。正规接头常用于小直径钻杆和反扣钻杆，以及钻头、打捞工具等。这三种类型的接头均采用“V”形螺纹，但扣型(用螺纹顶切平宽度表示)、扣距、锥度及尺寸等有很大的差别。

随着对焊钻杆的迅速发展，有细扣钻杆逐渐被对焊钻杆所取代，旧 API 钻杆接头由于规范繁多，使用起来很不方便。因此，美国石油学会 API 又提出了一种新的 NC 型系列接头，有人称之为数字型接头。NC 型接头以字母 NC 和两位数字表示，如 NC50，NC26，NC31 等。

表 4-10 新钻杆强度数据

钻杆外径		名义重量		扭力屈服强度/kN·m					按最小屈服强度计算的最小抗拉力/kN					最小抗挤压力/MPa					按最小屈服强度计算的抗内压力/MPa				
mm	in	N/m	1b/ft	D	E	95	105	135	D	E	95	105	135	D	E	95	105	135	D	E	95	105	135
60.3	$2\frac{3}{8}$	97.12	6.65	6.21	8.46	0.71	11.85	15.25	451.02	615.04	779.06	861.02	107.00	78.89	107.58	136.27	150.62	193.65	78.27	106.69	135.17	149.38	192.07
73.0	$2\frac{7}{8}$	151.86	10.40	11.47	15.64	19.82	21.90	28.16	699.45	953.75	1208.10	1335.27	1716.79	83.52	113.86	144.20	159.38	204.96	83.59	114.00	144.34	159.58	205.17
88.9	$3\frac{1}{2}$	138.71 194.14 226.22	9.50 13.30 15.50	18.42 20.94	19.15 25.12 28.55	31.82 36.16	35.17 39.97	45.21 51.39	886.02 1053.38	864.40 1208.41 1436.28	1350.66 1819.27	1691.73 1010.78	2175.11 2585.29	71.38 84.83	69.24 97.30 115.65	123.31 146.55	136.27 161.93	175.17 208.20	69.79 85.17	65.66 95.17 116.14	120.55 147.10	133.24 162.55	171.13 290.03
101.6	4	172.95 204.31	11.85 14.00	23.13	26.36 31.53	39.49	44.15	56.75	931.24	1206.77 1269.77	1605.45	1777.66	2285.60	57.45	58.00 78.27	99.17	109.65	139.10	54.76	59.31 74.69	94.62	104.55	134.41
114.3	$4\frac{1}{2}$	200.71 242.30 291.95	13.75 16.60 20.00	30.58 36.63	15.07 41.71 49.97	52.83 63.28	58.39 69.94	75.07 89.92	1078.52 1345.55	1201.56 1470.90 1843.89	1863.09 2324.18	2058.24 2568.83	2647.58 3302.76	52.55 65.58	49.65 71.65 89.38	87.93 113.24	95.32 125.17	115.86 160.89	49.72 63.45	54.48 67.78 86.48	85.86 109.58	94.90 121.10	122.00 155.72
127.0	5	284.78 372.40	19.50 25.60	40.87 51.88	55.73 70.74	70.59 89.61	78.03 99.05	100.32 127.36	1290.86 1729.92	1760.31 2358.97	2229.71 2988.08	2464.39 3302.58	3168.51 4246.19	50.96 68.27	68.96 93.10	82.83 117.93	89.58 130.34	108.27 167.58	48.07 66.34	65.52 90.48	83.03 114.62	91.72 126.76	118.00 162.89
139.7	$5\frac{1}{2}$	319.71 360.52	21.91 24.70	50.35 56.16	68.66 76.59	86.97 97.02	96.12 107.23	123.58 137.87	1426.36 1622.50	1945.06 2212.49	2463.72 2802.48	2723.05 3097.49	3501.08 3982.30	45.59 52.90	58.21 72.14	68.96 89.10	74.04 96.55	87.85 116.70	43.59 50.07	59.38 68.27	75.24 86.48	86.17 95.58	106.96 122.96

注：本表根据 API RP 7G 整理。

NC(National Coarse Thread)意为(美国)国家标准粗牙螺纹，两位数字表示丝扣基面节圆直径的大小(取节圆直径的前两位数字)。例如，NC26 表示接头为 NC 型，基面丝扣节圆直径为 2.668in。NC 螺纹也为“V”形螺纹，具有 0.065in 平螺纹顶和 0.038in 圆螺纹底，用 V－0.038R表示扣型，可与 V－0.065 型螺纹连接。旧 API 标准中的全部内平(IF)及 4in 贯眼(4FH)均为 V－0.065 型螺纹，NC 型接头标准正逐步取代旧 API 接头规范。

NC 型接头规范见表 4－11。

表 4－11　NC 型接头规范

公称尺寸/in	丝扣类型	外径(*D*)/mm	内径(*d*)/in	节径(*C*)/in	螺纹规范			公接头			母接头	
					每寸扣数	锥度	扣型	丝扣长度(L_1)/mm	大端直径(D_L)/mm	小端直径(D_s)/mm	丝扣长度(L_2)/mm	镗孔直径(D_c)/mm
$2\frac{3}{8}$	NC23	69	22	2.36	4	1：6	V－0.038R	76	65	52	92	67
	NC26	86	44	2.67	4	1：6	V－0.038R	76	73	60	92	75
$2\frac{7}{8}$	NC31	105	54	3.18	4	1：6	V－0.038R	89	86	71	95	88
$3\frac{1}{2}$	NC35	121	68	3.53	4	1：6	V－0.038R	95	95	79	111	97
	NC38	121	68	3.81	4	1：6	V－0.038R	102	102	85	117	104
4	NC40	133	71	4.07	4	1：6	V－0.038R	114	109	90	130	110
	NC44	152	57	4.42	4	1：6	V－0.038R	114	118	98	130	119
	NC46	152	82	4.63	4	1：6	V－0.038R	114	123	104	130	125
$4\frac{1}{2}$	NC50	156	95	5.04	4	1：6	V－0.038R	114	133	114	130	135
$5\frac{1}{2}$	NC56	178	95	5.62	4	1：6	V－0.038R	127	149	118	143	151
$6\frac{5}{8}$	NC61	210	76	6.18	4	1：6	V－0.038R	140	164	127	156	165
$7\frac{5}{8}$	NC70	241	76	7.05	4	1：6	V－0.038R	152	186	148	163	187
$8\frac{5}{8}$	NC77	254	76	7.74	4	1：6	V－0.038R	165	203	162	181	205

NC 型接头在石油工业中应用越来越普遍，但目前现场中可能仍然使用一部分旧 API 标准钻头。表 4－12 所示的几种 NC 型接头与旧 API 标准接头有相同的节圆内径、锥度、螺距和螺纹长度，可以互换使用。

表 4－12　NC 型与旧 API 标准接头可以互换使用的接头

NC 型接头	NC26	NC31	NC38	NC40	NC46	NC50
旧 API 接头	$2\frac{3}{8}$IF	$2\frac{7}{8}$IF	$3\frac{1}{2}$IF	4IF	4FH	$4\frac{1}{2}$IF

在钻柱中，除了钻杆接头外，还有各种配合接头(用来连接不同尺寸或不同扣型的管柱)、保护接头(保护管柱上经常拆卸处的丝扣)等。此外，方钻杆、钻铤、钻头及其他井下工具也靠丝扣连接。上述各种接头及工具的丝扣类型与钻杆接头的标准相一致。

4. 钻杆的分级

为避免和减少钻杆损坏事故的发生，必须经常对钻杆进行检查并分级，以确定其强度和适用的条件。

API－IADC 规定了在用钻杆的分级方法，各级钻杆的强度特性在 API 标准 RP 7G 中列出。钻杆接头按最小外径及偏磨内螺纹接头最小台肩厚度进行分级，上述标准推荐了对应的紧扣扭矩。

API 钻杆分级标准见表 4－13。

表 4－13　钻杆分级标准(API RP 7G)

钻杆状况	新钻杆(一条白色环带)	一级钻杆(二条白色环带)	二级钻杆(一条黄色环带)	三级钻杆(一条橙色环带)
(1)外部状况				
①外径磨损	无	剩余壁厚不低于 80%	剩余壁厚不低于 70%	任一缺陷或损伤超过二级钻杆
壁厚				
②凹伤及压痕	无	不超过外径 3%	不超过外径 4%	
③卡瓦部位直径变化				
挤压	无	不超过外径 3%	不超过外径 4%	
变细	无	不超过外径 3%	不超过外径 4%	
④应力引起直径变化				
变细	无	外径减小不超过 3%	外径减小不超过 4%	
变粗	无	外径增大不超过 3%	外径增大不超过 4%	
⑤切割、凿孔和腐蚀	无			
园底槽		剩余壁厚不低于 80%	剩余壁厚不低于 70%	
尖底槽		剩余壁厚不低于 80%	剩余壁厚不低于 70%	
纵向		剩余壁厚不低于 80%	剩余壁厚不低于 80%	
横向		且其长度不超过周长的 10%	且其长度不超过周长的 10%	
⑥疲劳裂纹	无	无	无	无
(2)内部状况				
①蚀疤	无			
壁厚		从最深的蚀疤底测得的	从最深的蚀疤底测得的	
②腐蚀和磨损	无	剩余壁厚不低于 80%	剩余壁厚不低于 80%	
壁厚		剩余壁厚不低于 80%	剩余壁厚不低于 70%	
③疲劳裂纹	无	无	无	无

(三)加重钻杆

加重钻杆是普通钻杆与钻铤之间的过渡钻柱段，也是一种空心钢柱，壁厚是普通钻杆的 2～3 倍。它能有效地缓解钻铤与钻杆在结合中过渡段的应力集中，提供钻压并能有效地减少钻柱与井壁的联接面积及外径磨损率。加重钻杆的一个独特特性就是钻杆中部有一部分加厚段，接头和中间加厚部分的外表敷焊硬质合金成耐磨带，可以有效地保护钻杆不受磨损，耐磨带能起到稳定器的作用，提高加重钻杆在钻柱中的刚度，减小井斜。加重钻杆能够代替钻铤解决在较软的地质构造情况下，垂直钻井所出现的一系列问题，但起下钻操作方便，可节省起下钻时间。

(四)钻铤

1. 钻铤的结构特点与主要功用

(1)钻铤的结构特点

钻铤是用高级合金钢制成的，其主要特点是壁厚大，具有较大的重力和刚度。壁厚一般为 38～53mm，相当于钻杆的 4～6 倍，质量约为同长度钻杆的 4～5 倍，上接钻杆下接钻头，用它自身的重力给钻头加压。由于钻铤粗，刚性大，在钻压作用下不易产生弯曲，有利于防止井斜和钻具折断。

无磁钻铤是一种由蒙乃尔合金或不锈钢制成的不易磁化的钻铤。其主要用途是为磁性测斜仪器提供一个不受钻柱磁场影响的测量环境。

钻铤有许多不同的形状，有圆的、方的、三角形和螺旋形的。最常用的是圆形(平滑的)钻铤和螺旋形钻铤两种。螺旋形钻铤上有浅而宽的螺旋槽，可减少其与井壁接触面积的40% ~50%，而其重力只减少7% ~10%。接触面积少，可减少发生压差卡钻的可能性。钻铤的连接丝扣(公扣、母扣)是在钻铤两端管体上直接车制的，不另加接头。钻铤大都是一端外螺纹、一端内螺纹，特殊的钻铤两端都是内螺纹。钻铤有许多规格，常用钻铤的尺寸有$5\frac{3}{4}$in、$6\frac{1}{4}$in、7in、8in。

(2)钻铤的主要功用

钻铤处在钻柱的最下部，是下部钻具组合的主要组成部分。它在钻井过程中主要起到以下几方面的作用：

①给钻头施加钻压；

②保证压缩条件下的必要强度；

③减轻钻头的振动、摆动和跳动等，使钻头工作平稳；

④控制井斜。

2. API标准钻铤规范

API标准钻铤规范见表4-14。

表4-14 API标准钻铤规范(API SPEC 7)

钻铤类型	外径		内径		长度		重力		上扣扭矩	
	mm	in	mm	In	m	ft	lbf/ft	N/m	最小/kN·m	最大/kN·m
NC 23—31	79.40	$3\frac{1}{8}$	31.80	$2\frac{1}{4}$	9.1	30	22	321	4.45	4.90
NC 26—35($2\frac{7}{8}$IF)	88.90	$3\frac{1}{2}$	38.10	$1\frac{1}{3}$	9.1	30	27	394	6.25	6.90
NC 31—41($2\frac{7}{8}$IF)	104.80	$4\frac{1}{8}$	50.80	2	9.1	30	35	511	9.00	9.90
NC 35—47	120.70	$4\frac{3}{4}$	50.80	2	9.1	30	50	730	12.50	13.50
NC 38—50($3\frac{1}{2}$IF)	127.00	5	57.20	$2\frac{1}{4}$	9.1	30	53	774	17.50	19.00
NC 44—60	152.40	6	57.20	$2\frac{1}{4}$	9.1	30或31	83	1212	31.65	35.00
NC 44—62	158.80	$6\frac{1}{4}$	57.20	$2\frac{1}{4}$	9.1或9.2	30或31	91	1328	31.50	35.00
NC 44—62(4IF)	158.80	$6\frac{1}{4}$	71.40	$2\frac{13}{16}$	9.1或9.2	30或31	83	1212	30.00	33.00
NC 46—65(4IF)	165.10	$6\frac{1}{2}$	57.20	2	9.1或9.2	30或31	99	1445	38.00	42.00
NC 46—65(4IF)	165.10	$6\frac{1}{2}$	71.40	$2\frac{13}{16}$	9.1或9.2	30或31	91	1328	30.00	33.00
NC 46—67(4IF)	171.50	$6\frac{3}{4}$	57.20	$2\frac{1}{4}$	9.1或9.2	30或31	108	1577	38.00	42.00
NC 50—70($4\frac{1}{2}$IF)	177.80	7	57.20	$2\frac{1}{4}$	9.1或9.2	30或31	117	1708	51.50	56.50
NC 50—70($4\frac{1}{2}$IF)	177.80	7	71.40	$2\frac{13}{16}$	9.1或9.2	30或31	110	1606	43.50	48.60
NC 50—72($4\frac{1}{2}$IF)	184.20	$7\frac{1}{4}$	71.40	$2\frac{13}{16}$	9.1或9.2	30或31	119	1737	43.50	48.00
NC 56—77	196.90	$7\frac{3}{4}$	71.40	$2\frac{13}{16}$	9.1或9.2	30或31	139	2029	65.00	71.50
NC 56—80	203.20	8	71.40	$2\frac{13}{16}$	9.1或9.2	30或31	150	2190	65.00	71.50
$6\frac{5}{8}$REG	209.60	8	71.40	$2^{13}/_{16}$	9.1或9.2	30或31	160	2336	72.00	79.00
NC 61—90	228.60	9	71.40	$2\frac{13}{16}$	9.1或9.2	30或31	195	2847	92.00	101.00
$7\frac{5}{8}$REG	241.30	$9\frac{1}{2}$	76.20	3	9.1或9.2	30或31	216	3153	119.50	
NC 70—100	254.00	10	76.20	3	9.1或9.2	30或31	243	3548	142.50	156.50
NC 70—110	279.40	11	76.20	3	9.1或9.2	30或31	299	4365	194.00	214.50

钻铤类型代号由两部分组成，第一部分为 NC 型螺纹代号，第二部分的数字(取外径的前两位数字乘以 10)表示钻铤外径(in)，中间用短线分开。

(五)稳定器

稳定器又称扶正器。在钻铤柱的适当位置安装一定数量的稳定器，组成各种类型的下部钻具组合，可以满足钻直井时防止井斜的要求，钻定向井时可起到控制井眼轨迹的作用。此外，稳定器的使用还可以提高钻头工作的稳定性，从而延长使用寿命，这对金刚石钻头尤为重要。

稳定器有三种基本类型：刚性稳定器、不转动橡胶套稳定器和滚轮稳定器。刚性稳定器包括螺旋、直棱两种，均可做成长型或短型，以适应各种地层和工艺要求，它是使用最广泛的稳定器。不转动橡胶套稳定器的主要优点是不会破坏井壁，使用安全，但它不具备修整井壁的能力，加上受井下温度的限制，使用寿命短，应用范围很小。滚轮稳定器也称牙轮铰孔器，其主要优点是具有较强的修整井壁的能力，可保持井眼规则，主要用于研磨性地层。

(六)减震器

钻井过程中，井下钻具要产生纵向和旋转的冲击震动，严重时，钻头的实际载荷(钻压和转矩)可能会超过平均值的两倍，直接危害钻头、钻具和地面设备。因此，在下部钻具组合中应用专门设计的钻具减震器，用于吸收井下钻具的纵向震动和扭转震动，可以大大减轻这种震动的幅度和危害。

钻具减震器的种类很多，其实质是一个减震和缓冲弹簧，一般主要由减震元件[特殊弹簧(包括金属弹簧)橡胶和可压缩的液体等]、驱动部分、密封元件及内外筒等几部分组成。大部分的减震器只能吸收纵向震动，某些经过专门设计的减震器可以同时吸收一部分扭转震动。减震器的外径应不小于与之连接的钻铤外径。

(七)悬浮器

悬浮器是一种具有伸缩机构的钻井井下工具，其功能类同于减震器。一般安装在钻柱的中和点附近，以减轻钻进过程中产生的震动。

(八)随钻震击器

在深井、海洋钻井，尤其是定向钻井中，时常在下部钻具组合中安放随钻震击器，一旦下部钻具组合或钻头遇卡，可以通过操纵震击器的方法，通过向上或向下的震击作用解卡。随钻震击器按照不同的结构与工作原理，可以分为液压式上击器和机械式下击器两种。

液压式上击器主要由心轴总成和外筒组成。心轴总成主要包括心轴、震击块、活塞和活塞座；外筒总成主要包括接头、液缸、套筒和密封盒。正常钻进时，活塞在活塞座上处于游动状态，液缸上、下油腔内的液压油是连通的。一旦下部钻具组合或钻头遇卡，通过快速提拉钻柱，心轴上移，活塞座在心轴下面的活塞座上，活塞座上的密封体将上下油腔的通道关闭，上油腔的压力随钻柱上提而增高，当活塞上移至卸荷腔的瞬间，上油腔内的高压油从活塞与液缸间进入油腔，上油腔突然减压，装在心轴上的震击块高速撞击套筒内的下台肩面，产生巨大的上击力。

机械式下击器主要由心轴总成和外筒总成组成。心轴总成由花键轴、心轴接头、卡瓦轴及密封装置组成；外筒总成由接头体、连接体、卡瓦套筒、滑套和密封盒组成。下击器是根据摩擦副原理设计的机械式震击器，下击力的大小通过卡瓦套筒内的调节环进行调节。正常钻进时，卡瓦片在卡瓦套筒上处于纵向受压状态。当发生卡钻需要下击时，通过快速下放钻具，外筒下移，卡瓦轴的凸面迫使卡瓦片发生弹性变形，随着下击器卡瓦套筒的下移，卡瓦轴压迫卡瓦片的压力不断增加，卡瓦轴凸面与卡瓦片之间的摩擦力急剧增大，当下压力超过预先调定的吨位时，卡瓦片从卡瓦轴上的凸面下端滑脱，上部钻柱重量产生的作用力在卡瓦片上的能量瞬间释放，下击器外筒迅速向下冲击，产生巨大的下击力。

(九)键槽破坏器

键槽破坏器的几何形状与螺旋稳定器相似，外形尺寸与相应井眼使用的稳定器相等，它与螺旋稳定器不同是上下斜台肩都用硬质合金焊条堆焊成锥形，具有切削、扩孔、破坏键槽的性能。

键槽破坏器可专门用于破坏键槽的钻具组合，亦可随钻破坏键槽。定向钻井中，根据已钻井眼的井眼曲率大小和地层岩性，对于容易形成键槽的井段，采取预防措施，分井段定期把键槽破坏器接在预先计算好的拐弯井段，边钻进边划眼，以防形成键槽。

(十)变向器

对于因地层因素影响，容易发生方位漂移的井段，采用变向器可以克服井眼轨迹自然飘移，保持方位不变。地层倾角小的地层，使用变向器可以在小范围内调整方位。

变向器只有在斜井段起作用。在岩性、井眼、转速等条件相同的情况下，井斜角越大，变相器的使用效果越好。变向器适用于中硬地层，适用于井径扩大率小且井径规则的情况，不适用于井径扩大率大的地层。

(十一)弯接头

弯接头是定向造斜、扭方位的一种井下专用工具。弯接头分为固定角度弯接头、可调角度弯接头两种。

1. 固定角度弯接头

固定角度弯接头由接头体、循环套、定向键和固定螺丝组成。弯接头的弯曲角一般为1°、1°30′、2°、2°30′、3°。弯曲角超过4°时，钻出的井眼曲率太大，也不易下井，常规定向井一般不用。

2. 可调角度弯接头

根据调节方式和工作原理的不同，可调角度弯接头分为电动式、机械式、液压式等几种类型，其共同特点是不起钻，通过地面控制把弯接头调整到需要的角度(包括零度)。可连续进行定向、增斜、稳斜和扭方位。可调角度弯接头的主要优点是能够提高井眼轨迹控制的精度、减少起钻次数。

(十二)旁通接头与高压循环头

旁通接头、高压循环头的主要用途是在采用有线随钻测斜仪进行定向造斜、扭方位时，电缆通过旁通接头或高压循环头进入钻具水眼，把测斜仪器送至井底。旁通接头由接头体、电缆密封总成和电缆卡子组成，结构简单，使用方便。在使用旁通接头进行随钻定向、扭方位施工时，中途不需要起下电缆。但由于旁通接头以上的电缆在井口以下的钻杆环形空间里，井口作业要特别注意不要挤坏电缆和防止电缆打扭。

高压循环头主要由循环头、密封头、电缆卡子和手压泵组成。高压循环头直接和水龙带连接，电缆从高压循环头的顶端密封头进入钻杆，电缆不易损坏，但每次接单根必须把井下仪器提到井口最上面的一根钻杆里，接完单根再下到井底座键和密封电缆，卡电缆卡子，与旁通接头相比，增加了起下仪器的时间。

(十三)套管内定向开窗侧钻工具

套管内定向开窗侧钻主要用于钻多井底、事故井侧钻以及老区枯竭采油井二次完井。

套管内定向开窗侧钻常用的方法有两种：一是采用斜向器定向，使用磨铣工具在套管内开窗侧钻；二是采用水力扩张式套管磨鞋，磨掉一段套管，再用常规定向造斜方法进行侧钻。

用于套管内定向开窗侧钻的斜向器类型主要有液压卡瓦式、底部触发卡瓦式、套管接箍触发卡瓦式、固定锚式等多种形式；磨铣工具主要有启始铣鞋、开窗铣鞋、锥形铣鞋、西瓜铣鞋、钻柱铣鞋等。

水力扩张式套管磨鞋主要有刀片、活塞、流量显示装置和磨鞋体组成，其工作原理是在其下至预定开窗位置，开泵循环，在循环压力作用下，活塞压缩弹簧下行，使支撑头顶出刀片，向外扩张，转动钻具切割套管，套管被割断后，刀片逐渐完全张开，磨铣套管。

（十四）钻具内防喷工具

1. 手动钻具旋塞阀

手动钻具旋塞阀是钻柱循环系统中的手动控制阀，主要包括方钻杆上旋塞阀、方钻杆下旋塞阀和钻具备用旋塞，按不同的使用条件安装在不同的位置。

2. 顶驱旋塞阀

顶驱旋塞阀的用途与手动钻具旋塞阀相同。它由顶驱系统中的驱动控制阀控制。

3. 箭型止回阀

箭型止回阀是重要的钻杆内防喷工具，它随钻柱一同入井，可自动控制泥浆回压，阻止钻具内流体上窜倒流。这种止回阀结构简单、装卸便利。

4. 钻杆投入式止回阀

钻杆投入式止回阀不随钻柱一同入井，只是在发生井涌或在一定压力下强行起钻时，才将此阀投入钻杆中。钻杆投入式止回阀由联顶接头和投入式止回阀两部分组成。联顶接头下接止动环，接头内有锯形槽，联顶接头下与钻铤相接，上与钻杆相接。发生井涌时，投入钻杆内，开泵循环使阀落入联顶接头，卡瓦即自动张开卡在槽内，此时如井涌逆流，阀体便上升使得止回阀内胶筒膨胀，迅速封住阀外环隙。

5. 钻具浮阀

钻具浮阀有弹簧式和翻板式两种类型。连接在钻柱中，发生井涌或井喷时，阀芯在压力的作用下与阀体密封，以阻止钻具内流体喷出。

6. 弹簧强制复位式止回阀

弹簧强制复位式止回阀可在方钻杆下与钻头之间的任意处连接。钻进时，正循环钻井液压力使得阀芯呈开启状态保证钻进正常进行。钻具内存在负压或上下压力近平衡的状态下，弹簧复位推动阀芯，使得阀芯的圆锥密封面与阀座的圆锥密封面封住，阻止地下流体回流。

7. 手动止回释放阀

手动止回释放阀在起下钻发生井涌或井喷时可替代备用旋塞，是目前国外普遍推广的一种钻具内防喷工具。

8. 钻具旁通阀

钻具旁通阀一般组合连接在钻头上端，正常钻进时只起到连接接头的作用。当井下钻头水眼无法实现正常循环时，由该阀实现外循环。

（十五）取心工具

1. 取心工具的组成

钻进取心工具种类很多，实际使用的取心工具都是成套生产的，它是为适应不同的地层、不同的取心目的和要求而设计的。其基本组成包括三个部分：取心钻头—用以钻取岩心；岩心筒及其悬挂装置—用以保护岩心；岩心爪—用以割断和卡牢岩心并使岩心随起钻时提到地面。

2. 取心工具分类

按照工具结构分为单筒取心工具和双筒取心工具。单筒取心工具无内岩心筒；双筒取心工具有内、外岩心筒，它又可分为双动双筒取心工具(钻进时内外岩心筒同时旋转)和单动双筒取心工具(钻进时内岩心筒不旋转)。

按照取心长度分为短筒取心工具和中、长筒取心工具。短筒取心工具一般钻进取心为一个单根长度以内，即取心钻进时不能接单根；中、长筒取心工具可连续取心钻进几十米甚至百米。

按照割心方法分为自锁式取心工具、加压式取心工具和差动式取心工具。

按照取心方式分为常规取心工具和特殊取心工具。常规取心工具对取心工艺无特殊要求，大多数取心属常规取心；特殊取心有密闭取心、保压密闭取心、定向取心等，进行这些特殊取心所使用的工具称为特殊取心工具。

(十六)下部钻柱常用组合工具及仪器

在下部组合或钻杆柱中常常配置组合井下动力钻具、随钻测量(MWD)仪器、随钻测井(LWD)仪器、垂直钻井系统、近钻头地质导向钻井系统、测试工具、扩眼器等相应工具来完成各种作业。

1. 井下动力钻具

动力钻具又称井下马达，主要可分为螺杆钻具、涡轮钻具、电动钻具三种类型。目前我国现场常用的是前两种。电动钻具如 Baker Hughes 公司的 VertiTrack 全自动闭环垂直钻井系统。

螺杆钻具实质上是把液体压力能转换为机械能的一种能量转换装置。它是一种以钻井液为动力介质，把液体压力能转换为机械能的容积式井下动力钻具。螺杆钻具主要由旁通阀、螺杆马达(定子和转子)、万向轴和传动轴等四大总成组成。螺杆钻具的输出扭矩取决于通过螺杆马达的工作压力降，输出转速取决于通过螺杆马达流体的流量。

涡轮钻具是一种将钻井液的动能转换为机械能的一种动力机。涡轮钻具的主要部件是涡轮，每一级涡轮由一个定子和一个转子组成，涡轮上具有很多弯曲的叶片，定子和转子的叶片形状基本一样，但叶片的弯曲方向相反。涡轮钻具通常是由成百级结构完全相同的涡轮串联组合而成。它的转动不像螺杆钻具那样靠液体的压力而是靠液体的流速来驱动。一般地，使用涡轮钻具时，应充分利用泥浆泵的功率，采用大排量、高泵压。

2. 水力加压器

水力加压器是利用液流通过加压器时产生较大压差，给钻头施加可靠稳定钻压的一种井下钻进工具。主要用于小井眼和水平井段的钻进中，利用它能够克服或减轻钻柱纵向和横向扭转震动和摩阻力。水力加压器有悬浮式水力加压器和冲击式水力加压器两种。

3. 随钻测量仪器(MWD)/随钻测井仪器(LWD)

MWD 无线随钻测斜仪是在有线随钻测斜仪的基础上发展起来的随钻测量技术工艺，且随钻测量的参数不断增多。它与有线随钻测斜仪的主要区别在于井下测量数据采用无线方式传输。MWD 无线随钻测量仪器可以分为井下探测仪器总成和地面接收及数据处理系统两大部分。无线 MWD 按其传输通道不同分为泥浆脉冲传输、电磁波传输、声波传输和光纤遥测等四种传输方式。其中：当前现场应用以泥浆脉冲传输方式最为广泛，又分为连续波方式、正脉冲方式和负脉冲方式三种。国外已致力于研发应用能够适应高温、高压、剧烈振动、磁干扰等复杂恶劣井下环境的 MWD 仪器。

LWD 无线随钻测井是近年来迅速发展的一种裸眼测井技术工艺，可随钻沿井眼轨迹实时进行纵波声波速度、井径、地层电阻率、体积密度、中子孔隙度和自然伽马测井。利用随钻测得的地层参数数据，能够得到关于地质分层、地层流体类型、流体界面深度和地层连通性等信息，为随时了解井孔轨迹、指导钻进施工准确钻遇产层提供可靠保障。

无线随钻测量(测井)仪器是集钻进工艺、机械制造、自动控制、材料应用等多学科于一体的高新技术工艺产品。就我国目前整体工业制造工艺水平，完全有能力自主研发具有自主知识产权、现场应用效果好的 MWD/LWD 仪器，这对于大力提升石油工程技术服务的整体水平与核心竞争力，满足石油工程技术服务市场的需要，具有重要的现实应用意义。

4. 垂直钻井系统

垂直钻井技术是 20 世纪末期发展起来的一项尖端自动化钻井技术。该技术在进行井下测量信息实时反馈的同时，实现工具增斜降斜能力的井下自动调整，从而实现井眼轨迹的连续、自动控制，大大提高了钻井效率。

目前，垂直钻井技术在国内主要有两大工具技术服务商，一个是 Baker Hughes 公司的 VertiTrack 全自动闭环垂直钻井系统，另一个是 Schlumberger 公司的 Power V 全自动旋转导向垂直钻井系统。其中使用 Power V 系统应配置随钻测斜仪。我国正逐步打破国外公司对此项技术的垄断。

(1) VertiTrak 全自动闭环垂直钻井系统的构成及工作原理

VertiTrak 垂直钻井系统是综合了 AUTOTRAK(闭环旋转导向系统)、高性能 X - TREME 马达、可靠的 MWD 三种技术开发出来的一种闭环自动垂直钻井系统，其本质上是马达钻井。

VertiTrak 垂直钻井系统主要由 MWD 系统、高性能马达以及肋板三部分组成。MWD 系统的工作原理是：涡轮发电机给整个系统供电，并同时驱动液压泵；MWD 通过重力加速度计监测井眼的偏斜；液压控制系统通过控制阀将液压传递到合适的一至两个肋板上，使其在井壁上产生反作用力，从而使井眼回到垂直方向。

(2) Power V 全自动旋转导向垂直钻井系统的构成及工作原理

Power V 垂直导向系统主要由电子控制部分和机械导向部分组成。电子控制部分是一根无磁钻挺及固定在其内部轴承上的电子仪器组件组成，直接连接在机械导向部分上部。控制部分可在钻铤内自由转动，当钻具组合随整个钻柱转动时，它可保持相对静止状态，将工具面摆在设计的方向上。其控制功能通过测量定位的内部传感器和电子扭矩仪实现。

5. 近钻头地质导向钻井系统

近钻头地质导向钻井系统主要由测传马达、无线接收系统、无线随钻测量系统和地面信息处理与导向决策软件系统组成，具有测量、传输和导向功能。它集钻井技术、测井技术及油藏工程技术为一体，用近钻头地质、工程参数测量和随钻控制手段来保证实际井眼穿过储层并取得最佳位置，可根据随钻监测到的地层特性信息调整和控制井眼轨道，使钻头闻着“油味”走，具有随钻识别油气层、导向功能强的特点。

常规 LWD/MWD 导向工具的地质参数或工程参数测量点通常位于钻头后方较远的位置，无法准确判断钻头在储层中的位置，很难保证钻头始终处在薄油层中钻进。地质导向是综合钻井、随钻测井、地质录井及其他各项参数，实时判断岩性及油/气/水界面，及时调整控制井眼轨迹，以保证钻头在产层中穿行。因此，大大提高了对地层构造、储层特性的判断和钻头在储层内轨迹的控制能力，能够实时对井下地质、钻井数据进行监控，实时对地层进行判断，实时指导并完成钻井导向作业，从而大大提高了油层钻遇率、钻井成功率。

（十七）常用井下复杂或事故处理工具

常用预防或处理井下复杂或事故的工器具必要时亦为入井钻柱组合的必要部分。譬如：随钻组合的安全接头以及常用井下复杂或事故处理的工器具：公锥、母锥、卡瓦打捞筒、卡瓦打捞矛、自制钢丝打捞工具、套铣管、打捞套铣工具、防掉套铣工具、强磁打捞器、随钻打捞杯、内捞绳器、外捞绳器、井底碎物打捞器、铅印、电缆穿心打捞工具及其相应的接头等。

第五章　石油钻井生产物资

第一节　石油钻井生产物资管理概述

一、做好石油钻井生产物资管理的意义

石油钻井生产物资质量的好坏、价格的高低、工程选用的恰当与否，直接关系着建井质量、投资造价及钻井承包商施工成本、施工利润的高低。所以说，做好石油钻井生产物资管理，是确保工程质量，控制工程造价的重要途径，是石油钻井工程项目管理的重要内容。

石油钻井生产物资管理，应当从设计选用、物资计划、物资采购、质量检验、验收入库、出库耗用、质量反馈(含索赔)、完井盘存、期末盘点、建井运行后评价等环节建立并严格落实物资管理制度。

二、石油钻井生产物资的分类

石油钻井建井用物资门类种类繁多。按照能否构成工程实体这个范畴来分类，可以将石油钻井生产物资分为构成工程实体的工程物资及在建井过程中消耗的物资两大类。

第二节　构成工程实体的生产物资

构成工程实体的生产物资主要包括：油气井井口装置；套管和油管等管柱；水泥及添加剂；完井管柱等构成井身结构的物资。主要物资类列举见表 5 - 1。

表 5 - 1　构成工程实体的生产物资类别

	物资类别		备注
构成工程实体的生产物资	1. 油气井井口装置	(1)套管头	
		(2)油管头	
		(3)采油(气)树	
		(4)井口装置常用部件	
	2. 井身结构管柱	(1)表层套管	
		(2)技术套管	
		(3)生产套管	
		(4)尾管	
		①钻井尾管	
		②采油尾管	
		(5)油管	
		(6)筛管	

续表

	物资类别		备注
构成工程实体的生产物资	2. 井身结构管柱	①割缝筛管	
		②绕丝筛管	
		③冲缝筛管	
		④镶嵌式筛管	
		(7)扶正器	
		(8)其他建井管柱	固井井下工具等
	3. 水泥及添加剂		
	4. 完井管柱	(1)油井完井管柱	
		(2)注水井完井管柱	
		(3)天然气井完井管柱	
		(4)定向井、水平井完井管柱	
		(5)其他完井管柱	悬挂器、封隔器、配水器等

一、油气井井口装置

油气井井口装置的作用是悬挂井下油管柱、套管柱，密封油套管和两层套管之间的环形空间以控制油气井生产，回注(注蒸汽、注气、注水、酸化、压裂、注化学剂等)和安全生产的关键设备。

油气井井口装置主要包括：套管头、油管头和采油(气)树三大部分。

(一)采油(气)树及油管头

1. 采油(气)树及油管头概述

采油树和油管头是连接在一起的。采油树是阀门和配件的组成总成，用于油气井的流体控制，并为生产油管柱提供入口，它包括油管头上法兰以上的所有装备。可以应用采油树总成进行多种不同的组合，以满足任何一种特殊用途的需要。采油(气)井采油树及油管头应符合SY 5156—93标准的要求，并按照相应的图样及技术文件制造。采油(气)井采油树及油管头的主要零件为本体、盖、法兰、卡箍、阀杆、阀板、阀座、金属垫环、顶丝、悬挂器本体、螺栓和螺母。

油管头安装于采油树与套管头之间，其上法兰平面为计算油补距和井深数据的基准面。

油管头一般有两种类型：一种是上下带法兰的装置，一种是上带法兰和下带螺纹的装置。

油管头的功用主要是：悬挂井内油管柱、密封油管与套管的环形空间、为下接套管头上接采油树提供过渡、通过油管头四通体上的两个侧口(接套管阀门)完成套管注入及洗井等作业。

油管头由油管头四通和油管悬挂器组成。油管头通常是一个两端带法兰的大四通，它安装在套管头的上法兰上，用以悬挂油管柱，并密封油管柱和油层套管之间的环形空间。油管悬挂器是支承油管柱并密封油管和套管之间环形空间的一种装置。

油管悬挂器有两种密封方式，一是油管悬挂器(带金属或橡胶密封环)与油管连接利用油管重力坐入油管挂大四通锥体内而密封，这种方式因便于操作，换井口速度快、安全，是

中深井、常规井所普遍使用的方式；另一种是采油树底法兰中有油管螺纹，与油管柱连结而密封。热采井口、注蒸汽井口、高压油气井口、压裂时等油管悬挂器不能用锥体密封的方法，只能将油管柱与油管挂用螺纹连结。

平行双油管完井的油管头大四通同单管完井油管头的大四通基本相同，所不同的是油管挂，平行双油管挂是由总油管挂和主、副两个油管挂组成。总油管挂坐在大四通上，主、副油管挂又坐在总油管挂上。主油管携有封隔器，用于开采下部油层，副油管开采上部油层。

2. 采油树及油管头的系列

采油树按不同的作用又分为采油（自喷、人工举升）、采气（天然气和各种酸性气体）、注水、热采、压裂、酸化等专用井口装置，并根据使用压力等级不同而形成系列。

（1）采油井采油树及油管头

采油井采油树及油管头分为自喷井采油树及油管头和人工举升井采油树及油管头。

采油井采油树及油管头主要系列见表5－2。

表5－2　采油井采油树及油管头主要系列一览表

<table>
<tr><th>类别</th><th colspan="2">系列</th><th>主要型号</th><th>备注</th></tr>
<tr><td rowspan="5">自喷井采油树及油管头</td><td rowspan="2" colspan="2">常用自喷井采油树及油管头</td><td>KY25/65 型</td><td>最大工作压力：25MPa；公称通径：65mm；油管头最大通径：150mm；适用温度：－20～120℃；外形尺寸：1230mm×650mm×1172mm；联接形式：卡箍</td></tr>
<tr><td>CYb/250S 系列</td><td></td></tr>
<tr><td rowspan="2" colspan="2">双管自喷井采油树及油管头</td><td>双管采油树</td><td rowspan="2">套管内下入两根油管柱，分别开采上、下两组油层。油管分主管和副管两根，主管柱上有封隔器分隔上、下油组，并开采下油组</td></tr>
<tr><td>双管整体采油树（美国维高格雷公司生产）</td></tr>
<tr><td rowspan="8">人工举升井采油树及油管头</td><td rowspan="3">有杆泵井采油树及油管头</td><td>常规有杆泵采油井采油树及油管头</td><td></td><td>其基本部分由油管头四通、油管三通、光杆密封器及相关阀门组成</td></tr>
<tr><td rowspan="2">环形空间测试偏心油管头</td><td>SPA 型单转偏心油管头</td><td rowspan="2">自喷井生产测试时，测试仪器可通过油管到达油层部位。而有杆泵抽油井因油管中有抽油杆，测试仪器无法通过油管，只能通过油套环形空间进行测试。该油管头可以偏心悬挂油管柱，形成环形空间测试通道</td></tr>
<tr><td>SPA Ⅱ 型双转偏心油管头</td></tr>
<tr><td rowspan="2" colspan="2">电动潜油泵井采油树及油管头</td><td>穿膛式</td><td rowspan="2">电动潜油泵井采油树及油管头与常规自喷井的采油树及油管头大同小异，只是增加乐能密封入井电缆引出线和隔开油套环形空间的专用采油气井口控制设备。各厂家采用不同的方法密封井口与电缆引出线</td></tr>
<tr><td>侧开式</td></tr>
<tr><td colspan="2">水力活塞泵井采油树及油管头</td><td></td><td>国内水力活塞泵井大多采用开式动力循环系统，其采油树及油管头多是用自喷井采油树改装而成，如单管水力活塞泵采油树及油管头。有些是专用水力活塞泵采油树及油管头，其特点是一只特种阀就能实现单管水力活塞泵采油树及油管头的全部功能</td></tr>
<tr><td colspan="2">气举采油井采油树及油管头</td><td></td><td>气举采油可分连续气举和间隙气举两种方式。间隙气举的活塞气举装置须配备井口防喷管，管内装有缓冲弹簧吸收活塞上升至井口的冲击力，还有时间控制器，计算开关时间，控制气体进入油管的气量并推动活塞上的液体上行，直至将油管内的流体排出井口</td></tr>
</table>

常用采油树技术参数见表5－3。

表5－3　常用采油树技术参数

型号	强度试压/MPa	工作压力/MPa	联接型式	质量/kg	顶丝法兰尺寸/mm			阀门		钢圈/mm		油管挂密封圈/mm	联接油管/mm(in)	公称通径/mm
					外径	螺纹中心距	螺孔外径×个数	型式	个数	阀门	大四通			
KYS25/65DG	50	25	卡箍	550	380	318	Φ30×12	闸板	6	88.8	211	1680×1480×100	73($2\frac{7}{8}$)	65
KYS25/65SL	50	25	卡箍	380	380	318	Φ30×12	闸板	3	92	211	1390×1220×850	73($2\frac{7}{8}$)	65
KYS15/62DG	30	15	卡箍	152				球阀	3	78(方形)	190		73($2\frac{7}{8}$)	65
KYS8/65	16	8	卡箍	305	380	318	Φ30×12	闸板	4	88.7(73)	211	168×1480×100 1390×1220×8.50	73($2\frac{7}{8}$)	65
KYS21/65	42	21	法兰		380	318	Φ30×12	闸板	6	110	211	1400×1200×8.50	73($2\frac{7}{8}$)	65

(2)采气井采气树及油管头

采气树及油管头主要用于采气和注气。天然气相对密度低，井口压力高，流速快，易渗漏，天然气中还可能有 H_2S、CO_2 等腐蚀性介质，因而对采气树的密封性及其材质有非常严格的要求。有时为了安全起见，油、套管均采用双阀门，对于一些高压超高压气井的阀门采用优质钢材整体锻造而成。国外采气树压力系列已高达30000、25000、20000psi，国内已生产15000psi系列。

采气树技术参数见表5－4。

表5－4　采气树技术参数

型号	强度试压/MPa	工作压力/MPa	联接型式	阀门型式	大四通垂直通径/mm	连接套管/mm(in)	连接油管/mm(in)
KQS25/65	50	25	卡箍、法兰	阀门	195	146～219($5\frac{3}{4}$～$8\frac{5}{8}$)	73($2\frac{7}{8}$)
KQS35/65	70	35	卡箍、法兰	楔式阀门	160	146～219($5\frac{3}{4}$～$6\frac{5}{8}$)	73($2\frac{7}{8}$)
KWS60/65	90	60	卡箍、法兰	楔式阀门	160	146～219($5\frac{3}{4}$～$6\frac{5}{8}$)	73($2\frac{7}{8}$)
KQS70/65	105	70	卡箍、法兰	平板阀门	160	177.8(7)	73($2\frac{7}{8}$)
KQS40/67	80	40	卡箍、法兰	平板阀门	160		
KQS105/65	157.5	105	卡箍、法兰	平板阀门			

(3)注水井采油树及油管头

国内陆上油田注水采油树多从自喷井口衍化组装。

注水井井口的主要功能有：正注水、反注水、正洗井、反洗井、注水测试。

各油田对注水的要求不同，采油树安装形式也各异。大致从60年代以前的七阀式演变为目前的三阀式。

(4)热采井采油树及油管头

热采井采油树及油管头是稠油井在高温高压下注蒸汽开采的专用装置。目前在我国稠油油田现场应用的热采井采油树及油管头有三种：KR21/380 型适用于各种稠油井；KR14/340 型和 KR14/335 型专门用于浅层稠油井。热采井采油树及油管头适用于蒸汽吞吐、蒸汽驱及热水循环。

热采井采油树及油管头基本参数见表 5－5。

表 5－5　热采井采油树及油管头基本参数

型号	公称通径/mm	强度试压/MPa	最高工作温度/℃	最大工作压力/MPa	联接型式	质量/kg	油管头(大四通)通径/mm	外形尺寸/mm
KR21/380	65	42	380	21	卡箍、法兰	1037	170	1580×1577
KR14/340	65	35	340	14	卡箍、法兰	467	170	1516×1100

(二)套管头

1. 套管头的功用

套管头是连接套管和各种井油管头的一种部件，用以悬挂技术套管和生产套管并确保密封各层套管间的环形空间，为安装防喷器和油管头等上部井口装置提供过渡连接，并且通过套管头本体上的两个侧口，可以进行补挤水泥和注平衡液等作业。

2. 套管头的结构型式

套管头由本体、套管悬挂器和密封组件组成。

套管头按悬挂套管的层数分为单级套管头、双级套管头和三级套管头；按本体间的连接形式分为卡箍式和法兰式；按本体的组合型式分为单体式(一个本体内装一个套管悬挂器)和组合式(一个本体内装多个套管悬挂器)；按套管悬挂器的结构型式分为卡瓦式和螺纹式。

3. 套管头的型号表示方法及基本参数

套管头尺寸代号(包括连接套管和悬挂套管)用套管外径的英寸值表示；本体间连接型式代号用汉语拼音字母表示，其中：F 表示法兰连接，Q 表示卡箍连接。

(1)单级套管头型号表示方法及基本参数

单级套管头表示方法见图 5－1：

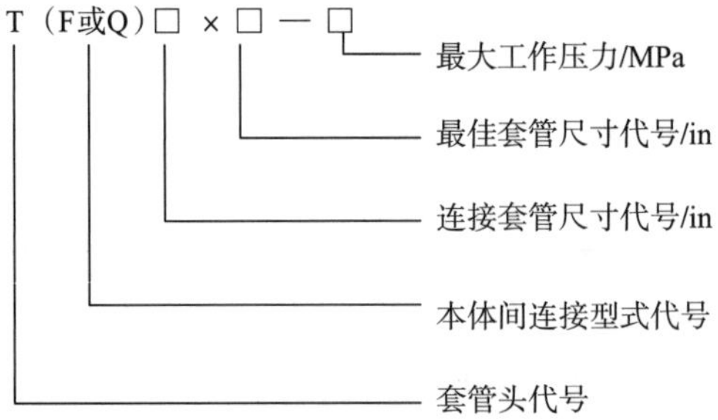

图 5－1　单级套管头型号表示方法

单级套管头基本参数见表 5－6。

表 5-6　单级套管头基本参数

连接套管外径 D	悬挂套管外径 D_1	套管头工作压力/MPa	套管头垂直通径/mm
mm(in)			
193.7($7\frac{5}{8}$)	114.3($4\frac{1}{2}$)	7	178
		14	178
		21	178
244.5($9\frac{5}{8}$)	127.0(5)① 139.7($5\frac{1}{2}$) 177.8(7)	7	230
		14	230
		21	230
		35	230
273.0($10\frac{3}{4}$)	139.7($5\frac{1}{2}$) 177.8(7)	7	254
		14	254
		21	254
		35	254
298.4($11\frac{3}{4}$)	139.7($5\frac{1}{2}$) 177.8(7) 193.7($8\frac{5}{8}$)	7	280
		14	280
		21	280
		35	280
325.0($12\frac{3}{4}$)	139.7($5\frac{1}{2}$)①	7	308
		14	308
		21	308
		35	308
339.7($13\frac{3}{4}$)	139.7($5\frac{1}{2}$) 177.8(7) 193.7($7\frac{5}{8}$) 244.5($9\frac{5}{8}$)	7	318
		14	318
		21	318
		35	318

注：①该尺寸不推荐使用。

(2)双级套管头型号表示方法及基本参数

双级套管头表示方法见图 5-2：

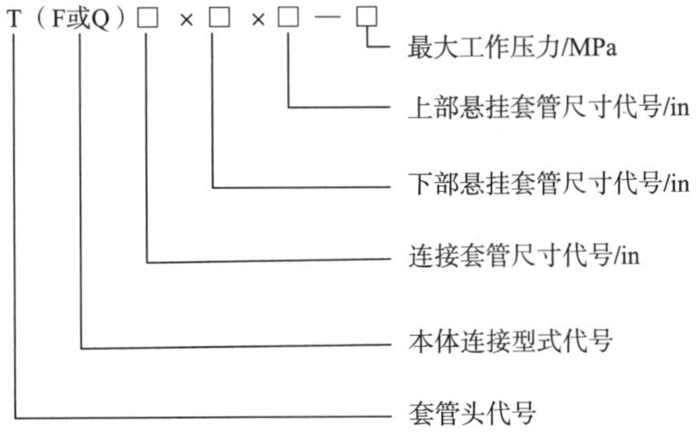

图 5-2　双级套管头型号表示方法

双级套管头基本参数见表5－7。

表5－7　双级套管头基本参数

连接套管外径/mm(in)	悬挂套管外径/mm(in)		下部本体工作压力/MPa	下部本体垂直通径(D_t)/mm	上部本体工作压力/MPa	上部本体垂直通径(D_{t1})/mm
	D_1	D_2				
339.7($13\frac{2}{8}$)	177.8(7)	127.0(5) 139.7($5\frac{1}{2}$)①	14	318	21	162
			21	318	35	162
			35	318	70	162
339.7($13\frac{3}{8}$)	193.7($7\frac{5}{8}$)	127.0(5)① 139.7($5\frac{1}{2}$)	14	318	21	178
			21	318	35	178
			35	318	70	178
339.7($13\frac{3}{8}$)	244.5($9\frac{5}{8}$)	127.0(5)① 139.7($5\frac{1}{2}$) 177.8(7)	14	318	21	230
			21	318	35	230
			35	318	70	230

注：①该尺寸不推荐使用。

(3)三级套管头型号表示方法及基本参数

三级套管头表示方法见图5－3：

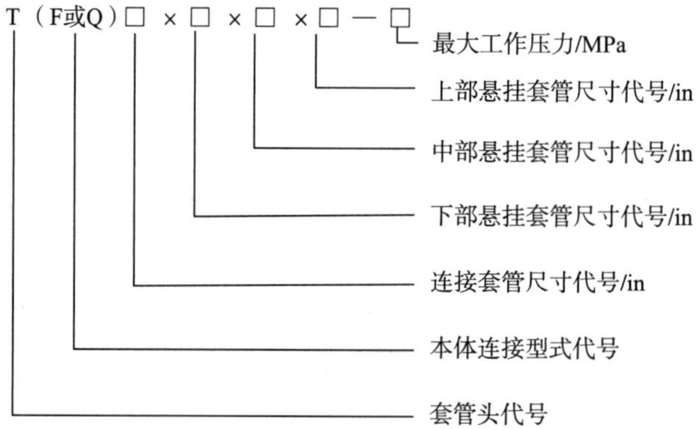

图5－3　三级套管头型号表示方法

三级套管头基本参数见表5－8。

表5－8　三级套管头基本参数

连接套管外径	悬挂套管外径			下部本体工作压力/MPa	下部本体垂直通径(D_t)/mm	中部本体工作压力/MPa	中部本体垂直通径(D_{t1})/mm	上部本体工作压力/MPa	上部本体垂直通径(D_{t2})/mm
	D_1	D_2	D_3						
mm(in)									
339.7($13\frac{2}{8}$)	244.5 ($9\frac{5}{8}$)	177.8(7)	127.0(5)	14	318	14	230	21	162
				14	318	21	230	35	162
				21	318	35	230	70	162
406.4(16)	193.7 ($7\frac{5}{8}$)	177.8(7)	127.0(5)	14	390	14	318	21	162
				14	390	21	318	35	162
				14	390	35	318	70	162

续表

连接套管外径	悬挂套管外径 D1	悬挂套管外径 D2	悬挂套管外径 D3	下部本体工作压力/MPa	下部本体垂直通径(D_t)/mm	中部本体工作压力/MPa	中部本体垂直通径/(D_{t1})/mm	上部本体工作压力/MPa	上部本体垂直通径/(D_{t2})/mm
mm(in)									
406.4(16)	339.7 $(13\frac{3}{8})$	244.5 $(9\frac{5}{8})$	139.7 $(5\frac{1}{2})$ 177.8(7)	14	390	14	318	21	230
				14	390	21	318	35	230
				21	390	35	318	70	230
508.0(20)	339.7 $(13\frac{3}{8})$	177.8(7)	127.0(5)	14	486	14	318	21	162
				14	486	21	318	35	162
				21	486	35	318	70	162
508.0(20)	339.7 $(13\frac{3}{8})$	244.5 $(9\frac{5}{8})$	139.7 $(5\frac{1}{2})$ 177.8(7)	14	486	14	318	21	230
				14	486	21	318	35	230
				21	486	35	318	70	230

注：组合式本体工作压力按上部本体工作压力确定。

(三)油气井井口装置常用部件

油气井井口装置常用部件主要包括：井口阀门、节流阀、三通和四通、法兰用密封垫环及垫环槽以及法兰连接螺母等部件。其中：井口所用阀门有平行板阀门和斜楔阀门，连接方式分为螺纹式、法兰式和卡箍式三种；节流阀是用来控制产量的部件，有固定式和可调式两种，连接形式有卡箍、法兰和螺纹等方式；三通和四通的额定工作压力与公称通径应符合相关规定；油气井井口装置法兰用密封垫环及垫环槽；法兰连接螺母的公称尺寸和允差应符合相关规定。

二、套管

(一)套管概述

1. 套管的 API 标准

国产套管的标准(YB690—70)及苏制套管标准(roct632—57)近年正朝着 API 标准过渡。API 套管标准见表 5-9。

表 5-9 API 套管标准

API 套管标准文件	备注
API 5A spec （规格）	普通套管
API spec 5AC （规格）	限定屈服强度套管
API spec 5AX （规格）	高强度套管
API spec 5A2 （公报）	复合螺纹套管
API spec 5B （规格）	螺纹检查
API RP 5C1 （规格）	专用套管
API BuL 5C2 （公报）	套管性能
API BuL 5C3 （公报）	套管性能计算公式
API BuL 5C4 （公报）	内压及弯曲对圆螺纹套管强度影响
API spec 5AQ （规格）	1984API 正式列入高钢级(Q125)

2. 油气井套管应具有的基本功能

(1)主要功能

①抗挤(结构强度);

②抗拉(拉张力)(结构强度);

③抗内压(结构强度);

④密封(在外挤、内压、弯曲综合受力情况下防止泄漏)。

(2)辅助功能

①圆度;

②壁厚的均匀性;

③抗腐蚀;

④最小的流动阻力(内孔光滑度);

⑤良好的上扣性能及重复互换性能;

⑥耐磨(硬度指标)。

(3)其他功能

①单根套管应标明级别和长度;

②尺寸、壁厚符合规定级差，并成系列;

③钢级成系列。

3. 套管系列

当前，国内外油田，尤其是外国油公司，主要使用 API 标准系列套管。我国主要套管生产厂家已按 API 标准生产。采用非 API 标准有两种情况，一是尺寸、钢级、壁厚依据 API 规范而只是连接螺纹上采用特殊螺纹，例如 VAW 螺纹连接；另一种情况是为解决腐蚀或高应力问题而使用特殊钢级，但尺寸、壁厚和连接仍然依据 API 标准。因此，API 规范是套管的基础系列和标准。

(1)套管尺寸系列

套管尺寸系列是指公称直径，分标准的常用油井尺寸和不常用尺寸，均列入 API 范围内。常见套管外径规格尺寸见表 5－10。

表 5－10　套管外径

常用套管系列			
mm(in)	mm(in)	mm(in)	mm(in)
114.3 ($4\frac{1}{2}$) 127.0 (5) 139.7 ($5\frac{1}{2}$) 168.3 ($6\frac{5}{8}$) 177.8	193.7 ($7\frac{5}{8}$) ($7\frac{3}{4}$) 219.1 ($8\frac{5}{8}$) 244.5 ($9\frac{5}{8}$) 273.0 ($10\frac{3}{4}$)	298.4 ($11\frac{3}{4}$) 339.7 ($13\frac{3}{8}$) 406.4 (16) 473.1 ($18\frac{5}{8}$) 508.0 (20)	609.6 (24) 660.4 (26) 762.0 (30) 863.6 (34) 914.4 (36)
不常用套管系列			
153.67 ($6\frac{1}{2}$) 222.25 ($8\frac{3}{4}$) 247.65 ($9\frac{3}{4}$)	250.83 ($9\frac{7}{8}$) 301.63 ($11\frac{7}{8}$)	546.1 ($21\frac{1}{2}$) 342.9 ($13\frac{1}{2}$) 346.08 ($13\frac{5}{8}$)	622.3 ($24\frac{1}{2}$) 355.6 (14) 371.48 ($14\frac{5}{8}$)

(2) API 螺纹

螺纹分圆螺纹、偏梯型螺纹和直连型螺纹。其中圆螺纹分长圆螺纹和短圆螺纹，扣尖角60°、锥度1:16、8扣/25.4mm(8扣/in)。

螺纹代号：STC(CSG)—短圆螺纹；

LTC(LCSG)—长圆螺纹；

BTC(BCSG)—梯型螺纹；

XL(XCSG)—直连型螺纹。

(3) API 套管长度分级

Ⅰ类：5~7.5m(平均长度6.5m)；

Ⅱ类：7.5~10.4m(平均长度9.5m)；

Ⅲ类：10.4m(平均长度12.8m)；

Ⅳ类：最长达16m。

(4) API 套管物理性能

API 套管物理性能见表5-11。

表5-11　API 套管物理性能

钢级	接箍颜色标记	屈服强度/(N/mm^2)		抗拉强度/(N/mm^2)	API 规范
		最小	最大		
H40	灰	275		410	API spec 5A
J55	浅绿	380	550	520	API spec 5A
K55	深绿	515	550	660	API spec 5A
C75	蓝	550	620	660	API spec 5AC
L80	红/棕/红	550	655	660	API spec 5AC
N80	红	550	760	690	API spec 5A
C95	棕	655	760	720	API spec 5AC
P110	白	760	965	860	API spec 5AX
V150	白	1035	1240	1100	计划列入 API spec 5AX

(5) 套管钢级

套管钢级种类繁多，分为API标准和非API标准。尤其是非API标准，各厂家有较多的种类。套管主要钢级见表5-12。

表5-12　套管钢级

API 标准	
适用于酸性条件	不适用于酸性条件
H40，J55，C75，C90，X52，K55，L80	N80，P110，C95
非 API 标准	
S80，SS95	S95，SOO95，S105，Q125，S140，V150，S155

(6) 非 API 标准套管钢级

适用于酸性条件的常见95钢级套管见表5-13。

表 5-13　适用于酸性条件的 95 钢级套管

制造厂家	品名	屈服极限范围/MPa(ksi)	强度极限/MPa(ksi)	强度，RC(最大)
Algoma	SOO95	65.5～75.84(95～110)	75.84(110)	
英国钢厂	SR95		72.40(105)	25.4
Dalmine	D95SG		72.40(105)	25.4
Dalmine	D95SSG		72.40(105)	25.4
日本川畸	KO95S		72.40(105)	25
Lone Star	LSS95 SGS		72.40(105)	26
Lone Star	LSS95SSGS		72.40(105)	26
曼列斯曼	MWC95S		72.40(105)	25.4
日本	NT95SS		72.40(105)	25
NKK(日本)	NK AC 95		72.40(105)	25
住友(日本)	SM95 S		72.40(105)	25
住友(日本)	SM95 SS		72.40(105)	25
瓦洛克(法国)	C95 VH1		72.40(105)	27
瓦洛克(法国)	C95 VH2		72.40(105)	25.4

(7)ARCO 公司 1984 年公布的有关部门套管性能

API 标准和非 API 标准套管钢级、相应的最小屈服强度(T_s)及最小极限强度分别见表 5-14和表 5-15。

表 5-14　API 钢级、最小屈服强度及最小极限强度

API 标准钢级	最小屈服强度(T_s)		最小极限强度	
	psi	kPa	psi	kPa
H40	45000	310.26	60000	413.69
J55	55000	379.21	75000	517.10
K55	55000	379.21	95000	655.00
C75	75000	517.10	95000	655.00
L80	80000	515.58	95000	655.00
N80	80000	515.58	100000	689.47
C90	90000	620.53	100000	689.47
C95	95000	655.00	105000	724.00
P110	110000	758.42	125000	861.84
Q125	120000	827.37	135000	930.39
X52	52000	383.53	72000	496.42

表 5-15　非 API 钢级、最小屈服强度及最小极限强度

非 API 标准钢级	最小屈服强度(T_s)		最小极限强度	
	psi	kPa	psi	kPa
S80	55000	379.21	95000	655.00
SOO95	95000	655.00	110000	758.42
S95	95000	655.00	110000	758.42
SS95	80000	515.58	100000	689.47

续表

非 API 标准钢级	最小屈服强度(T_s)		最小极限强度	
	psi	kPa	psi	kPa
S105	95000	655.00	110000	758.42
S140	140000	965.26	150000	1034.21
V150	150000	1034.21	160000	1103.16
S155	150000	1068.68	165000	1137.35

(8) API 套管化学成分及机械性能

API 套管化学成分见表 5－16。

表 5－16 API 套管化学成分

钢级	化学成分/%							
	C(碳)	Si(硅)	Mn(锰)	P(磷)	S(硫)	Mo(钼)	Cr(铬)	其他
H40	0.13	0.20	0.60	0.04	0.06			
J55								
C75	0.50	0.35	1.90	0.04	0.06	0.15～0.30		
C75	0.40	0.36	1.50	0.04	0.06			
C75	0.38～0.43		0.75～1.00	0.04	0.06	0.15～0.25	0.80～1.00	
C75	0.38～0.43		0.75～1.00	0.04	0.06	0.15～0.25	0.80～1.00	V(矾) 0.10
N80	0.38～0.43	0.35	1.90	0.04	0.06	0.15～0.25		
P110	0.40	0.30	1.60	0.04	0.06	0.20		

API 套管机械性能见表 5－17。

表 5－17 API 套管机械性能

机械性能				热处理	金相组织	氢脆系数/%	使用说明
抗拉强度，σ_b	屈服强度，σ_a	延伸率 σ_5/%	硬度 RC				
MPa							
52.7	63.3	16	≤22				可用于含硫油田
52.7	63.3	16	≤22		正火后，		可用于含硫油田
70.3	56.2～77.3	16	27～23		620～650℃回火		特定条件下可使用
87.9	77.3～98.4	16					
42.2	28.1	27	≤22	热轧	铁素体＋珠光体		可用于含硫油田
52.7	38.7～56.2	20	≤22	热轧	铁素体＋珠光体正	50	可用于含硫油田
52.7	63.3	16	≤22		火后，620～650℃回火		可用于含硫油田
52.7	63.3	16	≤22				可用于含硫油田

(二)套管的标志与公差

1. 套管标志说明

API 标准及特殊标准的国际通用套管标记见表 5－18。

表 5 – 18　国际通用套管标记

钢级＼标记	颜色标记		标志符号
	管体	接箍	
H40 J55 K55	无色 绿环 双绿环	无色或黑色 绿色 绿色	H J K
N80 C75 C95 D110	红环 蓝环 褐环 白环	红色 蓝色 褐环 白色	N C75 C95 P
MON80 SOO90 SOO95 SOO125 SOO140		红蓝双环 紫色 褐色 白、绿双环 白、红双环	MODN—80 SOO90 SOO95 SOO125 SOO140
V150	双白环 YNBe Furple(uss)	黄色(Armco)	V150 或“V”
S80 S95 SS95 S105	蓝环/接箍环 红环/公扣端 69D = 特殊公差	绿色 红色 蓝色 红色	S80 S95 S95S S105

套管钢级及颜色标记见表 5 – 19。

表 5 – 19　钢级和颜色标记

钢级	颜色标记	颜色环带
J55	绿色	绿环
K55	绿色	绿色双环带
H40	无色或黑色	
C75	蓝色	蓝环
L80	红色	褐环
N80	红色	红环
C95	褐色	褐环
P105	白色	白环
P110	白色	白环
Q125	白色	绿环
V150	白色	红环
L80 VH1/2	红色	褐环/紫环
C95 VH1/2	褐色	紫环
N80VC	红色	黄环

续表

钢级	颜色标记	颜色环带
C75VC	蓝色	黄环
L80VC	红色	黄环/黄环
SOO90	紫色	
SOO95	褐色	
SOO125	白色	白绿双环
SOO140	白色	白红双环
S80	绿色	蓝环
S95	红色	红环
SS95	蓝色	
S105	红色	
CF95	银色	银色环
USS95		双褐色环
FS95	金色	
YS95		双桔色环

2. 套管API标准公差及规定

API 套管标准公差及规定见表5－20。

表5－20　API 套管标准公差及规定

<table>
<tr><th colspan="3">直径和质量公差</th></tr>
<tr><th>名称</th><th colspan="2">公差</th></tr>
<tr><td>外径 D</td><td colspan="2">±0.75%</td></tr>
<tr><td>壁厚 t</td><td colspan="2">－12.5%</td></tr>
<tr><td>内径 d</td><td colspan="2">控制外径和质量公差</td></tr>
<tr><td>质量</td><td colspan="2">+6.5%</td></tr>
<tr><td>长度</td><td colspan="2">－3.5%</td></tr>
<tr><th colspan="3">套管通径标准</th></tr>
<tr><th rowspan="2">套管尺寸/in</th><th colspan="2">通径规尺寸</th></tr>
<tr><th>规长度</th><th>内径—间隙(公差)</th></tr>
<tr><td>$8\frac{5}{8}$及更小尺寸</td><td>152.4</td><td>d—3.175</td></tr>
<tr><td>$9\frac{5}{8}$～$13\frac{5}{8}$</td><td>304.8</td><td>d—3.970</td></tr>
<tr><td>16 及更大尺寸</td><td>304.8</td><td>d—4.763</td></tr>
<tr><th colspan="3">长度范围</th></tr>
<tr><td>范围(级别)</td><td colspan="2">95%长度差别/(ft)m</td></tr>
<tr><td>1</td><td colspan="2">(18～25)5.5</td></tr>
<tr><td>2</td><td colspan="2">(24～34)8.5～10.36</td></tr>
<tr><td>3</td><td colspan="2">(＞36)＞10.9</td></tr>
</table>

(三)套管柱类型及功能

1. 套管柱类型

套管柱包括：导管、表层套管、技术套管(包括钻井尾管)、生产套管(包括采油尾管)。

2. 套管柱功能

不同类型的套管柱具有不同的功能。

导管：导管是一段大直径的短套管，作用是在钻表层井眼时将钻井液从地表引导到钻井装置平面上来，保持井口敞开。

表层套管：支撑井口装置及悬挂依次下入的各层套管。防止污染浅水层，封隔浅层垮塌段及浅气层。

技术套管：控制裸眼长度，防止井径扩大，减少阻卡，防止产生键槽；封隔不同压力层系；保护生产层套管，提供井控装置的安装条件，防喷、防漏及悬挂尾管。

生产套管：保护井壁，封隔各层流体，达到油气井分层测试和开采的目的。安装采油井口及下入套管，并对油管起保护作用。

尾管：尾管是一种不延伸到井口的套管柱，分为钻井尾管和采油尾管。在设计技术套管时有可能要设计钻井尾管，在设计生产套管时有可能要设计采油尾管。尾管下入深度短、费用低。在深井钻井中，尾管的一个突出作用是在继续钻进时可以使用异径钻具。在顶部的大直径钻具比同一直径的钻具具有更高的抗拉伸强度，在尾管内的小直径钻具具有更高的抗内压力的能力。尾管的顶部通常要进行抗内压试验，以保证密封性。

三、油管

油管是下入生产井中用作排放或引导通道的管子。

（一）油管的规范

1. 油管的规格或外径

当前，国内外油田，尤其是外国油公司，主要使用 API 标准系列油管。我国主要油管生产厂家也已按 API 标准生产。常用油管的外径规格见表 5－21。

表 5－21　油管外径规格

外径/mm(in)	外径/mm(in)
26.67(1.050) 33.40(1.315) 42.16(1.660) 48.26(1.900) 52.40(2.063)	60.33($2\frac{3}{8}$) 73.03($3\frac{7}{8}$) 88.90($3\frac{1}{2}$) 101.6(4.000) 114.3($4\frac{1}{2}$)

2. 油管的长度范围

油管和短接应按规定的长度供货。除接箍外，连接管的长度应由购方和制造厂协商确定，油管的长度范围见表 5－22。

表 5－22　油管的长度范围

	范围 1/m	范围 2/m	范围/m
长度范围(最小)	6.10	8.53	—
长度范围(最大)	7.32	9.75	—
100% 车载量长度范围：最大允许变化量	0.61	0.61	—

应测定每根成品管的长度是否符合要求，长度测量应以 m 或 0.01m 表示。长度测量器

具的精度对于管子长度小于 30m 的，应为 ±0.03m。

3. 油管钢级和适用的类型

油管钢级与适用类型见表 5－23。

表 5－23　油管钢级和适用的类型

钢级	类型	屈服强度		抗拉强度/min	硬度		规定壁厚	允许硬度变化
		min	max		max			
		N/mm^2	N/mm^2	N/mm^2	HRC	BHN	mm	HRC
H40		276	552	414				
J55		379	552	517				
K55		379	552	655				
N80		552	758	689				
L80	1	552	655	655	23.0	241		
L80	9Cr	552	655	655	23.0	241		
L80	13Cr	552	655	655	23.0	241		
C90	1，2	621	724	689	25.4	255	≤12.7	3.0
C90	1，2	621	724	689	25.4	255	12.71～19.04	4.0
C90	1，2	621	724	689	25.4	255	19.05～25.39	5.0
C90	1，2	621	724	689	25.4	255	≥25.40	6.0
C95		655	758	724	—	—		
T95	1，2	655	758	724	25.4	255	≤12.7	3.0
T95	1，2	655	758	724	25.4	255	12.71～19.04	4.0
T95	1，2	655	758	724	25.4	255	19.05～25.39	5.0
P110		758	965	862				
Q125	1～4	862	1034	931			≤12.7	3.0
Q125	1～4	862	1034	931			12.71～19.04	4.0
Q125	1～4	862	1034	931			≥19.05	5.0

4. 标记

油管的标记同套管的标识。

（二）螺纹脂

接箍在拧紧前，应在接箍或管子螺纹的整个啮合表面涂上高级螺纹脂，制造厂可使用符合 APIBUL5 A2 规定性能指标的任何螺纹脂。所有外露螺纹脂都应涂上这种高级螺纹脂。不管使用哪一种类型的螺纹脂，螺纹表面都应清洁，无水份和有害液体。

（三）螺纹保护器

螺纹加工厂应拧上内外螺纹保护器。螺纹保护器的设计、材料和机械强度应能保护螺纹和管端，防止在正常装卸和运输中受损伤。外螺纹保护器应覆盖螺纹全长，内螺纹保护器应覆盖与内螺纹长度相等的管子螺纹。螺纹保护器的材料不应含有能够引起螺纹腐蚀或促使螺纹保护器粘结螺纹的成份，并能适用于－46～66℃的环境温度。注意对表面未处理的钢材制造的螺纹保护器不得用于 9Cr 和 13Cr 类管子上。

（四）油管无声检验

1. 油管检验的标准作法

（1）电磁（漏磁）　E570

（2）电磁（涡流）　E309

（3）超声　　　　　E213

(4)超声(焊缝)　E273

(5)磁粉　E709

(6)液体渗透　E165

2. 油管管体检验方法

油管管体检验方法见表5－24。

表5－24　油管管体检验方法

钢级	肉眼	电磁	超声	磁粉(环向场)
H40，J55，K55，N80(正火、正火加回火)	R	N	N	N
N80(淬火加回火)，L80，C95	R	A	A	A
P110	R	A	A	NA
C90，T95，Q125	R	B	C	B

注：R—对每根油管整个外表面上的缺陷进行肉眼检查；
N—不要求；
A—应使用一种方法和几种方法结合；
NA—不适用；
B—除用超声波方法检验外表面外，还应至少使用一种方法(不包括肉眼检查)；
C—使用超声波方法检验内表面。

(五)国产隔热油管

几种国产隔热油管结构基本相同(见下表)，由内管、外管、隔热层、接箍等组成。内、外管均采用符合API标准的油套管。只是补偿内、外管热伸长量的方法不同，有波纹隔热油管和预应力隔热油管两种。前者的内管(或外管)一端连接波纹管，利用波纹管来补偿因受热不同所造成的不同热伸长量，经波纹管把内、外管焊成一体；后者是在内管承受拉应力下与外管两体焊成一体，即给内管施加预应力来补偿内、外管的不同热伸长量。

常见几种国产隔热油管结构见表5－25。

表5－25　几种国产隔热油管结构

<table>
<tr><th>类型</th><th>隔热材料</th><th>防热辐射层</th><th>扶正器</th><th>端部连接结构</th><th>连接螺纹</th></tr>
<tr><td>外波纹隔热</td><td rowspan="3">硅酸铝纤维毯，抽真空后回注氩气</td><td rowspan="3">铝箔</td><td rowspan="3">钢辐板</td><td>外螺纹管焊接</td><td>外加厚油管螺纹</td></tr>
<tr><td>内波纹隔热</td><td>内螺纹管焊接</td><td rowspan="2">偏梯形螺纹</td></tr>
<tr><td>预应力隔热</td><td>预应力喇叭口焊接</td></tr>
</table>

国产隔热油管采用针对热辐射、热对流和热传导三种热传递方式的阻隔热方法，即内管外壁包贴高反射率的铝箔，以减弱热辐射；密封的环形空间填装隔热性能良好的硅酸铝纤维毯，抽真空并注入低热导率的惰性气体以减少导热损失和防止气体对流，达到隔热的目的。

内、外波纹隔热油管制造工艺简单，但不隔热段长，尤其外波纹隔热管热损失较大。同规格的隔热油管在相同的条件下，预应力隔热油管热损失最小，同时机械性能好，提高了高温下工作的可靠性。目前国内使用的大部分是预应力隔热油管。

(六)连续油管

连续油管又叫挠性油管，它具有连续性、柔韧性、多用性和经济性，目前对其需求量越来越大。它可以替代以前作业使用的常规连接管、修井和不压井起下作业装置或旋转钻井装置，进行钻井、修井和开采作业。

连续油管的尺寸规格[mm(in)]有31.8($1\frac{1}{4}$)、31.8($1\frac{1}{2}$)、44.5($1\frac{3}{4}$)、50.8(2)、60.3($2\frac{3}{8}$)、73($2\frac{7}{8}$)、88.9($3\frac{1}{2}$)、114.3($4\frac{1}{4}$)、127.0(5)等几种。

四、筛管

筛管多用在水平井、侧钻井、径向分支水平井或裸眼、砾石充填筛管完井中，是相应开发工艺技术要求的专用配套管材。

(一)割缝筛管

割缝筛管是在石油套管或油管上用相应方法方式切割出多条具有一定规格的纵向或螺旋直排、交错式缝隙的专用管材。缝截面有矩形、梯形和特型(圆孔)等多种型态。缝型、缝隙及缝眼的排列布置可根据用户的要求进行加工。

(二)绕丝筛管

绕丝筒式筛管是在套管或油管上切割圆形孔或长方形槽，将筛网套在管体上，然后将筛网两端封闭而成筛网筛管。筛网一般按用户要求采购，筛网是特制不锈钢丝绕制而成。

直绕丝是筛管是采用加工好圆孔或槽的管体，用特制不锈钢丝直接与套管或油管固定，再用备好的特制不锈钢丝按要求直接绕在已绕好的不锈钢丝上并相互固定而成。

(三)冲缝筒式筛管

冲缝筒式筛管是在套管或油管上加工成孔或缝(基管)，采用备好的筒式冲孔外套，套入基管两端焊接，外加高密度的不锈钢冲缝套即成冲缝筒式筛管。冲缝套通过支撑环直接与套管或油管焊接。冲缝筛管具有比割缝筛管和绕丝筛管更能保证过滤精度，防砂效率高、可靠性长的优点。

(四)镶嵌式筛管

镶嵌式筛管是在套管或油管上加工成有规则的孔，然后在孔内镶嵌上已铸好的筛件，然后对筛件进行再固定而制作成的。镶嵌式筛管缝隙较小且分布均匀，但筛件易脱落。

五、完井管柱

下入完井管柱使生产井或注入井开始正常生产是完井工程的最后一个环节。

(一)油井完井管柱

1. 自喷井完井管柱

投产后油井能保持自喷生产，对这类井的生产管柱就要按自喷井生产管柱的技术要求设计。合理的自喷生产管柱设计的技术关键是根据油管的敏感性分析确定油管的合理直径。

自喷井生产管柱主要有两种，一种是全井合采管柱，一种是分层开采管柱。

全井合采管柱结构简单就是一根光油管，下接喇叭口，下至油层中部。它适用于单层系的油井或层数不多、层间差异不大的油井。

分层开采管柱结构较复杂，主要由封隔器、配产器和其他配套的井下工具组成。它主要用于层间差异大的自喷井，解决层间的干扰和矛盾，以充分发挥各层段的潜力，提高采油速度。

对于深井自喷井，为减少作业对油层的伤害，可下入深井不压井作业管柱。

对于有些在投产射孔时需要进行负压射孔，在停喷后转为其他采油方式时，可采用射孔生产联作自喷管柱。

2. 有杆泵井完井管柱

油层无自喷能力，但又有一定深度的液面，原油黏度适中，应首先选择有杆泵抽油系统投产。

有杆泵抽油系统主要由机、泵、杆、管四大部分组成。合理设计有杆泵生产管杆的技术关键是深井泵的选择。深井泵的选择一定要建立在油层采油指数准确的测算上。并根据油层的产液量及其他因素，首先根据泵的理论排量确定深井泵的类型和主要工作参数，根据动液面的深度及合理的沉没度确定泵挂深度，接着就可以进行抽油杆柱的设计计算。抽油杆柱设计确定后，根据抽油杆和油管的匹配关系，再根据泵的工作制度和杆、管的组合，就可以计算抽油机的各项基本参数，即可进行抽油机选型。

有杆泵生产管柱主要由泵、杆、管和其他井下工具构成。为提高泵效，有杆泵深抽管柱的油管需用油管锚锚定。有杆泵生产管柱还可分为封下采上、封上采下、封中间采两头、封两头采中间等几种结构型式。

防砂卡抽油泵、浸入式抽稠泵、阀式泵、防气锁抽油泵、耐腐蚀泵等具有特种性能的有杆泵的研制成功及推广应用，拓宽了有杆泵抽油技术的使用范围。常规有杆泵不适应的油井可采用这些特殊性能的泵发挥常规有杆泵不能替代的作用。

3. 水力活塞泵完井管柱

水力活塞泵采油系统的基本工作原理是由地面泵将动力液增压并泵入井下，由动力液驱动液压马达作上下往复运动，同时液马达带动井下泵柱塞上下往复运动，把井液举升到地面。

水力活塞泵采油系统适用于稀油、高凝油、常规抽油及深井的开采。当它采用热动力液循环开采高凝油、常规抽油时效果比其他人工举升方法显著。在开发初期，它若与喷射泵联合使用效果会更好。动力液一般都采用低黏度原油，注水开发油田的后期，由于含水率太高，可采用水基动力液(油基动力液经济效益低)。

水力活塞泵采油系统的动力液循环有两种方式：开式循环系统和闭式循环系统。动力液循环的地面流程，既可以以单井装置流程在边远的地域使用，也可以建成集中控制管理的泵站。

水力活塞泵采油系统最突出的特点是泵效高、扬程高；举升液体的液马达在井下，可以形成较大的生产压差，有利于流体从油层流入井筒；井下泵排量大，最高可达 $1000m^3/d$。但是，它的设备多，地面流程要求承压能力高，动力液处理系统比较复杂。

水力活塞泵采油系统设计的方法和步骤是确定动力液的循环方式、井下管柱的型式、下泵深度，计算理论排量、确定泵型、计算井下泵工作冲数及动力液的流量等。

水力活塞泵采油系统的井下管柱主要由油管、井下泵、封隔器及其配套的井下工具组成。按开采层段，动力液输送方式又可分为：全井段合采单管柱、单层段分采管柱、闭式平行双管柱、闭式同心双管等几种形式。

4. 电动潜油泵完井管柱

电动潜油泵采油系统主要由井下机组、地面设备和电缆三大部分构成。井下机组包括电动潜油泵、油气分离器、潜油电机和保护器；地面设备包括变压器和控制屏。

电动潜油泵采油系统属于离心泵采油的机械采油系统。由于离心泵本身的工作特性决定它属于中高扬程范围，适合于中、高产量的油井；原油性质是低、中黏度，低、中气油比。

选用电动潜油泵采油系统投产要特别注意原油的气油比，这是因为电动潜油泵机组的分离器是旋转式的，这种旋转式的分离器受吸入口所限，井下最优气液比小于10%，最大不超过25%。美国 Rada 公司研制的高气油比电动潜油泵气体处理器，井下条件气液比可达30%。

电动潜油泵采油系统设计的关键是对油层的产能作出尽可能准确的预测，原油的饱和压力要有准确可靠的数据，还要特别注意井下的气液比数据。以油层的产能预测为依据再进行潜油多级离心泵的选型计算，泵型、级数确定之后，再计算和选择潜油电机，最后选择电缆、变压器和控制屏。

电动潜油泵采油系统的井下管柱包括电动潜油泵机组、封隔器及其他配套的井下工具。

电动潜油泵的下入位置应在射孔井段顶部以上，在液流进入电动潜油泵之前，从电机周围流过，能较好低冷却电机，保护电机不致因温升破坏绝缘材料而烧毁。如果电动潜油泵机组必须下入油层以下，则需加导流衬管。电动潜油泵可下入“Y”管柱结构进行测试。

5. 气举井完井管柱

气举的工艺过程是通过向井筒内注入高压气体的方法来降低油管内从注气点到地面的液柱密度，使原油及液体连续地从油层流向井底，并从井底举升到地面。

气举的工作介质为天然气。当工作介质增压后，对井内液体作举升功，释放出自身的压能。因此，它适应性较强，产量低、中、高的中等黏度、低黏度、高气液比及出砂油井都可进行气举，对定向井、水平井亦适用。气举要求有稳定而充足的气源以补偿损耗，一次性投资比其他人工举升方式都高，但管理方便，生产测试工艺简单，运行费用低。

气举方式主要有两种：连续气举和间歇气举。其中，间歇气举又有三种方式：常规间歇气举、腔室气举、柱塞气举。连续气举装置设计的主要内容是确定气举阀的位置、注气点以上应该下入的气举阀数量及各级气举阀的下入深度、选择各级气举阀的阀嘴尺寸及通过阀嘴的气量。每种气举的井下装置设计计算上各不相同。

气举井井下管柱的分类与特点见表5-26。

表5-26 气举井井下管柱的分类及特点

单管注气（单管气举井下管柱）			多管注气管柱
开式气举管柱	半闭式气举管柱	闭式气举管柱	
底部敞开，没有封隔器和单流阀，用于不能使用封隔器的井中	下部有封隔器，但没有单流阀，封隔器的作用是防止地层流体进入封隔器以上注气部位，主要用于连续气举	下部有封隔器的单流阀，可防止注入气进入地层，主要用于间歇气举	可同时进行多层开采，下部为一单管分割器，上部为一双管封隔器

6. 螺杆泵完井管柱

螺杆泵采油系统的基本工作原理是由地面动力驱动抽油杆带动井下螺杆泵，将井下的液体举升上来。螺杆泵属于容积泵。其优点是运动部件少、吸入性能好、水力损失小，因为介质连续均匀吸入和排出，所以柔性定子被砂粒磨损较轻微；由于没有吸入和排出阀，不会产生气锁。螺杆泵采油系统还具有结构简单、体积小、能耗低、投资少，安装、使用、维修方便等特点。

螺杆泵采油系统的主要构成见表5-27。

表 5－27　螺杆泵采油系统的组成

螺杆泵采油系统	(一)电控部分	(1)电控箱
		(2)电缆
	(二)驱动部分	(1)驱动电机
		(2)减速箱
		(3)井口密封箱
		(4)支撑架
		(5)方卡子
	(三)井下泵部分	(1)螺杆泵定子(特殊橡胶)
		(2)转子
	(四)配套工具部分	(1)专用井口
		(2)特殊光杆
		(3)抽油杆扶正器
		(4)油管扶正器
		(5)抽油杆防倒转装置
		(6)油管防脱装置(锚定)
		(7)防蜡器
		(8)防抽空装置
		(9)筛管

常见螺杆泵系列产品列举见表 5－28。

表 5－28　国内外螺杆泵系列产品

国产泵	美国泵	德国泵	法国泵	适应油井产能/(m^3/d)	最大气举扬程/m
GLB40－42 GLB40－28	175－35 175－27	$2\frac{3}{8}$－SD	30TP1300	2～10	1600
GLB75－40 GLB75－28	300－35 300－27	$2\frac{7}{8}$－SD	60TP2000	10～20	1600
GLB120－27	600－35	$2\frac{7}{8}$－90SD	100TP1200	20～40	1000
GLB300－18	1500－18	$2\frac{7}{8}$－200SD	200TP1200	50～100	800
GLB500－14	1900－18 2000－20	$3\frac{1}{2}$－300SD	300TP800	100～200	800
GLB800－14	3000－18 4000－18		400TP900	200～350	800

注：关于选泵计算有专门应用软件。

常见螺杆泵井管柱与杆柱匹配选型见表 5－29。

表 5-29　螺杆泵井管柱、杆柱匹配表

实际排量/(m^3/d)	扬程/m	油管规格(外径)/mm	抽油杆规格/mm
2~10	800	Φ60、Φ73	Φ19
	1400		Φ22+Φ19
10~20	1000	Φ73	Φ22
	1600		Φ25+Φ22
20~80	1000	Φ73	Φ22+Φ25
100~150	1000	Φ89	Φ25
150~300	1000	Φ89	Φ25+Φ36

(二)注水井完井管柱

1. 笼统注水管柱

如果注水层数少，层间压力差又小，就可以进行同井笼统注水。

笼统注水的管柱结构比较简单，或是一根光油管，或是在注水层以上的位置下入一个封隔器，用它保护注水层以上的套管。

2. 分层注水管柱

分层注水管柱是多层同井注水的管柱，分层注水管柱按配水器的结构一般分为三类：固定配水管柱、活动配水管柱、偏心配水管柱。其中：偏心配水管柱按所配用的封隔器又可分为可洗井偏心配水管柱和不可洗井偏心配水管柱。此外还有油管分注管柱(保护套管起见，不宜采用)、双层自调分层注水管柱、双管分层注水管柱、同心管分层注水管柱等。

分层配水管柱设计的主要依据是各注水层的注水指示曲线，它是反映注水层吸水能力的曲线；另外一个设计依据是配水嘴的嘴损曲线，它反映水嘴尺寸、配水量和通过配水嘴时的节流损失三者之间的定量关系，嘴损曲线是在实验室内由模拟实验取得的数据绘制而成。

分层注水管柱的基本工具有封隔器、配水器及配套工具。

(1)封隔器

国内注水封隔器开始使用水力压差式封隔器，当注水加压时，利用封隔器内外压差，使封隔器胶筒扩张达到封隔上下层的目的，其结构简单，操作方便。特点是注水停注时，封隔器内外压力平衡，胶筒即恢复原状，此时注水井即可反循环洗井。其不足之处是胶筒恢复原状，分层注水的各层因压力的差异互相窜流，影响已经取得的注水效果。

当前，水力压缩式封隔器已经基本取代水力压差式封隔器。水力压缩式封隔器是利用注水压缩封隔器胶筒达到封隔上下层的目的。关于注水洗井问题，则在压缩封隔器中加一洗井通道来洗井。

(2)配水器

配水器有三种形式：固定配水器、活动配水器和偏心配水器。

固定配水器要与油管柱组合后下井，因为调整配水器时要起油管柱更换，作业复杂，目前现场多不使用。

活动配水器在调配注水量时不起油管，用钢丝、钢丝绳打捞配水器即可完成，简化了调配注水量的工作量，但其配水器下在油管中央，这对油管内作业不方便，因而当前现场也多不使用。

偏心配水器下在偏心工作筒中用钢丝绳打捞配水器，油管中保持通道，级数不受限制，

因而大大提高了工作效率，方便工作。目前多使用此类配水器。

配水器一般有三级左右。若级数太多，测试和调配工作量大，使注水井井场处于调配状态，影响正常注水。

由偏心配水器和压缩式封隔器构成的分层注水管柱一般用于小于3000m井的分层注水。空心活动配水器多用于中深井或浅井的分层注水。

(3)配套井下工具

在各类型的分层注水管柱上还配有循环阀、筛管、丝堵等配套井下工具。

(三)天然气井完井管柱

当前，我国的天然气井生产管柱已经发展成为能射孔、能重复酸化、排液、测试、动态测井和完井一次下入的完井管柱，同时亦是生产管柱。

天然气中往往含有H_2S、CO_2等腐蚀性气体，因而天然气井完井管柱必须采用抗腐蚀性气体的管柱，并在气层以上应下入相应材质的封隔器密封油套管的环形空间，在油管环形空间中注入缓蚀剂。

为了提高采收率，往往需要向油层注天然气、氮气或其他气体。因为气柱压力低，注气压力高，管柱中的油管、井下工具都是长期在高压下工作，管柱不仅要耐高压，各个螺纹也必须有良好的气密性。

(四)定向井、水平井完井管柱

尽管有杆泵、水力活塞泵、电动潜油泵等抽油泵大都是下在造斜点以上的直井段中，但如果液面在造斜点以下，那么各种抽油泵也只能下在井身斜度小于30°的稳斜段。这是因为各种泵，特别是有杆泵只有在泵身倾角小于30°时才能正常工作。有杆泵在下入稳斜段后，油管要加油管扶正器、泄油器；抽油杆泵上要加减震防脱器和抽油杆尼龙扶正器。在曲率较大的井段抽油杆上还要加滚珠接箍或滚轮接箍。

水平井完井管柱的下泵技术要求与定向井大致相同。水平井完井管柱主要有：有杆泵完井管柱，水平井下喷射泵、掺稀油与有杆泵联合抽油的完井管柱。

六、固井水泥

(一)对固井水泥的基本要求

固井水泥是一种有特殊要求的硅酸盐水泥。对油井水泥的基本要求是：

①能配成流动性良好的水泥浆，这种性能应在从配制开始到注入套管被顶替到环形空间内的一段时间里始终保持；

②水泥浆在井下的温度及压力条件下保持稳定性；

③水泥浆应在规定的时间内凝固并达到一定的强度；

④水泥浆应能和外加剂相配合，调节各种性能；

⑤形成的水泥石应有很低的渗透性能等。

(二)固井水泥的分类

API固井水泥标准采用的稠化时间、初始稠度、游离水含量和抗压强度等物理性能技术指标，以及在模拟不同井深的温度和压力条件下注水泥作业的动态试验方法，与固井施工的实际要求非常接近。同时，为了保证固井水泥质量的稳定性，API固井水泥规范还对不同级别水泥的化学成分及其矿物组成要求作了严格规定。

API标准把油井水泥分为A、B、C、D、E、F、G、H、J级9类。其中A、B、C级为基质水泥，D、E、F 级水泥在烧制时允许加入调节剂，G、H 级允许加入石膏，J 级在高温高压高深条件下选用。同一级别的固井水泥，又分为普通型(O)、中抗硫酸盐型(MSR)、高抗硫酸盐型(HSR)，以区分其抗硫酸盐侵蚀的能力。

A 级：适用深度范围为 0～1828.8m，温度至 76.7℃，仅有普通型一种，无特殊性能要求。

B 级：适用深度范围为 0～1828.8m，属中热水泥，温度至 76.7℃，有中抗硫和高抗硫两种。

C 级：适用深度范围为 0～1828.8m，温度至 76.7℃，属高早期强度水泥，分普通、中抗硫和高抗硫三种。

D 级：适用深度范围为 1828.8～3050m，温度在 76～127℃，为基质水泥加缓凝剂，用于中温、中压条件，分为中抗硫和高抗硫两种。

E 级：适用深度范围为 3050～4270m，温度在 76～143℃，为基质水泥加缓凝剂，用于高温、高压条件，分为中抗硫和高抗硫两种。

F 级：适用深度范围为 3050～4880m，温度在 110～160℃，为基质水泥加缓凝剂，用于超高温和超高压条件，分为中抗硫和高抗硫两种。

G 级和 H 级：适用深度范围为 0～2440m，温度在 0～93℃，为两种基质水泥，加入调节剂后可用于较大的范围，分为中抗硫和高抗硫两种。

J 级：适用深度范围为 3660～4880m，温度在 49～160℃。

API 油井水泥主要技术指标见 5－30。

表 5－30　API 油井水泥技术指标

级别（类型）	需要的抗压强度			需要的稠化时间性		适应范围及条件		备注
	养护时间/h	养护温度/℃	最小抗压强度/MPa	试验深度/m	最短稠化时间/min	水灰比 W/C	适用井深/m	
A	8	38	1.7	305	90	0.46	0～1830	无特殊性质要求时，普通型
	24	38	12.4	1830	90			
B	8	38	1. 4	305	90	0. 46	0～1830	井况要求中到高抗硫酸盐时
	24	38	10.3	1830	90			
C	8	38	2.1	305	90	0.38	0～1830	井况要求高早强（高温、速凝和增加强度）时，可用低、中和高抗硫酸盐型
	24	38	13.8	1830	90			
D	8	77	—	1830	90	0.38	1830～3050	在中温和中压条件下，有中、高抗硫酸盐型
		110	3.5					
	24	77	6.9	3050	100			
		110	13.8					
E	8	77	—	3050	100	0. 38	3050～4270	在高温高压条件下，有中和高抗硫酸盐型
		143	3.5					
	24	77	6.9	4270	154			
		143	13.8					

续表

级别（类型）	需要的抗压强度			需要的稠化时间性		适应范围及条件		备注
	养护时间/h	养护温度/℃	最小抗压强度/MPa	试验深度/m	最短稠化时间/min	水灰比 W/C	适用井深/m	
F	8	110	—	3050	100	0.38	3050～4880	在较高温高压条件下，有中和高抗硫酸盐型
		160	3.5					
	24	110	6.9	4880	190			
		160	6.9					
G	8	38	2.1	2440	90	0.44	0～2440	基本油井水泥，通过外加剂扩大使用范围，有中、高抗硫酸盐型
		60	10.3					
	24	38	—					
		60	—					
H	8	38	2.1	2440	90	0.38	0～2440	基本油井水泥，有中、高抗硫酸盐型
		60	10.3					
	24	38	—					
		60	—					
J	8	143	—	3050	180	—	3600～4880	高温高压条件选用，加入缓凝剂，适应更大深度范围
		177	—					
	24	143	—	4880	180			
		177	6.9					

我国固井水泥的标准系列划分再向 API 标准靠近外，去除了 J 级标准系列，将固井水泥分为 A－H 八个级别。主要物理性能见表 5－31。

表 5－31　我国固井水泥的物理性能

油井水泥级别			A	B	C	D	E	F	G	H
混合水（质量分数）/%			46	46	56	38	38	38	44	38
细度（最小值）/（m^2/kg）			280	280	400	NR	NR	NR	NR	NR
游离水/mL			NR	NR	NR	NR	NR	NR	3.5	3.5
抗压强度试验养护时间 8h	养护温度	养护压力	抗压强度最小值/MPa							
	38℃	常压	1.7	1.4	2.1	NR	NR	NR	2.1	2.1
	60℃	常压	NR	NR	NR	NR	NR	NR	10.3	10.3
	110℃	20.7MPa	NR	NR	NR	3.5	NR	NR	NR	NR
	143℃	20.7MPa	NR	NR	NR	NR	3.5	NR	NR	NR
	160℃	20.7MPa	NR	NR	NR	NR	NR	3.5	NR	NR
抗压强度试验养护时间 24h	养护温度	养护压力	抗压强度最小值/MPa							
	3.8℃	常压	12.4	10.3	13.8	NR	NR	NR	NR	NR
	7.7℃	常压	NR	NR	NR	6.9	6.9	NR	NR	NR
	110℃	20.7MPa	NR	NR	NR	13.8	NR	NR	NR	NR
	143℃	20.7MPa	NR	NR	NR	NR	13.8	NR	NR	NR
	160℃	20.7MPa	NR	NR	NR	NR	NR	6.9	NR	NR

续表

油井水泥级别		A	B	C	D	E	F	G	H
温度压力下的稠化时间实验	30～15min 稠度最大值/bc	稠化时间最小值/min							
	30	90	90	90	90	NR	NR	NR	NR
	30	NR	NR	NR	NR	NR	NR	90	90
	30	NR	NR	NR	NR	NR	NR	120 最大	150 最大
	30	NR	NR	NR	100	100	100	NR	NR
	30	NR	NR	NR	NR	154	NR	NR	NR
	30	NR	NR	NR	NR	NR	190	NR	NR

注：NR：不要求，NA：无。

同时还有以温度系列为标准划分的固井水泥，分为 45℃、75℃、95℃和 120℃四种。其中：

45℃水泥：适用于表层及浅层固井，深度小于 1500m。

75℃水泥：适用于井深 1500～3200m。当超过 3500m 时应加入缓凝剂。温度超过 110℃时，应加入不少于 28% 的硅粉。

95℃水泥：适用于井深 2500～3500m。当温度超过 110℃时，应加入不少于 28% 的硅粉。

120℃水泥：适用于井深 3500～5000m。当用于 4500～5000m 时应加入缓凝剂和降失水剂。

七、固井水泥添加剂

固井水泥只有在加入相应添加剂的情况下，才能使配置的水泥浆能够适应相应条件下注水泥的工艺要求。应用建井水泥添加剂的目的主要是：调整水泥浆稠化时的密度、失水、流变性、增容、增加抗压强度和保持高温下的强度热稳定性等。水泥添加剂主要可分为：缓凝剂、速凝剂、降失水剂、增充剂(减轻剂)、降阻剂(分散剂)、加重剂、防漏失剂和特种添加剂。

常用水泥缓凝剂列举见表 5－32。

表 5－32　常用水泥缓凝剂

材料	备注
丹宁酸钠	
酒石酸	
硼酸	
铁铬木质素磺酸盐	
羧甲基羟乙基纤维素	
其他	

常用水泥速凝剂列举见表 5－33。

表 5-33 常用水泥速凝剂

材料	备注
氯化钙($CaCl_2$)	适用任何 API 水泥
氯化钠(NaCl)	适用任何 API 水泥
半水石膏	适用 API A、B、C、G、H 类水泥
氯化钾	
硅酸钠(Na_2SiO_3)	适用 API A、B、C、G、H 类水泥
加减阻剂低水灰比水泥浆	适用 API A、B、C、G、H 类水泥
海水	适用 API A、B、C、D、E、G、H 类水泥
其他	

常用水泥增充剂列举见表 5-34：

表 5-34 常用水泥增充剂

材料类型	备注
膨润土	
硅藻土	
碳氢化合物	
硬沥青(沥青粉)	
煤炭	
膨胀珍珠岩	
氮气	
人造火山岩	
火山灰膨润土	
硅酸钠(Na_2SiO_3)	
玻璃微珠	
其他	

常用水泥减阻剂列举见表 5-35：

表 5-35 常用水泥减阻剂

材料	备注
聚合物减阻剂	
聚萘磺酸盐	
甲醛和丙酮(或其他酮类)缩聚物	
木质素磺酸钙	
氯化钠(NaCl)	
其他	

常用水泥降失水剂列举见表5－36。

表5－36　常用水泥浆降失水剂

材料	备注
羧甲基羟乙基纤维素	形成胶粒
聚合物减阻剂	改善颗粒级配及形成胶粒
丙烯酸胺	
乳胶添加剂	形成薄膜
膨润土＋减阻剂	改善颗粒级配
其他	

常用水泥加重剂列举见表5－37。

表5－37　常用水泥加重剂

材料	备注
重晶石	
赤铁矿	
钛铁矿	
石英砂	抗高温
氯化钠（NaCl）	
其他	如：分散剂

常用水泥防漏失剂列举见表5－38。

表5－38　常用水泥防漏失剂

材料	备注
沥青粒	
纤维材料	
其他	

常用特殊功用水泥添加剂列举见表5－39。

表5－39　特殊功用水泥添加剂

特殊功用添加剂类型	备注
防气窜剂	主要分为防止或减少失重的防气窜剂和增加气窜阻力的防气窜剂
增韧剂（增塑剂）	在水泥浆中加入适量纤维材料、乳胶，改善水泥石的耐冲击性能
热稳定剂	在水泥浆中加入适量的硅粉或硅砂
其他	

八、固井专用井下工具

常用固井专用井下工具列举见表5－40。

表 5-40　专用固井井下工具

专用固井井下工具	备注
内管注水泥器	是在大直径套管内下入钻杆或油管作为注替水泥浆通道的固井专用井下工具。一般应用于外径不小于273mm套管的固井
分级注水泥接箍	安装在套管柱预定位置，实施分级注水泥作业的固井专用井下工具
尾管悬挂器	将尾管悬挂在上层套管柱的固井专用井下工具
管外注水泥封隔器	实施封隔地层、注水泥作业的固井专用井下工具
地锚	给套管提拉预应力的固井专用井下工具
热应力补偿工具	对套管伸缩进行补偿的固井专用井下工具
其他	

第三节　建井过程消耗物资

建井过程消耗的物资是指不构成井的工程实体，但构成工程造价，在井的建造过程中全部消耗或折耗的物资。

建井过程消耗的物资小到扫把、钉子、铁丝，大到百十万元一只的钻头、千八百吨的柴油，不尽枚举，无从一一列举作出详尽说明。本章节对建井过程消耗或折耗的物资予以分类阐述。

一、井下消耗物资

常用钻井井下消耗(折耗)物资列举见表 5-41。

表 5-41　井下消耗物资分类列表

	类别	备注
入井消耗物资	(一)钻头	本书有专门章节叙述，本节不再赘述 钻头未完全损耗的，可重复在适用地层使用至无入井价值
	(二)钻井液材料	钻井液的材料包括原材料和处理剂。原材料是指那些用作配浆时用量较大的基础材料；处理剂是指那些为改善和稳定钻井液性能而加入到钻井液中的化学添加剂 钻井液一般具有再回收处理使用的价值
	(三)固井水泥前置液	包括冲洗液、隔离液等
	(四)井下工具	如井眼轨迹控制、事故处理用等井下特种工具 井下特种工具未完全损耗的，存在重复利用或修复利用价值 本书有专门章节叙述，本节不再赘述
	(五)其他	

(一)钻井液材料

钻井液材料分类见表 5-42。

表 5－42　钻井液材料分类列表

	类别	备注
钻井液材料分类	1. 黏土类	黏土类主要用来配制原浆，亦可用来提高钻井液的黏度和切力，起到降低钻井液滤失量的作用。常用的黏土类钻井液材料主要有膨润土、抗盐土和有机土等
	2. 加重材料	加重材料主要用来提高钻井液密度以及控制地层压力，起到防塌、防喷的作用，亦可用在解决某种类型的井漏上以及用于完井、修井作业中以减少液相漏失、减轻油气层损害等措施上
	3. 降滤失剂	降滤失剂主要用来降低钻井液的滤失量。常用的降滤失剂主要有 CMC、预胶化淀粉、聚丙烯酸盐等
	4. 降黏剂	降黏剂主要用来改善钻井液的流动特性以增加可泵性、减少摩阻等。常用的降黏剂主要有丹宁、各种磷酸盐及褐煤制品、木质素磺酸盐等
	5. 增黏剂	增黏剂主要用来促进钻井液中黏土颗粒网状结构的形成，增加胶凝强度以形成高流阻。常用的增黏剂主要有高黏 CMC、高聚物、预胶化淀粉等
	6. 润滑剂	润滑剂主要用来降低摩阻系数，减小扭矩，增加钻头的水马力以及防止黏卡。常用的润滑剂主要有某些油类、石墨、塑料小珠和某些表面活性剂等
	7. 页岩抑制剂	页岩抑制剂主要用来抑制页岩中所含黏土矿物的水化膨胀分散所引起井漏。常用的页岩抑制剂主要有石膏、硅酸盐、石灰、各种钾盐、铵盐、各种沥青制品以及高聚物的钾盐、铵盐、钙盐等
	8. 缓释剂	缓释剂主要用来控制钻具所受到的各种腐蚀。常用的缓释剂主要有各种硝化石灰、亚硫酸盐、碳酸锌以及胺盐。常用各种乳化及油基钻井液一般都具有较好的抑制腐蚀的性能
	9. 乳化剂	乳化剂主要用来使两种不相溶的溶液体形成均匀的混合液。常用的乳化剂主要有改性木质素磺酸盐、某些表面活性剂等
	10. 消泡剂	消泡剂主要用来消除钻井液中的气泡以降低钻井液的起泡，尤其是对盐水钻井液更为重要。常用的消泡剂主要有泡敌、甘油聚醚、硬脂肪酸铝等
	11. 杀菌剂	杀菌剂主要用来杀灭钻井液中的有害细菌，使其降低到安全的含量范围内，以免破坏某些处理剂的效能。常用的杀菌剂主要有多聚甲醛、烧碱、石灰和各种防发酵剂
	12. 絮凝剂	絮凝剂主要用来絮凝钻井液中过多的黏土细微颗粒和清除钻屑，控制钻井液中的固相含量。它也是一种良好的包被剂，可使钻屑不分散，易于清除，并具有防塌的作用
	13. 发泡剂	发泡剂主要用来使水溶液产生气泡。当使用气体钻井，遇到水层时可用发泡剂将水带出，亦可用来配制某种泡沫钻井液。常用的发泡剂主要有烷基磺酸钠、烷基苯磺酸钠等
	14. 堵漏剂	堵漏剂主要用来封堵漏失地层以恢复钻井液的正常循环。常用的堵漏剂主要是各种惰性材料和化学堵剂
	15. 解卡剂	解卡剂主要用来浸泡钻具在井内被泥饼粘附的井段，以降低其摩阻系数，增加润滑性而解除压差卡钻。常用的解卡剂主要有各种油类、含有快渗剂的油包水乳化液、酸类介质等
	16. 其他钻井液材料	其他钻井液材料主要是某些无机处理剂和一些在钻井生产过程中具有特殊用途的化学剂。常用的其他钻井液材料主要有各种无机盐类、过氧乙烯树脂、蓖麻油等

常用钻井液材料列举见表 5－43。

(二)固井水泥前置液

为提高固井水泥浆顶替钻井液的效率效果，改善水泥环质量，在固井时往往在钻井液与水泥浆之间注入一段“液体”，这种液体被称之为注水泥的前置液。它不添加于水泥或水泥浆中，它在顶替钻井液的过程中起着隔离、缓冲、冲洗和稀释钻井液的作用，从而起到提高水泥浆顶替效率和效果的作用。主要可分为冲洗液和隔离液。冲洗液通常是在水中加入表面活性剂或使用钻井液稀释混配而成的一种液体，其主要作用是冲洗和稀释被顶替的钻井液。隔离液是配置的一种黏度、密度和静切力均可调节的粘稠液体，它主要用于隔离和平面推进驱替钻井液，对低压、漏失层可起缓冲作用，具有一定的浮力和拖曳力。隔离液的常用配方有水溶液加入瓜胶或羟乙基纤维素，用重晶石调节密度。

表 5－43 各种类型的主要钻井液材料列表(例举)

类别	主要材料		备注
1. 黏土类	(1)膨润土		膨润土主要以蒙脱石为主，因其吸附的阳离子不同有钠土和钙土之分
	(2)抗盐土		抗盐土是一种富含镁的纤维状黏土矿物，主要有凹凸棒石和海泡石土两种
	(3)有机土		有机土指的是在油中分散的亲油性黏土，它是由钠土经过阳离子型表面活性剂处理，而改变表面性能(由亲水改变为亲油)，由人工制成的特种土类
2. 加重材料	(1)重晶石粉		重晶石粉是一种以硫酸钡为主要成分的天然矿石，经过机械加工制成的细度适宜的粉末状产品
	(2)石灰石粉		石灰石粉是一种以碳酸钙为主要成分的天然矿石，经过机械加工制成的细度适合的粉末产品
	(3)钛铁矿粉		钛铁矿粉是一种以氧化钛与四氧化三铁为主要成分的混合型矿石，经过机械加工制成的细度适合的粉末产品
	(4)液体加重剂		液体加重剂主要是一些可以在水中溶解，而可形成较高密度的水溶液用无机盐类和有机盐类
3. 降滤失剂	(1)纤维素类	①羧甲基纤维素钠盐	代号 Na－CMC，简称 CMC。目前常用的有低黏 CMC、中黏 CMC 和碱性 CMC。其主要用途为是用作各种水基钻井液的降滤失剂；亦可用于石膏钻井液中，但钙含量过高会形成羧酸钙沉淀而失败；可用来配制低固相钻井液，尤其进行交联处理后可作一般无土相完井液使用；当其在钻井液中含量很高时亦具有一定抑制页岩水化膨胀作用
		②聚阴离子纤维素	降滤失增黏效能优于 CMC，可使盐溶液增稠，对泥页岩有特殊抑制作用
	(2)水解聚丙烯腈盐类 聚丙烯腈经加碱水解可形成不同的盐。常用的有水解聚丙烯腈钠盐、水解聚丙烯腈钙盐和水解聚丙烯腈铵盐	①水解聚丙烯腈钠盐	代号 Na－HPAN 或 HPAN，主要用作聚合物钻井液的降滤失剂，对黏度稍有增加，抗 NaCl 可达饱和而抗钙较差，耐高温
		②水解聚丙烯腈钙盐	代号 Ca－HPAN 或 CPAN，主要用作聚合物钻井液的降滤失剂，黏度稍有增加，不但抗 NaCl 达饱和而且可抗较多钙盐侵污，耐温，浓度高时对页岩有抑制水化分散作用
		③水解聚丙烯腈铵盐	代号 NH4－HPAN 或 NPAN，用作防塌降失水剂，为不分散钻井液的良好处理剂，抑制能力强，不提黏，耐高温，使用时钻井液碱度不宜过高
	(3)乙烯基单体多元共聚物 本体系是由乙烯基单体与其不同盐类共聚而成的水溶性高聚物	①乙烯基单体多元共聚物(不含硫酸盐)	代号 PAC143，它主要用作不分散钻井液降滤失剂，有一定的增黏作用，不抗盐、耐高温
		②共聚型聚丙烯酸钙	代号 CPA－3，主要用作不分散钻井液抗钙降滤失剂，具有调节流型，提高携砂能力，耐高温抗剪切降解等作用
		③乙烯基单体多元共聚物(含磺酸钠)	代号 PAC142，主要用作不分散钻井液降滤失剂，稍有降黏作用，抗钙能力强，抗盐达饱和，可耐高温

续表

类别	主要材料	备注	
3. 降滤失剂	(4)酚醛树脂类	①磺甲基化酚醛树脂	代号 SMP 或 SP，主要用作抗高温、抗盐、抗 Ca^{2+} 的降滤失剂，pH 值使用范围为 8～11，并有降低泥饼摩阻减少泥饼渗透性的作用，一般适用于超深井段
		②磺化酚醛树脂与褐煤接支共聚物	代号 SCSP，主要用作抗高温、抗盐及抗 Ca^{2+} 的降滤失剂，基本不增稠，一般适用于超深井段
		③磺化酚醛树脂与木质素接支共聚物	代号 SLSP，主要用作抗高温、抗盐、抗 $CaCl_2$(%)的降滤失剂，并可降低泥饼摩阻系数，有一定的防塌作用和一定的降粘作用
	(5)腐殖酸类 这类产品主要是由褐煤中抽提出的腐殖酸在进行磺化或硝化而形成的各种盐类	①腐殖酸钠	代号 Na－Hm 或 NaC，主要用作淡水泥浆的降滤失剂，具有一定的降黏效果，抗温性强，但不抗盐类
		②硝基腐殖酸钠	代号 Na－NHm，主要用作淡水钻井液的降滤失剂，抗钙能力有所提高并有较强的抗盐作用
		③硝基腐殖酸	
		④磺甲基褐煤	
		⑤硅基腐殖酸钾	
	(6)淀粉类	主要有羧甲基淀粉、予胶化淀粉、羟丙基淀粉等	
4. 降黏剂	(1)丹宁酸钠(或丹宁酸液)	代号 NaT，主要用作分散型钻井液的降黏剂，但抗盐、抗钙性差。也可用作水泥的缓凝剂	
	(2)磺甲基丹宁酸钠	代号 SMT(用栲胶制成者称磺甲基栲胶酸钠，代号 SMK)，主要用作分散型淡水钻井液的降黏剂，效果比丹宁酸钠或栲胶酸钠更好，并提高了抗温及抗盐能力，亦可用作水泥缓凝剂	
	(3)铁铬木质素磺酸盐	即铁铬盐，代号 FCLS，主要用作抗盐抗钙的分散型钻井液降粘剂。当浓度足够大时，即具有抑制作用，同时亦具有一定的降滤失能力	
	(4)磺甲基褐煤(磺化褐煤)	代号 SMC，用作淡水钻井液高温降黏剂，具有较好的降滤失的作用，但抗盐能力较差	
	(5)铬腐殖酸	代号 CrHm，主要用作超深井段高温降黏剂，具有一定的抗盐能力，并能降低钻井液的滤失量	
	(6)低分子聚丙烯酸盐	目前有两种，代号分别为 X—A40、X—B40，它们主要用作不分散型钻井液的降黏剂	
	(7)有机磷	代号 EDTMPS，主要用作聚合物钻井液的降粘剂，在钻井液受钙侵后效果最佳	
	(8)有机硅类	主要成分是甲基硅醇钠，具有较强的降黏、抗温和抑制地层谈他的作用。主要产品有有机硅腐殖酸钾 OXAM－K、有机硅稀释剂、硅基腐殖酸钾等	

续表

类别	主要材料		备注
5. 增黏剂	(1)高黏 CMC		代号 HV—CMC，主要用作淡水或盐水钻井液增黏剂，抗钙能力较差
	(2)复合离子型聚丙烯酸盐		代号 PAC141，主要用作不分散钻井液，抗钙、抗温、抗盐、调整流型的增黏剂，并具有降滤失量的作用，是一种较强的包被剂，适用于配制低固相钻井液，控制造浆能力强
	(3)羟乙基纤维素		代号 HEC，主要用作完井液及修井液的提黏切剂，尤其在盐水中增黏效果更好，有一定的降滤失作用，可溶于酸，便于油层酸化，保护产层
	(4)生物聚合物		代号 HC，用于提高钻井液的黏度和切力
	(5)石棉		在钻井液中加入一定密度的适量石棉，可提高钻井液的动切力和切力
	(6)正电胶		代号 MMH，加入膨润土钻井液中，可提高黏度和切力
6. 润滑剂	(1)低荧光 RT—443 润滑剂		主要用作探井及定向井的防卡剂，有减轻扭矩的良好作用
	(2)低荧光粉状防卡剂		代号 RH8501，主要用作探井及定向井的防卡剂，有降低泥饼摩阻系数及扭矩，防止卡钻的良好作用
	(3)低荧光 RH—3 润滑剂		主要用作探井及定向井的防卡剂，具有较大的极压膜强度，对降低扭矩和摩阻系数有明显效果
	(4)无荧光钻井液润滑剂		代号 RT—001，主要用作探井及定向井的防卡剂，并可降低扭矩，对钻井液性能无影响
	(5)固体润滑剂		塑料小珠、玻璃球、石墨等
	(6)有荧光润滑剂		原油、柴油、RT－9051 等
7. 页岩抑制剂(防塌剂)	(1)聚合物钾盐	①聚丙烯酸钾	代号 KHPAM，用作淡水及盐水钻井液的防塌剂，并兼有一定降滤失作用，有些增黏
		②水解聚丙烯腈钾盐	代号 K－PAN，其主要用途为淡水和盐水钻井液的防塌降滤失剂，增黏不严重，抗盐不抗钙，抗温
		③腐殖酸钾	代号 KHm，主要用作防塌降滤失剂，有一定的降黏作用。抗高温但不抗盐
	(2)沥青制品	①磺化沥青	有两种产品，其代号分别为 FT－342、FT－341(膏状)及 FT－1，主要用作页岩微裂缝及破碎带的封闭剂而起到防塌作用，有较好的润滑能力
		②水分散沥青	代号 SR401，主要用作页岩微裂缝及破碎带的封闭剂而起到防塌作用，有较好的润滑能力
		③氧化沥青粉	
		④高改沥青粉	
	(3)无机盐类		无机盐类主要是降低页岩的表面渗透水化，制止膨胀，而钾与铵离子即有固定黏土晶格的作用。氯化钾主要用作钾基钻井液的防塌剂。氯化钠主要用作盐水钻井液的抑制剂。硫酸铵主要用作含复杂盐泥地层的防塌剂。氢氧化钾主要用作各种防塌钻井液钾离子的提供来源，并可调节防塌钻井液的 pH 值
	(4)腐殖酸类		主要有硝基腐殖酸钾、硝化腐殖酸钾、磺化腐殖酸钾等

类别	主要材料	备注
8. 缓释剂	主要包括碱式碳酸锌除硫剂、海绵铁、亚硫酸钠、亚硫酸铵、咪唑啉类缓蚀剂等。主要用作控制流体对钻具、套管等产生的腐蚀	
9. 乳化	(1)渗透剂(浸湿剂)	代号 JFC，主要用来配制解卡剂
	(2)快渗剂 T	主要用来配制解卡剂
	(3)斯盘－80	代号 SPAN－80，主要用作油包水型钻井液的乳化剂，在深井中亦有稳定性能
	(4)OP 系列乳化剂	属非离子型表面活性剂，主要用作抗高温的水包油型钻井液的乳化剂
	(5)烷基苯磺酸钙	主要用作油包水型钻井液的乳化剂
10. 消泡剂	(1)甘油聚醚	代号 XBS－300、GB－300 及 N－33025，其主要用作各类水基钻井液的消泡剂
	(2)硬脂酸铝	主要用作水基钻井液的消泡剂
	(3)AF－35 消泡剂	主要用作水基钻井液的消泡剂
11. 杀菌剂	目前常用的有甲醛(福尔马林)、多聚甲醛、氯化苯酚等，主要用作水基钻井液的防发酵剂，亦可用来消灭钻井液中的细菌	
12. 絮凝剂	(1)部分水解聚丙烯酰胺	代号 PHP，主要用作水基不分散钻井液的絮凝剂，抑制造浆强，可维持钻井液的低密度，具有一定的增黏作用
	(2)丙烯酰胺与丙烯酸钠共聚物	代号 80A51，主要用作不分散钻井液的絮凝剂，具有更强的抑制造浆能力，可更好地控制钻井液密度，并可调节流型及一定的降滤失作用
13. 发泡剂	(1)烷基磺酸钠	代号 AS，主要用作泡沫钻井液的发泡剂和高温钻井液稳定剂
	(2)烷基苯酸钠	代号 ABS，主要用作泡沫钻井液泡沫剂及油包水钻井液的高温稳定剂
	(3)泡沫配置液	主要有 YFP－1、CT5－2 等发泡剂
14. 堵漏剂	(1)惰性堵漏剂	它们是一种由惰性材料组配而成的混合材料，基本包括三大类：一是粒状，如贝壳粉、果壳粉、蛭石等；二是片状，如云母片、塑料废纸片、花生壳等；三是各种植物纤维状物，如棉籽壳、皮屑等。能够起到桥架、相互拉扯、填塞等作用
	(2)N 型脲醛树脂	又称尿素甲醛树脂，调配不同配比可获得不同稠度和凝固时间的浆液，若加入固体物，效果会更好
	(3)无机凝胶堵剂	由水泥、石膏、石灰等混浆配置
	(4)化学堵漏材料	主要包括：PMN 化学凝胶堵漏剂、SYZ 膨胀性堵漏剂、PAT 膨胀堵漏剂、TP－9010 膨胀毒瘤剂、聚丙烯酰胺堵剂、水解聚丙烯腈堵剂等
	(5)暂堵材料	是为解决石灰岩堵漏后酸化解堵施工困难而开发的堵漏剂。主要包括：单项压力封闭剂、DF－1 堵漏剂、PCC 暂堵剂、酸溶性固化材料、超细碳酸钙等
	(6)高失水堵漏材料	主要包括：DSL 堵漏剂、Z－DTR 堵漏剂、DTR 堵漏剂、DCM 堵漏剂等

续表

类别	主要材料		备注	
15. 解卡剂	(1)粉末固体解卡剂		代号 SR－301，主要用作各种钻井液压差卡钻的解卡剂，也可把它改造成各种油基钻井液而用于取心及完井液	
	(2)液体解卡剂	①油基液体解卡剂	由柴油、沥青、有机土、石灰、表面活性剂、渗透剂、水等配置而成	主要用作各种钻井液压差卡钻的解卡剂
		②水剂解卡剂	由润滑性能好的水溶性处理剂加入渗透剂等配置而成	
16. 其他此处主要列举部分无机盐类	(1)烧碱		为块、片、粒状白色固体，强碱性，主要用作钻井液 pH 值调节剂及与酸性有机物形成可溶性处理剂	
	(2)纯碱		为白色粉末，易吸潮结块，吸收 CO_2 成 $NaHCO_3$，主要用作钻井液分散剂，把钙质土改成钠质土，可作除钙剂及调节钻井液 pH 值	
	(3)红矾钠		有毒，用作钻井液抗温稳定剂，对长期使用的老化钻井液具有降粘度和切力能力，耐湿性强	
	(4)氢氧化钾		白色半透明晶体，有片状、条状和粒状，主要用作钾基钻井液的 pH 值调节剂，亦可提供大量钾离子，增加防塌效果	
	(5)无水氯化钙		白色多孔状或粉末，吸潮强，主要用作水及钻井液的抑制剂，亦作油包水钻井液水相中的活度调节剂以及无固相完井液的加重剂	
	(6)生石灰粉		纯者为白色，有的呈淡灰色或蛋黄色，和水发生放热反应成熟石灰，呈碱性，主要用作水基钻井液抑制剂	
	(7)无水石膏		白色粉末或半透明晶体，主要用作水基钻井液抑制剂，配制石膏钻井液	
	(8)其他			

二、钻井油料及燃料类消耗物资

钻井常用油料列举见表 5－44。

表 5－44　钻井常用油料及燃料分类列表

	类别	品种规格	备注
钻井常用油料及燃料	柴油	0$^{\#}$柴油	根据施工地季节的气候、气温情况选择适用标号的柴油
		－10$^{\#}$柴油	
		－20$^{\#}$柴油	
		－35$^{\#}$柴油	
		－50$^{\#}$柴油	
	汽油	90$^{\#}$汽油	车用、现场零星用汽油
		93$^{\#}$汽油	
		97$^{\#}$汽油	
	天然气	压缩天然气（CNG）	钻井用天然气发动机用
		液化天然气（LNG）	
	润滑油	150$^{\#}$齿轮油	不同设备、不同部件部位分别适用相应品牌规格的润滑油
		220$^{\#}$齿轮油	
		GL－5 齿轮油	
		26$^{\#}$双曲线齿轮油	
		DAB－100 压缩机油	
		DAB－150 压缩机油	
		N46 冷冻机油	
		30CD 柴油机油	
		40CD 柴油机油	
		15W/30CD 柴油机油	
		15W/40CD 柴油机油	
		N32 抗磨液压油	
		N46 抗磨液压油	
		N68 抗磨液压油	
		8$^{\#}$液力传动油	
		N32 防锈汽轮机油	
	密封脂	3$^{\#}$防锈锂基润滑脂	
		真空密封脂	适合高温高载荷精密设备
		套管螺纹密封脂	耐高温高压
		钻具螺纹密封脂	耐高温高压、抗水抗酸碱
		钻头螺纹密封脂	高温高速
		阀杆密封脂	井口装置、防喷器等
		热采阀门密封脂	
		齿轮润滑脂	
		7022$^{\#}$通用润滑脂	
		7501$^{\#}$真空硅脂润滑脂	
		7903$^{\#}$系列耐油密封脂	

三、钻井绳类消耗物资

（一）钢丝绳及绳卡

1. 钢丝绳

钢丝绳分类情况见表5－45。

表5－45 钢丝绳分类

分类标准	类别		备注
（一）按照钢丝绳的捻制方向分类	1. 交互捻	（1）左交互捻	
		（2）右交互捻	
	2. 同向捻	（1）左同向捻	
		（2）右同向捻	
（二）按照钢丝绳股内各层钢丝相互接触状态分类	1. 点接触钢丝绳		接触应力高、使用寿命低
	2. 线接触钢丝绳		股内相邻钢丝绳接触面积大，改善受力状态，使用寿命为点接触钢丝绳的1.5倍
	3. 点线接触钢丝绳		股内相邻层钢丝绳接触状态有点状也有线状
（三）按照钢丝绳股数目分类	1. 单股		
	2. 六股		
	3. 八股		
	4. 十八股		
	5. 三十四股		
（四）按钢丝绳股的断面形状分类	1. 单圆形股钢丝绳		
	2. 异形股钢丝绳		

常用钢丝绳列举见表5－46。

表5－46 常用钢丝绳

	适用部位		备注
常用钢丝绳	绞车钢丝绳		根据钻机不同钻深能力确定绞车用钢丝绳的捻法、结构、直径及使用长度
	修井机用钢丝绳		根据机型、运用井深、滚筒容绳量等确定绞车用钢丝绳的捻法、结构、直径及使用长度
	通井机用钢丝绳		根据机型、运用井深、滚筒容绳量等确定绞车用钢丝绳的捻法、结构、直径及使用长度
	吊钳用钢丝绳	高悬猫头绳	确定钢丝绳直径及需要数量
		外钳尾绳	确定钢丝绳直径及需要数量
		内钳尾绳	确定钢丝绳直径及需要数量
		外钳吊绳	确定钢丝绳直径及需要数量
		内钳吊绳	确定钢丝绳直径及需要数量
		旋绳器用绳	确定钢丝绳直径及需要数量
		防喷盒用绳	确定钢丝绳直径及需要数量
	井架绷绳		根据井架类型确定绷绳直径、根数及每根长度

续表

	适用部位	备注
常用钢丝绳	大门绷绳	
	起重机用钢丝绳	根据起重机型号和起重量确定钢丝绳直径及长度
	电动葫芦用钢丝绳	根据电动葫芦型号及起重量、起重高度确定钢丝绳规格
	卷扬机用钢丝绳	根据卷扬机型号、额定牵引力、滚筒尺寸(容绳量)确定钢丝绳规格及使用长度
	录井钢丝	

常用钢丝绳换新标准见表5-47。

表5-47 常用钢丝绳换新标准

安全系数	钢丝绳规格			
	6×19	6×37	6×61	18×19
	每一股上有如下断丝数量则绳报废			
6以下	12	22	36	36
6~7	14	26	38	38
7以上	16	30	40	40
备注	1. 钢丝绳每一股断丝根数达到表列数量时作废； 2. 本表所列为交互捻钢丝绳的换新标准，如为同向捻钢丝绳，则容许断丝数为表中数量的50%； 3. 钢丝绳绕过圆筒或滑轮的直径，不得小于绳直径的8倍。			

钢丝绳强度安全系数			
钢丝绳的用途	强度安全系数	钢丝绳的用途	强度安全系数
牵索和拉绳	3	机械传动起重用钢丝绳	5
用手传动起重用钢丝绳	4	绳套用钢丝绳	8

2. 绳卡

钻井常用钢丝绳卡规格型号与安放要求见表5-48。

表5-48 钢丝绳卡规格型号及安放要求

绳卡型号	适用最大钢丝绳直径/mm	使用绳卡/个数	绳卡之间最小距离/mm
Y1-6	6	3	80
Y2-8	8	3	80
Y3-10	10	3	80
Y4-12	12	3	89
Y5-15	15	3	108
Y6-20	20	4	127
Y7-22	22	4	140
Y8-25	25	5	165
Y9-28	28	5	184
Y10-32	32	6	203
Y11-40	40	7	241
Y12-45	45	8	250
Y13-50	50	8	250

(二)白棕绳

钻井常用白棕绳规格见表5－49。

表5－49　钻井常用白棕绳尺寸及长度

使用部位	白棕绳		说明
	直径/mm	长度/m	
高悬毛头绳	50.8	45	白棕绳也叫马尼拉绳，由蓖麻或龙舌兰麻制成。良好的棕绳成银白色或淡黄色，有光泽，拉力极好、耐摩擦，且柔软、遇水膨胀小，耐水侵蚀，长期浸在水中或干湿交替也不会腐烂
大钳毛头绳	38.1～50.8	8～9	
大门绷绳	50.8	45	
	38.1～50.8	8～9	
备注	目前正逐步淘汰使用		

四、钻井常用皮带及链条

(一)三角皮带

1. 普通三角皮带

钻井常用三角带规格型号见表5－50。

表5－50　普通三角带型号及规范

三角带内周长度/mm	各型三角带的计算长度/mm						
	O	A	B	C	D	E	F
450	469						
500	519						
560	579	585					
630	649	655	663				
710	729	735	743				
800	819	825	833				
900	919	925	933				
1000	1019	1025	1033				
1120	1139	1145	1153				
1250	1269	1275	1283	1294			
1400	1419	1425	1433	1444			
1600	1619	1625	1633	1644			
1800	1819	1825	1833	1844			
2000	2019	2025	2033	2044			
2240	2259	2265	2273	2284			
2500	2519	2525	2533	2544			
2800		2825	2833	2844			
3150		3175	3183	3194	3210		
3550		3575	3583	3594	3610		

续表

三角带内周长度/mm	各型三角带的计算长度/mm						
	O	A	B	C	D	E	F
4000		4025	4033	4044	4060		
4500			4533	4544	4560	4574	
5000			5033	5044	5060	5074	
5600			5633	5644	5660	5674	
6300			6333	6344	6360	6374	6395
7100				7144	7160	7174	7195
8000				8044	8060	8074	8095
9000				9044	9060	9074	9095
10000					10060	10074	10095
11200					11260	11274	11295
12500						12574	12595
14000						14074	14095
16000						16074	16095

钻井常用各型三角带参考重量见表 5－51。

表 5－51　各型三角带折算系数及参考重量

型别	O	A	B	C	D	E	F
折算系数	0.54	1.00	1.69	2.94	5.75	8.84	13.39
参考重量	0.07	0.11	0.19	0.30	0.60	0.90	1.50
备注	编制物资计划时，应采用复式计量单位—根/A 米。 其中：A 米 = 内周长(mm) × 折算系数						

钻井常用各型三角带断面尺寸见表 5－52。

表 5－52　普通三角皮带型号及断面尺寸

甲种三角带				乙种三角带			
型号	断面规格			型号	断面规格		
	上底宽度 a	高度 b	角度		上底宽度 a	高度 b	角度
	mm	mm			mm	mm	
O	10	6	40°	A	12.7	8.7	40°
A	13	8	40°	B	16.5	11	40°
B(B)	17	10.5	40°	C	22	13.5	40°
C(B)	22	13.5	40°	D	31.5	19	40°
D(r)	32	19	40°	E	38	25.4	40°
E(Д)	38	23.5	40°				
F(E)	50	30	40°				

钻井常用各型三角带适用情况见表5－53。

表5－53 普通三角皮带适用情况

传递功率		选用皮带型号	备注
马力/hp	千瓦/kW		
0.5～1.0	0.38～0.75	O	
1.0～2.9	0.75～2.20	O A	
2.9～5.0	2.20～3.75	O A B	
5.0～10.1	3.757.60	O A B	
10.1～26.8	7.60～20.1	B C	
26.8～53.6	20.1～40.2	C D	
53.6～100.5	40.2～75.4	D E	
100.5～201	75.4～150.8	E F	
201以上	150.8以上	F	

2. 联组窄型三角带(窄"V"带)

联组窄型三角带规格型号与常见用途见表5－54。

表5－54 联组窄型三角带规格型号与用途

型号	长度/m	用量	用途
4/8V－2500	2.5	每次一组	并车传动
4/8V－4500	4.5		泵传动
5V4L－6350	6.35		抽油机传动
8V3L－7100	7.10		柴油机传动
8V4L－7620	7.62		柴油机传动

(二)国内几种常见钻机常用传动胶带

国内钻机常用传动胶带规格见表5－55。

表5－55 国内几种常见钻机常用传动胶带规格

钻机型号	名称规格	单位	数量	安装部位
大庆Ⅱ－130钻机	三角胶带E6700	根	31	并车传动
	三角胶带E10160	根	32	泵传动
	三角胶带C4250	根	4	空气压缩机
ZJ32J钻机	联组窄型三角带4/8V2500	根	8	并车传动
	联组窄型三角带4/8V4500	根	8	钻井泵传动
	三角胶带C2500	根	8	空气压缩机
ZJ45D钻机	尼龙三角带E10160	根	32	钻井泵
	三角胶带D3124	根	6	空气压缩机
	三角胶带C3150	根	10	泥浆泵灌注泵
	三角胶带B2000	根	3	空气包充气压缩机
	三角胶带A3150	根	4	泥浆泵喷淋泵

续表

钻机型号	名称规格	单位	数量	安装部位
ZJ45J 钻机	三角胶带 E6700	根	40	并车传动
	三角胶带 E10160	根	32	泥浆泵
	三角胶带 D3550	根	8	空气压缩机
	三角胶带 C3150	根	10	泥浆泵灌注泵
	三角胶带 C3150	根	4	泥浆泵喷淋泵
F320－3DH 钻机	三角胶带 C2360	根	5	自动压风机
	三角胶带 A1500	根	各 2	自动、电动压风机
	三角胶带 A2100	根	15	变矩器风扇皮带

（三）链条

钻机常用链条型号见表 5－56。

表 5－56　钻机常用链条型号、尺寸及节数

钻机类型	安装部位	链条型号	需要节数	执行标准
大庆 130 Ⅰ Ⅱ型	绞车传动链条	TG508A3	194/152	SY/T 5609—99
	转盘传动链条	TG508A2	158/160	
	绞车内全部传动链条	TG508A2	532	
	1 号联动机组链条传动箱	TG508A2	52	
ZJ45	爬台、绞车输入	TG508A3	520	SY/T 5609—99
	绞车、带转盘	TG508A3	196	
	绞车、带转盘	TG508A3	86	
	绞车、带转盘	TG159A3	106	
ZJ45J	传动链条箱	28S－8	526	SY/T 5609—99
	主绞车	32S－3	288	
	主绞车、猫头绞车	32S－2	478	
	传动链条箱、主绞车	08B－2	446	
ZJ50J	绞车	160－2×80	80	SY/T 5595—1997
		160－3×288	288	
	传动链条箱	140－8×446	446	
ZJ50D	绞车（带翻转箱）	120－4×134	134	SY/T 5595—1997
		160－2×296	296	
		160－2×208	208	

续表

钻机类型	安装部位	链条型号	需要节数	执行标准
ZJ70L	绞车	140－8×140		SY/T 5595—1997
		160－4×368		
	传动链箱	160－2×86		
		140－8×538		
	中间轴－猫头轴传动	325－2×88	88	GB 363883
	滚筒轴－转盘中间轴传动	325－2×82	82	
	转盘中间轴－转盘传动轴传动	32S－2×54	54	
	转盘传动轴－转盘驱动轴传动	32S－2×86	86	
	中间轴－滚筒轴(高速)	325－4×104	104	
	中间轴－滚筒轴(低速)	325－4×124	124	
	输入轴－中间轴传动(高速)	24S－6×78	78	
	输入轴－中间轴传动(低速)	24S－6×68	68	
	齿轮油泵传动	08B－2×122	122	GB 1243.1－83

五、钻井常用胶管、玻璃钢管及橡胶密封圈

(一)胶管、玻璃钢管

钻井常用胶管、玻璃钢管规格型号见表5－57。

表5－57　钻井常用胶管、玻璃钢管规格型号

类型	规格	计量单位	备注
耐压胶管	13×5×20	条	
	19×5×20	条	
	25×5×20	条	
埋吸胶管	75×6×9	条	
	102×6×9	条	
	150×7×9	条	
高压胶管	76×35×19.5	条	
	51×35×3	条	
氧气胶管	10×2×30	条	
乙炔胶管	10×1×30	条	
玻璃钢复合管	ϕ114×45	条	

(二)橡胶密封圈

钻井设备常用橡胶密封圈性能见表5－58。

表 5－58　橡胶密封圈性能

项目	胶料组别													
	Ⅰ组耐油胶料				Ⅱ组普通胶料				Ⅲ组耐热胶料			耐酸碱胶料		
	Ⅰ－1	Ⅰ－2	Ⅰ－3	Ⅰ－4	Ⅱ－1	Ⅱ－2	Ⅱ－3	Ⅱ－4	Ⅲ－1	Ⅲ－2	Ⅲ－3	Ⅳ－1	Ⅳ－2	Ⅳ－3
	硬度范围													
	低	中	高	高	低	中	高	高	低	中	高	低	中	高
胶料特性	耐油				具有较高扯断力和弹性及缓冲减震等特性				耐热			耐酸碱		
工作温度	－25～80℃		－20～80℃		－40～80℃		－35～80℃		－20～120℃			－20～60℃		
工作介质	润滑油、燃料油、液压油等				空气、水、制动液等				水、空气			20%以下硫酸、盐酸、氢氧化钠、氢氧化钾		

六、钻井设备配件类消耗物资

钻井设备配件类消耗物资列举见表 5－59。

表 5－59　设备配件类消耗物资

	类型		规格/计量单位	备注
设备配件类消耗物资	1. 钻机配件			
	2. 柴油机配件			
	3. 发电机配件			
	4. 泥浆泵配件			
	5. 冬防保温设备及配件			如：锅炉及配件、电加热器及伴热带等
	6. 混流泵及配件			
	7. 离心泵及配件			
	8. 潜水泵及配件			
	9. 各种工具仪器及相应配件			如：液压大钳、气动卡瓦及配件
	10. 各种配套电机及配件			
	11. 固控配套设备及配件	旋流分离器及配件		
		除砂器及配件		
		清洁器及配件		
		砂泵及配件		
		振动筛及配件		如：振动筛网
		其它辅助设备及配件		
	12. 其它配套设备相应配件			如：小翻斗车、电焊机等设备配件

七、钻井生产消耗的其它类物资

钻井生产其它类消耗物资列举见表 5－60。

表 5-60　其它消耗物资

	类型			备注
其他消耗材料	1. 电气焊工具及材料	(1)焊把线		
		(2)焊钳		
		(3)电焊面罩		
		(4)滤光玻璃		
		(5)气焊炬	射吸式	
			等压式	
		(6)气割矩	射吸式	
			等压式	
		(7)焊条　焊丝等焊料		
		(8)氧气　乙炔气		
		(9)其他电气焊工具及材料		
	2. 消防类消耗物资	(1)灭火器		
		(2)消防斧		
		(3)消防锹		
		(4)消防扒钩		
		(5)消防沙		
		(6)其他消防灭火配备物资		
	3. 劳动保护用品			
	4. 油漆类制品及喷刷工具			
	5. 五金电料			如：照明消耗物品
	6. 杂品			如：扫把、棉纱、刷子等杂品

第六章　石油钻井工程 HSE 管理

第一节　石油钻井工程 HSE 管理概述

一、HSE 概念

HSE(Health—健康、Safety—安全、Environment—环境)管理是指对企业的生产经营活动实施全员、全过程、全方位的健康、安全与环境管理，其基本任务是保障企业员工和公众的人身健康与安全，保护生态环境，实现安全生产，促进企业与社会的和谐与可持续发展。

HSE 管理体系是国际石油石化行业通用的主要管理方法，它通过科学的事前风险预防，有效控制各类事故的发生，是杜绝事故，防治环境污染，保护员工及公众健康，创造良好经济效益、社会效益和环境效益的最佳方法之一。

健康、安全与环境管理工作受到越来越广泛的关注和重视。保护员工健康、安全，保护生态环境，是企业应尽的责任和义务，更是参与市场竞争的评估标准和必要条件。

二、石油钻井作业 HSE 风险特征

石油钻井是油气勘探、开发生产的重要一环，是一个高风险的行业。在整个钻井作业过程中，都存在对健康、安全与环境危害的影响因素。

钻井作业 HSE 风险特征主要表现在：钻井作业不同的施工阶段以及采用的不同的钻井工艺对健康、安全和环境的影响，存在的危害和风险因素各不相同；且作业场所的流动性，不同地域的环境、自然气候条件不同，其危害和风险的影响因素也不尽相同。钻井施工过程中不仅存在着常规的着火、爆炸、电击、运输事故、有害材料、化学试剂、工作环境等健康、安全和环境的危害因素，而且还存在设备伤害、污水和钻井液、硫化氢等对健康、安全和环境的影响，其产生的危害多种多样。例如，发生设备伤害往往是突发性的；工作环境的影响是固有性的；人身伤害、环境污染等事故的影响和后果是长久性的，甚至是灾难性的后果和影响。

2010 年 4 月，英国石油公司(BP)租用的“深水地平线”号钻井平台在美国墨西哥湾水域进行石油钻探时，因井喷失控起火爆炸，致 11 人当场死亡。

2009 年 9 月，曾在墨西哥湾泰伯油田钻出世界上最深的深水海洋油井，被誉为业内翘楚、当今世界最先进的海上钻探平台之一的“深水地平线”号钻井平台，在爆炸燃烧后沉没。每天有数万桶的原油从井口泄入大海。震惊世界的“墨西哥湾漏油事件”酿成了一场史无前例的环境灾难、生态灾难、经济灾难……

不可置否的是，墨西哥湾漏油事件的带来的经济损失巨大，造成的灾害和影响程度难以估量，其恢复成本、恢复效果和恢复周期难以预想。值得一提的是，许多物种可能因此灭绝，包括当今尚未被人类所认知的那些物种，它们可能在还没有被人类发现之前便因此遭受

了灭绝之灾……

在此震惊世界的"墨西哥湾漏油"事件发生前，"埃克森·瓦尔迪兹号"油轮在美国阿拉斯加湾的漏油曾被称为"美国历史上最为严重的环境污染"。1989 年发生的"埃克森·瓦尔迪兹号"油轮漏油事件，其漏油总量相当于"深水地平线"钻井平台 4 天的泄漏量，但该事件却造成了阿拉斯加湾生态环境的毁灭性灾害：2100km 海岸线遭受污染，25 万只海鸟、近 4000 只海獭、300 只斑海豹、250 只白头海雕以及 22 只虎鲸死亡；由于大马哈鱼和鲱鱼产卵区遭受原油污染，直接导致此前一度繁荣的鲱鱼产业濒临破产。该原油泄漏事件造成阿拉斯加地区捕捞业损失近 200 亿美元、旅游业损失近 190 亿美元，而漏油事件对生态造成的破坏则是难以用金钱衡量的。2001 年由美国国家海洋和大气管理局（NOAA）资助的科学研究表明，即使过去十余年，事发地"威廉王子港"的海岸上仍残存着原油，在基奈半岛和卡特迈国家公园，原油污染已经扩散到 450mi 远的地方。原油降解的速率不过每年 4% 左右，因此原油污染的彻底清除需要花费几十年甚至一个世纪的时间。而这期间，虽然像苯、甲苯这样的单环烃类可能挥发掉，但是更具毒性的多环芳烃类物质却基本保持着和泄漏事故发生之初相同的水平。《科学》杂志 2003 年刊发的综述认为，该事件对生态环境的长期破坏超出人们的预想。生态毒理学的研究表明，原油泄漏不仅直接导致藻类、无脊椎动物、海鸟、哺乳动物的急性死亡，而且污染海域动物体内细胞色素 P450 酶的水平严重超标，这表明原油泄漏后残存的有毒物质将长期处于亚致死量水平，依旧严重危害着这一区域的生态环境。

三、HSE 管理体系的建立

20 世纪 90 年代，西方一些大石油公司从行为分析和危害管理的理论入手，把"以人为本、线性管理、风险控制、持续发展"的 HSE 指导思想融入到企业的管理运行之中，联手开发制订出了一套科学、完整、规范的 HSE 管理体系，并逐步被各国石油公司所接受，被公认为国际石油界健康、安全与环境管理共同遵守的规则，亦为参与市场竞争而必需的准入前提资格。

第二节　石油钻井工程 HSE 管理范畴

石油钻井工程 HSE 管理范畴包括石油钻井安全生产管理、环境保护管理和 HSE 管理的监督检查等三个方面。其中，安全生产管理又包括安全生产和劳动保护两个方面，前者强调在组织生产的同时必须保证人员的健康、安全和企业的财产不受损失；后者属于劳动者权益的范畴，强调企业必须为劳动者提供人身安全和身心健康保证，二者统属于安全生产管理。

一、安全生产

（一）安全生产管理的重要意义

企业是工业化社会的基本构成单元。实现安全生产，不仅是企业持续有效发展的内在要求，而且是企业应尽的社会责任。企业内部安全生产状况及其和谐稳定程度，直接影响着社会生活稳定，作用于构建和谐社会的历史进程。企业必须要依法履行安全生产的责任和义务，切实保障员工生命安全和身体健康，任何企业都不得以非法增加劳动强度甚至以牺牲员工的安全和健康为代价来换取经济利益。企业必须要强化责任主体意识，必须始终把安全生产作为根本任务和基本职责，确保安全生产，让安全为和谐加码。

作好安全生产工作是企业生存发展的根本内在要求。作好安全生产管理，必须从树立和落实以人为本、全面和谐协调发展的科学发展观上认识和把握安全生产工作的基本任务，积极推进安全生产理论、监管体制和机制、监管方式和手段、安全科技、安全文化等方面的创新，加快实现安全生产工作五个方面的转变：一是要推进安全生产工作从人治向法治转变，依法规范，依法监管，建立和完善安全生产法制秩序；二是要推进安全生产工作从被动防范向源头管理转变，建立安全生产行政许可制度，严格市场准入，防止不具备安全生产条件的单位进入生产领域；三是要推进安全生产工作从集中开展安全生产专项整治向规范化、制度化、经常化管理转变，建立安全生产长效管理机制；四是要推进安全生产工作从事后查处向强化安全基础管理的转变，在各类企业普遍开展安全质量标准化活动，夯实安全生产工作基础；五是要推进安全生产工作从以控制伤亡事故为主向全面做好职业健康工作的转变，把员工的安全健康放在第一位。通过这五个转变，把安全生产工作提高到一个新的水平。

作好安全生产管理，应当构建“政府统一领导、部门依法监管、企业全面负责、群众参与监督、全社会广泛支持”的安全生产工作格局，实现安全生产的长治久安。各级政府应当把安全生产纳入重要日常日程，形成强有力的安全生产工作组织领导和约束激励机制；加快地方各级安全生产监管机构和队伍建设，尽快形成责权明确、行为规范、监督有效、保障有力的安全生产监管体系。强化企业安全生产责任主体地位，所有企业必须自觉执行《安全生产法》关于生产经营单位安全保障的各项规定，健全完善安全生产各项规章制度，依法保证必需的安全投入。加强安全质量管理，规范安全生产行为。动员和组织广大员工广泛开展群众性的安全生产活动，并通过大力发展安全文化事业，加强宣传教育，在全社会营造“关爱生命、关注安全”的良好文化氛围。

安全生产重在落实。各级责任部门和有关人员要切实把安全生产工作抓实、抓细、抓出成效，真正做到“为之于未有，治之于未乱，防患于未然”。

安全生产管理要求建立并实现职业安全健康方针和目标所需要的一系列相互联系和互相作用的要素，包括为制定、实施、实现、评审和保持职业安全健康方针所需要的组织机构、计划活动、职责、惯例、程序、过程和资源。安全生产管理要求企业确立职业安全健康方针，体现企业实现风险控制的总要求和基本目标。安全生产管理要求企业组织危险源辨识、风险评价并进行风险控制，明确内部管理机构和成员的管理职责，作好安全生产管理教育，组织安全生产管理信息交流，并实行必要的文件化及文件控制，确保安全生产管理体系持续、适用、充分、有效。

（二）安全生产管理法律法规体系

安全生产管理法律法规体系包括五个层次：

第一层次，国家基础法和一般法。包括：《宪法》、《刑法》、《民法通则》、《安全生产法》、《标准法》、《消防法》、《劳动法》、《工会法》等。

第二层次，国家安全专业综合法规。例如：《职业病防治法》、《道路交通安全法》、《化学危险品安全管理条理》、我国批准遵守的国际劳工公约等。

第三层次，国家安全技术法规。例如：有关石油天然气钻井安全生产、电器安全、机械安全、压力容器安全、防火防爆、职业卫生、劳动保护等方面的国家标准。

第四层次，行业、地方法规。例如：石油钻井安全技术操作规程、石油钻井装备迁装安全技术要求、爆炸危险场所安全规定、石油行业技术规范标准、省(市)劳动保护条例等。

第五层次，企业安全操作规程、岗位技术操作规程、作业标准、各种企业标准、企业制订的安全生产、安全责任规章制度等。

二、劳动保护与医疗保健

保护每位员工的身体健康是钻井承包商应尽的责任和义务。所有钻井施工人员必须配备必要的劳动保护设施、用品和用具，并遵守相关规定。施工所在国(地区)或当地政府或业主另有特殊要求或规定的，应从其规定遵照执行。

(一)个人保护的基本要求

根据安全生产和防止职业性危害的需要，按照不同工种、不同劳动环境和条件，发放给员工具有不同防护功能的防护品。

员工个人的劳动保护包括头部防护、手部防护、足部防护、面部防护、视觉视力保护、听觉听力保护、呼吸器官保护、躯干防护、高空作业防护等环节，以及使用各种专用护肤、清洁洗涤、防暑、防冻、驱毒虫等特种护品的防护。

发放劳动防护品是实现安全生产的一项预防性保护措施，任何单位和个人不得随意变更劳动防护品的发放范围和标准，更不得任意降低劳动防护品的配备标准。

工作人员进入工作区后，不得佩戴可能被钩住、挂住造成伤害的饰品或其他物品。

工作人员的头发和胡须如果存在可能会引发伤害的潜在危险，则应进行必要的梳理或盘扎。头发和胡须不得妨碍头部、面部、眼睛及防护用品的有效功能。

(二)劳动防护用品的采购与检验

员工个人劳动防护品应当按批准计划统一订购，分级发放。供货厂商的市场准入资质由安全生产管理部门、技术质量监督部门验证审定。

采购国家规定并实行定点经营的特种劳动防护品，必须具有有关部门颁发的工业产品许可证及劳动防护用品检验机构颁发的产品安全鉴定证，暂没有国家标准的产品须具有相关部门颁发的产品检验合格证。

(三)劳动防护用品的发放管理要求

凡按规定享受劳动防护用品的人员，都要建立“员工个人防护用品基础卡片”。

对安全性能要求较高、正常工作时一般不容易损坏的劳动防护用品，如安全帽、护目镜、面罩、呼吸器、绝缘鞋、绝缘手套等，应按有效防护功能最低指标和有效使用期的要求，届时进行强制定检、强制报废和强制更新。

(四)钻井作业施工现场医疗急救常识

1. 急救范围

钻井作业施工现场必须依据钻井施工地域、季节特点和作业者的要求，配备相应的急救器材和药品。

急救范围包括但不限于以下方面：流血；昏迷；呼吸暂停；溺水；烧烫伤；外伤缝合；骨伤固定；触电；食物中毒；急性传染病；眼内异物；动物、昆虫的咬伤、蛰伤；硫化氢中毒；高寒冻伤；高温中暑；酸、碱或其他化学药品灼伤等。

2. 钻井作业施工现场可能发生的伤病

钻井作业施工现场可能发生的急救情况见表 6－1。

表 6－1　钻井作业施工现场可能发生的急救情况列表

<table>
<tr><th>序号</th><th colspan="3">钻井作业施工现场应熟知掌握的可能发生的急救情况</th><th>备注</th></tr>
<tr><td>1</td><td colspan="3">发热</td><td></td></tr>
<tr><td rowspan="4">2</td><td rowspan="4">疼痛</td><td colspan="2">头疼</td><td></td></tr>
<tr><td colspan="2">胸痛</td><td></td></tr>
<tr><td colspan="2">腹痛</td><td></td></tr>
<tr><td colspan="2">其他部位疼痛</td><td></td></tr>
<tr><td>3</td><td colspan="3">呼吸困难</td><td></td></tr>
<tr><td rowspan="4">4</td><td rowspan="4">出血</td><td colspan="2">咯血</td><td></td></tr>
<tr><td colspan="2">呕血</td><td></td></tr>
<tr><td colspan="2">鼻出血</td><td></td></tr>
<tr><td colspan="2">外伤出血</td><td></td></tr>
<tr><td>5</td><td colspan="3">晕厥</td><td></td></tr>
<tr><td>6</td><td colspan="3">抽搐与惊厥</td><td></td></tr>
<tr><td>7</td><td colspan="3">昏迷</td><td></td></tr>
<tr><td>8</td><td colspan="3">休克</td><td></td></tr>
<tr><td rowspan="4">9</td><td rowspan="4">烧伤</td><td colspan="2">热力烧伤</td><td></td></tr>
<tr><td rowspan="2">电烧伤</td><td>电弧引起的热烧伤</td><td></td></tr>
<tr><td>电接触烧伤</td><td></td></tr>
<tr><td colspan="2">化学烧伤</td><td></td></tr>
<tr><td>10</td><td colspan="3">中暑</td><td></td></tr>
<tr><td>11</td><td colspan="3">电击</td><td></td></tr>
<tr><td>12</td><td colspan="3">眼内异物</td><td></td></tr>
<tr><td>13</td><td colspan="3">冻伤</td><td></td></tr>
<tr><td>14</td><td colspan="3">毒虫咬伤</td><td></td></tr>
<tr><td>15</td><td colspan="3">淹溺</td><td></td></tr>
<tr><td>16</td><td colspan="3">中毒</td><td></td></tr>
<tr><td>17</td><td colspan="3">多发伤</td><td></td></tr>
<tr><td>18</td><td colspan="3">硫化氢中毒</td><td></td></tr>
<tr><td>19</td><td colspan="3">伤病员转运及途中救护</td><td></td></tr>
</table>

（五）医护设施配备与保健制度

1. 医护设施的配备

钻井作业施工现场大多在交通或通讯极为不便的地区，钻井作业施工现场应当配备现场常用的必备药品及少量必要的限制药品。有条件情况下或必要时应配备救护车、担架、夹板、保温褥垫、颈圈、简易输氧设备、输血设备、急救包、绷带、急救药箱、洗眼架等医疗器械和必要的医护人员。

医疗设施器械及必备药品必须由专人统一管理。

2. 保健制度

主要包括：

①员工健康合格证制度；

②饮食饮水卫生管理制度；

③消杀卫生管理制度；

④预防放射性伤害管理制度；

⑤其他卫生防疫制度。

三、环境保护

（一）石油工业环境保护的重要意义

发展石油工业，石油公司应当以人类与自然的和谐可持续发展为宗旨。对于石油这一宝贵的自然资源，应当采用先进的生产工艺技术实现良性合理的开采。应当遵守环境保护的法律法规，保证在世界任何地方和任何领域，对环境保护的态度始终如一。以关爱生命、关注环境、关心公众为经营理念，把推动安全清洁生产贯穿于生产的全过程，把生态环境作为实际管理、投入环境的安全评估和清洁安全生产的公众监督，努力减少污染物的排放，以科学的环境管理、优质的环境技术和最低的环境风险，创造能源与环境的和谐统一。这是石油公司对大自然和人类应尽的一份义不容辞的责任，更是石油企业努力追求而为之长期奋斗的目标。人的主动性以及创造精神决定了人类在遵从自然规律、顺应自然变迁的同时，能够能动地改变自然，优化人类的生存环境。对客观事件的改造正是人类的伟大之处，石油企业应当为将自然界改善得更加壮美和更加适应人类生存、发展作出积极主动的贡献。必须严格执行有关环境保护、安全生产的法律法规，把创造能源与环境的和谐作为自身经营与发展的信条和宗旨，坚持科学发展观，为了生存而自觉地保护环境，为了更好地生存和持续发展而积极地改造环境，把维护与改善发展作业所在地和周边社会的自然环境作为自身义务，把自己融于社会之中和企业的发展与当地的繁荣进步之中，积极营造油气生产企业和当地自然、社会环境的共欣共荣。

（二）环境保护管理的含义与内容

环境保护管理的含义包含三层意思：

第一，必须对损害、破坏环境质量的人的活动施加影响；

第二，协调发展与环境的关系；

第三，环境保护管理的主要对象是人。

环境保护管理的内容包括环境规划管理、环境质量管理和环境技术管理等三个方面：

环境规划管理主要是根据社会经济的发展趋势以及某一地区的环境现状，预测未来环境的变化，制定提高环境质量、促进社会经济发展的规划以及实施规划的措施和步骤，并根据实际情况不断调整和完善规划。

环境质量管理的主要任务是制定环境质量标准，并组织协调实施和有效监控。

环境技术管理主要是通过制定技术标准、技术规程、技术政策，以及技术发展方向、技术路线和污染防治技术等来协调技术经济发展与环境保护的关系，使得生产技术的发展既能促进经济的不断发展，又能保证环境质量能够得到不断地改善。

（三）环境管理体系标准（ISO14001）简介

1993 年 6 月 ISO 成立了 ISO/TC207 环境管理技术委员会，正式开展环境管理标准制定工作。其宗旨是通过制定和实施一整套环境管理国际标准来减少人类各项活动所造成的环境污染，以实现节约资源，不断改善环境质量，促进社会可持续发展的目的。其核心任务是研究制定 ISO14000 系列标准，规范环境管理的手段，以标准化工作支持可持续发展和环境保护，帮助所有组织约束其环境行为，实现其环境绩效的持续改进。经过 3 年多的努力，1996 年 9 月，ISO14000 系列标准正式出台。ISO 组织共预留了 100 个标准号。已经颁布的标准有：《SO14001 环境管理体系——规范及使用指南》、《ISO14000 环境审核指南—审核程序—环境管理体系审核》、《ISO14020 环境标志与声明—基本原则》、《ISO14040 环境管理—生命周期评价—原则与框架》等。其中 ISO14001 标准是 ISO14000 系列标准中的核心标准。我国于 1996 年开始实施 ISO14000 系列标准，并成立了国家环保总局环境管理体系审核中心，进行 ISO14000 系列标准的宣传、推广和实施工作。

1. ISO14001 的内容

《ISO14001 环境管理体系——规范及使用指南》规定了组织建立、实施并保持环境管理体系的基本模式和基本要素。该标准作为认证性标准，适用于任何类型和规模的组织，具有特殊的地位和作用。

2. 相关术语

①环境。组织运行活动的外部存在，包括空气、水、土地、自然资源、植物、动物、人，以及它们之间的相互关系。在这个意义上，外部存在可以从组织内部延伸到全球系统。

②环境影响。全部或部分由组织的活动、产品或服务给环境造成的任何有益或有害的变化。

③环境因素。一个组织活动、产品或服务中能与环境发生相互作用的要素。重要环境因素是指具有或可能具有重大环境影响的环境因素。

④环境目标。一个组织依据其环境方针规定自己所要实现的总体环境目标，如可行应予以量化。

⑤环境指标。直接来源于环境目标，或为实现环境目标所需要规定并满足的具体的环境绩效要求，它们可适用于组织或其局部，如可行应予以量化。

⑥环境绩效。一个组织基于其环境方针、目标、指标，控制其环境因素所取得的可测量的环境管理体系结果。

⑦持续改进。强化环境管理体系的过程，目的是根据组织的环境方针，改进环境绩效。

⑧污染防治。采用防止、减少或控制污染的各种过程、惯例、材料或产品，可包括再循环、处理、过程更改、控制机制、资源的有效利用和材料替代等。污染预防的潜在利益包括减少有害的环境影响、提高效益和降低成本。

⑨环境管理体系。全面管理体系的一个组成部分，包括制定、实施、评审和保持环境方针所需的组织机构、规划活动、职责惯例、程序、过程和资源。

⑩环境管理体系审核。客观地获取证据并予以评价，以判断一个组织的环境管理体系是否符合该组织所规定的环境管理体系审核准则的一个系统化、并形成文件的验证过程，包括将这一结果呈报给管理者。

3. 标准的基本要求

ISO14001 标准中环境管理体系要求是最核心的内容，它规定了各类组织在建立、实施环境管理体系的最基本要求，它是各类组织获得 ISO14001 认证的必要条件。共分六个方面，包括：总要求、环境方针、策划、实施与运行、检查与纠正措施和管理评审。

（四）环境保护法规与制度

1. 环境保护法律法规体系

目前，我国已基本形成了以《宪法》为基础，以《环境保护法》为主体，由宪法、基本法、单行法、行政法规、地方性法规、标准及其他相关部门法律规范和我国缔结或参加的国际环保公约组成的环境保护法律法规体系。

①宪法。宪法规定："国家保护和改善生活环境和生态环境，防治污染和其他公害"。

②基本法。《环境保护法》确立了经济建设、社会发展和环境保护协调发展的基本方针，规定了各级政府、一切单位和个人保护环境的权利和义务。

③单行法。可概括为三大方面：土地利用规划法如《土地管理法》、《城市规划法》，污染防治法如《清洁生产促进法》、《水污染防治法》、《大气污染防治法》、《固体废物污染环境防治法》、《环境噪声污染防治法》、《海洋环境保护法》、《放射性污染防治法》等，环境资源法如《矿产资源法》、《水法》、《水土保持法》、《森林法》、《草原法》、《渔业法》、《海洋环境保护法》、《野生动物保护法》等。

④行政法规。一类是为防止污染和其他公害而制定的，如《噪声污染防治条例》、《化学危险品安全管理条例》、《水污染防治法实施细则条例》等；另一类是自然资源保护方面的，如《土地管理法实施条例》、《矿产资源勘查区块登记管理办法》、《矿产资源开采登记管理办法》、《探矿权采矿权转让管理办法》、《对外合作开采海洋石油资源条例》、《对外合作开采陆上石油资源条例》、《防治海洋工程建设项目污染损害海洋环境管理条例》、《防治陆源污染损害海洋环境管理条例》、《海洋石油勘探开发环境保护管理条例》、《海洋倾废管理条例》、《海域使用管理办法》、《近岸海域环境功能区管理办法》、《森林法实施条例》、《草原法防火条例》、《自然保护区条例》、《野生植物保护条例》、《野生药材资源保护管理条例》、《风景名胜区管理暂行条例》、《城市绿化条例》等。此外，各有关部门还发布了大量的环境保护行政规章。

⑤地方性法规。适用于某地区的、结合当地（区）具体情况而制定和颁布的各项环境保护的地方性法规。

⑥环境标准。包括环境质量标准、污染物排放标准、环境基础标准、样品标准和方法标准。这些一般都属于强制性标准，例如《环境空气质量标准》、《污水综合排放标准》等。

⑦其他相关部门的法律规范。其他部门涉及环境保护方面的法律规范，例如《节约能源法》、《文物法》等。

⑧国际环境保护公约。我国政府为保护全球环境而签订的国际公约是我国政府承担全球环境保护义务的承诺，如《保护臭氧层维也纳公约》、《生物多样性公约》、《联合国防止荒漠化公约》等。

2. 环境保护的主要管理制度

我国已逐步形成了一系列符合中国国情的环境管理制度。这类制度是我国环境管理政策的具体体现。例如：

①环境影响评价制度。环境影响评价制度是指对拟进行的开发建设活动及其他决策行为可能引起的环境影响进行预测和评估，并据此制订出防治或减少环境污染和破坏的对策和措施的法律规定。它要求在调查研究的基础上，对活动可能引起的环境影响进行预测和评定，并提出环境影响及防治方案的报告，经主管当局批准后方能进行建设实施。其目的主要是通过环境影响评价，在项目实施或决策前了解环境变化的趋势，提出防范对策和措施，以指导建设项目的规划、设计和建设，消除或减少将来可能出现的环境污染和破坏。《环境影响评

价法》已于2003年9月1日正式实施。

②“三同时”制度。要求环境保护设施必须与主体工程同时设计、同时施工、同时投入使用。

③污染限期治理制度。污染限期治理制度是指责令排污者对存在的污染源、污染物、污染区域采取限定治理时间、治理内容和治理效果的强制措施的制度。

④排污申报登记制度。排污申报登记制度规定，凡是排放污染物的单位，必须按规定向环境保护管理部门申报登记污染物排放设施、污染物处理设施和正常作业条件下排放污染物的时间、种类、数量和浓度，并提供有关污染防治的技术资料。

⑤排污收费制度。要求一切排放污染物者应当依照规定和标准缴纳一定的费用。

⑥环境保护许可证制度。环境保护许可证可分为三大类：一是防止环境污染许可证，如排污许可证等；二是防止环境破坏许可证，如林木采伐许可证等；三是整体环境保护许可证，如建设规划许可证等。

（五）石油钻井施工作业必须遵守当地的环境保护规定

例如，Shell公司在我国辽宁盘锦双台子国家自然保护区准备进行一口探井的钻井施工，根据该保护区特殊的环境保护要求，施工前需要对该钻井施工活动进行严格的环境影响评价。根据当地(鸟类保护区)的环境特点，评价单位评估了该项钻井施工活动对鸟类迁徙和栖息以及生态环境的影响程度，提出了控制手段，要求钻井施工活动必须在每年无候鸟迁徙的的月份才能进行。

四、HSE管理的监督检查

HSE管理的监督检查，就是对钻井承包商履行安全生产责任、环境保护义务以及对员工的健康和生命人身安全的保护责任与管理情况进行的监管检查。HSE管理监督检查的直接目标是分析影响被检查单位的安全生产、员工健康和环境保护的因素及其可能产生的影响，明确HSE管理责任，对HSE管理系统的应对性和有效性进行评价，针对发现的问题，对被检查单位的HSE管理工作提出改进措施和建议；其终极目标是实现安全生产、可持续发展以及人与自然的和谐统一。

HSE管理监督检查的内容主要包括：HSE管理机构的设置是否健全、恰当，部门分工及岗位职责是否明确；HSE管理制度设计是否科学、适当、有效；HSE管理制度能否得到严格贯彻落实，运行是否良好，沟通是否及时，反应是否快速灵敏；HSE管理业绩是否良好；针对存在的问题，提出加强和改进HSE管理的整改措施和工作建议。

HSE管理监督检查流程见图6－1：

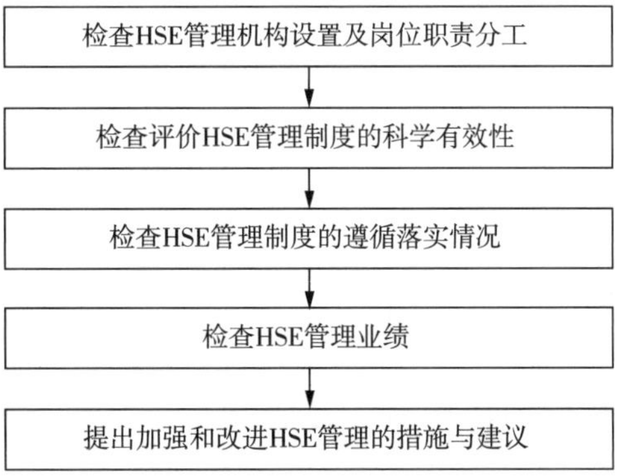

图6－1　HSE管理监督检查流程

第三节　石油钻井作业的主要风险及其危害

一、钻井生产的可能风险

(一)钻井生产主体作业过程中的可能风险

钻井生产主体作业过程中的可能风险主要表现在：

①井喷及井喷失控；

②火灾及爆炸；

③高空作业人员坠落；

④高空物品坠落；

⑤起吊重物坠落；

⑥物体打击；

⑦机械伤害；

⑧触电伤害；

⑨食物中毒；

⑩化学品或其他有害物质中毒；

⑪硫化氢中毒；

⑫噪声伤害；

⑬交通事故；

⑭恶劣气候或大自然灾害等不可抗力造成的危害；

⑮环境污染；

⑯海上钻井作业风险；

⑰疾病；

⑱社会环境风险，如战争、骚乱、不法分子侵袭等；

⑲其他可能的危害及风险因素。

(二)钻井生产协作配合工程可能的作业风险

钻井生产协作配合工程相关可能的作业风险主要有：

①测井作业可能的风险，如放射性伤害、测井仪器设施落井风险；

②录井作业可能的风险，如天然气样标瓶泄漏可能造成的火灾爆炸、使用三氯甲烷等有毒物料可能造成的中毒危险、使用强酸性物质可能造成的灼伤等；

③定向作业可能的风险，如测斜绞车伤人、定向工具仪器落井危险；

④固井作业可能的风险，如高压管汇泄漏、严重窜槽、未封固住高压油气水层发生井喷的危险；

⑤试油试气作业可能的风险，如管线爆裂、接头泄漏、井口采油(气)树刺漏、压爆等；

⑥相关作业产生的废水、废渣、废气对环境的污染。

二、钻井作业可能产生的特定危害及影响

钻井作业可能产生的特定危害大致可以归纳为两种类型：其一，表现为重大或灾难性损失，造成人员伤亡、多个设施损坏和严重的环境破坏、财产损失或企业声誉受挫；其二，表

现为现场工作秩序管理混乱，例如发生工程事故增加作业时间以及其他各种导致财产或环境损害的事件。

钻井作业危害和影响的确定，应当根据钻井工艺的特点，从钻井生产的各个阶段和不同工艺环节来识别对健康、安全和环境的危害和影响。

钻井作业可能的特定危害和影响见表6－2。

表6－2　钻井作业的特定危害和影响(例举)

施工项目	主要危害	主要影响
修建井场	破坏植被	生态环境
修建海上钻井平台	造成海洋环境局部破坏	珊瑚礁和海洋生物
钻进	钻井设备产生噪声污染	人和动物的正常生活
起钻	井喷(潜在)	威胁生命及财产安全
下钻	井漏(潜在)	污染地下水源
井口操作	落物及意外事故	危害人身安全
井喷失控	着火(潜在)	威胁生命及财产安全、污染环境
硫化氢溢出	毒性、着火、爆炸	威胁生命及财产安全、污染环境
钻井液处理剂及原材料	粉尘、毒性、腐蚀	危害人体健康
钻井液及作业污水	破坏环境	影响井场周围农作物、植物生长，污染地下水
固井作业	水泥失重诱发井喷	威胁人身及财产安全
测井作业	放射源泄漏、遗失(潜在)	污染环境、危害生命
试油/试气作业	油气水溢出、火灾	污染环境、威胁人身及财产安全
排出的钻屑及废浆	破坏环境	环境污染
设备维护、保养	产生废弃物、油污	环境污染
营地	产生生活垃圾	环境污染
井场周围干燥植被着火	火灾	危害人身及财产安全、影响栖息动物

第四节　石油钻井作业HSE风险分级与控制目标

一、石油钻井作业HSE风险分级

根据对人、财、环境和企业声誉的危害及影响程度，钻井作业HSE风险影响可分为6级。其中：

(一)对人的影响

人员伤亡情况：0级——无伤害；1级——轻微伤害；2级——较轻伤害；3级——重大伤害；4级——1人死亡；5级——多人死亡。

钻井作业HSE风险对人的影响分级定义见表6－3。

表 6-3　钻井作业 HSE 风险对人的影响

潜在影响		定义
0	没有伤害	对健康没有伤害
1	轻微伤害	对个人继续受雇和完成目前劳动没有损害
2	小伤害	对完成目前工作有影响，如某些行动不便或需要一周以内才能恢复
3	重大伤害	导致对个人某些工作能力的永久丧失或需要经过长期恢复才能工作
4	单独伤害	个人永久丧失全部工作能力，也包括与事件紧密联系的多种灾难的可能(最多 3 个)
5	多种灾害	包括 4 种与事件密切联系的灾害或不同地点、不同活动下发生的多种灾害(4 个以上)

（二）对财产和环境的影响

财产损失和环境影响：0 级——无；1 级——轻微；2 级——较轻；3 级——局部；4 级——重大；5 级——巨大。

1. 对财产的影响

钻井作业 HSE 风险对财产的影响分级定义见表 6-4。

表 6-4　钻井作业 HSE 风险对财产的影响

潜在影响		定义
0	无损坏	对设备没有损坏
1	轻微损坏	对使用没有妨碍，只需少量的修理费用(估计修理费用低于 1 万元人民币)
2	小损坏	给操作带来轻度不便，需要停工修理(估计修理费用低于 30 万元人民币)
3	局部损坏	装置倾倒，经大修理可以重新开始工作(估计修理费用低于 100 万元人民币)
4	严重损坏	装置部分丧失，停工(停工至少 2 周或估计修理费用低于 500 万元人民币)
5	特大损坏	装置全部丧失，广泛损失(估计修理费用超过 1000 万元人民币)

2. 对环境的影响

钻井作业 HSE 风险对环境的影响分级定义见表 6-5。

表 6-5　钻井作业 HSE 风险对环境的影响

潜在影响		定义
0	无影响	没有环境风险
1	轻微影响	破坏井场周围的环境
2	小影响	破坏足以影响环境，单项指标超过基本的或预定标准
3	局部影响	已知的有毒物质有限地排放，多项指标超过基本的或预定的标准，并漏出了井场范围
4	严重影响	严重破坏环境，承包商或业主被责令把污染的环境恢复到污染前的水平
5	巨大影响	对环境的持续严重破坏或扩散到很大的区域，持续突破预先规定的环境界限

（二）对企业声誉的影响

企业声誉受损：0 级——无；1 级——轻微；2 级——有限；3 级——相当大；4 级——国内；5 级——国际。

钻井作业 HSE 风险对企业声誉的影响分级定义见表 6-6。

表 6－6　钻井作业 HSE 风险对企业声誉的影响

潜在影响		定义
0	无影响	没有公众反应
1	轻度影响	公众对事件有反应，但是没有公众表示关注
2	有限影响	一些当地公众表示关注，受到一些指责；一些媒体有报道和政策上的重视
3	很大影响	引起整个区域公众的关注；受到大量的指责，当地媒体的大量负面报道；地区或国家政策的可能限制措施以及许可证使用影响；引发公众集会、抗议
4	国内影响	引发国内公众反应；受到持续不断地指责，国家级媒体的大量负面报道；地区或国家政策的可能限制措施以及许可证使用影响；引发公众集会、抗议
5	国际影响	引发国际影响和国际关注；国际媒体大量负面报道，国际或国内政策上的关注；可能对进入新的地区得到许可证或税务政策上的不利；感受公众巨大压力；对承包商或业主在其他国家的经营产生不利影响

二、石油钻井作业 HSE 风险控制目标

钻井队(平台)应当根据其管理当局制订的 HSE 管理方针和控制目标，结合钻井活动所在的具体区域和钻井工艺要求，制订切合实际的、具体的 HSE 风险控制目标，使 HSE 风险管理工作贯穿于整个钻井施工过程中，以安全的、环境上可接受的要求进行钻井作业，将各种风险降至最低程度。

钻井作业 HSE 管理目标包括总体目标和具体目标两部分，前者为原则性目标，后者为具体的、可量化的目标。

(一)石油钻井作业 HSE 风险控制总体目标

①经常对员工进行健康、安全和环境保护方面的宣传、教育和培训，不断提高员工的健康、安全与环境保护的意识与水平；

②将健康、安全与环境保护管理工作贯穿于钻井施工的全过程，将各种风险降低至最低程度；

③创造安全健康的工作环境，确保每位员工的健康与安全；

④杜绝或尽可能减少环境污染，保护生态环境，把钻井作业中对环境的影响降低到最小程度；

⑤努力实现钻井生产零事故、零污染的管理目标。

(二)石油钻井作业 HSE 风险控制具体目标

钻井队(平台)根据总体目标，结合一口井的生产实际，要制订具体的、可达到或应达到的健康、安全和环境保护目标。例如：

①坚决杜绝重大人身伤亡事故；

②坚决杜绝井喷及井喷失控事故；

③坚决杜绝重大环境污染事故；

④坚决杜绝火灾、爆炸事故；

⑤坚决杜绝设备伤害事故；

⑥努力降低影响安全生产不利因素的发生率；

⑦污染治理；

⑧员工体检合格率；

⑨员工 HSE 培训合格率；

⑩其他具体目标。

第五节 石油钻井作业 HSE 应急反应计划

石油钻井作业过程中各种应急事件随时都有可能发生。石油钻井作业必须根据项目调查、风险识别，对在整个施工作业过程中有可能发生的一切应急事件，制定出详细周密的应急计划(应急预案)，应对可能随时发生的应急事件，以有效控制和降低应急事件带来的危害和影响，阻止事态的蔓延和扩大，将损失降低、控制在最低限度。

一、石油钻井作业 HSE 应急分类

通过风险分析，提出预防、处置钻井作业过程中各类突发事故和可能发生事故险情的应急反应计划，并且按照应急的要求，进行严格的训练和模拟演习，提高员工的应急处理能力。当发生各种紧急情况时，能够确保员工的生命和财产安全，最大程度地降低各种损失和影响。

钻井作业 HSE 应急反应可以分为五大类：

①钻井作业中的突发事件；

②人身伤害事故；

③急性中毒；

④有害物质泄漏；

⑤自然灾害。

钻井作业应急分类与应急范围见表 6 - 7。

表 6 - 7　钻井作业 HSE 应急分类表

序号	应急类型	应急范围
1	钻井作业突发事件	井喷、井喷失控、火灾、爆炸等
2	人身伤害	烧伤、机械伤害、物体撞击、高处坠落、触电、交通事故等
3	急性中毒	H_2S、CO_2 以及饮食、饮水中毒等
4	有毒物质泄漏	油料、燃料以及其他有毒物质泄漏
5	自然灾害	山洪、强台风、暴风雨(雪)、沙暴、雷击、山体滑坡、地震等

二、石油钻井作业 HSE 应急计划的主要内容

钻井作业 HSE 应急计划通常包括在 HSE 作业计划书中，具有很强的针对性，是最重要的 HSE 作业文件之一。应急计划应当包括以下主要内容：

①应急反应工作的组织和职责；

②参与应急工作的人员；

③环境调查报告；

④应急设备、物资、器材的准备；

⑤应急反应程序；

⑥现场培训及模拟演习计划；
⑦紧急情况报告程序、联络人员及联络方法；
⑧应急抢险防护设备、设施布置图；
⑨井场及营区逃生路线图；
⑩交通路线、方式等。

三、石油钻井作业 HSE 应急反应体系

完善有效的应急反应体系能够可靠地、及时地传递信息，保证应急计划的实施。应急反应体系应当包括应急反应组织、应急反应指挥和应急反应实施系统。

（一）应急反应组织体系及其职责

钻井承包商应当成立应急管理机构。当发生重大应急事件时，可随时成立抢险指挥部。其主要职责是负责 HSE 应急反应的管理；负责传达上级指令；负责制定或审批应急行动方案；组织抢险救助；组织调运抢险所需的救援设备、物资；支援和指挥一线抢险，实施应急计划；负责向政府有关部门、社会公众报告发生的重大应急事件或对外发布信息。

钻井队（平台）应当成立现场应急反应小组。根据本井的具体情况和可能潜在的应急事件，成立由钻井平台经理负责的不同应急类型的应急抢险组，如井喷应急抢险组、火灾应急抢险组等。与抢险类型相关的人员必须参加相应的应急抢险。现场应急反应小组的主要职责是建立应急管理制度，制定应急行动方案；检查应急设备、设施的安全性能及质量；组织员工进行应急模拟演练；执行应急反应计划；负责组织抢险、疏散、救助及通讯联络。现场应急小组成员必须落实应急抢险岗位职责，一旦应急事件发生，能够立即到位，实施应急抢险。当应急事件发生并实施应急计划进行抢险后，应当立即向上级主管部门作出应急处理情况的报告。

石油钻井作业 HSE 应急反应组织体系架构见图 6－2：

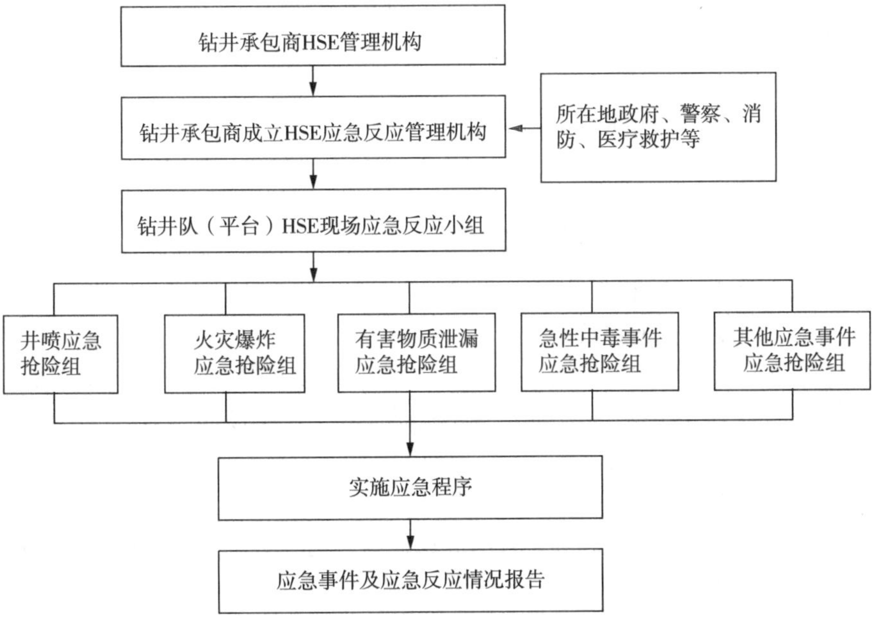

图 6－2　石油钻井作业 HSE 应急反应组织体系示意图

（二）应急反应管理

1. 应急反应管理的内容

①成立应急反应组织机构；

②明确应急反应组织及成员的应急岗位、职责与任务；

③制定应急反应计划；

④应急抢险防护设备、设施及工具配置齐全，状态良好；

⑤负责员工的应急反应培训和模拟演习；

⑥检查应急反应的准备情况；

⑦制定应急事件的信息沟通与报告制度；

⑧应急反应实施情况的报告。

2. 应急反应实施情况报告

出现应急事件时，当事人或目击者应当立即报告有关各方，然后根据险情大小逐级向上级主管和相关方报告。当应急事件处理完毕后，应当写出应急险情处理实施的情况报告，并报送上级主管部门。报告的内容应当包括发生应急事件的类型、时间、地点及场合；发生应急事件的原因，说明是人为责任的、设备设施的、管理缺陷的，还是自然灾害等不可抗力的；如果是可以规避的事件，应当对其进行分析；人员伤亡及财产损失情况；应急事件产生的后果和危害程度，以及对社会、环境和企业声誉的影响；实施应急反应计划和措施的过程，执行是否顺利；应急反应计划和措施的有效性及其在减轻危害风险中的作用；应急反应计划和措施的缺陷、不足及改进意见等。

3. 应急器材的配置

不同的应急事件需要的应急器材器械也不尽相同。钻井队（平台）现场应配置的应急器材通常包括但不限于：

①消防器材；

②氧气袋（罐）、制氧机、空气增压仓、防毒面具（罩）；

③通讯器材；

④交通工具；

⑤急救箱（包）、急救药品及器械、担架等；

⑥警报器等。

四、石油钻井作业HSE风险应急程序

（一）火灾及爆炸应急程序

①发现火情立即发出火灾警报；

②火灾应急抢险队员立即组织救火。若火势超出现场的控制能力，现场应急小组负责人应当立即向当地消防部门报警，报警时应说明火情类型、交通路线；

③灭火时应断开着火区电源；

④救护人员准备急救用具待命，无关人员疏散到安全地带；

⑤火被扑灭后，要认真清理现场，查明起火原因，向上级主管汇报火灾事故和险情处理报告。

火灾及爆炸应急抢险程序见图6－3：

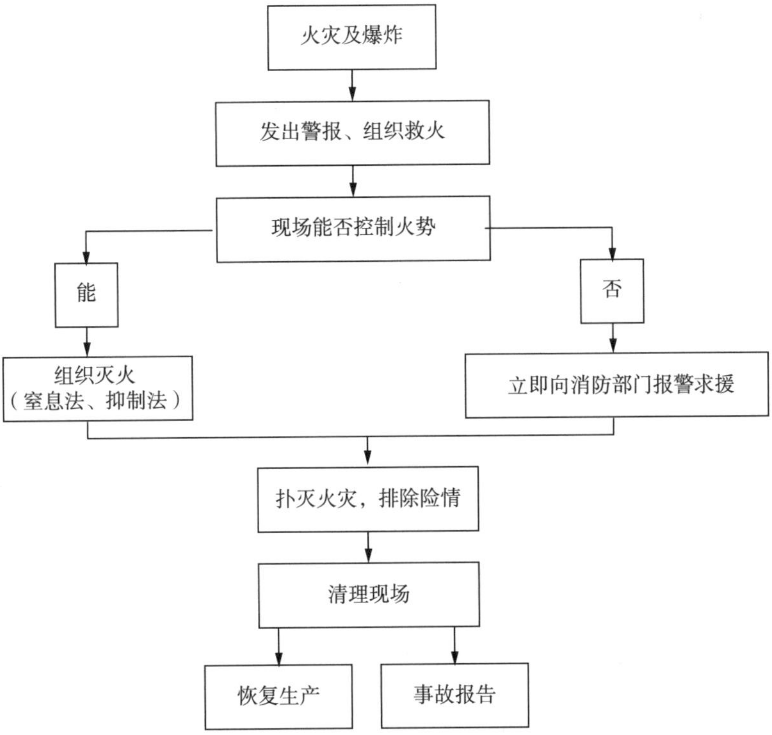

图 6－3　火灾及爆炸应急抢险流程示意图

（二）硫化氢防护应急程序

1. 硫化氢的特性及其对人体的危害

硫化氢是一种无色、剧毒、强酸性、可燃性气体。其相对密度为 1.176g/cm³，比空气重。硫化氢燃点为 250℃，燃烧时呈蓝色火焰，并产生有毒的二氧化硫。硫化氢与空气或氧气混合后易爆。

硫化氢的毒性比一氧化碳大 5～6 倍，几乎与氰化氢同样剧毒。低浓度的硫化氢气体有臭蛋味，甚至在浓度极小（百万分之一）的情况下都可以闻到它的臭味；但其浓度达到危及人的生命的情况下，由于其对人的嗅觉神经末梢有麻痹作用，人反而对其臭味反应减弱，甚至完全闻不出来。

硫化氢被吸入人体，通过呼吸道，经肺部，由血液运送到人体各个器官，与血液中的溶解氧发生化学反应。当硫化氢浓度极低时（＜7ppm），它将被氧化，对人体危害不是很大。当硫化氢达到一定浓度时，会夺去血液中的氧，使人体器官因缺氧而中毒，甚至迅速死亡。

不同浓度的硫化氢对人体的危害见表 6－8。

表 6－8　人体对硫化氢中毒反应情况列表

硫化氢浓度			人体中毒反应
%	ppm	mg/m³	
0.001	10	15	可嗅到一种明显的臭蛋气味
0.0014	14	20	可在露天安全工作 8h
0.002	20	30	眼睛有烧灼感，呼吸道受刺激

续表

硫化氢浓度			人体中毒反应
%	ppm	mg/m^3	
0.005	50	72	3~15min，嗅觉丧失，1h后出现头痛、头晕
0.01	100	150	很短时间内，嗅觉丧失，眼睛刺痛，呼吸变样
0.02	200	300	出现中毒症状
0.05	500	750	人发晕，若不迅速有效处理，几分钟内即可停止呼吸
0.07	700	1050	很快就不省人事，若不立即进行有效营救就有可能致死
0.10	1000	1500	立即不省人事，几分钟内死亡

注：资料来源于API RP49，本参数是在103.42kPa和15.55℃的条件下得出的。

2. 硫化氢防护应急程序

①一旦硫化氢探测仪或录井仪发出报警信号，应当立即通知司钻，并发出预防硫化氢警报信号；

②听到警报信号后要立即戴上防毒面具或氧气呼吸器；

③当班员工立即组织关井，控制井口；

④救护人员检查有无人员中毒，若发现有人中毒要立即抬到空气流通处实施现场急救，同时联络当地医疗机构；

⑤人员要迅速向上风口方向撤离；

⑥组织处理井内硫化氢外溢；

⑦若硫化氢含量低于10mg/L，可进行循环观察，决定是否恢复生产；若硫化氢含量高于10mg/L，应循环压井，直到控制住气侵；

⑧险情解除，事故报告。

硫化氢防护应急程序见图6－4：

(三)井涌、井喷应急程序

①发出信号进入紧急状态。

②迅速控制井口。

③确定压井液密度和压井方法。

④配置配足压井液。

⑤检查钻井液循环系统、排气装置(设施)，回收钻井液线路、容器等是否符合压井施工要求。

⑥检查放喷管线出口有无障碍物，是否固定牢靠、有无松动，附近是否有人，测定风向。

⑦准备消防器具、氧气呼吸器。

⑧实施压井作业。

⑨在压井准备或压井作业过程中出现异常情况，致使关井压力超过最大允许关井压力值时，应当进行有选择的控制性管线放喷。放喷时应当停止动力机工作，停止向井场供电；组织警戒及疏散工作；卡牢方钻杆，并用钢丝绳绷紧；接好消防水管线正对井口，接好带有止回阀的通向防喷四通的注水管线。

⑩含硫油气田应配置硫化氢检测设施。

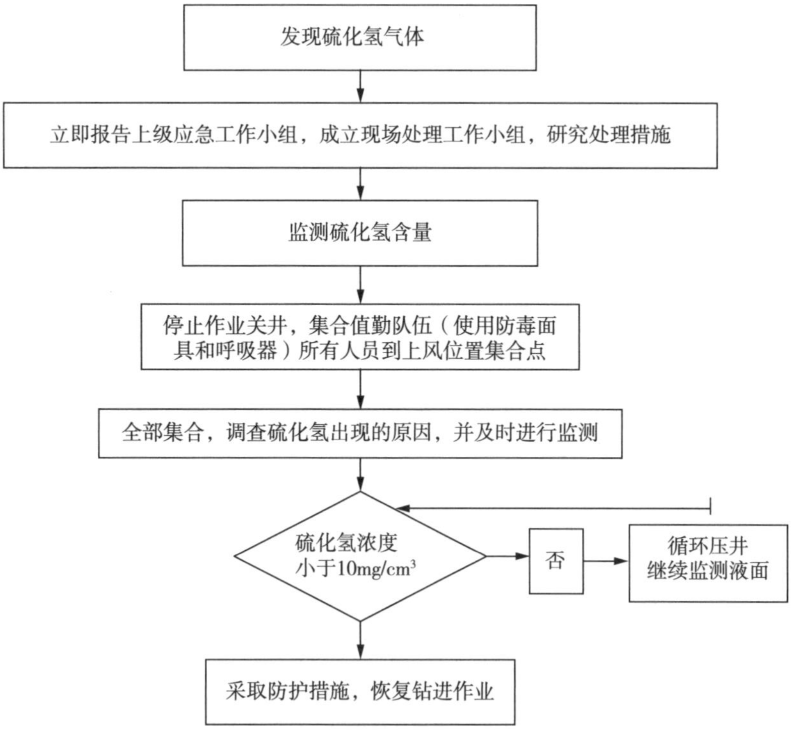

图6－4　硫化氢防护应急流程示意图

⑪落实充足的供水源。

⑫向上级主管报告或请求救援。

井涌、井喷应急程序见图6－5：

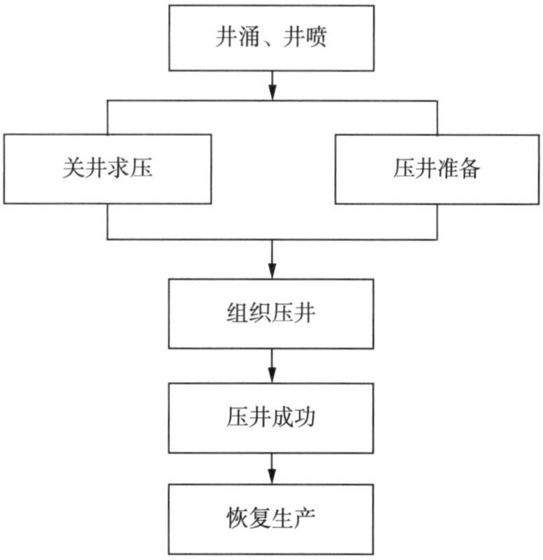

图6－5　井涌、井喷应急流程示意图

（四）井喷失控应急程序

1. 造成井喷失控的主要原因

井喷失控是钻井作业过程中可能发生的最为严重的灾难性事故，造成井喷失控的直接原因主要有：

①起钻抽汲，造成诱喷；

②起钻不灌钻井液或没有灌满；

③不能及时发现溢流；

④发现溢流后处理措施不当；

⑤井控装备的安装及试压不符合规定要求；

⑥井身结构设计不合理、不符合要求规定；

⑦对浅气层的危害缺乏足够的认识；

⑧地质设计未能准确提供地层孔隙压力资料，使用了低密度钻井液，钻井液柱压力低于地层孔隙压力；

⑨空井时间过长，无人观察井口；

⑩钻遇漏失层段未能及时处理或处理措施不当；

⑪相邻注水井不停注或未减压；
⑫钻井液中混油过量或混油不均匀，造成液柱压力低于地层孔隙压力；
⑬违章操作。

2. 井喷失控的危害及影响

井喷失控的危害和影响表现在：
①处理难度大；
②破坏油气层；
③井喷失控极易造成机毁人亡，井报废，直接造成严重的环境污染；
④公共影响恶劣；
⑤经济损失巨大。

3. 井喷失控应急流程

井喷失控应急程序见图6－6：

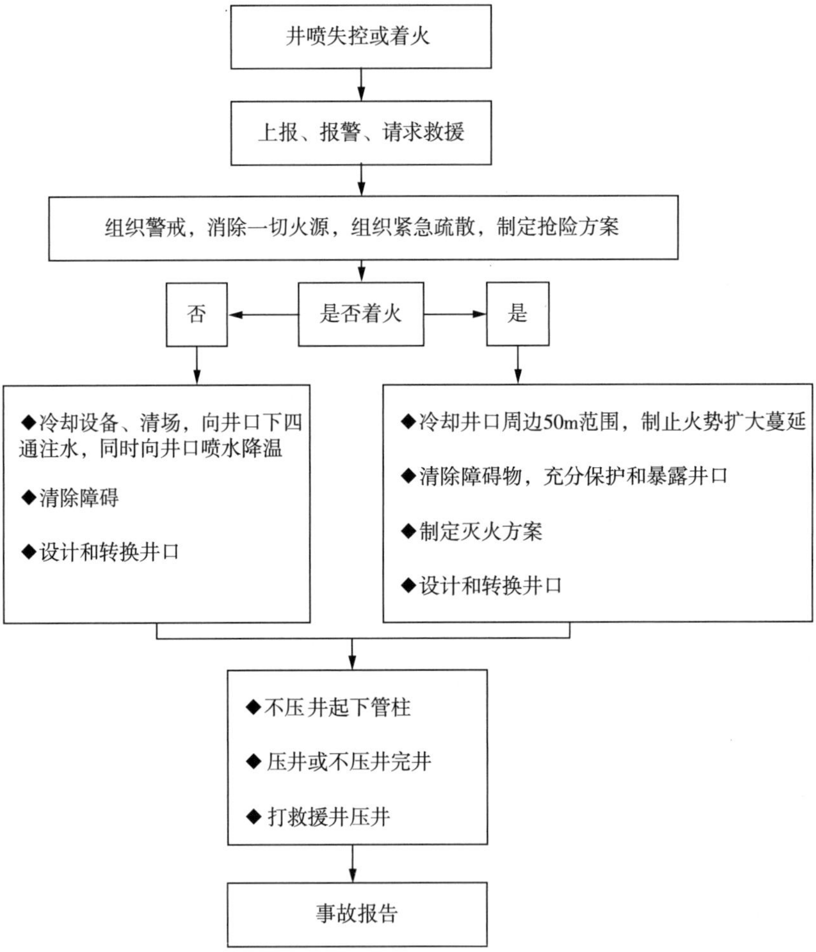

图6－6　井喷失控应急流程示意图

（五）油料、燃料及其他有毒物质泄漏应急程序

①切断泄漏物的源头，迅速控制污染范围；杜绝火源，坚决防止和避免发生火灾；
②准备消防、防护用具；

③抢修泄漏设施，转移泄漏物质；

④清理受污染场所，彻底消除隐患；

⑤恢复作业，向上级主管作出事故报告。

油料、燃料或其他有毒物质泄漏应急程序见图 6－7：

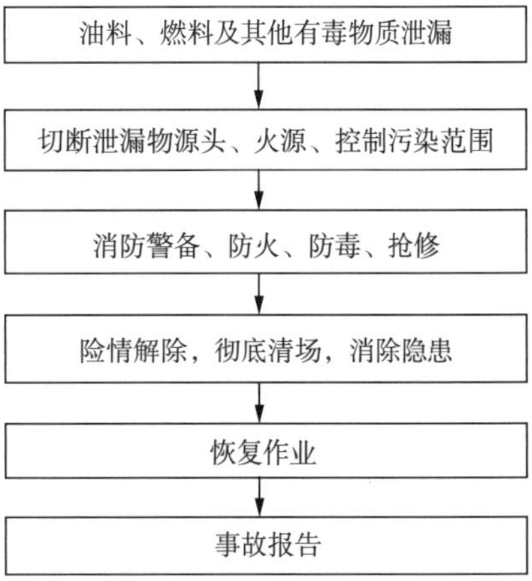

图 6－7　油料、燃料及其他有毒物质泄漏应急流程示意图

（六）放射性物质落井事故处理应急程序

①一旦发生放射源落井事故，应当立即就带源仪器的落井情况作出报告；

②提出处理措施，组织打捞；

③如无法打捞，必须向井场所在地环保部门报告，说明井位、放射源落井日期、落井原因、落井方式、放射源种类、性质、强度等情况；

④在落有放射源的井口设立永久性警示标志牌，标注落井放射源的种类、性质、强度及放射源落井日期、落井深度等内容。

放射性物质落井处理应急程序见图 6－8：

（七）恶劣气象、台风、洪水、地震等自然灾害情况下的应急程序

①成立抢险突击队，及时了解当地气象变化，及时了解灾情讯息，并组织足够的抢险物资；

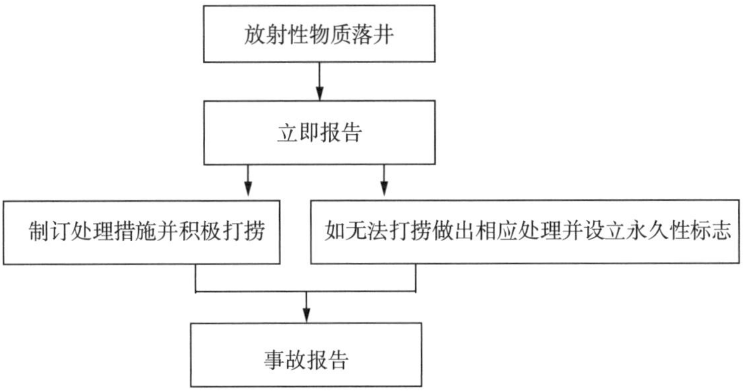

图 6－8　放射性物质落井处理应急流程示意图

②根据本井的实际情况，针对可能的受灾害情况，制定预防险情和发生险情时的处理措施，责任到人；

③对受灾营地进行消毒处理，防止疫情出现；

④请求救援。

恶劣气象、自然灾害等情况下的应急程序见图 6－9：

（八）死亡、伤害、疾病情况下的应急程序

①死亡。如果发生死亡事故，平台经理必须立即上报上级主管部门，并要详细了解事故发生的时间、地点、经过以及死者或失踪者的情况。平台经理必须保护好事故现场，待令。

②重伤或疾病。必须为员工提供医疗救助，应急小组根据重伤或疾病的严重程度，决定该往哪家医院送医。应急小组组长或 HSE 监督员要详细调查，并记录事故发生情况；对于受伤事故，应急小组组长必须及时将事故情况向上级应急指挥小组报告并保护好现场。

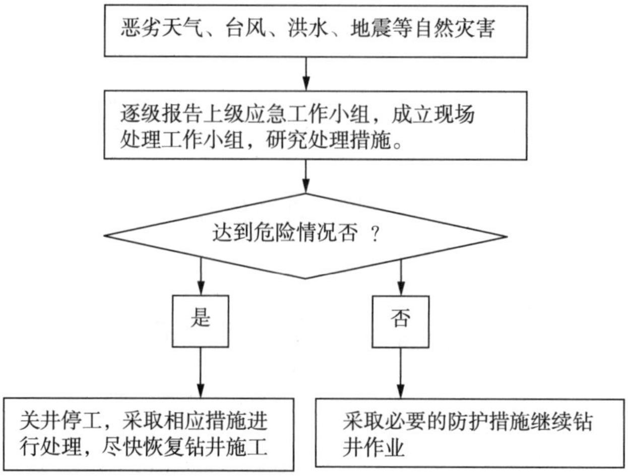

图 6－9　恶劣气象、自然灾害等情况下的应急流程示意图

死亡、伤害、疾病情况下的应急程序见图 6－10：

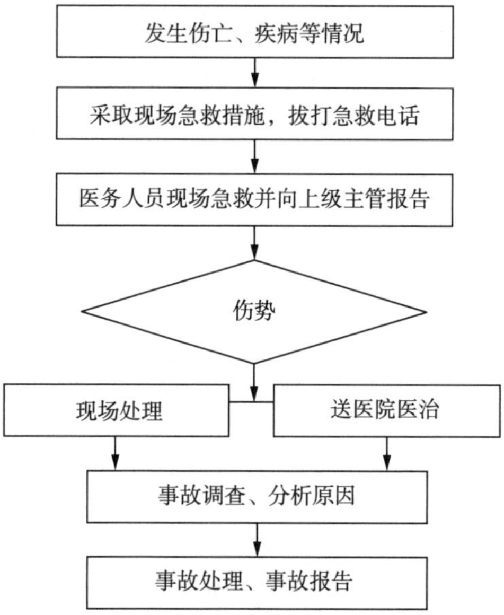

图 6－10　死亡、伤害、疾病情况下的应急流程示意图

第六节　石油钻井施工作业现场 HSE 警示标志管理

一、警示标志的管理内容

在井场、营地和搬迁途中应设立醒目的、规范的、标准的健康、安全与环境警示标志，对员工起到随时提醒的作用，对外来或无关人员起到警示作用。

警示标志管理的内容包括：警示标志设置计划，包括设置警示标志的固定部位、标志类型、数量、安装要求等；警示标志检查维护措施；对员工进行警示标志的识别培训等。

二、警示标志的识别

警示标志分为禁止性标志、警告性标志、指令性标志和提示性标志四类。

标志的标识方法和项目，按规定设置。安全标志由安全色、几何图形和图形符号构成的，其补充标志是文字说明，它必须与安全标志同时使用。

安全标志的几何图形、含义和颜色(几何图形的颜色和图形符号颜色)见图 6 – 11：

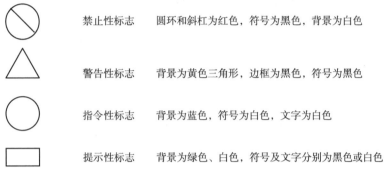

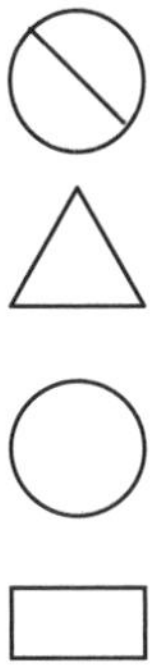

⊘	禁止性标志	圆环和斜杠为红色，符号为黑色，背景为白色
△	警告性标志	背景为黄色三角形，边框为黑色，符号为黑色
○	指令性标志	背景为蓝色，符号为白色，文字为白色
▭	提示性标志	背景为绿色、白色，符号及文字分别为黑色或白色

图 6 – 11　警示标志规范

安全标志中圆形直径尺寸一般不超过 400mm，三角形的边长最大一般不超过 500mm，长方形的短边最大一般不超过 285mm。

第七节　石油钻井 HSE 管理两书一表的编制

石油钻井工程项目 HSE 两书一表，包括钻井作业 HSE 工作指导书、钻井作业 HSE 工作计划书和钻井作业 HSE 管理检查表。它们是指导和实施 HSE 管理的重要作业文件，是钻井队(平台)运行 HSE 管理体系的具体表现。

根据有关 HSE 的法律法规以及业主和钻井承包商双方的内在要求，结合生产实际，在施工作业前，应当组织平台经理、HSE 监督官、工程技术人员对井场的地理环境、地貌特征、交通及民用设施、本井次施工作业中可能带来的对健康、安全和环境方面的危害进行识别与评估，提出 HSE 风险的预防措施、减轻建议、应急计划等预案，为编制“两书一表”提供依据。

石油钻井工程项目两书一表通常由负责 HSE 管理的技术人员进行编制。初稿完成由项目负责人审查修改后，交由指定部门或专业主管人员审核，根据审核意见和完善措施修改定稿，再经 HSE 主管机构或部门审核认可后，由主管 HSE 的管理负责人签发批准实施。

一、石油钻井作业 HSE 指导书的编制

钻井作业 HSE 指导书是 HSE 管理体系文件的重要组成部分，是对钻井岗位 HSE 工作、钻井队(平台)削减和控制各类风险的基本要求，是支持而不是取代现有的岗位操作规程的 HSE 作业文件，是钻井队(平台)运行 HSE 体系的具体体现，是预防事故的有效措施，对现场作业的 HSE 管理和实施起着指导作用。编写钻井作业 HSE 指导书时，要在总结作业规程和 HSE 管理经验的基础上，组织有关的技术管理人员和岗位操作人员进行编写。钻井承包商可集中开发一套某地区或区块的钻井作业 HSE 指导书来指导本公司在某地区或区块钻井

现场的 HSE 风险管理工作。

（一）石油钻井作业 HSE 指导书的编制原则

钻井作业 HSE 指导书主要体现 HSE 管理中的“共有性”、“普遍性”、“通用性”和“指导性”原则。贯彻 HSE 管理体系及相关法律、法规要求，落实岗位 HSE 职责，削减和控制岗位 HSE 风险。一般来说，钻井作业 HSE 指导书适用的时间长、范围广、内容相对固定不变，在一定时期内适用于对本公司一定区域范围内的钻井作业 HSE 风险管理进行指导。

（二）石油钻井作业 HSE 指导书的基本编制要求

钻井作业 HSE 指导书是指导实施 HSE 管理的正式书面文件，内容和形式应当严谨规范，应当严格按照编写规范的要求进行编制，术语和定义应当符合有关技术标准的描述，内容应当符合 HSE 和 OSH 标准、HSE 相关的法律法规、公司管理体系文件的要求。

（三）石油钻井作业 HSE 指导书的结构

1. 篇章结构

钻井作业 HSE 指导书包括但不限于以下部分内容：

①封面；

②审核（审批）项；

③目录；

④正文；

⑤附录。

除此之外，还可增加编写说明、更改记录等项内容。

2. 内容层次结构

钻井作业 HSE 指导书的内容主要分为六个层次：

①概述；

②HSE 管理描述；

③作业情况和岗位分布；

④岗位职责的操作指南；

⑤危险识别及相应的预防、削减、控制措施；

⑥记录与考核。

其中概述部分包括目的和范围、作业概述和组织基本情况，以及对指导书中所涉及的特殊或特定的术语给出定义。这部分内容也可作为前言或编写说明来描述。

（四）石油钻井作业 HSE 指导书正文的编写

钻井作业 HSE 指导书正文包一般包括：HSE 管理体系、组织机构、岗位 HSE 职责、风险与控制、记录与考核等五部分内容。

1. HSE 管理体系

钻井作业 HSE 指导书应当对钻井承包商已经建立的 HSE 管理体系的主要内容进行简要的描述。内容包括 HSE 承诺、HSE 管理方针、HSE 管理目标，以及根据上级管理层的 HSE 方针、目标分解到钻井队（平台）形成的具体指标。

（1）HSE 承诺

在不同的国家和地区进行钻井作业，要考虑适合所在国家和地区的法律、法规要求，向社会、员工和相关方作出 HSE 承诺。HSE 指导书应将上级管理者的 HSE 承诺展示出来。HSE 承诺的内容包括对 HSE 管理体系政策、战略目标和计划的承诺，有效实施 HSE 管理措施的承诺，以及对员工 HSE 管理行为的期望等。

(2)钻井作业 HSE 管理方针和目标

钻井作业 HSE 管理方针通常包括但不限于以下内容：

①执行施工所在国或地区以及当地政府有关健康、安全与环境保护的法律、法规和有关标准；

②遵守作业者有关健康、安全与环境保护方面的规定和要求；

③坚持“以人为本、预防为主、防治结合、持续改进”的原则；

④维护健康，创造安全舒适的生产环境和生活环境是全体员工的责任和义务；

⑤为员工提供进行安全作业所需的设备、设施及防护用品是义不容辞的责任；

⑥对任何违反健康、安全和环境保护政策、法规和规定者，将予以责任追究并给予相应的处分和处罚；

⑦建立监督、检查、评审制度，确保健康、安全和环境保护工作得以实施。

钻井作业 HSE 管理目标应当客观、合理、可验证、可实现。具体包括以下内容：

①必须经常对员工进行健康、安全和环境保护方面的宣传、教育和培训工作，不断提高员工的健康、安全和环境保护方面的意识和水平；

②将健康、安全和环境保护管理工作贯穿于钻井施工作业的全过程之中，努力使各种风险降至最低程度；

③创造安全和健康的工作环境，确保每位员工的健康与安全；

④杜绝或尽可能地减少环境污染，保护生态环境，把钻井作业对环境的影响降到最小程度；

⑤努力实现钻井作业零事故、零污染。

(3)HSE 管理指标

HSE 管理指标是指本钻井队(平台)或本施工井次具体的、可达到或应该达到的健康、安全和环境管理指标。钻井队 HSE 控制指标通常包括：杜绝重大人身伤亡事故、杜绝井喷及井喷失控事故、杜绝重大环境污染事故，以及控制其他事故率、井况复杂因素、污染物排放量、污染治理率等具体指标。

单井 HSE 管理控制指标例举见表 6－9。

表 6－9　石油钻井工程 HSE 管理控制指标(包含但不仅限于下列控制指标)

控制指标	设计与要求	控制指标	达标情况
井深/m			
建井周期			
钻井事故损失时间			
井身质量	合格	合格	
固井质量	合格	合格	
井喷事故	0	0	
火灾事故(人/百万工时)	0	0	
死亡人数(人/百万工时)	0	0	

续表

控制指标	设计与要求	控制指标	达标情况
轻伤人数(人/百万工时)	0	0	
重伤人数(人/百万工时)	0	0	
环境污染事故	0	0	
污水外排达标率	100%	100%	
员工体检合格率	100%	100%	
员工 HSE 培训合格率	100%	100%	
……			
……			

2. 组织结构

(1)管理模式

说明钻井队(平台)组织隶属关系、主要技术装备、生产管理组织结构及职责和 HSE 管理网络及职责。一般通过生产管理组织机构图、HSE 管理网络结构图、技术装备台账等图表表达出来。

(2)岗位分布

描述本基层组织的岗位构成以及与生产过程相关的岗位分布。主要包括生产流程、工艺技术措施与相关的岗位分布，危险点源与相关的岗位位置，明确不同岗位的相应职责并指出不同施工阶段、不同工艺措施下各岗位职责与可能的危险点源的布置关系。

3. 岗位 HSE 职责

每一名员工在不同的钻井生产岗位上都必须严细认真、不折不扣地履行岗位职责。

(1)岗位条件

根据 HSE 管理体系及法律、法规的要求，明确从事本岗位的工作人员应具备的 HSE 管理从业资格条件。

岗位条件包括文化素质、技能资质、业务水平、工作经验、身体素质、工作表现以及是否进行过必要的岗位培训和 HSE 培训等情况。譬如，司钻岗位所应具备的最低学识要求、身体健康，须持有有效的司钻操作证，井控培训合格证、硫化氢防护培训合格证及必要的岗位 HSE 管理培训合格证，具有较强的组织和管理协调能力，懂设备性能、原理、结构、维修、操作和故障排除，能识别生产可能涉及的危险点源，具备一定的风险预防、风险削减及风险控制的专业胜任能力等。

不同的岗位条件可以用表格等形式列示出来。

(2)岗位 HSE 职责

根据不同岗位的工作性质、责任范围以及岗位与岗位之间的关系，应当对不同岗位的 HSE 职责进行明确的界定。与传统管理上的岗位职责不同的是，《作业 HSE 岗位指导书》所规定的岗位职责是按照 HSE 管理规范作出的要求。岗位 HSE 职责的内容主要包括：对上向谁负责、对下负责什么以及赋予岗位 HSE 的权力与义务等规定。

(3)岗位风险

对各岗位在实际工作中可能面临的各种潜在和常见的风险进行描述，主要包括：岗位风险有哪些，可能发生的危害程度和频率，明确采取或防范的风险削减和控制措施。在进行岗位风险描述时，由于不同的钻井施工阶段和不同的钻井工艺对应或涉及不同的作业岗位，其岗位职责及风险也不相同。因此，必须根据不同钻井作业的特点进行分岗位的风险描述。

(4)岗位规定

按照HSE管理体系要求，按照岗位性质和岗位的HSE职责，描述不同的岗位在执行作业时的HSE规定，明确应遵守的HSE管理文件目录。岗位规定应当明确岗位员工在实际工作中应当遵守的各项HSE管理文件的规定，包括有关HSE管理的法律法规、HSE管理体系文件、操作规程和合同规定等对岗位职责的要求。

(5)操作指南

应当详细描述涉及HSE风险的操作指南。明确各岗位在施工现场实施的任务、不同岗位的操作程序、操作规程、操作规范和注意事项等情况。

4. 风险及控制

这部分内容应当对钻井生产所面临的各类风险进行风险识别与评价，根据风险识别和评价的结果，制定出相应的风险削减及控制措施，并明确各岗位员工在风险控制和应急反应中的职责。

(1)风险识别

对钻井作业中存在的各种常见的HSE风险进行识别，组织有经验的员工和专家，尽可能地将钻井作业中存在的风险都识别出来。如果钻井作业环境变化或其他原因可能产生新的风险时，则在HSE作业计划书中进行描述。可采用风险矩阵或列表方式说明风险的类型、危害程度、发生频率及涉及的岗位。

(2)风险削减及控制

根据风险评价结果，将制定的风险削减与控制措施分解到各个岗位，实行岗位责任制，严格遵守HSE风险预防和风险控制措施规定，严禁违章操作。对于通常可能构成危害的风险，削减和控制风险的常规措施可采用关键岗位HSE任务清单，分类分项列出危害、部位(地点)或环节、潜在后果、频率、削减和控制措施，并专门标注岗位操作的关键点。当项目变更、钻井设计改变或人员变动等情况可能引起潜在的风险时，可通过《钻井作业HSE计划书》作出进一步的细化和补充控制措施，并落实到有关岗位、人员。

(3)应急措施

根据钻井生产过程中可能遇到的自然灾害、各种突发事件，制定应急反应预案，明确应急组织、各岗位在应急程序中的职责和义务，具体任务要落实到具体岗位和具体人员。应急反应事件不同，涉及的岗位也不相同，相关人员必须按照应急反应计划迅速到位实施抢险救险。

5. 记录与考核

(1)记录管理

明确各岗位在生产过程中应报告的HSE内容和HSE填写记录。主要包括填写要求、资料管理及验收要求。

各岗位员工应当对HSE工作计划和措施实施情况作出记录，填写有关的表格和资料，用作备案备查和岗位考核。

应当对各岗位员工记录的填写提出明确的要求，例如字迹清晰工整、内容完整准确等。资料管理应当做到防火、防潮、防蛀、防止破损和丢失；分类装订建档归档，并明确保存期限。

(2)岗位考核

根据有关要求明确考核组织(机构)、考核人员、考核内容、考核实施办法、考核程序、考核周期和奖惩办法，定期对员工的HSE业绩和表现水平进行考核。

二、石油钻井作业HSE计划书的编写

钻井作业HSE计划书是根据某一口井的特定环境和工艺设计要求，通过对健康、安全和环境风险识别与评价，制定出的削减与控制风险的工作计划。是钻井队(平台)项目实施过程中的HSE管理作业文件，是《钻井作业HSE指导书》的支持文件。它是根据《钻井作业HSE指导书》中有关风险管理、应急预案等内容，结合具体的钻井施工项目做出的细化和补充，在钻井项目实施前编制完成。

(一)石油钻井作业HSE计划书的编制原则

编制钻井作业HSE计划书应当遵循针对性、可操作性和计划性原则。尽可能做到简单、实用、全面。使计划书的内容易于理解、易于管理、易于操作，达到职责清、程序清和目标清的要求。在制定一口井的HSE管理措施、预案和计划时，应当根据该井的实际地理环境、钻井工艺设计和HSE管理方针、目标和要求来制定，并有效付诸实施。

(二)石油钻井作业HSE计划书的基本编制要求

钻井作业HSE计划书应当针对具体实施的钻井项目，充分考虑业主、承包商以及其他相关方的要求，在开工前编写，经评审后实施。内容格式和术语定义应当严格按照有关编制规范和技术要求进行表述。

(三)石油钻井作业HSE计划书的结构

钻井作业HSE计划书的篇章结构应当包括：封面、审核与审批、目录、正文、附件、变更记录等内容。

(四)石油钻井作业HSE计划书正文的编写

1. 项目概述

这部分内容主要描述项目及周边环境的基本情况，包括项目概述、地理环境、气象、外部依托、工区与营区布置、法律法规及其他要求等。

①项目概况。描述项目概况的内容包括：项目来源、业主情况、井位位置、地理位置坐标、地面海拔高度、地层情况、目的层、井别、钻探目的、设计井深、井身结构、井身质量要求、完钻方式、建井周期、主要经济技术指标、钻井成本、工程物资、生活物资及供应方式与途径等。

②地理环境。通过对钻井作业现场周围的环境调查，简要说明：井场周围地形、地貌特征、地质特征及复杂情况、邻区及邻近井的施工情况、搬迁路线情况、水文和水质情况、可能发生的自然灾害、农业和水力设施情况、施工区的文物遗址情况、野生动植物分布及保护区情况、旅游资源情况等。

③社会环境。社会环境主要描述：施工区域的民族分布、民俗、民情、社会治安、交通和通讯设施、医疗条件和设施、地方病及传染病、所在国或地区及地方政府有关健康、安全和环境保护方面的法律、法规和规章等情况。

④气象情况。主要描述施工作业区域的气象特点。例如，气温、降雨、降雪、风、雾总量、雷电分布以及潮汐、洪水、沙尘暴等气象变化的规律和特点。

⑤外部依托。主要说明当发生紧急情况时，单靠钻井队(平台)的力量无法控制局面时，

可依托的当地医疗急救、消防和治安保卫救援力量。通常以表格的形式列出有关单位、机构的名称、联络人员及一切可能的联络方式。

⑥井场和营区布置。一般要画出井场和营区的布置图，标注风向、紧急情况时的逃生路线和集合地点。如果井场远离主干道或在偏僻地区，一般还应画出交通示意图，并注明装备调迁和距离基地的路线以及沿线的重要道桥及重要建筑标志等。

⑦法律法规及其他要求。一般应描述所在国或地区对 HSE 管理的法律法规，并制定相应的措施满足这些要求。

2. 政策和目标

这部分内容应简要阐述有关 HSE 承诺、方针、目标及 HSE 管理理念以及近年来的 HSE 管理业绩。

3. 钻井队(平台)HSE 管理组织与职责

钻井施工现场应当成立以平台经理为组长的 HSE 管理小组。小组成员一般由平台经理、平台副经理、HSE 监督、工程技术人员、各班组司钻、驻井医务人员等组成。管理小组及其成员的职责应当根据 HSE 管理的要求和岗位分工情况确定职责。这部分内容可以用表格的形式列出。钻井施工现场 HSE 管理小组应当研究确定本队健康、安全与环境保护的计划和措施，并定期检查落实执行情况；组织整改影响健康、安全与环境的隐患；负责对员工进行现场健康、安全和环境保护方面的宣传教育与培训工作，促进员工不断提高 HSE 管理意识和水平；负责或协助配合各类事故的调查、统计分析与上报工作；组织应急抢险队伍，并定期进行消防、急救和防喷等演习工作；负责向上级主管汇报本队 HSE 管理现状，提出合理化建议，不断改进提高 HSE 管理工作水平。

4. 员工能力评估

这部分内容应列出主要技术工种、关键岗位、特殊岗位人员等姓名、职务、年龄、健康状况、岗位培训情况、持证及等级等情况。评估员工的专业胜任能力是否能够满足项目施工的需要。

5. 主要钻井设备、HSE 设施及用品

①主要钻井设备状况。这部分内容要列表说明主要钻井设备的规格型号、主要技术指标、出厂日期、投产日期、新旧程度等情况。

②HSE 设施。HSE 设施包括安全防护设施、消防设施、环保设施、警示标志。可列表说明，并注明规格型号、主要技术指标等情况。钻井作业场所必须按要求设置规范标准的警示标志。

③医疗用品。列出主要医疗器械(具)及药品一览表，注明规格、型号、性能、使用方法、使用范围及有效期等内容。

6. 危害识别与控制

在环境、工程项目调查的基础上，根据本井的钻井工艺特点，确定本井作业过程中可能发生或潜在的对健康、安全与环境的危害和影响，并进行 HSE 风险分类。HSE 风险类型的划分可参照“钻井作业 HSE 风险分类”进行，按照危害程度、施工阶段、工艺环节、危害对象来分类，并填写可能的危害和影响清单。

安全第一，预防为主。钻井生产应从人、财、物等方面进行统筹考虑，制定出相应的风险预防和控制措施，并将责任落实到人。

7. HSE 应急反应计划

钻井作业 HSE 应急计划的编制应当做到详细、具体、分工明确、可操作性强。应急预案的内容主要包括：应急反应工作组织、人员分工与职责；应急设备、物资、器材的准备；应急实施程序与流程图、现场培训与模拟演习计划；紧急情况报告程序、联络人员及联络方法；消防设施布置；井场、营地逃生路线；交通路线、方式等。

8. HSE 管理规章制度

钻井生产实行 HSE 管理应当以 HSE 管理规章为标准和依据。这些规章通常包括：安全生产管理制度，作业计划许可证制度，井控管理制度，有害、有毒物品管理制度，环境保护管理制度，营地管理制度，健康卫生管理制度，HSE 培训制度，HSE 管理汇报制度，HSE 管理检查制度，HSE 管理评比奖罚制度等有关规章制度。

9. 信息交流

①HSE 会议。包括：钻前 HSE 动员会、班前 HSE 会、HSE 工作分析会、阶段总结及完井总结会等。

②报告和记录。包括：钻井作业报告、井场动火报告、事故报告、隐患报告、工时记录、应急演习报告、完井报告等。这些报告和记录一般采用钻井班报表、钻井生产日报、钻井生产月报、井史记录、钻井生产值班记录、HSE 简讯等形式及时反映钻井生产信息。

③野外通讯。野外施工人员必须掌握与外部依托的联系人和联系方式，确保通讯畅通。

10. 监测和整改

①HSE 管理监测检查。钻井生产 HSE 检查可以分为三个阶段的检查，即开钻前的检查、钻井过程中的检查和钻井施工结束后的检查。要通过定期和不定期地对员工健康状况、生产管理情况、设备的安全技术性能、运行及维护保养情况、安全防护装置、应急设备的维护保养情况、医疗设施的配备、井场及营地的管理情况进行检查，并形成一项工作制度。

②整改。针对监测检查以及审核过程中发现的问题及隐患，要制定整改措施认真进行整改，并提出防止类似的不符合项再次发生的管理建议。对进行了整改的项目要进行记录，要记录发现的隐患和不符合项、整改责任人、整改时限、监督检查人等。

③事故报告。内容包括事故登记制度、事故报告制度、事故调查程序和事故处理办法等。

钻井队(平台)HSE 管理事故报告表例举见表 6－10。

表 6－10　钻井队(平台)HSE 管理事故报告表例举(包括但不仅限于下表内容)

队号：	井号：	事故时间：	事故级别：
事故类型：		主要原因：	
损失情况： (1)人员伤害： (2)工程及设备损害： (3)环境污染：			
事故责任人情况：			
事故简要经过：			
事故应急处理情况：			
平台经理：	钻井监督：		年　月　日

钻井队(平台)不安全问题及事故隐患报告表例举见表 6－11。

表 6－11　钻井队(平台)不安全问题及事故隐患报告表(包括但不仅限于下列内容)

队号:	井号:	报告人:	报告时间:
详细说明险情、不安全行为或隐患:			
险情或隐患发现时间:			
说明拟采取的措施或避免类似情况发生的建议:			
呈送:			
HSE 监督官:		年　月　日	

④事故调查。事故调查的一般程序为:组成事故调查组—明确事故调查内容—制定事故调查方法—找出事故发生的原因—提出预防的管理建议。

11. 审核

通过审核,检查 HSE 管理方针、目标、方案、措施的执行情况,检查对重点危害和风险应急反应情况,检查有关 HSE 管理法规的遵循情况及员工的 HSE 管理意识。通过审核发现写出审核报告,并提出限期整改的意见和措施。

三、石油钻井作业 HSE 检查表的编制

(一)石油钻井作业 HSE 检查表的编制原则和要求

HSE 检查表是执行 HSE 管理监测检查制度的必要工具,针对不同的检查项目和要求,编制成不同的表格形式,将 HSE 检查制度、检查内容和要求、检查结果或结论内容形式表格化,防止漏检,方便检查操作。

(二)石油钻井作业 HSE 检查表及检查内容

钻井作业 HSE 检查表通常包括但不限于以下表格:

1. 钻井队(平台)HSE 管理实施情况检查表

钻井队(平台)HSE 管理实施情况检查表例举见表 6－12。

表 6－12　钻井队(平台)HSE 管理检查表(包括但不仅限于下列检查内容)

井　号:　　　　　　　　　　　　　　队　　号:

检查人:　　　　　　　　　　　　　　记 录 人:

监督人:　　　　　　　　　　　　　　检查日期:

序号	检查内容	检查结果	存在问题	整改日期	责任人
1	HSE 管理小组人员配备情况				
2	HSE 管理小组人员职责落实情况				
3	HSE 管理运作情况				

续表

序号	检查内容	检查结果	存在问题	整改日期	责任人
4	HSE 管理规章制度制定情况				
5	HSE 作业指导书、计划书执行情况				
6	HSE 管理自检执行情况				
7	HSE 管理自检问题及整改处理情况				
8	应急措施落实情况				
9	是否发生过重大人身伤亡事故、流行病或传染病				
10	是否发生过重大安全事故				
11	是否发生过重大环境污染事故				
12	重大 HSE 事故的影响和处理情况				
13	有关 HSE 管理的法律、法规、规定等文件资料的管理情况				
14	HSE 宣传、教育、培训及组织应急演习情况				
15	警示标志的设立和管理情况				
16	……				

被检查钻井队(平台)经理：　　　　年　月　日

检查人员：　　　　年　月　日

此表主要反映钻井队(平台)实施 HSE 管理的情况，检查表的内容主要包括：

①钻井队(平台)HSE 管理小组人员配备和职责落实情况；

②HSE 管理运作情况；

③有关 HSE 管理规章制度的制定情况；

④钻井作业 HSE 指导书、计划书的编制及执行情况；

⑤HSE 管理检查情况及记录情况；

⑥有关 HSE 管理法规、规程等文件资料及其管理情况；

⑦对员工进行健康、安全与环境保护方面的宣传、教育和培训情况；

⑧警示标志的设置及管理情况。

2. 开钻前验收检查表

开钻前应当对所有的钻前准备工作进行一次 HSE 管理的全面检查，未达到 HSE 管理要求和标准的，不得开钻。

钻井队(平台)HSE 管理开钻验收检查表例举见表 6－13。

表 6－13　钻井队（平台）HSE 管理开钻验收检查表（包括但不仅限于下列内容）

井　号：　　　　　　　　　　　　　　　　队　　号：

检查人：　　　　　　　　　　　　　　　　记 录 人：

监督人：　　　　　　　　　　　　　　　　检查日期：

检查项目	序号	检查标准及要求	检查结果	存在问题及隐患	整改日期	责任人
井场	1	井位坐标是否符合设计要求				
	2	井场位置				
	3	是否可能受江河淹没、山洪冲袭、地质滑坡				
	4	井口距民房 100m 以外				
	5	井场边缘距离铁路、高压线等永久性建筑设施不小于 50m				
	6	值班房、发电房、库房、化验房、油罐区距离井口不小于 50m				
	7	发电机房与油罐区相距不小于 20m				
	8	井场场地平整、干净、无积水油污				
	9	工（机）具、管具摆放整齐				
	10	道路畅通、行走方便				
	…	…				
井架与底座	1	底座无裂缝、开焊，无明显变形，底座与基础接触无悬空				
	2	井架各部位拉筋、附件规格齐全、禁固				
	3	各部位梯子、扶手、栏杆齐全，禁固完好				
	4	各种平台版面齐全、平整、牢固，间隙≤59mm				
	5	二层台、天车台完好无损、栏杆齐全、固定可靠				
	…	…				
绳索部分	1	上下绷绳规格是否符合标准要求				
	2	绷绳安装与地平夹角约 45°，绳坑在井架对角线的延长线上，上下坑分开				
	3	绷绳上端用绳卡、下端用花篮螺丝固定				
	4	内外钳吊绳规格是否符合标准要求，两端用 2 只与绳径相符的绳卡卡紧				
	…	…				
传动系统	1	绞车水平度允许误差≤2/1000（滚筒面）				
	2	转盘水平度允许误差≤2/1000（旋转平面）				
	3	绞车刹把曲轴无垫物，无油污				
	…	…				
循环系统	1	钻井泵前后水平度允许误差（阀箱顶平面）≤3mm				
	2	钻井泵左右水平允许误差（皮带轮）≤2mm				
	3	人行道平整、安全护栏整齐				
	4	钻井仪表固定，有减震和避震装置				
	…	…				

续表

检查项目	序号	检查标准及要求	检查结果	存在问题及隐患	整改日期	责任人
仪表部分	1	指重表、压力表位置正确，灵敏可靠，压力等级与之匹配				
	2	气控、液控管线排列整齐，标志清晰，固定牢靠				
	3	储油罐流量计计量准确，有过滤装置				
	4	其他仪表灵敏、准确、可靠				
	…	…				
电器部分	1	发电机接地良好，消声合格，固定牢靠				
	2	配电盘、闸刀接线正规，电缆完好，各表盘指示正常，配电柜前地面铺有绝缘胶垫				
	3	照明及各电缆、电线保护层完好无损				
	4	电线无破损、漏电、裸露现象				
	…	…				
污水处理装置	1	梯子及护栏网、盖齐全且牢固				
	2	马达绝缘性能好，接地良好，开关防雨，安装符合要求				
	3	管线连接牢固，不漏，污水池符合要求				
	…	…				
消防器材配置	1	消防房消防器材配置				
	2	钻台区域消防器材器材配置				
	3	钻台下消防器材配置				
	4	固控系统区域消防器材配置				
	5	油罐区域消防器材配置				
	6	材料房消防器材配置				
	7	值班房消防器材配置				
	8	录井房消防器材配置				
	…	…				
营地	1	营房状况良好，卫生、整洁				
	2	有足够的卫生设备				
	3	电器线路符合要求，无乱接电源线路现象				
	4	电器设备工况良好				
	5	浴室清洁卫生				
	6	厨房、餐厅清洁卫生，所有厨房设备工况良好				
	7	备有垃圾桶，并有适当的处理措施				
	8	生活污水排入化粪池				
	9	饮用水符合标准				
	10	医务室配备专职卫生员，有足够的必备药品和器材				
	…	…				

续表

检查项目	序号	检查标准及要求	检查结果	存在问题及隐患	整改日期	责任人
劳保用品	1	劳保用品配备齐全				
	2	备有足够的防毒面具、氧气呼吸器等防护用品				
	…	…				

整改措施及方案建议：

检查人员：　　　　　　　　　　　　　　　　　　　　　年　月　日

3. 每周钻机安全检查表

此表为常规钻机、设备的例行安全检查，内容包括设备及部件的工况、安全防护设施、清洁卫生等情况。

4. 钻井设备维护检查表(月检查表)

此表主要是为钻井设备维护月检查设置的表格，重点检查设备的磨损、变形及工况。该表也可作为重要施工环节前的设备检查用表。

5. 钻井设备维护检查表(周检查表)

此表主要是为钻机装备维护每周检查设置的表格，主要检查内容为装备设施的工况。

6. 钻井设备维护检查表(班检查表)

此表主要是为钻井设备维护每班检查设置的表格，主要检查内容为：装备设施各部件的工作性能、可靠性能以及每班为保证设备正常运行所要求的维护作业内容。

7. 井控装置安全检查表

此表是为井控装置安全检查所设置的表格。内容包括：防喷器组、防喷管汇、节流压井管汇、远程控制台、司钻控制台等全套井控装置，重点检查安装是否符合要求、是否处于良好的工况以及维护保养情况等。

钻井队(平台)HSE 管理井控装置安全检查表例举见表 6－14。

表 6－14　井控装置安全检查表(包括但不仅限于下列内容)

井　号：　　　　　　　　　　　　　　　　　　　　钻机编号：

检查人：　　　　　　　　　　　　　　　　　　　　检查日期：

检查项目	序号	检查要点	检查结果	整改日期	岗位责任人
防喷器组	1	手动操作杆的安装与固定			
	2	防喷器是否牢固			
	3	各处连接是否牢固			
	4	防喷器液路部分各处密封是否良好			
	5	防喷器是否处在正确的开关位置			
	6	防喷器的清洁情况			
	…	…			

续表

检查项目	序号	检查要点	检查结果	整改日期	岗位责任人
防喷管汇及放喷管线	1	连接及固定情况			
	2	压力表及截止阀是否齐全、完好			
	3	各闸阀是否处在正确开关位置			
	4	管汇及管线畅通情况			
	5	长度与方向是否符合规定			
	…	…			
节流压井管汇	1	各闸阀是否处在正确的开关位置			
	2	各连接处是否牢固(包括仪表、液路、气路管线等)			
	3	节流、压井管汇的畅通情况			
	4	节流管汇坑的排水情况			
	5	清洁情况			
	…	…			
钻井液气体分离器	1	仪表是否齐全完好			
	2	阀手动及气手动开关动作情况			
	3	安全阀			
	4	分离器钻井液排出管是否与钻井液循环罐固定牢固			
	5	设备清洁情况			
	…	…			
远程控制台及液、气压管线	1	蓄能器、管汇、环形压力是否符合规定			
	2	电、气源是否畅通，电、气管线走向是否安全			
	3	各换向阀手柄是否处于正确位置			
	4	各气压管路连接是否牢固，密封是否良好			
	5	电泵、气泵工作是否正常，电泵曲轴箱内的润滑油量是否在标尺之内			
	6	油箱内是否有足够的液压油			
	7	油雾器内的润滑油量，是否排除分水滤气器内的积水			
	8	全封闸板换向阀是否已被限位			
	9	环形调压阀空气选择开关手柄是否对准司钻控制台(只有特殊情况才对准远程控制台)			
	10	管排架及所有液压管线连接是否牢固，密封良好			
	11	气管缆是否沿排架边的专用位置排放或空中架设，并未被其他物件所压			
	12	远程控制台周围有无易燃、易爆、腐蚀性物品，并有方便操作、维护的行人通道			
	13	远程控制台位置是否在规定范围之内			
	14	电源线是否从发电房拉专线			
	15	远程控制台是否清洁			
	…	…			

续表

检查项目	序号	检查要点	检查结果	整改日期	岗位责任人
司钻控制台	1	气源是否畅通			
	2	蓄能器管汇、环二次仪表压力显示是否符合规定，压力值与远程控制台的实际压力是否一致			
	3	各处连接是否牢固、密封良好			
	4	位置指示所显示的开、关位置与实际位置是否一致			
	5	油雾器内的润滑油量，是否排除分水滤气器内的积水			
	6	防喷器和钻机气路联动安全装置动作是否准确			
	7	各阀件手柄未挂任何物品			
	8	司钻控制台是否清洁			
	…	…			
节流管汇控制台	1	气源是否通畅			
	2	气泵、手压泵工作是否正常			
	3	油箱内有无足够的液压油			
	4	各油、气路连接是否牢固，密封良好			
	5	换向阀是否灵活、复位好			
	6	节流阀阀位开度表反映的节流开关位置是否正确			
	7	泵冲计数器、传感器及电缆安装是否齐全，工作是否正常			
	8	是否排除分水滤气器内的积水			
	9	节流管汇控制台的清洁情况			
	…	…			

7. 营房安全与卫生检查表

此表是为例行检查营房、营地安全与卫生情况所设置的表格，内容包括：浴室、厕所、厨房、餐厅、营房的清洁卫生、防火及用电安全等。

钻井队(平台)HSE管理营房安全与卫生检查表例举见表6－15。

表6－15　营房安全与卫生检查表(包括但不仅限于下列内容)

井　　号：　　　　　　　　队　　号：

卫 生 员：　　　　　　　　安全检查员：

炊事班长：　　　　　　　　营房管理员：

平台经理：　　　　　　　　检 查 日 期：

检查项目	序号	检查内容及要求	检查结果	存在问题	整改日期	备注
浴室和厕所	1	清洁卫生情况				
	2	消杀毒要求				
	3	照明情况				
	…	…				

续表

检查项目	序号	检查内容及要求	检查结果	存在问题	整改日期	备注
储藏室	1	所有食物都在保质期内				
	2	食品架清洁卫生、存放整齐				
	…	…				
厨房餐厅	1	炊事员必须持有有效健康证、个人卫生合格				
	2	着装情况				
	3	厨房及餐厅清洁卫生情况				
	4	杯、盘、餐具卫生及消杀毒情况				
	…	…				
医务室	1	医疗及救护器械设施良好				
	2	必备药品有效充足				
	3	医务室清洁卫生情况				
	…	…				
营地	1	营房状况良好，卫生、整洁、通风、照明				
	2	电器线路无私拉乱接				
	3	床上用品整洁				
	4	配备消防器材				
	5	消杀病虫害及消杀毒情况				
	…	…				
饮用水	1	水质符合饮用水标准				
	2	供应是否及时、充分				
其他						

检查结果及总体评价

检查人：　　　　　　　　　　　　　　　　　　　　　　年　月　日

9. 钻井队(平台)污水处理情况检查表

此表主要为检查钻井队(平台)的污水排放及处理情况而设置，主要包括现场监测和室内化验分析。现场监测内容主要包括：污水类型、污水来源(作业污水或生活污水)、污水量、污水处理方法、回用量以及达标排放等情况。室内化验分析应当按照规定的分析方法分析监测项目，并提出分析结果。

钻井队(平台)HSE 管理污水监测表例举见表 6－16。

表 6-16　钻井队(平台)污水处理监测表(包括但不仅限于下列内容)

井　　号:　　　　　　　　　　　　　　　　　　　　　　　队　　号:

检查部门:　　　　　　　　　　　　　　　　　　　　　　　检 查 人:

检查日期:　　　　　　　　　　　　　　　　　　　　　　　取样位置:

现场观测	污水类型	污水来源	污水处理方法	污水排放点	污水影响程度及范围
	污水量/(m^3/d)	污水处理量/(m^3/d)	污水处理回用量/%	污水达标排放量/(m^3/d)	污水未达标排放量/(m^3/d)
	色度	异味	肉眼可见物	水温	相对密度
室内分析	分析项目	分析方法	分析结果	分析日期	分析人
	pH				
	石油类/(mg/L)				
	悬浮物/(mg/L)				
	氯化物/(mg/L)				
	硫化物/(mg/L)				
	COD/(mg/L)				
	挥发酚/(mg/L)				
	六价铬/(mg/L)				
	砷/(mg/L)				
	氰化物/(mg/L)				
	汞/(mg/L)				
	镉/(mg/L)				
	铅/(mg/L)				
	…				

监测结果:

负 责 人:　　　　　　　　　　　　　　　　　　　　　　　年　月　日

10. 钻井队(平台)易燃易爆及有毒危险品安全检查表

检查项目一般包括易燃易爆及有毒危险品名称、数量、用途、危害、存放保管要求、保管现状和管理责任人员情况等。

11. 钻井队(平台)医疗设施配备情况检查表

检查项目一般包括必备医疗器械(具)和药品的配备保管情况。

12. 钻井生产 HSE 管理检查班报表

主要用于检查所有员工岗位职责落实情况、存在的问题及整改措施。

13. 钻井生产 HSE 管理检查周报表

主要用于每周对 HSE 管理检查的结果进行小结与统计,检查项目一般应包括:设备工况、工程事故及事故隐患、员工健康、安全清洁生产情况、营地安全与环保情况、存在问题以及整改措施(方案)等。

14. 钻井生产 HSE 管理检查月报表

主要用于对月度 HSE 管理检查的结果进行小结和统计，内容一般包括本月生产简况、设备工况、工程事故、员工健康、安全清洁生产情况、营地安全与环境情况、应急措施、培训演习、HSE 管理实施情况以及存在的问题和整改措施(意见)。

15. 钻井生产 HSE 管理完井评估(审核)检查表

检查评估项目一般应包括：承诺是否实现、预定目标是否达到 HSE 管理要求、HSE 计划是否完成、安全预防措施的有效程度、工程事故预防措施的效果、环境污染预防措施的效果、应急措施的针对有效性、HSE 计划措施是否有误、是否存在重大变更、有无重大安全事故、有无重大环境污染事故、有无重大人身伤亡事故、环境恢复情况、HSE 资料管理情况、实施 HSE 管理存在的主要问题及其他一些需要注意改进的事项等。

第三篇　经营管理篇

第七章　石油钻井工程项目承包管理模式

第一节　石油钻井工程项目承包管理的传统模式

一、日费制承包管理模式

日费制是国际石油勘探开发工程中常用的管理方法，在我国的油气勘探开发市场中应用不是十分广泛。日费制承包是指业主根据钻井承包商的作业天数，按照合同约定的单位天数的合同价款，支付给钻井承包商工程费用的一种工程承包管理方法。目前这种方法在我国多用于海上钻井、地质情况不明或者风险性较大的特殊井作业以及中外合作项目的陆上钻井作业。

日费制承包模式下，钻井承包商一般只提供钻机设备及相应的作业人员并完全按照业主派驻施工现场的钻井监督的指令组织生产，业主几乎承担了钻井工程的所有风险，拥有全部的决策权，并尽量缩短作业时间，减少费用支出。而钻井承包商则希望尽量延长作业时间，以尽可能多地取得施工日费报酬。

日费制承包模式下，业主直接控制全部生产活动，这有利于业主控制工程质量，但不利于充分调动钻井承包商的积极性，作业效率较低。因为，钻井承包商按照约定的日费标准或日费率获得报酬，也就无须有足够的积极性去加快作业进度和提高作业性能。即钻井承包商虽然也把提供高质量的服务作为其目标，但在实际作业过程中，并无足够的权利义务和积极性去主观能动地优化钻井作业。

二、进尺制承包管理模式

进尺制承包管理模式下，业主按照每米钻井进尺或每米钻井进尺费率支付钻井工程价款。这种计价方式的计价基础是根据钻到某个深度的总的估计费用，加上利润和风险因素，然后除以目标深度确定。

进尺制承包管理模式下，钻井承包商承担在钻达设计井深以前不得报废井(或进尺)以及由于已方责任不能钻达目的井深的风险，即在出现上述情况下，业主可能不会向钻井承包商支付已钻进尺的任何费用。但在一些标准进尺制承包合同中，列有解除钻井承包商遭受这类风险的条款，例如为处理漏失事故而停止钻进的时间超出了合同规定的限度，那么超出时间的作业改按一定的标准支付报酬。许多进尺制承包合同中都约定了如果由于钻遇未可预见地层等因素，使得按进尺制费率标准折算的实际日收入低于一定的日费率标准时，也改按一定的日费率标准计酬。

在预计工作量充足的情况下，采用进尺制承包管理方式可以在一定程度上刺激钻井承包商的积极性，尽可能地提高作业效率，以尽早争取下一口井的工作量。

三、综合承包管理模式

综合承包管理模式下，业主把井身质量的控制权转移给钻井承包商，由钻井承包商负责工程质量的监控，由钻井承包商承担施工作业风险。钻井承包商必须满足合同约定的对钻机、雇员、材料和施工技术要求，按照业主规定的监测方式、允许的井径扩大率、允许的泥浆性能指标、井身质量标准、套管程序和固井质量等必须符合的技术规范组织钻井生产，交出合同规定质量和数量的合格井。

目前，我国陆上油气田勘探开发一般采用这种承包管理方式，以完成的钻井工程量为基础结算工程价款，即钻井承包商在自行消化部分材料涨价的因素，用相对固定的价格完成钻井合同规定的作业项目，其计价基础为石油专业工程定额或合同折算约定的每米进尺单价。

综合承包管理模式下，钻井承包商需要增大实际预测的成本，以抵消各种潜在施工风险可能造成的费用损失。钻井承包商把对付这些潜在风险的可能费用附加到预测的实际成本中，再加上合理利润，得出综合承包的投标报价。在组织施工过程中，钻井承包商需要做出成本最低的施工预算来组织这口井的施工，如果遇到复杂情况，某些诚信度欠缺的钻井承包商可能会以牺牲井的质量甚至业主的投资目的来谋求实现最大利润。因此，业主必须在钻井合同中对施工质量作出严格的规定，并派驻现场代表对钻井施工过程进行严格的监督，以确保工程质量符合规定要求。

采用后两种计价方式，钻井工程施工单位可以在选择钻井工艺、钻井液、材料消耗等方面有较大的自由，可以在谋求经济高效钻井的情况下组织钻井施工，但须对钻井施工过程中可能发生的意外事故承担一定的费用风险。

第二节　鼓励性石油钻井工程项目承包管理模式

一、鼓励性承包概述

（一）传统承包管理模式下业主要求与钻井承包商的积极性

在传统的日费制、进尺制、总承包三种管理模式下，钻井承包商在满足业主目的方面所表现出的积极性并不一样。日费制承包管理模式下，钻井承包商在满足业主众多要求方面，几乎没有积极性，低效作业不可避免；在进尺制、总承包管理模式下，钻井承包商能够表现出一定的积极性，这是其中的鼓励性因素带来的结果，对提高钻井作业效率、优化施工组织具有一定的激励性。

业主要求与钻井承包商积极性关系见表 7 - 1。

表 7 - 1　业主的要求与钻井承包商的积极性（例举）

业主要求	钻井承包商的积极性		
	日费制	进尺制	总承包
快速钻井	低	高	高
钻成可用井眼—井眼轨迹控制	低	高	高
—测井、测试	低	低	高
—下套管及固井作业	低	低	高
完井	中等	高	高
确保稳定的井况	中等	高	高
尽量减轻地层伤害	低	低	低

续表

业主要求	钻井承包商的积极性		
	日费制	进尺制	总承包
控制固相	低	中等	高
控制成本	低	中等	高
快速搬迁、拆装钻机	高	高	高
修建井场	低	高	高
设备维护和缩短故障时间	高	高	高
尽量减少设备租赁	低	高	高
缩短待工时间	低	高	高
缩短—测井时间	低	低	高
—取心和中途测试时间	低	低	高
—下套管时间	低	低	高
—装防喷器和测试	低	高	高
控制污染	中等	中等	高

(二)油公司与石油工程技术服务承包商之间关系发展趋势

油公司与石油工程技术服务承包商之间关系发展趋势见图7-1：

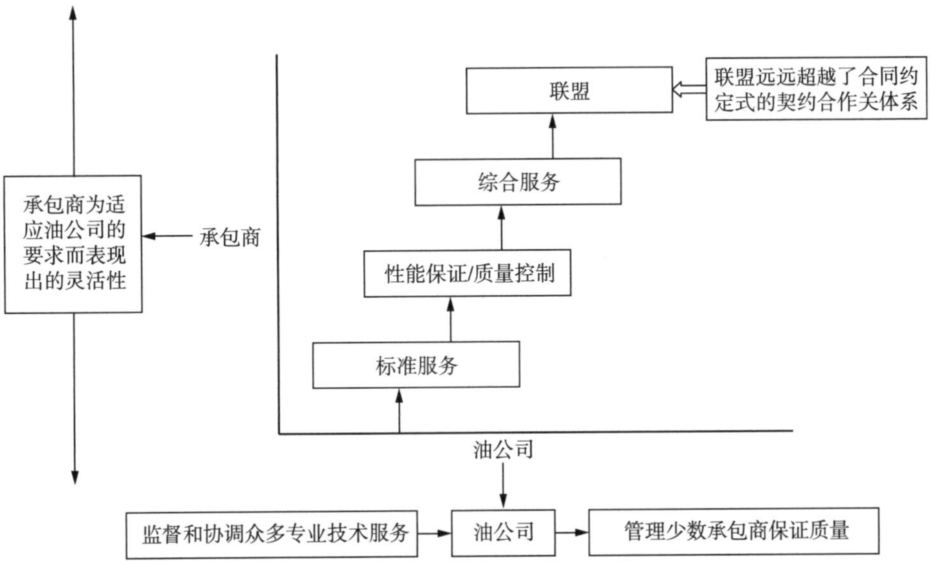

图7-1　油公司与石油工程技术服务承包商之间关系的发展趋势示意图

二、鼓励性承包的定义及特点

石油公司与钻井承包商之间都日益认识到双方建立起联盟或战略合作伙伴关系的重要性，石油钻井工程项目承包正越来越多地采用鼓励性承包管理方式，以促进作业效率的提高、控制和降低钻井投资成本。

所谓鼓励性承包是指根据钻井承包商在指定工作范围内承担作业风险的程度，业主按照作业性能支付给钻井承包商报酬的一种承包方式。

鼓励性承包管理模式下，鼓励钻井承包商参与建井的全过程，借助其优势和潜能，努力提高作业性能和作业效率，鼓励性承包管理强调目标的设定，强调安全性能、环境性能、钻井性能以及整个项目的投资成本效益的衡量。其特点主要表现在：

其一，协同工作是前提。它要求业主和钻井承包商建立相互信任的、开放式的合同关系，明确双方的作用和责任，充分发挥钻井承包商的积极性。

其二，鼓励是手段。并以此协调业主和钻井承包商的目标，平衡双方的权责利益关系。

其三，不断改进作业性能和作业效率是关键。因为不断改进作业性能和作业效率是业主实现降低投资成本的关键所在，也是钻井承包商树立良好形象、在激烈的市场竞争中求生存谋发展的要求使然。

其四，互利双赢是目的。业主的最终目的是以最低的投资成本获得优质的固定资产——井；钻井承包商的目的是获得施工活动利润，提高盈利水平，获得更多的工作量。任何一方都不应当以牺牲对方的利益作为实现己方目的的手段，而应当相互依存，共同实现互利双赢。

三、鼓励性承包管理的主要方式

鼓励性承包主要包括鼓励性日费制承包、功效鼓励性承包、“分担风险”承包、鼓励性综合承包、总承包几种类型。

（一）鼓励性日费制承包

鼓励性日费制承包是指在日费制承包的基础上，增加一些鼓励性措施及相应的奖励条款，以激发承包商的积极性，努力改善作业性能，努力提高作业效率。合同双方共同制定目标性能，若实际作业性能优于目标性能，钻井承包商除了按日费率获得实际钻时的报酬外，还可按事先确定的计算方法获得相应的奖励性报酬，作为对良好作业性能的奖励；业主则因为作业性能得到改善、作业效率得到提高而降低投资成本或提前建成投产。

（二）鼓励性改进型进尺制承包

鼓励性改进型进尺制承包是指把日费制按照双方同意的比例拿出一部分改为以进尺为依据的支付办法，其余部分仍按日费制计费办法执行。这种承包管理模式结合了进尺制与日费制的支付方式，其计算方法如下：

$$鼓励性进尺费率 = DP \times F \times R \div TPD$$

$$鼓励性日费率 = (1 - F) \times R$$

式中 DP——鼓励性费率下钻达目标深度的估计天数；

R——按照鼓励性办法进行作业期间的作业费率（元/天）；

F——鼓励性系数（$0 < F < 1$）；

TPD——设计深度。

鼓励性系数 F 决定了业主与钻井承包商各方承担风险的大小。当 F 趋于 1 时（进尺制或鼓励性改进型进尺制），钻井承包商要承担主要风险；反之，当 F 趋于 0 时（日费制），鼓励性日费率趋近于普通的日费率，业主要承担主要风险。

这种做法具有很大的灵活性，可以把效能因素从 0 调整到 100%。据此，可以在日费制和一次性总支付之间作出各种可能的比例调整。如果难以预测的因素多，通常采用较低的鼓励性系数，即日费制部分大，鼓励性部分较小；如果不确知因素较少，则采用较高的鼓励性系数，即日费制部分较小，鼓励性部分较大。

（三）“分担风险”承包

在“分担风险”承包管理方式下，业主与钻井承包商各自承担最有利对付的风险。业主承担地质及与井位部署有关的风险；钻井承包商承担不能正常组织施工作业的风险。

在这种承包管理方式下，业主监控钻井液性能、套管设计、钻头设计、钻进参数等所有的作业参数，钻井承包商可以根据以往的施工经验提出自己的意见，供业主参考。

在这种承包管理方式下，要根据实际条件和设计要求，测算出目标钻时和一个固定的总费用（目标钻时乘以正常日费标准）。合同中不仅要规定目标钻时，还规定一个上限和正常日费标准。如果实际钻时少于目标钻时，业主除按正常费用标准向钻井承包商支付实际钻时的报酬外，对提前完成工作的天数进行一定奖励；如果实际钻时在目标钻时及其上限之内，业主将固定总费用支付给承包商；如果实际钻时超出目标钻时的上限，业主在支付固定总费用之外，对超出上限的天数给予一个使得钻井承包商的实际日收入低于正常的日费标准的报酬。

采用这种承包管理方式，一般要求业主和钻井承包商具有较高的预测能力和施工作业的保障能力。

（四）鼓励性综合承包

总承包是一种最彻底的鼓励性承包，这种以交付合格产品——井为目标的承包管理方式是一种必然的发展趋势。随着日费制承包不断向总承包方向发展，改进型总承包—鼓励性综合承包应运而生。

所谓鼓励性综合承包是指，业主希望钻井承包商承担钻井以及与钻井相关的更多服务，并根据实际作业性能给予奖励。这种承包管理方式下，钻井承包商必须努力争取那些对鼓励性作业有影响的所有服务的管理权，并努力管理和控制风险。钻井承包商获得的奖励应与成本效益挂钩，即因改善作业性能而获得的奖励应与钻井工程的总投资相关，而不是日费率。

（五）总承包

鼓励性承包是建立在进尺制承包管理模式和总承包管理模式的基础上的。从日费制承包管理方式转变到总承包管理方式是一种必然的发展趋势，总承包将是鼓励性承包的最终形式。日费制承包管理模式和总承包管理模式在管理、义务和责任等方面存在着相当大的差异，要迅速实现这种转变不太可能，只有在经历一段以降低钻井生产成本、刺激钻井承包商不断提高作业效率以及协同钻井承包商以最大诚信的积极态度实现业主钻井工程投资目的为宗旨的平稳过渡期后，才能成功地改变管理模式。当前出现的鼓励性日费制承包、功效鼓励性承包、“分担风险”承包、鼓励性综合承包等即是介于这两者之间的鼓励性承包管理方式。钻井承包商参与钻井工程投资过程以及作业计划的多少和承担责任的大小决定所采用的鼓励性承包管理方式的类型：从鼓励性日费制承包这种积极进取的鼓励性方式到总承包。

众所周知，壳牌、埃克森美孚等国际知名的专业石油巨头公司都是以油气业务为核心，专业做油品业务，主攻炼化加工和生产销售领域，其主营业务并不包括开采、钻探等石油工程技术服务业务，这些服务业务都是由一些外雇外包的专业石油工程技术服务公司来做。

1998 年，我国两大石油集团中国石油、中国石化为了能够实现按照国际专业石油巨头公司的管理和业务模式来管理公司并争取上市，进行了一轮主辅分离的体制改革，其主要内容是将各油田对应的石油管理局（勘探局/指挥部）内的业务和资产分开分立运作。其中，主业资产在集团内部整合，组建集团控股的股份有限公司，在境内外上市；而石油工程技术服务等辅业资产则继续以石油管理局/石油勘探局的名义存在。当年的主辅资产(业务)的分离分立运作是在当时历史条件下改革的必然选择。

在主辅分离分立运作长达10年之后的2008年，中国石油、中国石化两大石油集团在不断总结经验，为持续推进内部体制机制的完善，进一步推进集约化、专业化、一体化管理，做到核心业务突出，专业优势明显，管理集中统一，形成强有力的全方位参与市场竞争的能力，进而又探索尝试了努力实现上游业务的专业化重组和一体化管理的重组改革。

毋庸置疑，新一轮的重组改革，是今后一段时期我国石油石化行业建设综合性国际能源化工公司的重要部署，是切合我国石油石化工业发展实际的必然选择。综合性国际能源化工公司，它既突出油气勘探开发、炼油化工、管道储运、终端销售等核心业务，又有强大的工程技术服务、装备制造、物资供应、内外贸易做支撑，还有实力雄厚的科研能力做保障。其战略意图是上下游一体化运作，建设以油气业务为核心，拥有合理的相关业务结构和较为完善的产业链，油气公司与工程技术服务公司等整体协调发展，国内外业务统筹协调，具有较强国际竞争力的跨国经营企业。

第八章　石油钻井工程项目招标投标管理

第一节　招标投标概述

一、招标投标的概念

招标投标是指招标人对工程建设、货物买卖、劳务承担等交易业务，事先公布选择分派的条件和要求，招引他人承接，若干或众多投标人作出愿意参加业务承接竞争的意思表示，招标人按照规定的程序和办法择优选定中标人的活动。招标投标是在市场经济条件下进行工程建设、货物买卖、财产出租、中介服务等经济活动的一种竞争形式和交易方式，是引入竞争机制订立合同(契约)的一种法律形式。

招标投标在性质上既是一种经济活动，又是一种民事法律行为。整个招标投标过程包含着招标、投标和定标(决标)三个主要阶段，其中定标是核心环节。招标是招标人事先公布有关工程、货物和服务等交易业务的选择分派或采购的条件和要求，如图样、货样、标准、规格、质量、期限等，以招引他人参加竞争承接。这是招标人为签订合同而进行的准备，从合同法意义上说，属于要约邀请。投标是投标人获悉招标人提出的条件和要求后，以订立合同为目的而向招标人作出愿意参加有关业务承接竞争意思表示，从合同法意义上说，属于要约。定标是招标人完全接受投标人中提出最优条件的意思表示，在性质上属于承诺。承诺即意味着合同成立。招标投标的过程，实际上是当事人就合同条款提出要约邀请、要约、新要约、再新要约……直至承诺的过程。

招标投标的标的是招标投标有关各方当事人权利和义务所共同指向的对象，包括工程、货物、劳务等。“标”指发包单位标明的项目内容、条件、工程量、质量、工期、标准等的要求，以及不公开的标底价格。

二、发包、承包的概念

发包是指业主按照一定的程序，采用一定的方式和方法，选定承包商完成工程、货物或服务项目等采购任务的经济活动过程。

承包是指承包商根据业主的要求，按照一定的程序、采用一定的方式承接工程、货物或服务项目等任务的经济活动过程。

招标单位又叫发包单位，中标单位又叫承包单位。

三、招标承包制

招标承包制是对工程、货物或服务项目的采购，采用招标投标的方式进行发包承包的一系列活动所依据的原则、程序、方式、方法、法规、制度等的总称。

四、工程建设项目招标投标

工程建设项目招投标，就是指建设单位或个人(通常所称业主或项目法人)通过招标的

方式，将工程建设项目的勘察、设计、施工、材料设备供应、工程监理和工程总承包等业务，一次或分步(部)发包，由具有相应资质的承包单位通过投标竞争的方式承接。其最突出的优点，是将竞争机制引入工程建设领域，将工程项目的发包方、承包方和中介方统一纳入市场，实行交易公开，给市场主体的交易行为赋予极大的透明度；鼓励竞争，防止和反对垄断，通过平等竞争，优胜劣汰，最大限度地实现投资效益的最优化；通过严格、规范、科学的运作程序和监管机制，不断促进竞争过程的公正，保证交易安全。

我国从20世纪80年代初开始逐步实行招标投标制度。工程建设项目招投标是我国一个非常重要且制度比较成型的有代表性的招标投标领域，是在市场经济条件下进行工程建设活动的一种主要的竞争形式和交易方式。历经观念确立和试点(1980～1983年)、大力推行(1984～1991年)和全面推开(1992～1999年)三个阶段，立法建制已初具规模，并形成了基本框架体系。自2000年1月1日起施行的《中华人民共和国招标投标法》，其规范的重点是工程建设项目的招标投标活动。从这个意义上说，它实际上是一部工程建设项目招标投标法。该法对招标的范围、招标投标活动的基本原则、招标、投标、开标、评标、中标的具体运作程序和行为规则，以及违法行为的法律责任等，做了比较全面系统的规定。当前，公平竞争观念已经深入人心，招标投标已经成为工程建设市场首选的和主要的交易方式，并且逐步形成了比较完整、健全的管理组织网络体系。

五、工程建设项目招投标的分类

按照不同的标准可以对工程建设项目招投标进行不同的分类。

(一)按照工程建设程序分类

按照工程建设程序，可以将工程建设项目招投标分为建设项目可行性研究招标投标、工程勘察设计招标投标、材料设备采购招标投标、施工招标投标。

(二)按照行业或专业分类

按照行业或专业分类，可以将建设工程招标投标分为土木工程招标投标、油气勘探开发工程招标投标、勘察设计招标投标、货物采购招标投标、安装工程招标投标、建筑装饰装修招标投标、生产工艺技术转让招标投标、工程咨询和建设监理招标投标。

(三)按照工程建设项目的构成分类

按照工程建设项目的构成，可以将工程建设项目招投标分为全部工程招标投标、单项工程招标投标、单位工程招标投标、分部工程招标投标、分项工程招标投标。

全部工程招标投标，是指对一个工程建设项目的全部工程进行的招标投标。

单项工程招标投标，是指对一个工程建设项目中所包含的若干单项工程进行的招标投标。

单位工程招标投标，是指对一个单项工程所包含的若干单位工程进行的招标投标。

分部工程招标投标，是指对一个单位工程所包含的若干分部工程进行的招标投标。

分项工程招标投标，是指对一个分部工程所包含的若干分项工程进行的招标投标。

必须强调指出的是，为了防止任意肢解工程发包，我国一般不允许分部工程招标投标、分项工程招标投标，但对某些专业性强、有特殊性要求的单项工程允许进行特殊专业的工程项目招标投标。

(四)按照工程发包承包的级次分类

按照工程发包的范围，可以将建设工程招标投标分为工程总承包招标投标、工程分包招标投标。

工程总承包招标投标，是指对工程建设项目的全部(即交钥匙工程)或实施阶段(勘察、设计、施工等)进行的招标投标。

工程分包招标投标，是指中标的工程总承包人作为其中标范围内的工程任务的招标人，将其中标范围内的工程任务，通过招标投标的方式，分包给具有相应资质的承包人，中标的分包人对招标的总承包人负责。

(五)按照工程建设项目是否具有涉外因素分类

按照工程是否具有涉外因素，可以将工程建设项目招投标分为国内工程招投标和国际工程招投标。

国内工程招标投标，是指对本国没有涉外因素的工程建设项目进行的招标投标。

国际工程招标投标，是指对有不同国家或国际组织参与的工程建设项目进行的招标投标。国际工程招标投标包括本国的涉外工程招标投标和国际工程招标投标。国内工程招标投标和国际工程招标投标的基本原则是一致的，但在具体做法上目前存在一些差异。随着社会经济的发展和国际工程交往的增多，国内工程招标投标和国际工程招标投标在做法上的区别将会越来越小。

六、工程建设项目招投标的适用范围

工程建设项目招投标的适用范围包括工程项目的前期阶段(可行性研究项目评估等)，以及建设阶段的勘测设计、工程施工、试生产等各阶段的工作。由于这两个阶段的工作性质有很大差异，实际工作中往往分别进行招投标，也有实行全过程招投标的。

七、工程建设项目招投标的基本特征

其一，平等性。招标投标的平等性，应当从商品经济的本质属性来分析，商品经济的基本法则是等价交换。招标投标活动应当按照平等、自愿、互利的原则和规范进行，双方享有同等的权利和义务，受到法律的保护和监督。

其二，竞争性。招投标的核心问题是投标者之间的竞争。投标人以自身的实力、信誉、服务、报价等优势，战胜其他投标者。招标人应当为参与的所有投标人提供同等条件，展开竞争。

其三，开放性。招标活动应当公开透明。招标投标活动必须公开招标公告，打破行业、部门、地区、甚至国别的界限，打破所有制的封锁、干扰和垄断，在最大限度的范围内让所有符合条件的投标者前来投标，进行自由的竞争。

八、工程建设项目的招标方式

工程建设项目招标主要有三种方式：公开招标、邀请招标和议标。三种招标方式分别适用于不同性质的项目，需要在制订招标策略时进行认真权衡和选择。在公开招标和邀请招标中，还常常采用两阶段招标方式。所谓两阶段招标，是指在工程招标投标时将技术标和商务标分开，先投、先评技术标。如果同时投技术标和商务标的，也须将两者分开密封包装，先开、先评技术标，经评标后淘汰其中技术标不合格的投标人，然后再由技术标通过的投标人投商务标，或再开、再评技术标通过的投标人的商务标。不应当将两阶段招标与公开招标、邀请招标和议标相提并论，也看作是一种招标方式，因为两阶段招标既可用在公开招标中，也可用在邀请招标中，它其实并不是一种独立的招标方式。

（一）公开招标

1. 公开招标的概念

公开招标，又称无限竞争性招标，是指由招标人通过报纸、刊物、广播、电视等大众媒体，向社会公开发布招标公告，凡对此招标项目感兴趣并符合规定条件的不特定承包商，均可自愿参加投标的一种工程发包方式。

公开招标是最具竞争性的招标方式。投标人只要符合相应的资质条件，并且愿意参加投标便不受市场准入等因素的限制。竞争程度最为激烈。它可以最大程度地为一切有能力的承包商提供一个平等竞争机会，招标人也有最大容量的选择范围，可在为数众多的投标人之间择优选择一个报价合理、工期较短、信誉良好的承包商。

2. 公开招标的基本程序

公开招标是程序最完整、最规范、最典型的招标方式。它形式严密，步骤完整，运作环节环环入扣。按照国际上的通行作法，一般来说，公开招标的基本程序主要是：

①发布招标公告；

②资格预审（不实行资格预审的要进行资格后审）；

③发放招标文件；

④投标预备会；

⑤编制、递送投标文件；

⑥开标；

⑦评标；

⑧定标—中标；

⑨合同谈判与签订。

公开招标是适用范围最为广泛的招标方式。国际上谈判招标通常都是公开招标。公开招标有利于开展真正意义上的竞争，最充分地展示公开、公正、平等竞争招标原则，防止和克服垄断；能有效地促使承包商在增强竞争实力上修炼内功，努力提高工程质量，缩短工期，降低造价。但是，公开招标也往往会招来大量的投标书，使一些经验不足、经营状况不佳的企业混杂进来，增加评标的工作量和难度，造成不必要的时间浪费和资金支出。

（二）邀请招标

1. 邀请招标的概念

邀请招标，又称有限竞争性招标或选择性招标，是指招标人以投标邀请书的方式邀请特定的法人或者其他组织投标。招标人根据自己的经验和掌握的信息资料，向被认为有能力承担工程任务经预先选择的特定的承包商发出邀请书，邀请他们参加工程任务的投标竞争。

邀请招标的一般程序

邀请招标在程序上比公开招标简单，操作环节比公开招标少。邀请招标的程序一般主要是：

①发出投标邀请；

②发放招标文件；

③投标预备会；

④编制、递送投标文件；

⑤开标；

⑥评标；

⑦定标—中标；

⑧合同谈判与签订。

邀请招标的投标人是经过选择限定的，竞争范围和程度没有公开招标大，在时间和费用上比公开招标节省。

邀请招标在一定程度上限制了竞争范围，因为经验和信息资料的局限性，会把许多可能的竞争者排除在外，不能充分体现自由竞争、机会均等的原则精神。鉴于此，常常对邀请招标的适用范围和条件，作出有别于公开招标的指导性规定。

（三）议标

1. 议标的概念

议标是一种非竞争性招标，也称为谈判招标或指定招标，是指由招标人选定承包商，以议标文件或拟议合同草案为基础，分别与其直接谈判，选择自己满意的一家，达成协议后将工程任务委托给这家承包商承担。议标活动中，招标人和议标投标人可以根据需要和可能，委托具有相应资质等级的代理机构代办议标事务。

2. 议标的适用

最初，议标的习惯做法是由发包人物色一家承包商直接进行合同谈判，只是在某些工程项目的造价过低，不值得组织招标，或由于其专业为某一家或几家垄断，或因工期紧迫不宜采用竞争性招标，或者招标内容是关于专业咨询、设计和指导性服务或专用设备的安装维修以及标准化，或属于政府协议工程等情况下，才采用议标方式。

随着工程承包活动的广泛开展，议标的含义和做法也在不断发展和改变。当前，议标常常是获取巨额合同的主要手段。

议标通常在以下情况下采用：

①以特殊名义缔结承包合同。

②按临时价缔结且在业主监督下执行的合同。

③由于技术的需要或重大投资原因只能委托给特定的承包商或制造商实施的合同。这种情况下的议标一般是单项议标。

④属于研究、试验或实验及有待完善的项目承包合同。

⑤项目已付诸招标，但没有中标者或没有理想的承包商。这种情况下，业主通过议标，另行委托承包商实施工程。

⑥出于紧急情况或急迫需求的项目。

⑦秘密工程。

⑧属于国防需要的工程。

⑨已为业主实施过项目且已取得业主满意的承包商重新承担基本技术相同的工程项目。

适用于按议标方式缔结的合同基本如上所列，但并不意味着上述项目不适用于竞争性招标方式。

议标合同的订立程序和合同批准通知书的规定期限及相应的手续和缔约候选公司的权利放弃等与招标合同一致。

九、工程建设项目招投标的程序及组织实施

（一）工程建设项目招投标的一般程序

工程建设项目招投标的一般程序，主要包括组织招标、开标评标和决标签约三个阶段。

第一，组织招标阶段。业主组织招标班子和评标委员会，编制招标文件和标底，发布招标公告或发出投标邀请，审查确定投标人，发放招标文件，组织招标会议和现场勘察，接受投标文件。同时，承包商根据招标公告或招标单位的邀请，选择符合本单位施工能力的工程，向招标单位表示投标意向，并提供资格证明文件资料；通过资格预审后，组织投标班子，跟踪投标项目，购买招标文件，参加招标会议和现场勘察，编制投标文件，并在规定时间内报送招标单位。

第二，开标评标阶段。在招标公告规定的时间、地点，由招标投标双方选派代表并有公证人在场的情况下，当众开标；招标方对投标者作资格后审、询标、评标；投标方接受询标质疑，作好询标解答，等待评标决标。

第三，决标签约阶段。评标委员会提出评标意见，报送审查，确定中标单位并发出《中标通知书》；中标单位在接到通知书后，在规定的期限内与招标单位订立合同。

（二）工程建设项目招标活动的组织实施

一般地，工程建设项目的组织实施包括确定项目策略、组织招投标、组织工程施工、竣工验收、办理工程价款决算、试车或试生产、投产等过程。其中，招标投标过程可以分为确定项目策略、资格预审、招标和投标、开标、评审投标书、授予合同六个部分。

1. 确定工程建设项目策略

确定工程建设项目策略包括确定采购方式、招标方式和项目实施的日程表。

2. 对投标人进行资格预审或资格后审

资格预审是买方进行资信调查的重要方法。对投标人进行资格预审的目的是在投标之前审查投标企业的生产能力、技术水平和经营历史，剔除无市场准入资质、施工能力不足的承包商，有针对性地挑选出一批确实有经验、能力和必要的资源，能够圆满完成工程建设项目的承包商获得投标资格，确保投标人承建工程能够达到招标机构预定的水准。资格预审可以提高招标机构的工作效率，节省招标费用和时间，降低招标成本。

资格预审的程序一般包括业主编制资格预审文件，发布招标公告，出售资格预审文件。承包商填写资格预审文件并提交业主设立的招标机构，招标人通过对愿意承担招标项目的投标人的技术能力、施工经验、财务状况、社会信誉等方面进行评审，以确定有资格参加投标的承包商名单，并通知所有的申请人。只有通过资格预审的承包商或供应商才有资格参加投标。资格预审也可以进一步测试投标者对本项目投标的兴趣。

资格预审通常都是在投标之前进行，有时也可以和投标同时进行，即资格后审。资格后审是在招标文件中加入资格审查的内容，投标人在报送投标书的同时报送资格审查资料，评标委员会在正式评标前先对投标人进行资格审查。对资格审查合格的投标人进行评标，而资格不合格的投标人不予评标。资格后审的内容与资格预审的内容大致相同，如果有的内容在招标文件中要求投标人在投标文件中填写，则不必要求投标人重复填报。

3. 招标和投标

业主在招标准备阶段的工作主要包括编制并发售招标文件，组织投标人进行现场考察，接受投标人质疑，补遗招标文件，接收投标书。

(1)招标文件的主要内容

广义的招标文件包括从招标通告直至将要签订的合同格式和内容，是向合格的潜在投标人发出的有关招标的各种书面要求。招标文件由招标机构或招标咨询机构编制。招标文件既是投标人编制投标书的依据，也是业主与中标的承包商订立合同的基础。招标文件是对招投标双方均具有约束力的极为重要的文件。招标机构必须重视招标文件的编制，使其清晰明了、严谨细致。

招标文件通常包括招标通告、资格预审表、投标人须知、合同条件、工程技术说明书、工程技术图纸和设计资料、工程量清单、投标书、投标保证书、履约保证书和协议书等文件资料。

①招标通告系指招标公告或投标邀请书。

②资格预审表。投标人要按照招标通告指定的时间、地点报名申请参加资格预审。只要符合招标人规定的基本条件，投标人就可以领取一份工程项目的介绍和资格预审文件。资格预审文件一般是一系列的表册，称为资格预审表。投标人必须如实填写。如投标人还有情况需要说明，可另附纸页。

③投标人须知。即投标指南，指导投标商进行正确投标，并说明应填写的投标文件和开标日期。主要内容有：工程概况描述、项目资金来源、市场准入资质、招标文件费、投标书使用语言、场地勘察时间、工程报价方法、计价货币、标书的有效期限、投标保证书、改变工程建议书、递交标书的最后日期、迟延标书的处理、标书的修正和撤回、开标、授标的标准、业主的权力、授标通知、订立合同的事宜、履约保证等方面的内容。

④合同条件。

⑤工程技术说明书。

⑥工程技术图纸和设计资料。

⑦工程量清单。

⑧投标保证书。投标保证书是保证人向业主担保投标人的标书被接受后，一定同业主订立承包合同，不得反悔，不得中途退标。否则，将没收保证书规定的担保金额，以赔偿业主损失。投标保证书通常由投标人和担保人共同签署。

⑨履约保证书。履约保证书是指招标人要求中标人在签订承包合同后，商请第三者保证中标人按照合同条件履行合同，如违约或延期不执行，则负责赔偿所造成经济损失的保证书。保证金额一般为投标总价的5%～10%，一般在订立合时同时填写履约保证书。

⑩协议书。协议书即某承包商一旦中标后，同业主签订合同时所使用的格式，以便让投标人了解中标后将同业主签订什么样的合同协议。由于合同的各种条件都已分散写在各招标文件中，所以协议书在正文中只需写明上述各种文件为本协议的组成部分，本人愿意遵守执行即可。一般由招标人预先印好，由投标人填写。

(2)招标文件的作用

①招标文件是招投标双方的行动准则和指南。

招标文件中不仅规定了完整的招标程序，说明招标机构将按照文件指定的时间、地点和程序，完成招标全过程；而且文件中还提出各项具体的技术标准和交易条件，要求愿意参加项目投标的潜在承包商，按照既定标准参加投标交易。投标单位只要接受邀请参加投标，就意味着同意接受招标机构所提出的各项要求。招标人和投标人在整个招标与投标进程中，每一步骤都应按照招标文件办理，受招标文件约束。

②招标文件是投标人编制标书的依据。

标书是投标人向招标机构发出的交易条件的投标文件，这个文件必须以招标文件中规定的交易条件为基础。招标文件中规定了投标条件和各注意事项、投标文件填写的格式。投标人若不按照要求行事，所投标书必然遭到招标机构的拒绝。虽然投标人在填制标书时，对某些条件可以提出修改、补充，但仅限于一定范围内，而且由招标机构最终决定是否接受。

③招标文件是将要订立合同的基础。

招标文件中要说明未来合同的主要内容、合同的种类和格式，使投标人了解招标的最后步骤——合同签订的情况。招标文件发出后，投标人同意主要条款，它就可以被看成交易中的“接受”，是买卖双方共同达成的交易条件。在很多情况下，招标文件与合同条款相差无几，只不过需要由买方和中标人履行一下签约手续而已。

(3)投标人质疑

投标人质疑的方式主要有信函答复方式、组织召开投标人会议方式，或两者同时采用。业主可以要求投标人在规定的时间内书面提交将要质疑的问题，也允许在会议中提问。业主应当回答所有的问题，并向所有的投标人发送书面的纪要对所有的有关问题进行解答，但在问题解答中不提及问题的质疑人。

(4)招标文件补遗

招标文件补遗构成正式招标文件的一部分，补遗的内容多出于业主对原有招标文件的解释、修改或增删，亦包括对一些问题的解答和说明。招标文件补遗应当编有序号，发送所有投标人。业主应当尽量避免在招标期的后期颁发补遗，那样可能会使承包商来不及对其投标书进行修改，如果颁发补遗太晚就应当适量延长投标期。

(5)标书的接收

投标人应当在招标文件规定的投标截止日期之前，将完整的投标书按要求密封、签字之后提交招标人。招标人应派专人负责签收保存。开标之前不得启封。迟标一般将被原封不动地退回。

4. 开标

开标是指在规定的开标日期，招标人在开标会上启封每一个投标人的标书。一般招标人在开标会上只宣读投标人的名称、报价、备选方案价格和是否提交了投标保证，同时也宣读因迟标等原因而被取消投标资格的投标人名称。

5. 评标—决标

评标—决标阶段的主要工作有以下几个方面：

第一，评审投标书。审查每份投标书是否符合招标文件的规定和要求，审查投标报价有无运算方面的错误，如果有，应当要求投标人一同核算并确认改正后的报价。如果投标文件有原则性的违背招标文件规定之处或投标人不确认其报价运算中的错误，招标人应当拒绝并退还投标人标书，也可沉没投标保证金。

第二，澄清有偏差的标书。评审投标书后，招标人一般要求报价最低的几个投标人澄清其标书中的有关事宜，包括标书中的偏差。招标人可以接受此标书，但在评标时由业主方将此偏差的资金价值采用“折中”方式计入标价。如果标书中包含的偏差太大而不可能决定偏差的资金价值，则认为标书不符合要求，将其退还投标人。除非投标人声明确认撤回偏差，对报价不作任何修改，招标人才接受此标书。

第三，决标或废标。决标是指招标人在综合考虑标书的报价、技术方案以及商务方面的情况后，最终确定中标承包商。废标是指由于下列原因而宣布此次招标作废，取消所有投标。这些原因一般包括：所有投标人的报价都大大高于标底；所有标书都不符合招标文件的要求；收到的标书太少(一般指不多于3份)。此时，业主应当通知所有的投标人，并退还他们的投标保证金。

6. 授予合同

授予合同阶段的工作主要有：

其一，签发中标函。决标确定中标人后，业主会与中标人进行更深入的谈判磋商，全面达成一致意见后，作成备忘录。备忘录应经双方签字确认后，业主即可发出中标函。如果谈判达不成一致意见，则招标人应当向意向中的次优中标人进行在一轮的谈判。

其二，办理履约保证。履约保证是指投标人在签订合同协议书时或在规定的时间内，按照招标文件规定的格式和金额，向业主提交的保证承包商在合同期间能够认真履约的担保性文件。

其三，编制合同协议书，订立合同。

其四，通知未中标的投标人，收回招标文件，退还投标保证金。

工程建设项目招投标流程见图8－1：

十、工程建设项目招投标活动的基本原则

工程建设项目招投标活动基本原则，是指进行工程建设项目招投标活动的普遍的指导思想和准则。

工程建设项目招投标活动应当遵循的基本原则主要有：合法、正当原则；统一、开放原则；公开、公正、平等竞争原则；诚实信用原则；自愿有偿原则；讲求效益、择优定标原则；招标投标权益不受侵犯原则。

(一)合法、正当原则

合法原则的基本要求是，工程建设项目招标投标活动当事人和中介服务机构的一切活动，必须符合法律、法规、规章制度和有关政策的规定。

正当原则要求当事人进行建设工程招标投标活动时，必须符合社会公共道德(包括社会上公认的商业道德等)和社会公共利益，获得社会的肯定评价。不得损害社会公共利益和公共秩序。

(二)统一、开放原则

统一、开放原则，是市场经济本身内在规律对建设工程招标投标制度的客观要求，是工程建设项目招标投标制度设计、存在和发展的最根本条件。

统一原则的具体要求和标志主要有：第一，工程建设项目招标投标的市场应当统一。任何分割市场的做法都是不符合市场经济规律要求的，也是无法形成公平竞争市场机制的。第二，工程建设项目招标投标的管理应当统一。一个地区、一个行业抑或一家单位应当有一个统一管理的主管机构(部门)。不能搞地区封锁、部门割据，政出多门、各管一块，造成市场越管越乱，难以统一。第三，建设工程招标投标的规范应当统一。如市场准入规则的统一，招标文件文本的统一，合同条款的统一，工作程序、办事规则的统一等。

开放原则，要求根据统一的市场准入规则，打破地区、部门和所有制等方面的限制和束缚，全面开放建设工程招标投标市场，破除地区和部门保护主义，反对一切人为的封闭市场

行为。同时，建设工程招标投标的实际运作，要在立足本国、本地区、本行业(部门)、本企业具体情况的基础上，积极向国际惯例接轨、面向世界开放。

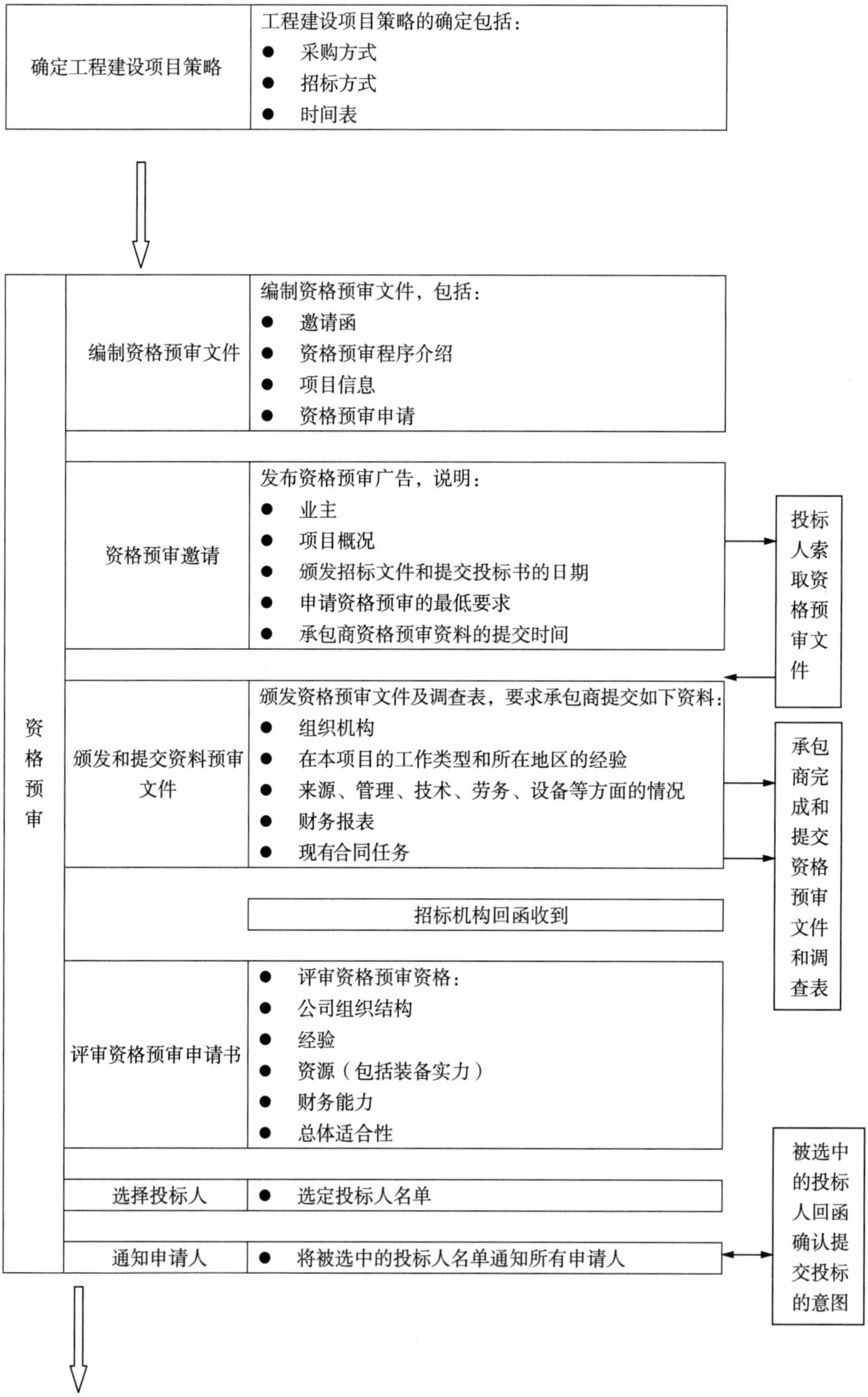

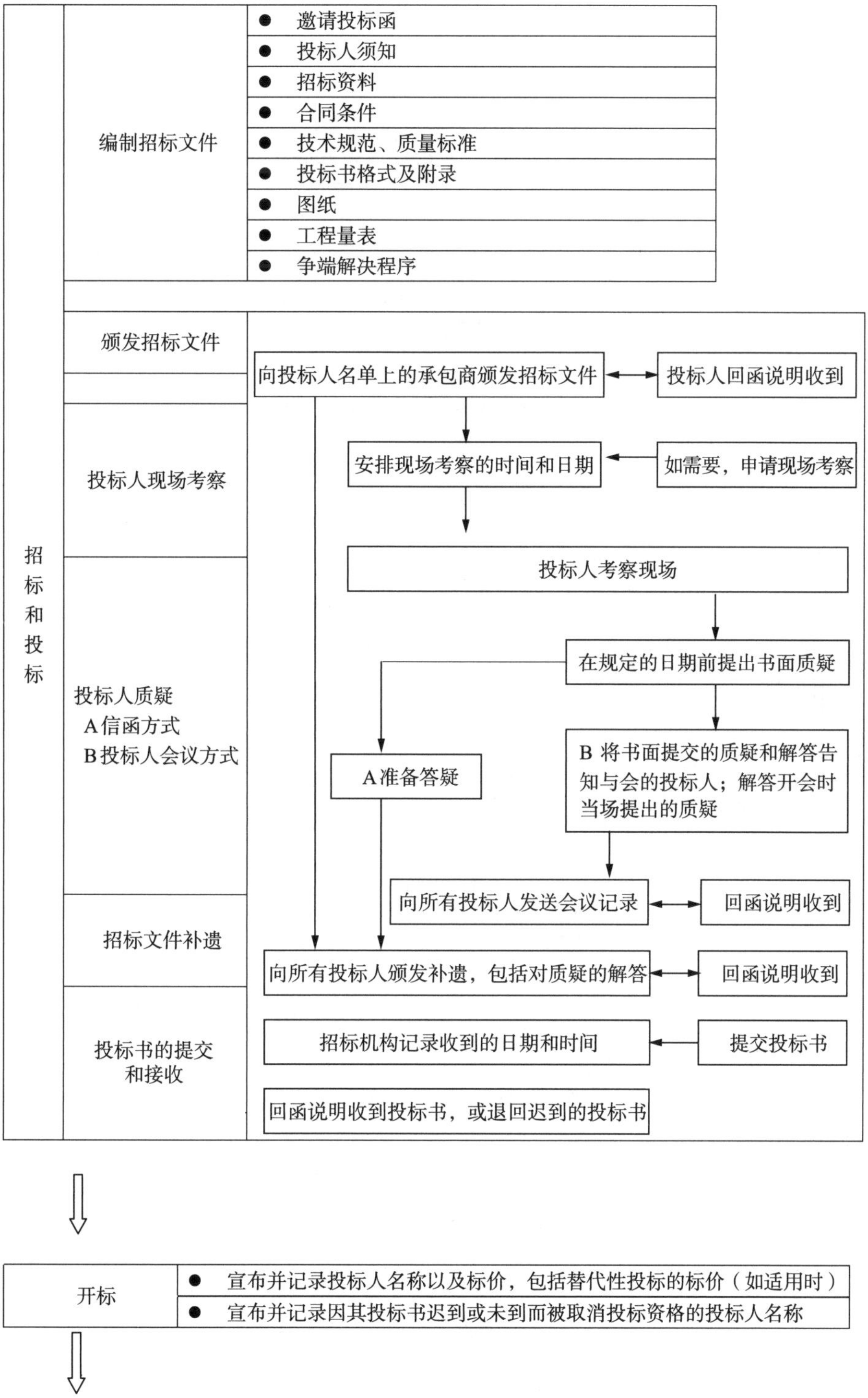

招标和投标
编制招标文件
邀请投标函
投标人须知
招标资料
合同条件
技术规范、质量标准
投标书格式及附录
图纸
工程量表
争端解决程序
颁发招标文件
向投标人名单上的承包商颁发招标文件
投标人回函说明收到
投标人现场考察
安排现场考察的时间和日期
如需要，申请现场考察
投标人考察现场
投标人质疑
A信函方式
B投标人会议方式
在规定的日期前提出书面质疑
A准备答疑
B 将书面提交的质疑和解答告知与会的投标人；解答开会时当场提出的质疑
向所有投标人发送会议记录
回函说明收到
招标文件补遗
向所有投标人颁发补遗，包括对质疑的解答
回函说明收到
投标书的提交和接收
招标机构记录收到的日期和时间
提交投标书
回函说明收到投标书，或退回迟到的投标书
开标
宣布并记录投标人名称以及标价，包括替代性投标的标价（如适用时）
宣布并记录因其投标书迟到或未到而被取消投标资格的投标人名称

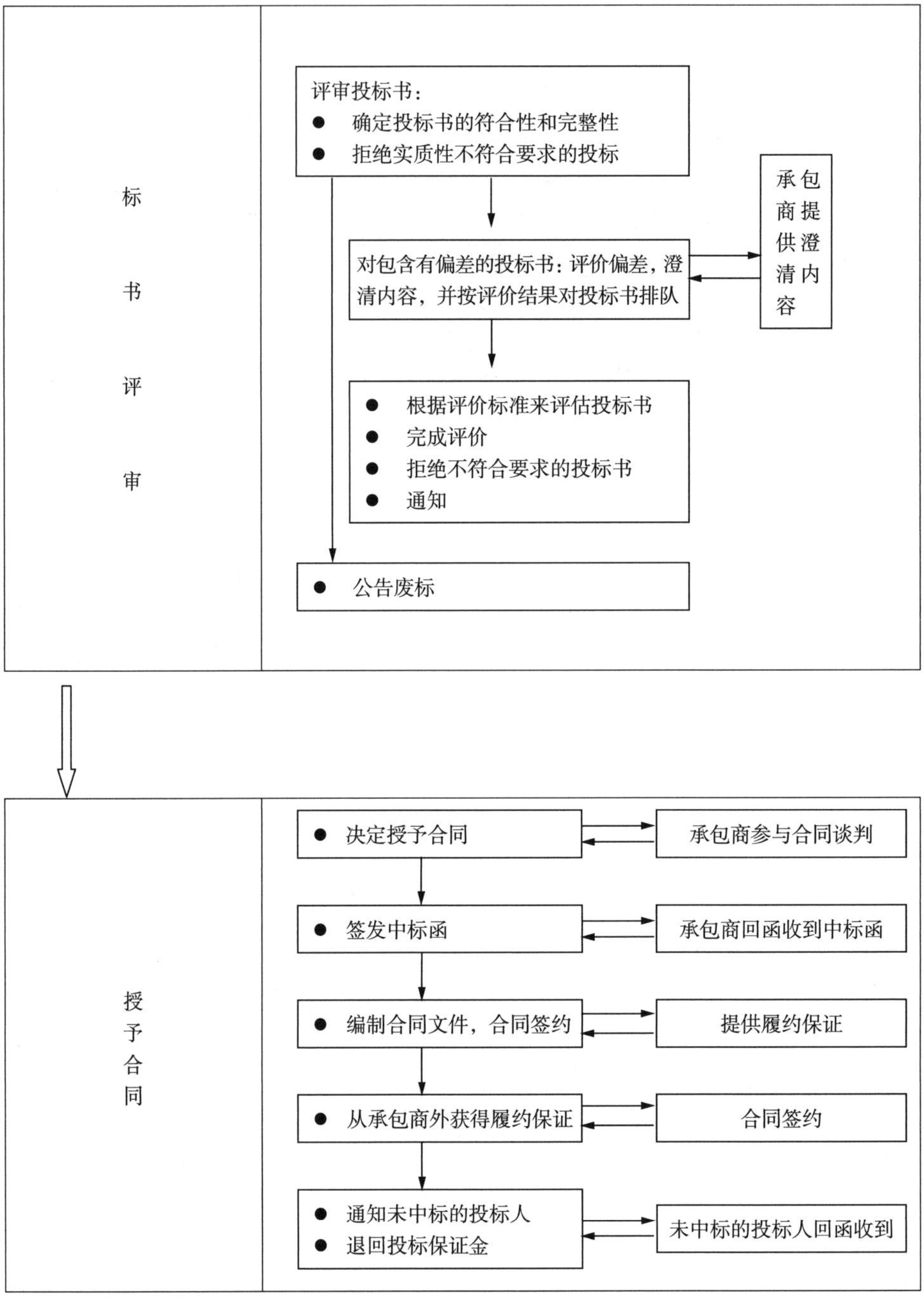

图 8－1　工程建设项目招投标流程示意图

（三）公开、公正、平等竞争原则

公开原则要求工程建设项目招标投标活动应当具有较高的透明度。具体有以下几层意思：第一，工程建设项目招标信息公开。通过建立和完善建设工程项目报建登记、计划审批制度，及时向社会发布建设工程招标投标信息，让有意参与的投标人都能享受到同等的信息。第二，工程建设项目招标投标的条件公开。什么情况下可以组织招标，什么机构有资格组织招标，什么样的单位有资格参加投标等，应当公开，便于监督。第三，工程建设项目招标投标的程序应当公开。工程建设项目的招标投标应当经过哪些环节、步骤，在每一个环节、每一个步骤有什么具体要求和时间限制，凡是适宜公开的，都应当予以公开；在工程建设项目招标投标的全过程中，招标单位的主要招标活动程序、投标单位的主要投标活动程序和招标投标管理机构的主要监管程序，必须公开。第四，建设工程招标投标的结果公开。哪些单位参加投标，哪个单位中了标，均应当予以公开。

公正原则是指在工程建设项目招标投标活动中，按照同一标准对待所有的当事人和中介机构。譬如，招标人应当公正地表述招标条件和要求，按照事先经审查认定的评标定标办法，对投标文件进行公正评价，择优确定中标人等。

平等竞争原则是指所有当事人和中介机构在建设工程招标投标活动中，享有均等的机会，具有同等的权利，履行相应的义务，任何一方都不受歧视。在工程建设项目招标投标活动中，所有合格的投标人进入市场的条件和竞争机会都是一样的，招标人对投标人不得搞区别对待，厚此薄彼。所涉及各方主体，都负有与其享有的权利相对应的义务，因不可抗力因素造成各方权利义务关系不均衡的，都可以而且也应当依法予以调整或解除；对自身过错所造成的损害应当承担责任，对各方均无过错所产生的损害则应当根据实际情况分担责任。

（四）诚实信用原则

诚实信用原则要求在工程建设项目招标投标活动中，所涉及各方主体应当以诚相待，讲求信义，实事求是，做到言行一致，遵守诺言，履行成约，不得见利忘义、投机取巧、弄虚作假、隐瞒欺诈、以次充好、掺杂使假、坑蒙拐骗，损害他人合法权益。诚信原则要求当事人和中介机构在进行招标投标活动时，必须具备诚实无欺、善意守信的内心状态，要在自己获得利益的同时充分尊重社会公德和国家、社会、集体、他人的合法权益。

（五）自愿有偿原则

自愿原则是指在建设工程招标投标过程中，所涉及各方主体享有独立的、充分的表达自己真实意思和自主决定自己行为的自由，任何一方不得将自己的意志强加于对方或干涉对方自由表达自己的意志。虚伪的意思表示，或者一方采取欺诈、胁迫等手段，致使对方在违背自己真实意志的情况下所作出的意思表示和行为，都是无效的。自愿原则在本质上是赋予工程建设项目招标投标活动中的各方主体以充分的意思自治、行为自主的自由权，当然，这种自由权不是绝对的。也就是说，工程建设项目招标投标活动中的自愿原则是以平等原则为基础，同时必须受合法、正当原则的约束，接受依法进行的管理和监督。

有偿原则是市场经济社会价值规律的必然要求和反映。它是指在工程建设项目招标投标活动中，当事人在享有权利的同时，必须偿付相应的代价。工程建设项目招标投标活动是一种对价的行为。双方的权利义务具有对等性，一方当事人对他方提供某种物品或劳务，完成某项工作，他方就需要至付给对方价值大致相等的价金或实物。一方给另一方造成损害的，也应以支付同等价值的补偿为原则。另外，在组成联合体组织招标或参加投标的情况下，各方应当利益均沾，禁止相互之间巧取豪夺，无偿占有，剥夺他方应得利益。

（六）讲求效益、择优定标原则

讲求效益、择优定标原则是建设工程招标投标管理的终极原则。实行建设工程招标投标的目的，就是要追求最佳的投资效益，在众多的竞争者中选出最优秀、最理想的投标人作为中标人。

（七）招标投标权益不受侵犯原则

招标投标权益是各方主体进行招标投标活动的前提和基础，因此保护合法的招标投标权益是维护工程建设项目招标投标秩序、促进工程建设市场健康发展的必要条件。工程建设项目招标投标活动中的各方主体依法享有的招标投标权益，受国家法律的保护和约束。任何单位和个人不得非法干预招标投标活动的正常进行，不得非法限制或剥夺当事人享有的合法权益。

第二节　石油钻井工程项目招标管理

一、石油钻井工程项目招标概述

石油钻井工程项目招标是指石油公司按照油气勘探开发方案部署和油气勘探开发建设工程管理程序，发布钻井工程井位，以一定的方式邀请一定数量的钻井承包商及钻井生产协作单位组织投标，按照规定的程序和预期的标准，考察各投标人的施工技术、装备水平，评审投标报价、预计工期等各项承诺，将钻井生产主体作业工程及钻前准备工程、测井测试工程、录井工程、固井工程、试油/试气、完井工程、环境保护工程等协作配合工程，发包给择优确定的钻井承包商及钻井生产协作单位组织施工等一系列活动的总称。

石油钻井工程项目招标系油气勘探开发建设工程项目单项工程招标。单项工程招标又称为分项工程招标或局部工程招标，它是指以油气勘探开发项目所涉及的可相对独立的工程或任务为对象，单独组织招标。单项工程招标包括油气勘探开发项目可行性研究招标、配套工程招标、前期工程招标、设计招标、物化探工程招标、钻井工程招标、录井工程招标、测井工程招标、测试测量工程招标、试油/试气工程招标、完井工程招标、环境保护工程招标、专题研究招标及其他服务项目招标。

总之，一切可以界定边界的独立任务均可分别招标。单项工程招标一般可以按照项目实施的程序分阶段进行，也可将可行性研究、项目设计外的其他工程同时招标。单项工程招标适应各种类型、各个阶段油气勘探开发项目，采用单项工程招标可实现油气勘探开发项目一系列工程的综合优化，最大程度地实现投资目的。

某一钻井工程项目包括的钻前准备作业、钻进、测井、测试测量、录井、固井、试油/试气、完井、环境保护及其他技术服务等工程项目均可作为这一钻井工程项目的分部分项工程组织招标。

二、石油钻井工程项目发包策略和发包计划

发包策略涉及钻井工程的主体生产作业及钻前、录井、测井、管具、固井、试油、技术服务等协作配合工程所需要的承包者的数量、承包者在作业中的职责、承包者之间及他们与甲方之间的关系，涉及招标方式及其程序的确定。最简单的发包策略是将单井项目运行全过程承包给一家钻井作业公司，再由这家钻井公司选择协作配合作业单位。将单井项目运行全过程承包给一个作业公司，毋须甲方过多地控制和协调，但会增加项目成本和投资风险。将项目分包给若干个承包者，就会分散投资风险并能利用某些承包者的特有作用，但可能会扩大协调与控制的幅度。制订发包策略时，应当在确定承包者的数量上进行认真权衡。一般情况下，石油钻井工程项目适宜将钻井生产主体作业和协作配合工程分包给相应的专业公司协同作业。

发包策略是制订发包计划的依据。发包计划包括钻井生产主合同和所有钻井生产协作配合工程合同的数量和类型、各合同涉及的主要工作内容和合同条款、各承包者之间的接口工作以及承包者之间和他们与甲方之间的合同与报告关系。发包计划应当认真考虑钻井工程主体作业和各协作配合工程作业潜在的投标者。

发包策略和发包计划没有固定的模式，也不能依据经验而墨守成规，需要项目管理人员根据项目建设的内外条件切合事宜制订。正确的发包策略和完整周密的发包计划可以尽可能地防止招标工作出现失误、考虑不周或拖延时间，它是招标工作的依据和基础。

三、石油钻井工程项目招标方式

石油钻井工程项目招标主要有三种方式，即公开招标、邀请招标和议标。在公开招标和邀请招标中，常常采用两阶段招标方式，将技术标和商务标分开，先投、先评技术标，后投、后审商务标；如果同时投技术标和商务标的，须将两者分开密封包装，先开、先评技术标，再开、再评技术标已通过的投标人提交的商务标。

（一）公开招标

石油钻井工程项目公平招标流程见图 8 -2。

（二）邀请招标

石油钻井工程邀请招标流程见图 8 -3。

（三）议标

石油钻井工程项目议标是指石油公司与钻井承包商或钻井生产协作单位经过协商达成协议后，订立工程作业合同的承包方式。石油钻井工程项目议标通常在以下情况下采用：

其一，甲乙双方有着密切、愉快的合作经历；

其二，甲方对乙方的实力和信誉充分信任、了解；

其三，因钻机钻深能力、整体装备水平、施工技术等原因，拟进行的工程项目非某承包商莫属，市场无竞争局面；

其四，其他适宜于议标组织实施的钻井工程。

议标可以节省招标成本，但缺乏竞争，在某些情况下可能难以保证钻井工程项目的工期、成本等实现综合优化。

四、石油钻井工程项目招标准备

（一）招标条件

对于石油钻井工程项目招标而言，应当具备以下条件：

其一，已获得项目所在区域的油气勘探开发许可证；

其二，已列入石油公司投资计划；

其三，已完成拟招标项目的任务书；

其四，项目的投资概算已获批准，项目所需资金已经落实。

（二）准备招标文件

1. 石油钻井工程项目招标文件的主要内容

石油钻井工程项目招标文件应当涵盖以下内容：

①项目综合说明书：说明项目名称、勘探开发范围、井型、地质任务、技术要求、质量标准、作业区的自然条件、招标方式、要求开工和竣工的时间、对投标单位的资格等级要求等；

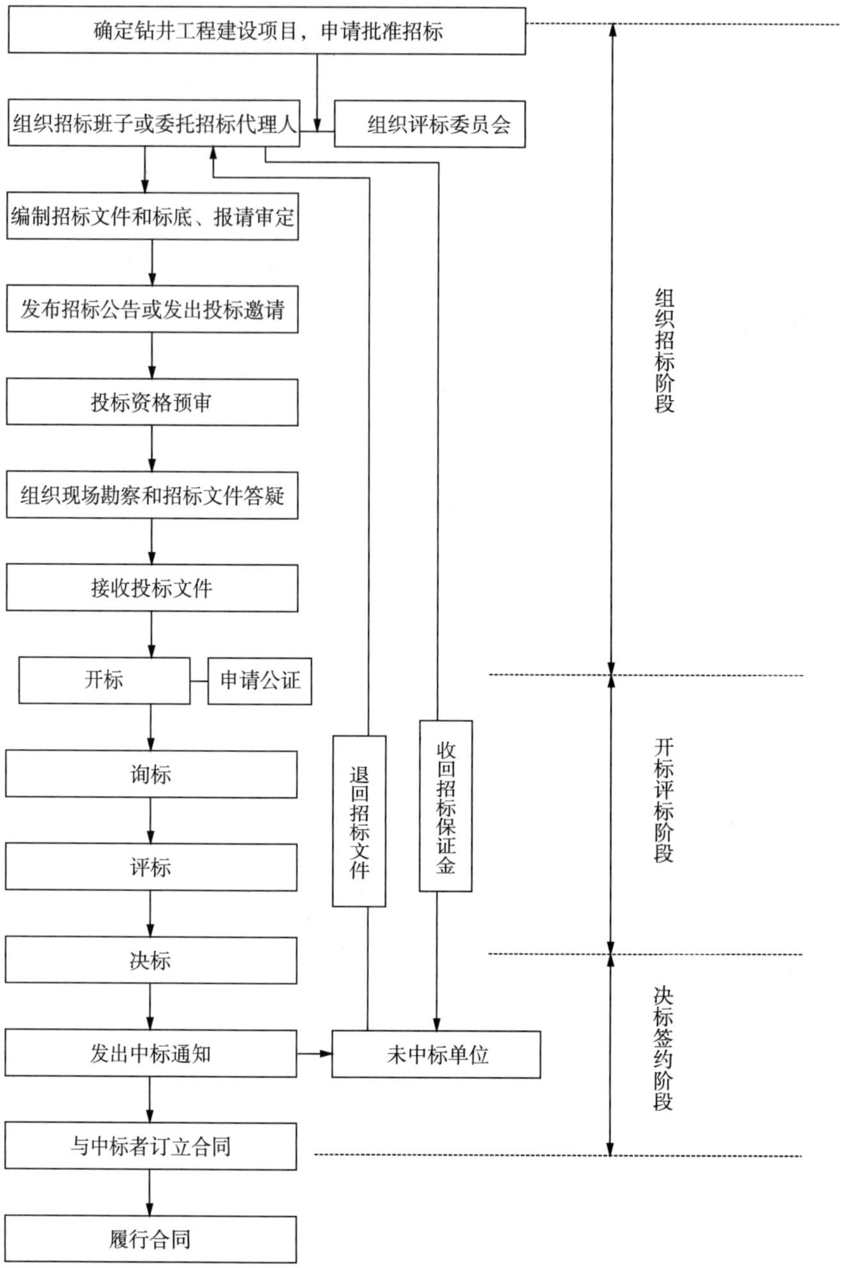

图 8－2　石油钻井工程项目公开招标流程图

②石油钻井工程项目任务书，尤其是拟招标钻井工程的设计资料；

③可以估算项目成本的工程量清单；

④建设资金来源和工程款的支付方式；

⑤工程施工要求以及采用的技术规范；

⑥投标书的统一格式及编制要求；

⑦投标、开标、评标、定标等工作的日程安排以及迟标、废标的处理方法；

⑧合同类型、主要条款以及调整要求，应一并准备合同草稿；

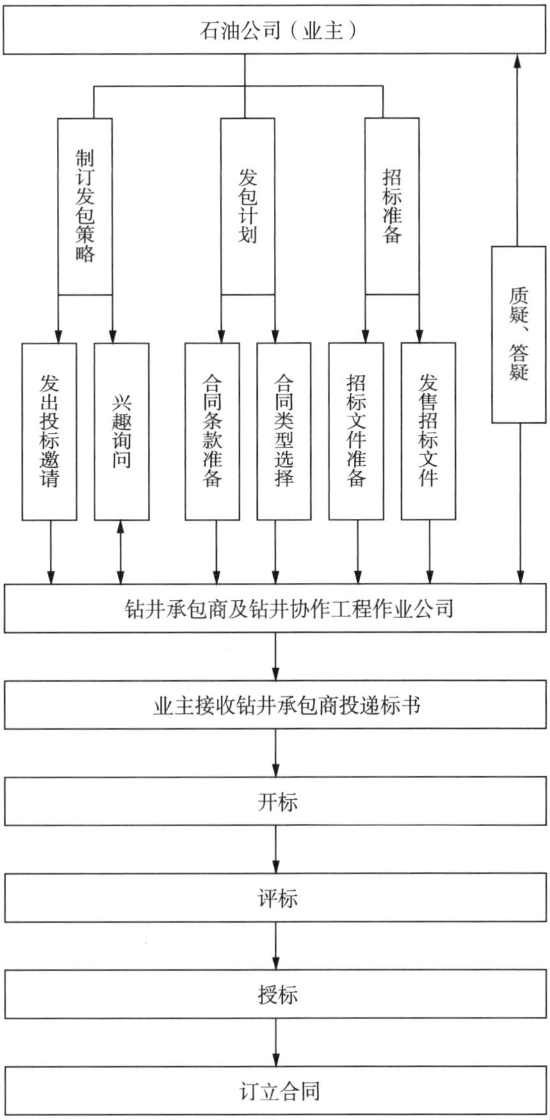

图 8－3　石油钻井工程项目邀请招标流程图

⑨要求投标单位交纳的投标保证金额度；

⑩其他应当说明的事项。

2. *石油钻井工程项目招标文件组成*

石油公司钻井工程项目招标文件一般由招标公告或投标邀请书，投标书，单井项目施工管理承包协议，钻井作业生产计划，标书填写要求，投标人对地质资料、工程质量、安全及环境保护等方面的承诺，投标人对成本报价的承诺，招标评标打分表，投标人成员资信调查表，本次招标的附加说明及单井投标费用的测算依据等文件资料组成。其中：

1）招标公告或投标邀请书规定了钻井承包商应当具备的资质条件、标书所包括的内容及填写方法、单井钻井作业的承包形式及日费标准、钻井承包商应作出的各项承诺以及上交标书的地点和投标截止的时间要求等。

2）单井项目施工管理承包协议，该协议由中标承包商或其委托代理人与招标人签订。

该协议一般由以下五部分组成:

①工程项目与工程内容;

②双方的义务;

③承包商的权力和责任;

④对承包商的考核与奖罚;

⑤其他应当明确的事项。

3)单井工程生产作业计划。一般包括钻井基础数据、地质分层、钻井工程要求和地质要求等方面的内容。其中:钻井基础数据包括井号、井别、井型、地理位置、地面海拔、设计井深、完钻层位、主要目的层和完钻原则等内容。钻井工程要求包括井身结构,包括套管系列、钻头系列及水泥封固段要求,钻井液密度要求,取心要求,井身质量要求,井控要求,重点施工提示,环保等方面的要求。地质要求主要包括录井、测井及中途测试等。

4)标书编制要求。

5)投标人对地质资料、工程质量、安全及环境保护等方面的各项承诺。

6)投标人对单井成本报价的承诺及对单井投标费用的详细测算依据。它是标书非常重要的部分。

投标报价表例举见表8-1,招投标实务中不局限于这种格式。

表8-1 石油钻井工程项目投标报价表(例举)

序号	项目	计算依据	费用(元)
	一、工程直接费		
	(一)直接费用		
	1. 直接材料		
	①…		
	2. 燃料和动力		
	①…		
	3. 人工费		
	4. 折旧费		
	…		
	(二)其他直接费		
	1. 钻前准备工程		
	①…		
	2. 井控及固控装置摊销		
	①…		
	3. 设备修理费		
	4. 设备保险费		
	5. 科技进步发展费		
	6. HSE		
	7. 其他直接费		
	…		
	二、间接费用		

续表

序号	项目	计算依据	费用(元)
	(一)施工管理费		
	(二)财务费用		
	三、风险费		
	四、计划利润		
	五、工程报价		
	六、税费		

7)主要生产与管理人员一览表。

钻井队(平台)主要生产与管理人员一览表例举见表8－2。

表8－2　主要生产与管理人员一览表

姓名	年龄	岗位(职务)	学历	专业	职称	从事本岗本职工作年限	备注

8)本次招标的附加说明。

五、石油钻井工程项目招标标底的编制

(一)标底的概念

标底又称标价，是招标人对招标项目所需费用测算的期望值，它是评定投标报价合理性、可行性的重要依据，也是衡量招标投标活动经济效果的依据。标底应当合理、公正、真实、可行。

影响标底的因素很多，在编制时要充分考虑投资项目的规模大小、技术难易、地理条件、工期要求、材料价差、质量等级要求等因素。

(二)标底的构成

标底的构成包括三部分：

其一，工程项目成本(含主体工程费用、临时工程费用及其他工程费用)；

其二，投标人合理利润；

其三，风险费。

一般标底不得超过经批准的工程概算或修正概算。

标底直接关系到招标人经济利益和投标者的中标机率，应在开标订立合同前严格保密。如有泄密，将直接影响招标投标活动的公平公正进行，甚至涉嫌经济犯罪。

(三)标底的编制

石油钻井工程项目招标必须编制标底。标底可由招标单位编制，也可由具备编制标底能力的咨询、监理单位编制。标底价格是甲方的期望价格，应力求与市场价格及市场的实际变化相吻合，要有利于竞争和保证工程质量。标底价格一般由工程成本、动迁复员费、不可预见费、其他杂费以及乙方利润、税金构成。其中，工程成本部分应根据工程量所要求的人工、材料、机械台班费及其他内容为依据估算；动迁复员费可按潜在承包者距离作业区距离的平均值确定；不可预见费按每项具体作业估算成本增加一定的比例来确定。

编制标底应具备并依据如下资料：招标文件；可估算人工、材料和设备用量的工程设计；劳动生产和工资费率的数据资料或行业、公司内部定额；材料、机械台班的价目表或计费标准；建设周期长的工程还要具备通货膨胀及其趋势预测的资料；国家及地区税费政策及标准；钻井施工企业利润率等。

一项工程只能编制一个标底，标底一经确定应密封保存直至开标，所有接触过标底的人员均负有保密的责任，不得泄露。

六、发布招标公告或发出投标邀请

石油公司在完成钻井工程招标前的准备工作后，即可发布招标公告或发出投标邀请。招标公告适用于公开招标方式，投标邀请适用于邀请招标方式。

（一）招标公告

1. 招标公告的内容

招标公告应当简要说明工程招标的情况。招标公告一般应当包括以下内容：

①业主名称；

②拟招标钻井工程项目概况；

③投标的前提和条件；

④资金来源；

⑤预定工程进度；

⑥招标公告编号、招标文件的编号及名称；

⑦招标文件的发售时间、地点及售价；

⑧投标文件的送达地点和截止日期；

⑨开标的时间和地点；

⑩投标保证金的金额；

⑪招标人的地址及联系方式。

2. 投标公告范例

下面是某石油公司某年度发布的一口钻井工程的投标公告。

×××石油公司×××号钻井工程建设项目招标公告

招标编号：××—××号

根据××批准的《××油气勘探开发项目××年度勘探开发总体部署》，现对本项目的××号钻井工程进行全国公开招标。欢迎具备法人资格并具有相应专业技术实力的钻井承包商及钻井生产协作组织前来投标。

1. ×××石油公司×××项目经理部为本项目招标的组织部门。

地址：×××省×××市×××石油公司×××项目经理部

联系人：××× ××× 邮政编码：×××

地点：×××大厦×座×层×房间

联系电话： 传真： E－mail：

2. 公告时间：××年××月××日××时至××月××日××时。

3. 招标文件每套(份)××元，售后不退。

款项存入：×××石油公司财务部　　　账号：×××

款项来源：(投标方名称)投标资料费　　　开户银行：××行××支行××

4. 投标截止时间：××年××月××日××时

5. 开标时间和地点：×××(或另行通知)。开标时请携带××证件，以备查询。

6. 投标时，必须提交密封的投标文件，包括1份正本和×份副本，并请加盖公司公章。

凡对上述投标提出询问，请函告或传真×××石油公司×××部。

地址：　　　　　　　　　　　　　　邮政编码：

联系人：　　　　　　　　　　　　　联系方式：

(二)发出投标邀请通知

1. 投标邀请通知的内容

投标邀请书是采取邀请招标时，招标者向投标者发出的正式投标邀请。在邀请投标书中，要说明拟招标钻井工程项目的内容和要求、拟采用的合同类型及其条件、截标日期与迟标的处理、工作地点、联系方式、保密要求和资料所有权的归属问题。同时，还要说明招标者对最低标价的投标和第一投标都不授予合同的义务，招标者有选择中标者、投标者有拒绝投标的权利。

邀请投标书至少要由两部分组成，即建议部分和合同草稿。建议部分包括钻井工程项目的概况、有关酬金、付款方式和费率的建议，建井周期和工程质量的建议，保险和安全方面的建议，并要求投标者对特殊问题(如技术保障措施)作出说明。建议部分还可提出投标书的统一格式，以便相互比较，提高评标的效率，暴露不合规范的部分。合同草稿部分包括合同条款及条件，如有可能，也可把设计资料包括在内。建议部分有关费率、酬金、付款方式等问题也可放在合同草稿中。

2. 投标邀请书范例

下面是某油气勘探项目某探井工程的投标邀请书。

×××石油公司×××号钻井工程建设项目投标邀请书

根据××批准的《××油气勘探项目××年度勘探总体部署》，本项目的探井工程决定采取邀请投标的方式择优聘用作业队伍。现正式邀请贵公司进行密封投标。

一、工程概况

本招标工程为××盆地××构造带的一口预探井，地理坐标为东经××，北纬××。设计井深××m，其中分别在××～××m和××～××m之间的××层段和××层段取心。

二、工期要求

本工程从××年××月××日开始至××年××月××日完工，工期为××天。若需中途测试每层追加工期××天。

三、工程质量

工程质量按照××发[199×]××号文件《探井工程质量要求》和××发〔199×〕××号文件《钻井工程质量标准》中有关探井的规定执行。

四、技术要求

本探井为预探井，取心收获率不得低于95%。

五、工程价款与结算

本工程采用固定价格合同，中标后合同另行签订。工程价款分期拨付，完井后按合同规定的程序结算。

六、资料与保密

本招标文件涉及的资料以及工程实施期间获得的地质和工程资料归甲方所有，未经甲方允许不得泄漏给第三者。

七、日程安排

投标文件必须于××年××月××日××时(北京时间)前送达××石油公司勘探事业部，甲方将于××年××月××日××时(北京时间)在××地点开标。

八、投标书的格式

乙方必须按下列格式用中文编制投标书(略)。

九、其他

1. 所有迟标、未密封标、字迹不清以及无单位和法人(或委托代理人)印鉴的标书视为废标。

2. 乙方拥有拒绝投标的权利。

3. 甲方拥有选定任何中标者的权利。

联系人：　　电话：　　传　真：

地　址：　　邮编：　　E－mail：

××石油公司(招标机构章)

××年××月××日

七、资格审查

(一)资格审查的主要内容

一般地，业主将投标人提供的资格预审文件依据下列几个方面的内容对投标人进行资格预审，以确定能够参加本次招标活动的承包商名单。

第一，市场准入资质。

第二，财务能力。投标人的财务状况将依据资格预审申请文件中提交的财务报告，以及银行开具的资信情况来判断。其中特别需要考虑的是承担新工程所需的财务资源能力、未完工程合同的数量及其目前的进度，投标人必须有足够的资金承担新的工程。

第三，施工经验和过去的履约情况。投标人一般应提供近期令业主满意的、完成过相似类型和规模以及复杂程度钻井工程项目的施工情况，最好提供工程验收合格证书或业主对该项目的评价。

第四，人员情况。投标人应填写拟选派的主要施工管理人员和技术人员的姓名及有关资料供审查，选派在施工管理方面有丰富经验和资历的人员尤为重要。

第五，施工装备。投标人应说明拟投入的主要施工装备。包括钻机设备规格型号、制造厂家、设备为自有的还是租赁的。招标机构据此评判设备的类型、数量和施工能力是否满足工程项目施工的需要。

第六，承包商的施工协作能力。钻井工程项目存在诸多协作配合工程，各专业工种之间的协作配合状况会对工程质量、工期和成本产生直接影响，协作能力强的钻井承包商能够减轻业主的协调负担。

（二）资格预审文件材料的主要内容及格式

业主发布(售)的资格预审文件通常以《投标资格预审申请人须知》形式公布资格审查的主要内容，并要求投标资格预审申请人按照规定的格式编制并提交资格预审文件。

1.《投标资格预审申请人须知》的主要内容及格式

《投标资格预审申请人须知》的主要内容及格式例举如下：

投标资格预审申请人须知

一、总则

指定×××招标机构接受愿意参加合同号为×××钻井工程建设项目的钻井承包商的资格预审申请书。关于该项目的工程内容和一般情况已经列入相关附件中，申请人应当认真阅读。

二、递交资格预审申请书

1. 申请书必须在×年×月×日×时以前递交位于×××地址的上述招标机构，超过这一截止时间的申请书恕不接受，并将原封退回申请人。

2. 申请书应递交×份原件和×份副本，分别用信封密封，信封上注明“×××钻井工程合同投标资格预审申请书”，并清晰写明申请人名称、通讯地址、联系方式。

3. 对资格预审文件的文字使用要求。例如，在某国际钻井工程承包中，所要求的资料必须是英文的，如果原文不是英文，请附英文译文，审查时将以英文译文为主。未按本条款办理者，其申请将被认为是不合格的。

4. 表格中的所有问题都必须回答。如果必要，可以增加附页详细说明。

5. 所有表格均由申请人签字，或由申请人授权其代表人签字，并附正式的书面授权证书。

6. 申请人递交的全部文件将予保密，但不退还给申请人。

7. 上述指定机构将通知所有申请人的申请结果。此指定机构有权拒绝或接受任何申请；也可以取消资格预审程序和拒绝全部申请书。对此，该机构无需作出任何说明，也不承担任何对申请人有影响的责任。

三、资格预审文件的组成及编制要求

1. 投标资格预审申请人应当填报以下文件：

①申请人致函；

②一般资料；

③主要财务数据；

④经验记录；

⑤钻机装备；

⑥拟使用的主要生产技术管理人员；

⑦拟定的现场管理组织机构；

⑧分包商；

⑨合作者情况（如系组成一个联合体联合投标，则须填写）。

2. 如果联合或合作投标者，每一合作者成员均需分别填写上述文件材料（包括第⑨项），并附交一份联合或合作协议书。如上述指定招标机构认为该协议书是不可接受的，则通知联合或合作者应当修改其联合或合作协议。如果申请者在收到要求修改协议书的通知×天之内不能补充递交修改之后的协议书，将被认为是不合格的，并不在考虑其投标申请。

3. 如有必要，申请人可以在上述文件外增加页次，但必须在每页的右上角作相应的标注。

4. 有些表格可能要求提供附件，那么每一附件应当标注“表 1，附件 1；表 1，附件 2；”等。

四、申请书的评审

1. 上述招标机构将审定参加本项目资格预审的申请人是否合格。（例如，要求必须是×××组织成员的钻井承包商才有可能被接受为合格的投标人）

2. 评审因素。将按预先确定的最低分数线来评比每一申请人的经验、财务能力和施工技术能力（包括为在本工程项目施工中使用的设备和人员）。申请人必须得到每组因素的最低分数线值是通过资格预审的必要条件。

3. 申请人的财务能力将根据其资产净值、流动资金状况和对在建工程合同金额进行盈利预测后的价值来鉴定。如果申请人认为他的财务能力是足够的，他可以在其申请书中附上一份由银行开具的担保信，这封担保信应当寄给上述招标机构，保证该申请人一旦得到该工程项目合同，银行将提供给该申请人不少于合同总价一定比例的信贷资金，保持到该工程由业主验收。

4. 如果发现申请人递交的资料与事实不符，那么其提交的申请书将被视为是不能令人满意的，如果这种与事实不符的材料得不到令人满意的解释和澄清，申请人将无资格参加投标。除非上述招标机构认为有必要澄清某些问题，否则将不会与申请人进行联系。

5. 上述招标机构对申请人提交的申请书作出接受或拒绝的决定，将是终决的。

2. 投标资格预审申请人致函的主要内容及格式

投标资格预审申请人致函的主要内容及格式例举如下：

投标资格预审申请人致函

申请人名称：______________________

注册地址：______________________

邮政编码：______________________

联系人：______________________

电　话：______________________

传　真：______________________

E－mail：______________________

尊敬的______先生(女士)：

我们谨此向贵招标委员会申请，作为×××钻井工程项目的合格投标人。

我们谨此承认招标委员会或其指定代表，有权为证实我们递交的声明、文件及资料和澄清我们的财务和技术状况进行调查。为此，我谨授权×××或任何个人向招标委员会提供其要求的和必需的如实情报资料，以证实此申请书中的各项声明和资料以及我们的能力和状况。

如需我们进一步提供资料，恳请通知下述人员：

姓名：________联系方式：________

我们声明，申请书中填报的表格、资料的每一细节都是完整、真实和正确的。

申请人签名：

日　　期：

3. 钻井承包商基本情况资料

公司名称：××××××

(1)总部地址：____________

联系人：×××　　　　联系方式：×××

(2)地区办事处地址：____________

联系人：×××　　　　联系方式：×××

(3)当地办事处地址：____________

联系人：×××　　　　联系方式：×××

(4)施工现场生产指挥机构：____________

联系人：×××　　　　联系方式：×××

4. 有关财务数据

(1)钻井夹包商近年财务状况简表

按照最近三年经审计的会计报表填列有关数据，并附最近三年经审计的会计报表。近年财务情况简表例举见表8－3。

表8－3　钻井承包商近年财务状况简表(包括但不仅限于下列内容)

项目 \ 数据	年份	年份	年份
(1)资产总值			
(2)流动资产总值			
(3)负债总额			
(4)流动负债总额			
(5)净资产＝资产总值－负债总额			
(6)流动资金＝流动资产－流动负债			

…

(2)银行信贷资金

①可以提供信贷资金的银行名称和地址：×××

②信贷资金总额：×××

…

(3)拟投入钻机装备在建钻井工程合同执行情况一览表

拟投入钻机装备在建钻井工程合同执行情况一览表例举见表8-4。

表8-4 拟投入钻机装备在建钻井工程合同执行情况一览表

在建及已签合同钻井工程项目名称	业主	合同金额	尚待完成部分金额	计划完成日期
(1) … …				
备注	包括已订立钻(修)井施工合同，尚未开工的钻井工程项目			

5. 施工经验及业绩记录

可编制近年完成的与拟投标钻井工程项目同区块、同井型或相似地质条件、相似施工条件、施工难度相当的钻探工程及施工质量情况一览表。

6. 钻机装备

钻井承包商拟投入钻机装备情况表例举见表8-5。

表8-5 ×××钻机装备情况表(包括但不仅限于下列内容)

序号	设备名称	规格型号	单位	数量	制造商	出厂日期	主要性能	取得方式	备注
1									
2									
3									
…									
…									

7. 主要生产技术管理人员

8. 拟设立的现场管理组织机构

拟设立的现场管理组织机构应当说明：

①施工现场组织结构图；

②岗位职责；

③总部与现场管理组织的关系，可用图表或说明来表达，并应说明总部授权范围；

④其他需要说明的事项。

9. 分包商

说明哪些钻井生产协作配合工程需分包以及拟定的分包商的名称、地址、资质等情况。

10. 合作者情况

如系与某些单位组成一个联合体联合投标，则每一个合作者均应填写一份下述文件资料：

①合作者公司名称；

②合作者的总部和当地办事处的地址及联系方式；
③合作协议；
④合作成员的责任分工方案；
⑤其他需要说明的事项。

八、发售招标文件

发售招标文件是招标组织工作的最后一个环节。招标文件一般只向那些已经获得投标资格的原申请投标者发售。招标文件一经发出，招标单位便不能再变更其内容或增加附加条件，除非因特殊情况确需变更。

在招标文件发出后的适当时间，招标单位应当组织答疑会。答疑纪要作为招标文件的补充，应报招标管理机构备案并以书面形式通知所有投标单位。

招标文件发出至截止投标前，应当留给投标者以充足的投标准备时间。《招标投标法》规定，招标人应当确定投标人编制投标文件所需要的合理时间；但是，依法必须进行招标的项目，自招标文件开始发出之日起至投标人提交投标文件截止之日止，最短不得少于 20 天。投标准备时间，因项目的复杂程度、投标者承担此类作业的经验而异，但不论投标者的经验如何，都要给其以均等的准备时间，除经特许不得延长。国际上，采用成本补偿合同的石油工程的投标准备时间至少要 1 个月，采用固定价格合同的石油工程的投标准备时间则可能需要半年至 1 年。石油钻井工程项目的投标准备时间应当根据工期的紧迫程度、施工复杂程度、采用的合同类型等因素合理确定，不宜规定统一的标准。

招标文件通常按文件的工本收费，购买招标文件后，不论是否投标，其费用一律不予退还。招标文件的正本上一般均盖有主管招标机构的印鉴，这份正本一般在投标时，作为投标文件的正本交回，通常不允许用自己的复印本投标。规定招标文件是保密的，不得转让他人。

第三节 石油钻井工程项目投标管理

一、石油钻井工程项目投标概述

石油钻井工程项目投标是指钻井承包商为取得某钻井工程的施工权，响应石油公司组织钻井工程项目招标发布的条件和要求，参加投标竞争的经济活动。石油钻井工程项目投标是一场场比资质信誉、比承包商品牌优劣、比技术装备水平、比人才智力支撑、比资金财力、比投标谋略(策略)的复杂竞争。

投标竞争实质上是各个承包商之间实力、经验、信誉，以及投标策略和技巧的竞争。投标竞争更是一项经济活动，特别是在国际钻井工程承包过程中尤为明显。国际钻井工程承包往往会受到国际政治、法律、商务、工程技术等多方面、诸多因素的影响，更为一项复杂的综合经营活动。

参加投标竞争的钻井承包商应当有符合招标文件要求的资质证书和相当水平的钻井工程施工经验和业绩；应当具备与招标项目相适应的人力、物力和财力；市场准入资质等其他条件符合相关的规定。

二、投标程序

投标程序包括从获取招标信息、作出投标决策，到提交标书为止所进行的全部工作。对于钻井承包商来说，时间紧、任务重，整个投标过程容不得半点闪失。在这一阶段，要及时、高效、高标准地完成以下各项工作：组织投标班子；购买并填报资格预审文件，申报资格预审；购买招标文件；询标，组织现场考察；选择咨询单位；研读招标文件，制定施工方案，研究备选方案，计算校核工程量；编制工程预算，确定目标利润，综合考虑报价策略，制定报价方案，并针对主要竞争对手的情报及其他情况，及时评估、调整报价；编制投标文件；办理投标保证；报送投标文件。石油钻井工程项目投标程序见图8－4：

三、投标准备

（一）项目选择与跟踪

投标前应当进行大量的准备工作，只有完备、充分的准备工作，才能使投标的失误机率降到最低限度。最重要的准备工作是选择投标项目并进行跟踪。钻井承包商在收到投标邀请或对招标公告感兴趣时，首先要决定是否投标，作出投标决策需要以广泛的信息收集、处理及综合分析为基础。通常，投标决策所需要的信息包括作业市场的供求情况、项目概况、项目本身的技术要求和业主的要求、主要竞争对手的状况等。

钻井承包商应当能够适时开展各种公关活动，与有关各方建立必要和良好的公共关系，连续不断地获取广泛的钻探工程项目信息，能够及时地对这些信息进行收集，准确地进行分析、反馈，并根据项目的具体情况、公司的发展战略和营销策略，选择、跟踪风险可控、能力可及、效益可靠的钻井工程项目进行投标。

（二）组织投标班子或委托投标代理人

1. 组织投标班子

每一次工程项目投标，都需要有组织专门的机构和人员对投标的全部活动过程加以组织和管理。实践证明，建立一个有力可靠的投标班子是投标获得成功的根本保证。

一个强有力的投标班子应当由专业技术和经营管理两类人才组成，以应对投标竞争过程中来自各方面的挑战。

参与投标的经营管理人才是指负责投标管理工作的全面筹划和安排，具有决策水平的专业人员。这类人员一般具有较强的逻辑思维能力和社会活动能力，视野广阔，勇于开拓。通晓市场营销、法律、财务会计、采购、工程造价、施工组织设计、工程项目管理等多方面的知识，能够将调查、统计、分析、判断、预测等科学的研究方法和手段熟练运用于工作实际中。

参与投标活动的专业技术人才是指各类钻井工程技术人员，包括钻井工程师、机械工程师、电气工程师及其他生产技术管理人员。这类人员一般具有钻井专业和相关学科深厚的专业知识、熟练的实际操作能力和一定（多年）的施工经验。以便在投标时能够从本公司的实际技术及装备水平出发，通盘考虑多项专业实施方案。

以上是对投标班子成员个体素质的基本要求，最重要的是需要各方协同作战、充分发挥团队群体的力量。一般认为，保持一个投标班子成员的相对稳定，在某一地区或针对某些业主，在一定时期内能够不断提高投标竞争力十分重要。

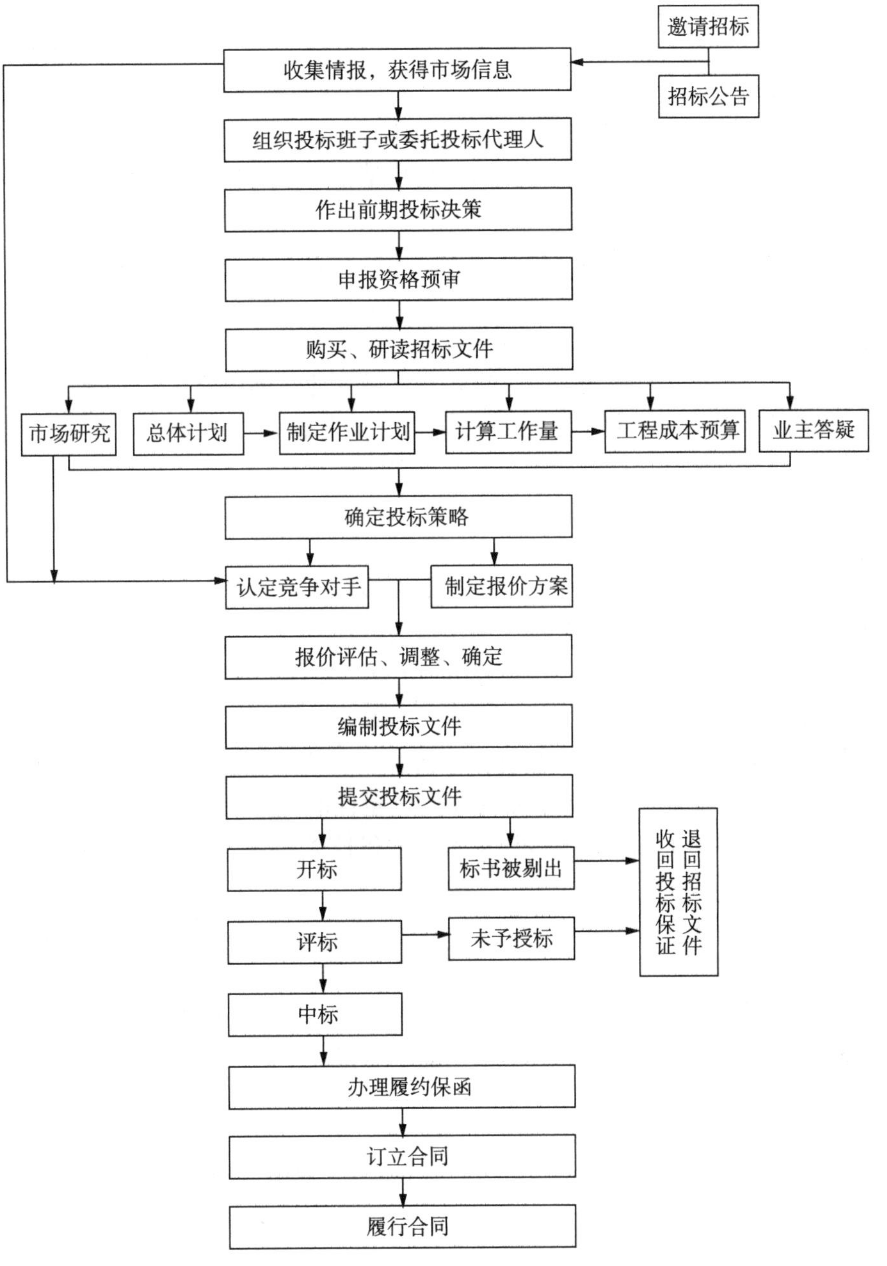

图 8－4　石油钻井工程项目投标流程图

2. 委托投标代理人

投标人如果没有专门的投标班子或有了投标班子还不能满足投标工作的需要，就应当考虑雇用投标代理人，即在工程所在地区寻找一个能够代表自己利益而开展投标活动的咨询中介机构。充当投标代理人的咨询中介机构，通常都是熟悉代理业务，拥有经济、技术、管理等方面的专家，经常搜集、积累各种信息资料，在当地有着较为广泛的社会关系，具有较强的社会能力。能够比较全面、快捷地为投标人提供决策所需的各种服务和信息资料。投标代理人通常按照合同或协议约定收取代理费用。一般地，如果投标代理人协助投标人中标的，所收取的代理费会高一些。

在国际钻井工程承包过程中，委托投标人可能是决定着是否能够中标的一项非常重要的工作。在某些国家规定有外国承包商必须有代理人才能开展业务的情况下，选雇一个资信、业务良好的投标代理人的作用是不言而喻的。即使是在没有规定必须有投标代理人的情况下，钻井承包商拟与一个从未有过合作经历的业主合作，到一个从未涉足的地区投标，能够雇用一个能够充当自己的帮手和耳目，为自己提供情报，出谋划策，协助编制投标文件，无疑是很重要的。

委托投标代理人应当订立代理合同或协议，明确双方的权利和义务关系。投标代理人的职责主要有：第一，向投标人传递并帮助分析招标信息，协助投标人办理、通过招标人组织的资格审查；第二，以投标人的名义参加招标人组织的有关活动，传递投标人与招标人之间的对话；第三，提供当地物资、劳动力、市场行情及商业活动经验，提供当地有关政策法规咨询服务，协助投标人作好投标文件的编制工作，帮助提交投标文件；第四，投标人中标时，协助投标人办理各种证件申领手续，作好有关工程承包的准备工作。

（三）明确投标策略

当决定参加投标之后，应当认真分析市场状况，根据工程项目的信息和竞争对手的情报资料，确定自己的投标策略，指导工程报价，提高中标机率。

①技术与管理优势策略。主要是做好施工组织设计，采取先进的技术和机械装备，精心组织施工，力求安全、优质、高效、快速钻井，最大限度地降低工程成本，以明显的技术、装备优势取胜。

②合理化建议策略。以新工艺、新材料、新装备、新施工方案，既能改进原设计方案，又能降低工程造价，并能够保证工程功能要求和质量标准。

③低价策略。主要用于钻探工程市场萧条、承包任务不足、竞争又非常激烈的情况下，常常采用低报价取胜。

④施工索赔策略。即先报低价取得合同，然后在组织施工过程中，寻求合理的索赔机会，说服业主追加投资，扭亏为盈。

⑤未来发展策略。为今后能够取得更多的市场份额，在进入新的石油钻井工程市场之初，“市场第一，利润退其次”，有的钻井承包商甚至本着“要市场、不要利润”的信念和决心，靠低报价进入市场，待打出信誉后，争取更大市场份额，谋求生存空间。

上述策略并不互相排斥，钻井承包商应当根据不同的石油公司开放的钻井工程市场，灵活综合地运用。但超出常规的低报价策略，从长远来说，是不可取的。

（四）研读投标须知

1. 研读投标须知的重要性

投标须知是帮助投标人正确和完善地履行投标手续的指导性文件，是招标文件中非常重要的内容。投标人必须仔细阅读和理解。

2. 投标须知的主要内容

投标须知的主要内容包括：

①对投标人的投标申请书及标函的要求；

②填写和投送标书应注意的事项及废标条件；

③勘察现场和解答问题的安排及定标优先和优惠条件；

④说明施工组织形式及工程计价基础是日费制、计尺制，还是切块承包制，业主供料情况以及材料、人工调价条件等；

⑤投标截止日期及开标时间、地点及开标、定标的有关事宜；

⑥有关担保条件；

⑦其他有关事项的说明。

一般地，投标须知前有一张《投标须知前附表》。该表一般将投标须知中重要条款规定的内容用表格的形式列出来，清晰、简洁明了地展示给投标人，提请投标人在整个投标过程中严格遵守或深入考虑。该表的主要内容和格式可参见表8－6。

表8－6　投标须知前附表（包括但不仅限于下列内容）

序号	内容规定
1	工程名称：×××钻井工程 建设地点： 区块：　　井型：　　井深：　　钻探目的： 承包方式： 建井周期：　年　月　日～　年　月　日　　工期：　　天（日历日） 招标范围：
2	合同名称：
3	资金来源：
4	投标单位资质等级：　　钻井队资质认证等级：
5	投标有效期：　天
6	投标保证金额：　元或　%
7	投标预备会：　时间：　地点：
8	投标文件份数：　其中：正本　份　副本　份
9	投标文件提交至：××× 地址：　联系人：　联系方式：
10	投标截止：　年　月　日　时
11	开标：　时间：　地点：
12	评标办法：

（五）填报资格预审材料，申报资格预审

资格预审会被投标人看作是投标活动的第一轮竞争，只有做好并通过资格预审，方能取得投标资格，继续参与竞争。业主不进行资格预审的，一般要求在招标文件中填报资格审查表，进行资格后审。若实行两阶段招标，先开技术标，而后只开技术标通过的承包商提交的商务标，则技术标部分就相当于资格预审文件。钻井承包商在作出投标决策之后，就要认真对待投标申请工作，并以积极审慎的态度填报和提交资格预审所需的一切材料，供石油公司招标机构做资格审查之需。

1. 填报资格预审申请表

一份完整的资格预审文件一般包括资格预审须知、项目介绍和一套资格预审表格。

1）资格预审须知一般要说明对投标人的市场准入限制、施工资质等级要求和资格预审的截止日期等内容。

2）项目介绍一般简要介绍拟招标钻井工程项目的基本情况，使承包商能够对该项目有一个总体的认识和了解。

3）资格预审表格涵盖的一系列内容，概括起来主要包括：

①公司的国别、名称、性质、注册地址（包括总部、地区办事处、项目前指办事处）、注册资本、联系人、联系方式等公司基本情况资料，并附营业执照的副本或复印件。有时业主会要求提交非破产证明和资信良好证明等文件，这些文件一般可以从银行、工商行政管理部门或商会等机构取得。

如果两家或两家以上的公司组成一个联营体联合投标，则各个联营伙伴除共同填报联营资料外还需分别填报各自的资料，同时提交联营体的联营协议。

②财务状况。一般应提供近三年经审计的会计报表（资产负债表、利润表、现金流量表），近年主营业务收入统计表，在建工程合同执行情况，与承包商有较多金融往来的银行名称、地址并取得这些银行的资信证明，有的还需要提供银行的贷款限额证明。为衡量承包商当前的资金应用和近期的收益，有时还要填报盈利预测资料。

③工程施工经验记录。这是资格预审中相当重要的部分，该表一般包括业主提出的一些最低条件或最低要求，同区块同井型或施工条件相似的钻井工程的施工情况。有时业主会要求承包商提供相关业主对有关情况的反馈说明及其联系方式，便于招标机构调查。

④装备状况。业主一般会要求钻井承包商将拟投入本项目的整套钻机设备的名称、规格、数量、已使用年限（新旧程度）、目前坐落地、是否正在履行在建合同、预计交井日期及取得这些装备的方式等一一填报。

⑤主要生产技术和管理人员。业主一般会要求钻井承包商说明公司本身的人力资源状况，包括承包商总部主要负责人和各专业技术负责人的姓名、年龄、文化程度、经验简历和各类专业技术人员的数量。同时，会要求填报拟派往本项目的主要负责人的姓名、性别、年龄、文化程度、业务简历。拟派往本项目的主要负责人主要包括项目经理、平台经理、财务经理、工程师、HSE 监督官、现场施工主管、司钻、其他专业技术人员及其相应的副职。有时业主还会要求承包商拟定现场管理的组织机构图，并说明其与总部的关系和总部授权的范围。国际钻井工程承包，有些重视是否使用当地劳务的国家，会要求说明熟练工人、半熟练工人和技术含量低的工种员工的来源，可能会要求填报雇用当地劳工的比例，以增加所在国（地区）当地人员的就业机会。

⑥钻井工程施工组织设计。业主有时会要求钻井承包商拟定一个简明概括的施工组织设计，其目的是了解承包商的实际施工经验。

⑦业主要求提供的其他证明文件。如公证部门的公证书等。

2. 注意获取有关资格评审方案的情报，尽可能了解、熟悉业主的资格预审方法

业主可以根据自行确定投标资格评审的方法。比较广泛和普遍采用的是“定项评分法”，而且常常采用比较简单的百分制计分。这种方法是对承包商报送的资格预审文件的各项内容，按照一定的标准评分，并确定一个授予投标资格的最低分数线。凡是达到或超过这一分数线的承包商，即可通过资格预审。

按照什么标准判定得分的高低是一个关键问题。业主一般会把影响投标资格的因素划分为若干组，例如，划分为三组，财务能力、技术资格和施工经验，并根据各种因素的重要程度来分配得分比例列成评分标准表。这些标准多数是不公开的，但有时也会在资格预审文件中给出。

钻井承包商应当懂得投标资格的评审方法，确保编制的资格预审文件更能满足业主的评审要求。

四、投标报价

投标报价是指承包商计算、确定和报送招标工程投标总价格的活动。对于承包商来说，在搞清除招标文件全部含义并进行现场调查的基础上，按报价单的要求计算投标报价是一项严肃而又关键的工作。它很大程度上决定着投标的成败和工程项目的盈亏。标价计算必须认真细致、科学严谨，不得抱有任何侥幸心理，更不得层层加码。同时还应对工程实施的经营方案进行分析，对施工方案、施工方法和技术措施进行论证，选择最佳方案，力求评标时技术分最高，标价最优，以求中标。

（一）投标报价的步骤

投标报价流程见图 8 -5：

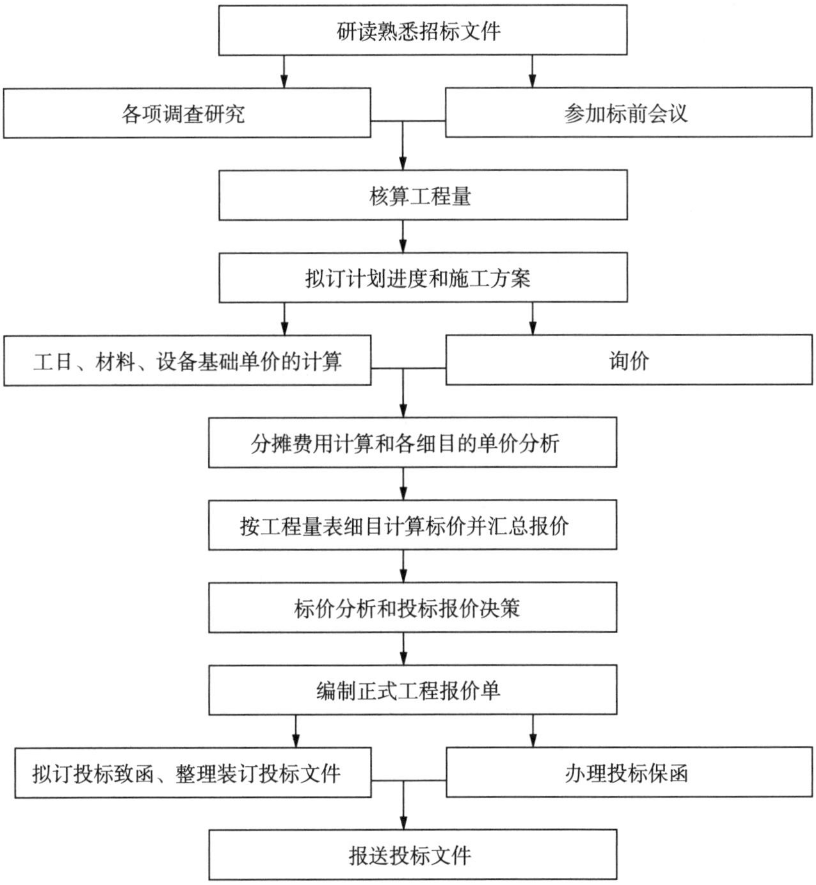

图 8 -5　投标报价工作流程示意图

（二）投标报价的测算

1. 投标报价测算概述

单井投标报价的测算反映了钻井承包商对拟招标钻井工程的综合理解能力和对风险的预测水平。投标过程中，如果能够掌握近期已完工的同区块、同井型、同承包方式井的招标文件（标底价格）、中标价格等情报资料对于钻井承包商投标标底的编制具有重要的指导意义和决策参考价值。

钻井承包商应当对报价测算的准确度、期望利润、报价风险、本公司的承受能力、当地的报价水平，以及对竞争对手优劣势的分析估计等进行综合考虑，才能决定最后的报价。钻井承包商应当对各项费用的测算尽量做到实际合理，总的报价要尽量接近标底；对于不可控费用，如套管费用，套管头及附件费用，水泥及固井添加剂费用，固井服务费，下套管服务费等，测算一定要精确，因为这些费用是施工单位通过努力也很难控制的费用。对于可控性强的费用（主要是那些与周期有关的费用），如一般材料、油料等，在测算时也要做到尽量合理，应该按区块的平均先进水平来测算，而不要按区块的最先进水平来测算，测算时应当留有一定的余地。投标报价测算中未涉及的因素，可在有关书面承诺中注明。

2. 投标报价的测算方法

说明：本章节在此不一一列举可能的全部报价项目的测算方法。

(1) 建井周期的测算

钻井工程费用主要由四种形式的费用构成。一是能进行量价分离的费用，数量多则费用高，数量少则费用越少，如套管、水泥、钻井液材料等；二是与时间有关的费用，周期长则费用高，周期短则费用越低，如一般材料、油料、井控固控装置摊销、钻具租赁（摊销）费等；三是与口井次有关的费用，如设备迁安费、钻前工程费、井控装置拆安费等；四是有关按一定基数和费率计算的取费项目，如计划利润等。对于钻井承包商来说，与时间有关的费用是可控性较强的费用项目，且钻井周期是计算与时间有关的各项费用的基础，所以建井周期的测算显得尤为重要。

钻井周期的测算：

测算钻井周期时可以根据单井建井周期定额，按设计井深推算出一个基本的周期，然后根据钻井作业计划内容或根据投标井所在地区的实际钻井水平，决定是否让利一定的天数或是否附加一定的天数。

钻井周期也可按以下基本公式测算：

$$\text{钻井周期(天)} = [\sum(\text{钻进作业钻时} \times \text{层厚}) + (\text{其他基本作业钻时} + \text{非生产作业钻时}) \times \text{井深} + \sum \text{取心钻时} \times \text{取心进尺}] \div 24 \pm \text{其他影响钻进的时间天数}$$

$$\text{建井周期(天)} = \text{钻井周期} + \text{迁装时间} + \text{完井周期}$$

建井周期测定后，可测算出一个钻井施工进度表，以便分段计算各项投标费用。在费用测算中，建井周期的测算是基本的数据之一，影响建井周期的因素主要包括：机械钻速、起下钻次数、特殊施工要求、完井方式、井场环境等。预测一口井钻井周期，最好的办法就是查出邻井的钻井井史。

(2) 钻井日费测算

①钻井日费测算的意义：

测算准确的钻井日费是钻井承包商对投标报价作出快速反应的重要基础。按照不同的施工工序和生产实际，钻井日费分为不同的日费标准，包括钻前准备、钻进、测井、中途测试、固井、完井、原钻机试油/试气、辅助生产、甲方指令组织停工、处理复杂情况等不同的日费标准。在有可能的情况下，钻井日费的测算，一定要注意相关邻井情报资料的搜集、提炼和利用。

②日费制承包方式下工程报价的测算：

$$\text{日费制承包方式下的工程报价} = \sum(\text{不同的日费标准} \times \text{周期天数})$$

$$\text{日费标准} = \text{钻机日租赁费} + \text{日薪酬费用} + \text{其他费用}$$

钻机日租赁费 = 钻机设备原值 ÷（钻机预计使用年限 × 365 天 × 设备利用率）

(3)钻前工程费用的测算

钻前工程费用可按下式进行测算：

钻前工程费用 = 设计费 + 井位测量费 + 土地征用及工农关系费 + 井场修建费 + 营房摊销或临时房屋建造费 + 钻井基础制作或摊销及转摆费 + 水源井 + 设备调遣费 + 钻机设备安装费 + 其他

(4)钻头费用测算

根据区块实际的、历史的钻井情况优选钻头或根据钻井设计，测定一个分井段不同尺寸、型号的钻头用量计划，然后再根据钻头的市场价格，测算钻头费用。

钻头费用 = ∑不同类型的拟选钻头 × 用量 × 市场单价

(5)钻具费用的测算

①使用租赁钻具情况下的钻具费用测算：

使用租赁钻具情况下的钻具费用 = ∑不同规格的钻具 × 根数 × 单根日租赁价格 + 钻具检测费 + 钻具供井费 + 其他

测算拟租赁钻具的数量时，应在设计井深的基础上增加合理的裕量。

②使用自有钻具情况下的钻具费用测算：

使用自有钻具情况下的钻具费用可以根据拟供井钻具的账面价值，按一定的摊销标准及占用周期测算摊销额，加上检测费、钻具供井费及其他费用测算。

测算拟供井钻具的数量时，应在设计井深的基础上增加合理的裕量。

(6)固井工程费用的测算

固井工程费用包括：固井工程设计费，套管及套管附件、水泥及添加剂等直接材料费用和固井施工作业费。固井施工作业费是指应给付固井工程施工单位为固井作业所发生的人工费、固井施工机械设备台班费（含动迁）、施工作业费、其他直接费、计划利润及税金等各项费用。

①固井工程设计费的测算

固井工程设计费按照规定的取费标准测算。

②套管费用测算

第一步，根据井身设计及相应的套管系列，选定本井的套管程序；

第二步，计算本井所需用的各种型号（钢级）、尺寸的套管用量（计算时应附加适当的裕量）；

第三步，根据所选定套管的现行价格计算全井的套管费用。

套管费用可按下式测算：

套管费用 = ∑[各套管段长度 × 套管单重 ×（1 + 套管附重系数）× 套管市场价格]

③套管附件费用的测算

根据预计须使用的不同规格的套管附件的数量，按照市场价格测算。

④套管扶正器费用的测算

由钻井工程设计及有关邻井的套管扶正器规格数量，乘以相应的扶正器价格汇总而得。

套管扶正器费用 = ∑扶正器消耗数量 × 价格

⑤水泥费用测算

根据不同的井眼尺寸、套管平均每米水泥用量乘以水泥封固段长度即可计算出各层位套

管固井所需水泥用量。

全井水泥费用 = 全井水泥用量 × 水泥单价

⑥固井添加剂费用测算

第一步，计算封固各层套管所需水泥吨数；

第二步，计算封固各层套管所需配浆水数量；

第三步，计算封固各层套管固井添加剂用量。

固井添加剂费用 = ∑各种固井添加剂用量 × 各种固井添加剂单价

⑦下套管服务费用测算

根据本井所下套管数量，分别按相应的服务价格测算。

⑧固井作业费的测算

固井作业按井别分为常规固井和水平井固井两大类，每一类又可按固井工艺分为单级固井、双级固井和尾管固井三种。固井作业费可按下式测算：

固井作业费 = 各层套管固井服务费用 +

固井工程水质化验及水泥试验费 + 水泥混拌费 + 试压费用 + 全井注灰费 + 其他

(7)柴油及各种油料费用的测算

柴油及各种油料费用可按下式测算：

柴油及各种油料费用 = 台月定额耗用量 × 预计周期台月 × 市场价格 + 运费等

(8)钻井液费用测算

方法一：根据钻井液设计、同区块邻井的钻井液配制使用情况，优化钻井液设计，预计将使用的不同的钻井液材料及数量乘以市场价格，然后汇总测算钻井液材料费用，然后加上钻井液服务费用测算。

钻井液费用 = ∑钻井液材料费用 + 钻井液服务费用

方法二：根据同区块近期邻井正常钻进的平均每米钻井液成本，然后乘以设计井深测算。

全井钻井液费用 = 设计井深 × 每米钻井液费用

(9)常用材料费用的测算

常用材料一般根据施工经验按照台月消耗定额测算。

(10)井控装置摊销费用测算

井控装置包括各种规格型号的防喷器、控制台、钻井四通、泥浆气体分离器、各种管汇等装置。井控装置分若干种井口类型，按设计组织供井，按设计套数测算。

井控装置费用测算 = ∑[(设计套数(套) ×

井控装置台月定额(元/套) × 预计周期台月] + 供井费 + 维护费 + 其他

(11)固控装置摊销费用测算

固控设备费用 = 固控设备摊销定额(元/台月) × 建井周期(台月)

(12)测井工程费用测算

有关测井工程费用可按下式测算：

测井费用 = 计价米 × 计价米单价 + 资料解释费

井下电视测井费用 = 计价米 × 对应的测量井段及井深段单价

点测项目测井费用 = 测量点数 × 每点单价 + 测量井深 × 深度费单价 + 单项测井资料解释费

射孔作业费 = 射孔米 × 射孔费单价 + 射孔井深 × 深度费单价 + 其他

(13) 录井费用测算

录井费用 = 预测录井天数（包括设备安装和整理资料时间）× 录井日费定额

(14) 探井原钻机试油（试气）工程报价的测算

探井试油（试气）分为原钻机试油（试气）和完井试油（试气）两种方式。一般情况下，完井后由专业试油/气单位完成试油（试气）作业。区域探井和部分预探井为尽快取得勘探成果，通常要进行原钻机试油（试气）作业。

原钻机试油（试气）情况下，钻井承包商需要对试油（试气）工程报价进行测算。业主一般从工期和日作业费用两个方面编制试油工程概（预）算。

试油（试气）工程报价可按下式进行测算：

试油（试气）工程报价 = 工期 × 日费

(15) HSE 管理费

HSE 管理费应当按照规定的取费标准测算。

(16) 科技进步费

科技进步费应当按照规定的取费标准测算。

(17) 管理费用

管理费用应当按照规定的取费标准测算。

(18) 风险费

风险费应当按照按照规定的取费标准测算。

(19) 预期利润

预期利润按照期望的利润测算。

(20) 税金

按照规定的税负及相应的计税方法测算。

五、石油钻井工程投标报价失误与风险分析

投标报价是工程承包过程中的一个决定性环节，直接关系到承包商投标的成败。承包商应当把报价失误与风险控制在最小程度。

（一）避免报价失误

1. 对标书中制约条款方面的计价失误

对标书中制约条款方面的计价失误是指对标书中的制约条款研究不够透彻，而且又盲目地决定参加投标，这必然会加大中标后的风险，并在今后执行的过程中，由于合同条款等因素造成不可避免的经济损失。

业主往往会编制非常缜密的招标文件，对承包商的制约条款几乎达到无所不包的地步，承包商基本上是受限制的一方，招标书中关于承包商的责任肯定会十分苛刻。有经验的承包商深知招标和承包工程始终存在着制约和反制约的事宜，这就要求承包商必须要认真研究招标文件，弄清楚标书的内容和条件、承包者的责任和报价范围、理顺招标文件中的问题，并通晓其内容，以便在投标竞争中做到报价得体恰当，即应当接受那些基本合理的限制，同时，对那些明显不合理的制约条款，在投标报价中留下某些伏笔，索取应当索取的赔款，并能依据合同条文避免不应有的损失。

所以，承包商在报价时必须充分理解“吃透”招标文件的内容，不放过任何一个细节，并特别注意以下可能对标价产生重大影响的因素：

①工期。包括开工日期和动员准备期以及施工期限等，因为工期在一定程度上对施工方案、施工装备、用工数量、施工组织、施工措施、临时设施等均有影响，在计算报价时应当考虑增加造价。

②拖期罚款。注意考虑是否有罚款最高限额的规定，因为有无拖期罚款最高限额的规定对施工计划和拖期的风险大小有直接的影响。

③预付款额度。假如某工程项目招标文件规定没有预付款，承包商应当将必要的资金占用使用费(周转金利息等)计入成本，考虑此因素计算报价。

譬如：一般周转金占工程造价的30%～35%，国际惯例规定预付款额度在10%～15%之间，一般为10%，这就意味着承包商要垫付20%～25%的周转金，这些垫付的周转金利息也应当计入成本。

④工程质量保证金金额。某种程度上说，工程质量保证金增加了承包商的资金占用。

⑤保函的要求。保函包括投标保函、履约保函以及临时进口施工机具税收保函等。保函值的要求、允许开具保函的银行限制、保函有效期的规定等，对承包商计算保函手续费和用于银行开保函所需抵押资金的占用有重要关系。

⑥保险。与计算保险费用有关的情况包括选定或指定的保险公司、保险的种类(例如，工程全险、第三方责任险、现场人员的人身事故和医疗险，社会保险等)以及保险最低金额等。

⑦付款条件。付款条件包括是否有付款回扣，回扣方法如何，材料设备到达现场并经检验合格后是否可以获得部分材料设备预付款，是否按订货、到港和到工地等阶段付款。中期付款方法，包括付款比例、保留金最高限额、退回保留金的时间和方法、拖延付款的利息支付等。每次中期付款有无最小金额限制，每次付款的时间规定等，这些都是承包商计算流动资金及利息费用的重要因素。

⑧货币。国际钻井工程承包中，有关支付和结算的货币规定，外汇兑换、汇率变动影响的处理和汇款的规定，以及向国外订购的材料设备需用外汇的申请和支付办法等也是影响标价计算的一个重要方面。

⑨劳务国籍的限制。这与国际钻井工程承包中计算劳务成本有关。某些国家对外国派来的劳工数量有所限制。

⑩不可抗力。计算标价时，应当考虑战争和自然灾害等人力不可抗拒的因素造成损害的补偿问题、中途停工的处理办法和补救措施等因素。

⑪涉税政策。

⑫提前竣工奖励。

⑬争端争议的解决途径与方法。

2. 材料、设备和施工技术要求方面的失误

(1)设计规范和施工验收规范造成的失误

采用什么样的设计规范和施工验收规范，可能会增加钻井承包商的设计和施工难度。例如在国际钻井工程承包中，可能存在已经达到国内的技术标准规范，而与国外标准有所出入，造成的返工或罚款，从而加大了施工风险，所以在报价时应当注意这一点。

(2)特殊的施工要求

报价时应当注意标书中可能对施工方案、装备和工时定额产生较大影响的某些特殊要求。

(3) 材料的选用要求方面的失误

报价时应当注意有关材料的特殊要求及代用的规定。

(4) 材料、设备采购订货要求方面的失误

对标书中指定使用的材料、设备，应当编制出须进行询价的细目，搞清规格、型号、技术数据、技术标准并作出相应的需要量预算，便于及时询价，保证报价的准确性。

3. 工程范围和报价要求方面的失误

(1) 忽视或不了解“合同种类”的不同要求，所造成的报价失误

合同种类是关系到报价范围和方法至关重要的问题，是属于总价合同、单价合同、成本加成合同或统包交钥匙合同，承包商应予以充分注意。总价合同和统包合同意味着承包商承担工程量和单价方面的双重风险，因此承包商必须认真对待，在详细核实工程量和单价分析的基础上，最终要进行详尽细致的综合分析，确定风险大小和预期利润。

(2) 对标书中工程量表的编制体系研究不够或对主体工程之外的项目漏报造成的失误

报价时应当搞清楚一切费用纳入工程总造价的方法，避免有任何遗漏或归类的错误。

(3) 忽视标书中规定的分包计价方法

对某些工程是否必须由业主指定承包商进行分包，一般文件规定主承包商对这些分包商应提供哪些条件，承担何种责任，以及文件规定的分包商计价方法等，报价时应当给予考虑。

(4) 对施工期内设备、材料、工资及货币贬值、涨价因素、汇率变动等预期不够

报价时应当考虑标书中对材料、设备和工资在施工期内材料、设备、工资及货币贬值、涨价因素、汇率变动等处理或预期不够有无补偿。

4. 忽视可能获得补偿的权利

搞清楚有关补偿的权利，可使承包商正确预估执行合同的风险。

按一般惯例，由于恶劣气候或工程变更而增加工程量等，承包商除可以要求延长工期外，有些投标文件还规定，如果遇到自然条件和人为障碍等不可预见的情况发生而导致费用增加时，承包商可以得到合理的补偿。如果合同文件有这样的条款，一些必须采取措施加以处理的费用以及由此可能发生的损失，可以援引合同条款而索取补偿。但是某些招标项目的合同文件，故意遗漏、去除这一类条款，甚至写明承包商不得以任何理由索取合同标价以外的补偿，则意味着承包商要承担较大的风险。

所以，承包商投标时应当适度考虑不可预见费用，而且应当在投标致函中适当提出，以便在今后投标和商签合同时争取订立。

此外，承包商还要承担违约罚款、损害赔偿，以及由于工程质量不符合质量要求而降价等责任。搞清楚责任及赔偿限度等规定也是预估风险的一个重要方面，承包商应当在投标前给予充分关注和估量。

5. 缺少可行性论证的可靠性，盲目决策，轻易成交

由于某些钻井承包商的市场发展战略不明确，在项目选择上存在着较大的盲目性，有的未经充分的市场调查和项目论证即仓促决策，有的对项目背景以及各种风险预测和承包条件缺乏客观的正反两方面的科学分析，甚至有的对该项目的概况尚不清楚，单凭主观臆断拍板定案轻易成交，这类盲目决策的项目，特别是国际钻井工程项目可能会带来着较大的经营

风险。

6. 投标报价缺乏严肃性

有些项目存在着不同程度的做标报价失误现象，例如，漏报、错报、计价错误、询价不准等。有些项目经过专业询价，工程师精心做标，投标时多次大幅度压价下调，从报价基数上降低了40% ~60%还签字成交，投标报价缺乏一定的严肃性。

7. 不注意用合同条款保护自己

例如，在合同条款中不注意列入保护自己的内容，重口头言诺，轻法律依据，最终酿成大错的不乏其例。以及在执行合同的过程中，缺乏索赔意识和索赔能力，应得的补偿无从追索；被他人利用自身经营管理的种种弱点白白捞取大量的钱财等。

8. 管理体制及经济责任制不健全或执行不力

例如，某些钻井工程项目在计划、财务、材料、装备和成本管理上缺乏必要的控制指标，没有严密的组织管理机构和监督检查考核办法，工作无目标，劳动无定额，成绩无人肯定，损失无人追究，资料无人积累，甚至委派的施工项目经理素质不高，不足以胜任等。

9. 报价人员的专业技能不足以胜任

报价人员的专业技能直接影响报价的准确性。报价人员的专业技能不足以胜任的问题，主要表现在所选择的报价人员不掌握工程报价的基本方法，对技术规范和合同条款不熟悉，对标书编制的基本内容不了解，缺乏工程报价经验，不掌握特定地区特定条件环境下的市场价格行情，分析不出标底价格，报价心中无底，随意盲目，报价大起大落，极不稳定，漏报、错报、计价错误时有发生，各项费用计算不符合有关规定，报价严重脱离标底等方面。

（二）投标报价的风险分析

1. 低价风险

低价风险是指在报价时，没有明确的指导思想，主观臆断，压低标价，只是盲目追求中标，加之技术水平低等因素造成的失误引起的风险。低价风险主要表现在漏报、错报、计价错误以及价格风险等方面。

2. 工程量测算风险

工程量风险主要表现在报价时，由于工程量计算不足或失误，施工时工程量大大超出报价时的工作量所带来的风险。

3. 业主钻井监督不公正带来的风险

钻井监督是业主派往工地专门负责管理监督钻井施工质量、进度、各项技术措施的执行人员。有时，钻井承包商往往要承担业主钻井监督故意刁难等不公正管理引起的延工、返工而造成的经济损失。

4. 汇率浮动和外汇管理风险

国际钻井工程承包中的钻井承包商要承担相应的汇率浮动和外汇管理风险。例如，某些国家严格外汇管制，对汇出国外的外汇征收相当的手续费和管理费，如果承包商在报价时对这方面的因素考虑不足，没有考虑这方面的费用，必将增大工程成本。

5. 分包商引起的风险

有些合同规定，某些项目必须分包给某分包商，在执行过程中，由于分包商消极怠工引起的工程延期、返工等造成的损失。有时业主规定了分包费用的数额，且这部分数额远远超出这部分工程项目的造价，那么钻井承包商无疑将会白白少一块收益。例如，业主规定了钻前水源井钻探工程必须分包给某一公司施工，造价 10 万元，但是钻成这口水井的正常价格仅为 5 万元，那么钻井承包商承揽到的合同实际上至少要多负担 5 万元的工程成本。

6. 工程地质风险

钻井承包商往往要承担相当一部分未可预见地层或地质情况复杂带来的施工风险。

7. 不可抗力风险

钻井承包商有时往往要承担一部分不以人们的意志为转移的不可抗拒的自然灾害给施工带来的困难和损失。

在政治局势不很稳定的国家或地区承揽国际钻井工程施工，战争、动乱、武装冲突、有组织的罢工、怠工等甚至给工程施工带来不能控制的局面。所以，在政治局势不稳定的国家和地区承包工程，必须全面考虑战争、动乱等带来的风险，一定要投保战争险，一旦受到影响，承包商能够得到应有的补偿。

8. 钻井施工组织配合失调的风险

如果钻井承包商的职能部门与钻井生产指挥调度不能密切配合，该解决的问题得不到及时解决，生产急需的材料得不到及时供给等，必将影响施工的正常进行。

六、编制投标文件

投标文件与招标文件实际上是指同一份文件。习惯上将业主出售的文件称为“招标文件”，而将投标人在此文件基础上填报、编制的文件称为“投标文件”，简称“标书”。投标文件应当对招标文件提出的实质性要求和条件作出响应。投标人必须到指定的地点按指定的时间购买招标文件，并准备投标文件。招标文件中通常包括投标须知、合同的一般条款、合同的特殊条款、价格条款、技术标准规范以及附件等。投标人必须按照这些要求编写投标文件。严格地按照招标文件的填报要求编报，不得对招标文件进行修改，不得遗漏或回避招标文件中的问题，更不应当提出附带文件。

投标文件是承包商参与投标竞争的重要凭证；是评标、决标和订立合同的依据；是投标人素质的综合反映。投标文件编制的好坏，在一定程度上也会影响投标的结果。实践中，尽管标价最为合理，但因为投标文件的编制质量或卷面表观质量差而未能中标的情况屡见不鲜。承包商应当对投标文件的编制工作给予足够重视。

（一）投标文件的组成及编报要求

投标文件一般由下列文件资料组成：

①投标邀请函。

②投标须知。

③合同条款。包括一般条款及结合业主所在国实际和本工程特点对一般条款补充、修改后所形成的专用条款。这两部分条款要求投标人无条件遵守。

④技术条款。一般也可分为一般技术条款和专用技术条款两部分。

⑤投标格式及其他标准格式，包括投标致函格式，合同协议书格式，投标保函、履约保函及预付款保函格式等。投标人应根据格式要求填写齐全。

⑥工程量表。

⑦技术文件、表格。

⑧有关工程图纸。

⑨其他技术资料。

上述文件中第⑤、⑥、⑦项一般称之为"报价文件"，它们将成为合同文件的重要组成部分，须由投标人认真填报。

（二）投标文件的分类

由投标人编制填报的报价文件（投标须知中有明确规定），通常可分为商务法律文件、技术文件、价格文件三大部分。其主要内容如下：

(1)商务法律文件

这类文件是用以证明投标人履行了合法手续及为业主了解投标人商业资信、合法性的文件，主要包括：

①投标保函（应符合要求的格式）；

②投标人的授权书及证明文件；

③联营体投标人提供的联营协议；

④投标人所代表的公司的资信文件，包括银行等机构出具的财务状况证明、完税证明、会计报表、未破产证明、公司法人证件等。如投标人为联营体，联营体各方均应出具资信文件供业主审查。

(2)技术文件

技术文件主要包括钻井施工组织设计等内容，用以评价投标人的技术实力和经验。技术复杂的项目对技术文件的编写内容及格式均有详细要求，投标人应认真按规定填写。

技术文件的内容主要包括：

①施工方案和施工方法说明；

②施工进度计划及其说明；

③施工组织机构说明及各级负责人的技术履历及外语水平；

④钻井机械装备清单及设备规格、型号、性能表；

⑤主要耗材清单、来源及质量证明；

⑥如招标文件中有要求，或投标人认为有必要时，承包人建议的方案（备选或变通方案）。建议方案是投标人对招标文件原拟的工程方案的修改建议，一般应能使造价降低或缩短工期，供业主和咨询工程师在评标时参考。

(3)价格文件

价格文件是投标文件的核心，是投标成败的关键所在。全部价格文件必须完全按招标文件规定的格式编制，不许有任何改动，如有漏填，则视为其已包含在其他价号的报价中。

价格文件的内容主要包括：

①价格表，一般为带有填报单价和总价的工程量表；

②计日工的报价表；

③主要单价分析表（如果招标文件中有此要求）；

④外汇比例及外汇费用构成表（国际钻井工程承包适用）；

⑤外汇汇率（通常由业主提供，国际钻井工程承包适用）；

⑥资金平衡表或工程款支付估算表；

⑦施工用主要材料基础价格表；

⑧用于价格调整的物价上涨指数的有关文件。

采用两阶段招标方式，业主一般要求将商务法律文件和技术文件封装在一起，称为"资格包”；将价格文件封装为一包，称为“报价包”。业主在评标时，对两包文件分别审查，综合评定。“资格包”评分不高甚至通不过的投标者，报价再低，也不会授标。投标文件是一个整体，哪方面的内容都不容半点疏漏。避免因为细节的疏忽和技术上的缺陷而使投标书无效。

(三)编制投标文件时应注意的事项

(1)投标文件中的每一项要求填写的空格都必须填写，空着不填将被视为放弃意见。重要数字不填写，可能被作为废标处理。

(2)填报文件应反复校对，确保分项和汇总计算均无错误。

(3)国际钻井工程投标递交的文件，投标人必须在第一页上签字，并且每页均应签字。投标文件的修改之处应当签字。

(4)投标文件卷面应当清晰美观。

(5)如招标文件规定，投标保证金为合同总价的一定比例时，投标保函开得不要太早，以防止泄漏己方报价。同时必须注意，有的承包商提前开出并故意加大保函金额，以麻痹竞争对手的情况也是存在的。

(6)所有投标文件应装帧美观。可分以下内容按次序装订：

①有关承包商资历的文件。如投标委托书，证明投标者资历、能力、财力的文件，投标保函，投标人在项目所在国的注册证明，投标附加说明等；

②与报价有关的技术规范文件。如施工规划、拟动用钻机装备表、施工进度等；

③报价表，包括工程量表、单价、总价等；

④建议方案及其有关说明；

⑤备忘录。

(四)编写投标致函

承包商除按规定填报投标文件外，还可以另外编制一份更为详细的致函，对自己的投标报价作处出必要的说明。写好这份额外增加的投标致函是一项十分重要的工作，它一方面要对自己的投标报价作出某些解释，使业主在评标时能够理解此报价的合理性，另一方面可以借此对本公司的优势和特点作宣传，有力地吸引业主对本公司的兴趣和信赖，以便给业主留下深刻的印象。承包商往往会在投标致函中说明以下一些问题：

①宣布降价的决定。多数承包商会有意在书面报价单中将价码提高一些，以防止自己的报价意向在投标过程中被泄漏。而在实际递交的投标致函中承诺说明：“考虑到同业主友好和长远合作的诚意，决定按报价单的汇总报价无条件地降低××%，即将总价降到××金额，并愿意以此降低后的价格签订合同”。

②说明降价后，与投标同时递交的银行保函有效金额相应降低了多少，并说明有效金额数。

③可以根据可能和必要情况，对自己拟订的施工方案的突出特点或技术优势作出说明，表明若选择这种施工方案或自身的技术优势能够更好地保证施工质量和加快工程进度，保证按预定的工期完工。

④只要招标文件没有特殊的限制，可以提出某些可行的降低价格的建议。例如，适当提高预付款的额度和进度，则可以再降价多少；适当改变某种耗材或者按建议方案施工，不仅完全可以保证同等质量、功能，而且可以降低造价等。但必须声明这些建议只是供业主参考，如果业主愿意接受这些建议，可在商签合同时探讨有关细节。

⑤如果发现招标文件中存在某些明显的错误或疏漏，而又不便在原招标和投标文件上

修改，可以在投标致函中说明。例如，进行这项修改调整将是有益的及其对报价的影响。

⑥有重点地说明本公司的优势，特别是要说明自己的施工经验、技术优势和装备能力等。

⑦如果本公司有能力和条件向业主提供某些优惠，可以专门列出说明。例如支付条件的优惠等，用以吸引业主的兴趣。当然，提出这些优惠应当慎重。在实际操作中，不乏这方面的事例，例如有的钻井承包商为了进入新的钻探工程市场，甚至主动提出放弃设备调遣费等种种优惠。

⑧如果允许投标人另报某些替代施工方案者，除按招标文件报送该替代方案文件外，还可在本致函中作出某些重点的论述，着重宣传替代方案的突出优点。

（五）投标文件格式例举

1. 投标书格式例举

投标书

致：×××（业主名称）

在收到的编号为×××的工程招标文件后，遵照有关工程项目招标投标管理规定，我们考察了现场并认真地研究了上述工程项目招标文件的投标须知、合同条件、技术标准规范、有关技术图纸、工程量清单和其他有关文件，愿以×××（人民币或美元）元的总价，按上述合同条件、技术规范、图纸、工程量清单的条件承包上述工程的施工。

我们保证，如果我们的投标被接受，将在接到工程师的开工命令的×××天内开始本工程的施工，并从上述本工程开工期限的最后一天算起，在×××天内，完成并交付本合同中规定的整个工程。

如果我们的投标被接受，如有需要，我们将取得一家保险公司或银行的担保或是提供×××名合法而又诚实的担保人，负有连带责任同我们一起承担义务，按照上述金额的××%的金额，根据须经你们认可的保证书条件，担保照章履行合同。

我们同意在从规定的收到投标之日起×××天内遵守本投标，在此期限届满之前，本投标将始终对我们具有约束力并可随时被接受。

直到制订并签署了一项正式协议为止，本投标连同你们对其的书面接受，将成为我们双方之间具有约束力的合同。

我们理解，贵方并无义务必须接受你们所收到的价格最低的或其他任何投标。

投标单位：

投标单位地址：

法定代表人：（签章）

邮政编码：

电话：

传真：

E－mail：

开户银行：

银行账号：

开户行地址：

电话：

日期：×××年×××月×××日

2. 投标书附录格式例举(表8－7)

表8－7　投标书附录(包括但不仅限于下列内容)

投标书附录				
序号	项目内容		合同条款号	备注
1	履约保证金:	银行保函金额		合同价格的××%
		履约保证金		合同价格的××%
2	开工期限(从接到钻井监督的命令到开工)			××天
3	竣工时间			××年××月××日
4	规定的违约赔偿金款额			合同价格的××%
5	提前工期奖			××元/天
6	重大油气发现奖			××元
7	工期质量达到优良标准补偿金			××元
8	工期质量未达到要求优良标准时的赔偿金			××元
9	预付款金额			合同价格的××%
10	保留金金额			每次付款额的××%
11	保留金限额			合同价格的××%
12	竣工时间			日历日

投标单位:
法定代表人:　　　　　　　　　　　　　　　　　　　　日期:　年　月　日

3. 投标保证金银行保函格式例举

投标保证金银行保函

×××(招标人名称):

鉴于×××(投标人名称)参加×××(招标工程名称)的投标，本银行愿意为投标人承担向你方(招标人)支付总金额×××(人民币或美元)元的责任。

只要你方指明投标人出现下列情形之一的，本银行在接到你方的通知后就支付上述金额之内的任何金额，并不需要你方进行申述和证实:

(1)投标人在招标文件规定的投标有效期内撤回其投标的;

(2)投标人在投标有效期内收到你方的中标通知书后不能或拒绝按投标须知的要求签署合同协议书的;

(3)投标人在投标有效期内收到你方的中标通知书后不能或拒绝按投标须知的规定提交履约保证金的。

本保函在投标有效期后或你方在这段时间内延长的投标有效期28天内保持有效，本银行不要求得到延长有效期的通知，但任何索款要求应在有效期内送达本银行。

银行名称:

法定代表人:

银行地址:

邮政编码:

电话:

日期:×××年×××月×××日

4. 投标保证金担保书

格式1：

投标保证金担保书

根据本担保书×××（投标人名称）作为委托人（以下称“委托人”）和在中国注册的×××（担保公司、证券公司或保险公司）作为担保人（以下称“担保人”）共同向债权人×××（建设单位名称）（以下称“建设单位”）承担支付人民币×××元的责任。

鉴于委托人已于×××年×××月×××日就（合同名称）的建设向建设单位递交了投标书。

本担保书的条件是：

（1）如果委托人在投标书规定的投标有效期撤回其投标；

（2）如果委托人在收到建设单位的中标通知书后不能或拒绝按投标须知的要求签署合同协议书；

（3）如果委托人在收到建设单位的中标通知书后不能或拒绝按投标须知的规定提交履约保证金。

但本担保不承担支付下列金额的责任：

（1）大于本担保规定的金额；

（2）大于投标报价与建设单位接受报价之间的差额的金额。

担保人在此之间确认本担保书责任在投标有效期后或招标单位延期投标有效期这段时间后的28天内保持有效。延长投标有效期应通知担保人。

委托人代表：　　　　　　　　担保人代表：

地址：　　　　　　　　　　　地址：

联系方式：　　　　　　　　　联系方式：

日期：×××年×××月×××日

格式2：

投标保证书

根据本文件，我们______作为当事人，下称“承包人”，与经核准在______国进行交易的______国的______下称“保证人”，向______作为权利人，下称“业主”，承担义务，将正确无误地支付美利坚合众国合法货币______美元（$______）整，对此，承包人和保证人及其继承人、遗嘱执行人、遗产管理人、继承人和受让人，负有连带责任地均受本文件的有力约束。

鉴于承包人已在______年______月______日向业主提交了对于______的书面投标，因此，如果上述投标结束之日起90天内被接受，本义务的条件就是：如果承包人在规定的时间内，按业主向投标人提供的格式，按承包价格的______%的金额填交一份履约保证书，并且，如果需要，在规定的时间内签署一项合同，则本业务即告无效，否则，将保持完全有效。

但是，保证人不负责：

（1）大于本保证书规定罚款的金额；

（2）大于承包人投标金额与业主所接受的投标金额之间差额的金额。

签署本文件的各保证人谨此同意其所承担的义务将不因当事人可能同意政府延长接受投标的期限而受损害，并谨此放弃要求将这种延长期限通知保证人的权利，但是这种对通知的弃权仅适用于除原来所允许的接受投标期限以外总计不超过六十(60)日历日的延长期。当事人和保证人已于上述日期在此投标保证书上签名盖章，以资证明。

当事人签字(章)：__________　　保证人签字(章)：______

地址：　　联系方式：　　地址：　　联系方式：

日期：×××年×××月×××日

七、递交投标文件

全部投标文件编好之后，经校核无误，由负责人签署，按投标须知的规定分装，然后密封，密封的方法(例如用火漆、铅封、骑缝印章签字等)由投标人自行安排，并派专人在投标截止期前送到招标单位指定地点，取得招标机构已取得投标文件的回执。如需邮寄，投标人应当充分考虑邮件在途时间，务必在投标截止日期之前送达投标单位，以免迟标作废。一般地，招标通知中均规定接受投标文件的截止日期及时点。晚于规定的截止日期及时点到达的标书一概无效。

密封包装的外部无论是正面还是反面，一般不得书写投标人的姓名及单位地址等，也不得作任何记号。

投标文件应当放置于双层信封内，两层信封的封口处应当密封。投标文件在开标前不得开启。

外层信封内装投标声明或保证书以及招标文件所要求的证明材料。

内层信封正面书写投标人的姓名地址等。如果招标文件只要求报单价，内层信封内仅装投标书；如果招标文件要求报总价，还应当包括投标人填写的价格清单和详细概算书。如果投标保函直接提交给业主，也应放入内层信封中。

投标书一旦寄出或提交给业主，便不得撤回或更改。但在开标之前可以修改其中事项。例如错误遗漏或含混不清的地方，需要在投标截止日前以正式函件更正或澄清。

招标人在发出招标文件至开标之前的期间，同样可以对招标文件予以修正、解释或补充，并以备忘录的形式发送给所有的投标人。这些备忘录是招标文件的组成部分。招标人对投标人提出的有关招标文件中的不明了事项或质疑提供咨询或解释。若投标人提出延迟投标截止期的要求，招标人应当给予考虑，审慎权衡，并答复之。

八、投标技巧

在激烈的市场竞争环境下，钻井承包商应当在加强市场调研、作好各项准备工作的基础上，对如何进行投标、投标中应注意的事项、投标的技巧和辅助中标手段等问题应当进行审慎认真的分析和研究。

(一)投标活动应当注意的事项

这里主要说明在购买招标文件之后，在准备投标和投标过程中应当注意的事项，和投标决策时的思路是一致的。

1. 市场战略

从投标企业本身条件、能力、近期和长远目标出发来进行投标决策非常重要。对于一个

钻井承包商，投标既要看到近期利益，更要考虑长远的战略目标，承揽当前工程应当为全面打入某一市场、为今后的市场开拓创造机会和条件。

2. 业主的资金实力和心理分析

钻井承包商应当了解业主的资金来源是自筹、贷款，还是兼而有之，来源是否可靠，或是要求投标人垫资，因为资金问题直接牵扯到支付条件，关系到业主是否能够及时足额地支付资金。

对业主进行心理分析，了解业主的主要着眼点。例如，资金不是很充裕的业主一般考虑较低的投标报价；资金充裕的业主往往要求技术和装备比较先进、资质信誉比较高的钻井承包商；工程急需者，钻井承包商在投标时可以适机提高报价，但要在工期上尽量提前。总而言之，应当对业主情况进行全面细致的调查分析。

3. 询标时的策略

在投标有效期内，投标人找业主澄清某些问题时，一定要注意询标的策略和技巧，注意礼貌，不要让业主感到为难，更不要让对手摸底。

①对招标文件中对钻井承包商有利条款或含糊不清之处，不要轻易提请澄清；

②不要让竞争对手从我方提出的问题中窥探到我方的各种设想和施工方案；

③对含糊不清的重要合同条款、工程范围不清楚、招标文件和设计(图纸)相互矛盾、技术规范中明显不合理之处，应当提请业主澄清解释，但一般不要提出修改合同条件或修改技术标准，避免引起误会；

④提请业主澄清问题所作出的答复应当作成书面文件，并宣布与招标文件具有同等效力。或是由投标人整理一份谈话记录提交业主，由业主签章确认；

⑤一般地，切忌以业主的口头答复为依据修改或确定投标报价。

4. 采用工程报价宏观审核指标的方法进行分析判断

基本确定的投标报价是否合理、有无可能中标，应当采用某一两种宏观审核方法来校核，如果发现相差较远则应当重新全面检查，看是否有漏投或重投的部分并及时纠正。例如，基本确定的投标报价与同区块、同井型、同样施工组织方式、同样计价基础、工程内容相当的钻井工程的平均先进的造价水平相差甚远，应当重新全面审核投标报价。

5. 编制施工进度表的注意事项

编制施工进度表实质上是向业主明确竣工时间、交井日期。工期问题往往是一个敏感的问题，缩短工期有利于中标，但工期较短，到时候不能交井则要进行赔偿，所以要认真研究，留有余地。如无特殊要求，一般承诺按招标文件要求的竣工日期交井即可。

6. 注意工程量表中的说明

对招标文件工程量表中的各个项目的含义应当弄清楚，特别是国际钻井承包工程，更要注意工程量表中各个项目的外文含义，如有含糊不清之处应当找业主澄清。避免工程施工开始后，特别是在办理工程价款结算时产生争议。

(二)报价调整方法(报价技巧)

这里所说的投标技巧是指既可让业主接受，一般情况下又可获得较多利润的投标报价技巧。

1. 根据招标项目的特点进行调整

(1)一般地，在下列情况下报价可以适当报高些：

①施工环境恶劣、艰苦，施工条件极度差的工程；

②业主在某一方面对钻探技术或资质有特殊要求，而本公司在这方面具有专长或专有技术，且声望、信誉较高时；

③工程造价低的钻井工程，或自身钻机装备的钻深能力远远大于设计井深，自己不愿意做而被邀请投标，又不便不投标的工程；

④业主对工期要求急的；

⑤竞争对手少或不存在能够对本公司中标存在威胁的竞争对手的情况下；

⑥资信调查对业主的诚信度评价不高的。

(2)一般地，在下列情况下报价应当低一些：

①施工条件好，业主对钻探技术或资质无特别要求，一般钻井承包商都可进入，市场竞争激烈的情况下；

②本公司目前急于打入某一钻探工程技术服务市场；

③在某区域虽然经营多年，但面临工作量不饱满，钻机装备停工闲置，切无接替阵地转移时；

④组织停工待井位期间，邻近地区有工程招标，可利用暂时闲置的钻机装备、劳务有把握顺利完成的，且不影响主力市场下轮招标的情况下；

⑤业主诚信度高，资金支付能力强，双方有着良好的合作背景；

⑥业主与钻井承包商之间是长期的战略伙伴关系，或存在关联方关系。

2. 不平衡报价法

不平衡报价法也叫前重后轻法。不平衡报价法是指一个工程项目的投标报价，在总价基本确定后，如何调整内部各个子项目的报价，以期既不提高总价，不影响中标，又能在结算时得到更理想的经济效益。例如，能够早日结账收款的子项目可以报得高一些，以利于资金周转。预计施工时工作量会增加的子项目，单价可适当高一些。

不平衡报价法一定要建立在对工程量仔细核对分析的基础上，特别是对于单价报得太低的子项目，如果这类子项目在施工过程中工程量增加很多，可能会对业主造成一些损失。所以，不平衡报价一定要控制在合理的幅度内，以免引起业主反对，甚至被业主列为废标。有时业主会挑选出一些报价过高的项目，要求投标人进行单价分析，而针对单价分析中过高的项目进行压价，致使承包商得不偿失，弄巧成拙。

3. 多方案报价

对于一些招标文件，当发现条款不甚清晰或很不公正，或技术规范要求过于苛刻时，承包商应当在充分估计投标风险的基础上，按照多方案法处理。先按原招标文件报一个价格，然后再提出“如某条款或技术要求作某些变动，报价可降低多少……”，报一个较低的价格。用这样的方法降低总价，吸引业主。或是对某些工程子项目提出按“成本补偿合同”方式处理。其余部分报一个总价。

4. 增加备选方案

有的招标文件中规定，可以提出一个备选方案，即承包尚可以部分或全部修改原设计方案，提出投标人的方案。

这时，投标人应当组织一部分有丰富经验的工程设计和施工管理人员，对原招标文件的设计和施工方案进行仔细研究，提出更合理的方案以吸引业主，促成自己的方案中标。新的备选方案必须有一定的优势，比如可以降低总造价；或提前竣工；或使工程运用更为合理。但对原招标方案一定要报价。

例如，钻井承包商可以提出更为合理的钻井液设计，使钻井液性能更为安全可靠，造价又低。

增加备选方案时，不宜将方案写得太具体，一定要保留方案的技术关键，以防止业主将此方案透漏给其他承包商。需要指出的是，备选方案在技术上一定要成熟，或过去有这方面的施工经验。如果仅仅因为本次投标而匆忙提出的一些技术不成熟或没有经过实践检验的备选方案，可能会给今后的施工留下隐患。

5. 突然降价法

报价是一个机密工作。但是对手往往会通过各种渠道、手段来刺探情况，因而在报价时可以采取迷惑对方的手法，先按一般情况报价或故意表现出自己对该工程兴趣不大，至投标快截止时，再突然降价。采用这种方法时，一定要在准备投标报价的过程中考虑好降价的幅度，在邻近投标截止日前期，根据情报信息和分析判断，再做最后决策。

如果采用突然降价法中标，因为开标只降总价，在签订合同后可按照不平衡报价的思想调整工程量表内的子项单价或价格，以期取得更佳效益。

6. 联合保标法

在投标竞争激烈的情况下，可以联合几家实力雄厚的钻井承包商一同控制标价，一家出面中标，轮流相互保标，或将其中部分劳务转让给其他承包商分包。在其他建设项目的招投标领域，这种作法很常见，但是一旦被业主发现，则可能面临被取消投标资格的惩罚。

7. 利用招标文件的错误

有的招标文件可能存在一些错误，无论是招标文件或报价表中的错误，只要对投标人有利，有经验的“聪明”的承包商往往不会提出更改。以期利用这些“错误”谋求利己之利。

投标技巧还可以再举出一些。聪明的承包商会在投标中不断摸索总结对付各种情况的经验。承包商一般不会把自己的投标策略和报价技巧公之于众。承包商只有不断地积累总结，才能综合各种投标技巧，应用于实践。

九、辅助中标手段

承包商在投标竞标活动中，不应忽视有利于中标的一些辅助性的中标手段。这些辅助性的中标手段因时、因地、因不同的项目而异，需要承包商在竞标活动中，适时适机灵活把握运用。辅助中标手段包括但不仅限于以下列举的经济活动。

(一)许诺优惠条件

投标报价附带一些优惠条件是行之有效的一种方法。招标人在评标时，除了主动考虑报价和技术方案外，还要分析别的条件，如工期、支付条件等。所以在投标时主动提出提前竣工、免费技术协作、给予或帮助获得低息或免息贷款、赠给施工设备、免费转让新技术或某种技术专利、代为培训员工等，均是吸引业主、利于中标的辅助手段。

(二)聘请当地代理人

特别是国际钻井工程承包项目，一个在国内市场经营很好的钻井承包商，初次闯到国外时未必能够顺利地拿到合同，或者拿到工程项目后未必能够成功地实施工程。其重要原因之一，就是它不熟悉国外的社会、法律、经济、商务习惯和金融惯例，不了解当地的传统习惯和社会人事关系，不清楚解决各类问题的渠道。总而言之就是不熟悉国外的经营和工作环境，而这些恰恰是国际钻井承包商成败得失的关键所在。因此，一个市场经营管理经验丰富的钻井承包商在涉足某钻井工程市场时，往往需要寻觅合适的代理人，当然这个代理人也可能就是项目信息的提供者。寻求这个代理人协助自己进入该市场开展业务获得项目，并且需要代理人在项目的实施过程中协助自己在有关方面进行必要的斡旋和协调。值得说明的是，即使是在一个熟悉的市场，如果能够有一个合适的代理人，在扩大和稳固市场方面或项目顺利实施方面会起到一定的作用。所以说，使用和选择好的代理人是钻井工程项目投标活动的重要活动之一。

（三）与“当地公司”联合投标

广义的“当地公司”包括具有市场准入资质或与项目业主具有亲密合作伙伴关系的一切公司。

采用诸如“挂靠”等手段，借助当地势力及关系投标，有利于超越“地方保护主义”，打破一些贸易壁垒，并有可能分享当地公司的优惠待遇。与“当地公司”联合投标，在某种程度上可以为中标疏通渠道或增加技术筹码等。

（四）公关活动

在某些国家、地区或行业，针对业主招标、评标、决标等关键岗位上的职员而开展的公关交际活动方式多种多样，有时甚至能够致使招标投标活动流于形式。这些情况，钻井承包商在投标时应当给予足够审慎的重视和关注。

（五）外交外事活动

当今，凡重大的国际工程承包，无不伴随着一系列的外交活动。所以，某些国际钻井工程承包应当充分考虑如何利用国际政治关系的影响，借助国家或某些官员的地位、关系和影响，帮助本公司开展投标活动。

第四节　石油钻井工程项目开标、评标及定标授标管理

开标、评标、决标和授标是业主进行工程项目发包的最后的决策性工作，也是招标活动中极为重要的工作。其中，评标是实质性的关键环节。只有做出全面和客观的评价，才能在众多的合格投标者中正确地选择最佳的承包商，与之订立工程承包合同，进入工程项目的具体施工阶段。

石油公司组织钻井工程项目招标，在接到钻井承包商的投标文件后，应当按照招标公布的时间准时开标，并及时组织评标—定标—授标。石油钻井工程项目评标—授标管理程序见图8－6。

一、开标

开标就是招标人在投标截止日期后，按照招标文件规定的时间、地点，开启投标人递交的投标文件，宣布投标人名称、投标报价及投标文件中其他主要内容的过程。开标后任何投标人都不能修改各自的投标书，也不能对投标进行任何补充，只能就施工方案、管理措施、技术手段、作业设备、合同条件等方面存在的某些问题进行不改变投标实质的澄清和磋商。

（一）开标的方式

开标主要有公开开标、有限开标和秘密开标三种方式。

1. 公开开标

公开开标一般由招标单位主持，在规定的时间和地点，邀请招标管理机构、所有的投标人以及有关部门参加开标会议，其他愿意参加者也不受限制，当众公开开标，当众宣布评标、定标办法，启封投标书及补充函件，宣读投标书内容和标底，同时将开标中的有关事宜记录在案。

我国《招标投标法》第三十六条规定，开标时，由投标人或者其推选的代表检查投标文件的密封情况，也可以由招标人委托的公证；经确认无误后，由工作人员当众拆封，宣读投标人名称、投标价格和投标文件的其他主要内容。招标人在招标文件要求提交投标文件的截止时间前收到的所有投标文件，都应当在开标时当众予以拆封、宣读。开标过程应当记录，并存档备查。

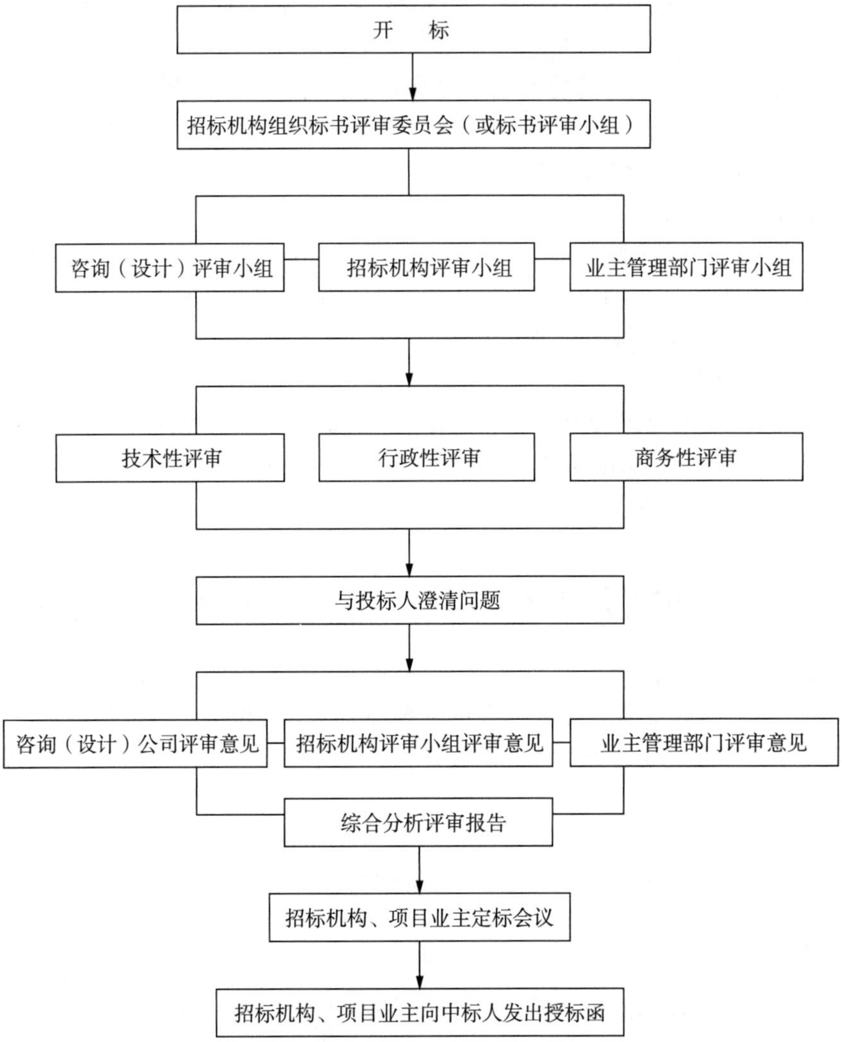

图 8－6　开标、评标、定标及授予合同流程图

开标时，应当首先当众检查投标文件的密封情况；招标人委托公证机构的，可由公证机构检查并公证。一般情况下，投标文件是以书面形式、加具签字并装入密封信袋内提交的。所以，无论是邮寄还是直接送到开标地点，所有的投标文件都应该是密封的。这样做的主要目的是为了防止投标文件在未密封状况下失密，从而导致相互串标，更改投标报价等违规行为的发生。只有密封的投标才被认为是形式要件合格的投标，才可被当众拆封，并公布有关的报价内容。投标文件如果没有密封，或被发现曾被拆开过的痕迹，应视为无效的投标。

为了保证投标人及其他参加人了解所有投标人的投标情况，增加开标过程的透明度，所有有效投标文件的密封情况被确定无误后，应将投标文件中的投标人名称、投标价格和其他主要内容向在场者公开宣布，并将开标的整个过程记录在案，存档备查。开标记录一般应当记录下列事项，由开标主持人和其他工作人员签字确认：

①案号；

②招标项目的名称及数量摘要；

③投标人名称；

④投标报价；

⑤开标日期；

⑥其他必要的事项。

公开开标是向所有投标者和公众保证其招标程序公平合理的最佳方式。下面介绍世界银行为此而特别制定的开标程序，这一程序已得到了普遍承认。

(1)严格监督收标

一般是在投标地点设置投标箱或投标柜，其尺寸大小足够容纳全部标书。招标机构收到标书仅注明收到的日期和时间，不得作任何记号。投标箱的钥匙由专人保管，并贴上封条，只能在开标会议上启封打开。

投标截止日期和时间一到，即封闭投标箱，在此之后的标书概不受理。

(2)开标会议

①公开招标项目，通常由招标机构主持公开的开标会议，除招标机构的委员会成员和投标人参加外，还可以邀请招标管理机构、有关部门和公众参加开标会议。

②在开标会议上当众开启投标箱，检查密封情况。一般要按标书投递时间顺序拆开标书的密封袋，并检查标书的完整情况。

③当众宣读投标人在其投标致函中的投标总报价，如在该致函中已经说明了自动降低价格者，应当以其降后的价格为准；如果降低是附带条件的，则不宣布这种附带条件的降价，以便在同等条件下进行对比。同时，还要当众宣布其投标保证书的金额和开具保函银行的名称，检查该项金额和银行是否符合招标文件的规定。如果该标书不合格，则宣布该标书被拒绝接受，作为废标处理并退还其保函，取消其参加竞争的资格。

④所有投标人的工程总报价及保证书的金额均列表当场登记，由招标机构的招标委员和监督人士共同签字，表示不得再修改报价。有的甚至要求他们在各投标人的附有总报价的投标致函上签字，以表示任何人无法作弊进行修改。

⑤如果招标文件要求随标书提交机械装备的说明的，可对各投标人提交的样本查看后编号封袋，以便评标时作技术鉴定。

⑥通常在开标会议上说明开标时标价的名次排列，表示这些标书“已被接受”；不宣布最终结果，以待下步评审。

⑦如果公开招标的项目仅有唯一一家公司投标，或在开标会上发现仅有一家公司的投标书符合招标规定条件和没有明显的违章情况，则可能宣布将另行招标；或将由招标机构评审后再决定是否授标给这家公司。

⑧如果招标文件规定投标者可以提交建议方案(或“副标”)，则对于提交的建议方案报价也要按照上述同样方式当场开标和宣布其总报价，但不宣布其建议方案的主要内容。通常对于未按原招标的方案报价，仅对其建议方案报价者，将予以拒绝接受。一般来说，对建议

方案的评审更加严格。

2. 有限开标

只邀请投标人和有关人员参加开标仪式，其他无关人员不得参加，当众公开开标。

3. 秘密开标

开标只有负责招标的组织成员参加，不允许投标人参加开标，之后将开标的名次结果通知投标人，不公开报价，其目的主要是不暴露投标人的准确报价数字。

秘密开标的做法常见于有限招标和法语地区的询价式招标。采用秘密开标程序的招标人通常组织一个标书开拆委员会，该委员会的任务仅仅限于集中所收到的投标报价材料，选出投标截止日之前收到的投标材料，确认已经收到的投标材料是否符合条件，登记报价数额并编制标书开拆工作会议纪要，原封退回迟于规定期限到达的标书信函。

秘密开标不公开各投标人的报价材料及建议方案，投标人亦不得出席秘密开标会议。

实际上，秘密开标是为业主后来进行多角议标准备。因为，经过秘密开标后，业主可以选择几家有可能得标的承包商进行分头谈判，以此压彼，引起承包商的再度竞争，以达到压价成交的目的。

（二）开标的时间与地点

一般地，在没有特殊原因的情况下，开标应当在投标截止日的当天或次日举行。开标的地点及具体时间在招标公告或通知中都有明确的规定。投标人或其代表应按时赴约定地点参加开标。

世界银行采购指南中规定了从招标到投标的间隔时间。世界银行认为，这样可以使投标人获得足够的时间完成为投标所必需的工作。给予拟定投标的时间，很大程度上取决于合同的重要性和复杂性。

二、评标

评标是指招标人的评标委员会或有关部门对投标文件的各项内容，包括交易条件、技术条件及法律条件进行评审、比较、选出最佳投标人的过程。

（一）评标组织

评标是秘密进行的，通常在招标机构中设置专门的评标委员会或者评审小组进行这项工作。选定最佳承包商不能仅仅从其总报价的高低来判定，还应审查投标报价的一些细目价格的合理性，审查承包商的计划安排、施工技术、装备水平、财务安排等。因此，评标委员会或评标小组由有关各方的专家及业主的有关管理部门派员组成，以便能够听到较为广泛的评审意见。

有些招标机构可能采取多种评标方式，即将所有标书轮流分别送给咨询设计公司、工程业主和有关管理部门和专家小组，由各方各自独立地评审，并分别提出评审意见；而后由招标机构的评审委员会或评标小组进行综合分析，写出评审对比的分析报告，经讨论决定。

如果参加投标的承包商太多，则可先将报价高的标书暂时摒弃或搁置，选择少数几份可能中标的标书交给上述部门分别评审，提出评审意见。

一般情况下，评审组织的权限仅限于评审、分析比较和推荐。决标和授标的权力属于招标委员会和工程项目业主。

（二）评审的内容及步骤

1. 行政性评审

对所有的标书都要进行行政性评审，其目的是从众多的标书中选出符合最低标准要求的合格标书，淘汰那些基本不合格的投标，以免浪费时间和精力去进行技术评审和商务评审。任一承包商要想获得中标的机会，首先必须要保证自己的标书和投标文件合格、合乎要求。

行政性评审主要对标书的如下要件进行评审：

(1)标书的有效性

①投标人是否通过资格预审，获得投标资格。譬如，审查标书中承包商的名称、法人代表和注册地址是否与资格预审中选名单一致；如有不一致之处，应查明是否有合理的解释和说明；有些承包商可能获得了投标资格，但在投标时可能又同另外的承包商组成联合体进行投标，而那家后加入的联合体的承包商并未进行资格预审，如果这家未获得投标资格的承包商在联合体中担任主要角色，那么这份投标书可能被视为无效文件。

②标书是否使用盖有招标机构印章的原件，总标价是否与开标会议宣布的一致。

③投标保证书(银行保函或保险公司出具的保证书)是否符合招标文件的要求，包括审查保函格式、内容、金额、有效期限等。

④标书是否有投标人的法定代表人签字(章)等。

⑤研读标书，了解投标者是否回答了招标文件中提出的所有问题，没有回答的问题要予以澄清，对于变更和不接受的合同条款，要特别予以重视，认真研究。

(2)标书的完整性

①标书是否包括招标文件规定的应递交的一切和全部文件。譬如，除工程量和报价单外，是否按要求提供工程进度表、施工方案、资金流动计划、施工装备清单等。

②是否随同标书递交了必要的支持性文件和资料。例如，招标文件要求提供某些装备的性能说明或证明性文件，诸如该设备已在何时何地使用并被使用者证明性能良好，或制造商或其他第三方提供的性能试验证书等。

(3)标书与招标文件的一致性

对于招标文件提出的要求应当在投标时“有问必答”，避免“答非所问”。如果招标文件中写明是响应性投标，则对标书的要求更为严格；凡是招标文件中要求投标人填写的空白栏，均应做出明确的回答；招标文件中的任何条文或数据、说明等均不得作任何修改；投标人不得提出任何附加条件；即使招标文件中允许投标人提出自己的新方案或新建议，也应当在完整地对原招标方案进行响应的基础上，另行单独提出方案建议书及单独报价。

(4)报价计算的正确性

审查比较各标书报价的计算有无错误，若采用成本补偿合同要逐项比较。各种计算上的错误过多，至少说明投标人是不认真和不注意工作质量的，不但会给评审人员留下不良印象，而且可能在评审意见中被提出不利于中标的结论。对于报价中的遗漏，可能会被判定为“不完善投标”而被拒绝。

通常，行政性评审是评标的第一步，只有经过行政性评审被认为是合格的标书，才有资格进入技术评审和商务评审，否则将被列为废标而被排除。

经过行政性评审之后，会对投标人的报价名次重新进行排列。某些投标人的报价在公开开标时可能表面上因报价较低而排在前列，经过行政性评审可能属于不合格的废标而被排除。这种情况在工程建设招投标领域屡见不鲜。例如，某承包商在公开开标时因标价偏高列为第五名，最后经过评审，前四家公司均因各种不同原因被排除，而这家公司却晋升为第一名最低报价的合格标而中标。可见，承包商除力争合理降低投标报价外，还必须认真对待标书的有效性、完整性、一致性和正确性，使之能够通过行政性评审而入围合格标书。

2. 技术评审

技术评审的目的是确认备选的中标人完成本工程的技术能力及其施工方案的可靠性。尽管在接受投标人进行投标之前曾进行过资格预审，似乎投标人的技术能力已经被确认过，但是，那只是一般性的审查。在投标后再次评审其技术能力，是针对中标者将如何实施这项具体的工程。因此，这种技术评审主要是围绕标书中有关的施工方案、施工计划和各种技术措施进行的。如果招标项目实行“资格后审”的，还应当像资格预审那样审查中标人过去的施工经验和能力。

技术评审的主要内容包括：

①技术资料的完备。主要审查承包商是否按照招标文件的要求提交了一切必要的技术文件资料。例如，施工方案及其说明、施工进度计划及其保证措施、技术质量控制和管理、HSE 管理、现场临时工程设施计划、施工装备及机具清单、施工材料供应渠道和计划等。

②评审施工方案(工艺)的可行性和先进性。例如，钻进参数的选择、主要施工装备的性能、施工现场的管理、施工顺序及相互衔接等。

③施工进度计划的可靠性。审查施工进度计划能否满足业主对工程竣工时间的要求；审查承包商施工计划是否科学严谨、是否切实可行，不管是采用线条法或是网络法表达施工计划，都要审查其关键部位或线路的安排是否合理；审查是否制定保证施工进度的措施，例如，施工机具装备和劳务的安排是否合理、可能等。比较作业进度安排、工程工期及保证措施。

④施工质量的保证。审查标书中提出的安全生产、质量控制及管理措施是否落实，各项安全、质量管理制度是否健全完善有效。

⑤工程材料和机具装备技术性能是否符合设计要求。审查标书中关于主要材料和设备的样本、型号、规格和生产制造厂家名称地址等，判断其技术性能是否可靠和达到设计要求。

⑥分包商的技术能力和施工经验。招标文件可能要求投标人列出其拟指定的专业工程分包商。主要审查这些承包商的能力和经验，甚至调查分包商过去的业绩和声誉。

⑦审查标书中对某些技术要求有何保留意见。主要审查这些保留性意见或条件的合理性，并进行研究和评价。

⑧对于标书中按照招标文件规定提交的建议方案做出技术评审。评审主要针对建议方案的技术可靠性和优缺点进行评价，并与原招标方案进行对比分析。

⑨评价主要施工管理人员的业绩、才干、施工经验及品质信用，评价各投标人的作业组织的科学性、制度性和有效性。

3. 商务评审

商务评审的目的是从成本、财务和经济等方面对投标报价的准确性、合理性、经济效益和风险等进行评价分析，估量授标给不同的投标人产生的不同后果。商务评审在整个评标工作中占有重要的地位，在技术评审中合格或基本合格的投标人中，究竟授标予谁，商务评审结论往往是决定性的意见。

商务评审的内容主要有：

(1)报价的准确与合理

①审查全部报价数据计算的准确性。包括报价的范围和内容是否有遗漏或修改；报价中每一项报价的计算是否准确。商务评审时可以选择一些主要的子项和总报价，将多份标书的

报价比较，并与招标机构编制的标底进行对比分析，分析它们之间的差异，并分析这些差异产生的原因，从而判定哪个承包商的报价更为准确、合理、贴近标底。

②分析报价构成的合理性。例如分析投标报价中有关前期费用、钻井主体工程和各专业工程项目报价的比例关系，判断投标人是否采用了严重脱离实际的“不平衡报价法”。

(2)有关工程款项支付与财务问题

①资金流量表的合理性。业主通常在招标文件中要求投标人填报整个施工期间的资金流量计划，在评审中专家可从资金流量表中分析认定承包商的资金管理水平和财务能力。实践中，有些缺乏工程投标和承包经验的承包商常常忽视正确填报资金流量表的重要性。

②审查投标人对工程款项的支付有何要求，或者对业主有何优惠条件。例如，有些钻井承包商利用其本国对获得海外工程的资金赞助政策或其他优惠待遇，采用向业主让利的办法来赢得中标机会，这种情况在国际钻井工程承包市场竞标中常有发生，使得财务资金能力较弱的承包商无法与之抗衡；也有些承包商可能会提出适当增加预付款的比例等。当然这些一般在其投标致函中以委婉商讨的方式提出，并不作为投标的限制要求。

③有关价格调整问题。如果招标文件中规定了一些可调价项目，则应分析投标人采用的基价和指数的合理性，估量调价方面可能的影响和风险。

④审查投标保证书或银行保函。在商务评审中仍应详细审查投标保证书或银行保函的内容，特别注意保证书或保函中有何附带条件。如果招标文件规定投标人可以提出自己的建议方案作为“副标”，那么，也要审查“副标”的保证书和保函。

⑤对建议方案的商务评审。特别要分析接受建议方案在财务方面可能发生的影响。

4. 澄清投标文件中的问题

这里所指的澄清问题，是为了正确地作出评审报告，针对评审工作中碰到的问题，约见投标人予以澄清。这种澄清问题并非议标，只是评审过程中的技术性安排。其主要内容和规则主要有：

①要求投标人补充报送某些报价计算的细节资料。例如，某标书的报价基本合理，但个别子项工程的单价和总价与其他标书相比较，存在过高或过低的异常情况，评审小组可以要求投标人提供该子项工程的单价分析表，以便澄清投标人是否有某些错误的理解，或者纯粹的计算错误。

②要求投标人对其具有某些特点的施工方案作出进一步的解释，证明其可靠性和可行性，澄清这种施工方案对工程造价可能产生的影响。

③要求投标人对其提出的新建议方案作出详细的说明，也可要求其补充选用装备的技术数据和说明书、技术参数的计算依据等。

④要求投标人补充说明其施工经验和能力，澄清对某些并不知名的潜在中标人的疑虑。

总之，凡是评审过程中有疑虑的问题或者各投标人之间存在较大的报价差异时，均可在招标机构统一安排和组织下，直接与投标人接触澄清。但不允许各评审小组，特别是评审人员与投标人单独接触和查询。在澄清问题的会见和讨论中，评审人员不得透露任何评审情况，也不得讨论标价的增减和变更问题。

一般来说，投标人非常欢迎有机会向评审小组澄清问题，尽管澄清问题并不是议标，但投标人都清楚，这至少意味着自己提交的标书已经引起评审小组的重视或者注意，有可能列入中标候选人之列。因此，被约请向评审小组澄清问题的投标人，常常可以利用直接向评审

小组解释的机会，努力宣传己方的技术、装备和资金实力，甚至提出某个引进附带条件的降价措施等，吸引评审小组和业主的注意等。当然，投标人也应当在解释和澄清问题时持审慎而积极的态度，因为投标人的任何解释和补充资料，都有可能被认为是一种承诺，致使自己在中标商签合同时，因为这些承诺而处于被动和不利地位。

5. 评审报告

(1)对投标文件的评审报告

严格意义上讲，各评审小组对其评审的每一份投标文件都应提出评审报告。其主要内容至少应当包括：

①投标报价及其分析。说明其报价的合理性、与标底的比较、标价中的计算错误、重大误解及调整报价的可能性。

②投标人的施工方案的可行性和可靠性、其优缺点和相应的风险。

③工期及进度计划的评述。

④钻机装备的评述。

⑤技术参数的选用及其合理性评述。

⑥技术建议及其合理性和对工程造价影响的评述。

⑦投标人有何保留意见及其对工程的影响。

⑧钻井生产协作配合单位的选择，及其对工程进度、工程质量和工程造价的影响。

⑨授标给该投标人的风险或可能遇到的问题，评审小组的基本意见。

(2)综合评审报告

这是一份由招标机构的评审委员会或评审小组对所有投标文件评审后出具的综合性报告。它综述整个评审过程并提出中标候选人推荐意见。

综合评审报告对于那些拟定作为“废标”或从中标备选名单中剔除的投标者，要阐明具体理由，使招标机构了解这种处理意见是合理和恰当的；同时，说明从其余的合格标书中选定中标候选人的理由。而后，对选定的中标候选人进行对比分析。对比分析的内容基本与上述对每一标书的评审内容相同，可采用列表对比方式。也可采用评分办法进行最后对比，但由于计分的标准难于统一，招标单位对中标者的优势选择的侧重面各不相同，这种综合计分评定的办法为被广泛采用。

综合评审报告应当提出对中标人的推荐意见，除了介绍被推荐的中标人的一般情况外，还要明确地说明中选理由以及与该中标候选人订立合同前亟需进一步讨论明确的问题。

6. 资格复审与投标的拒绝

(1)资格复审

对于经过评标和比标选定的中标候选人一般应进行资格复审。候选人资格预审时提交的资格预审文件是资格复审的基础。如经过复审后，第一中标候选人确实被认为具备履行合同的施工能力和财务实力，则可内定为中标人。如果第一中标候选人资格复审未使招标人满意，其标书可能将被拒绝，这时可对第二中标候选人进行资格复审，如通过，则可内定为中标人。

(2)投标的拒绝

国际招标惯例，在招标文件中，通常都规定招标人有权拒绝全部投标。拒绝全部投标的决定一般在出现下列情况下做出的：

①最低标价大大超过市场的平均水平或招标人自己计算编制的标底。

②全部投标与招标文件的意图和要求不符。

③投标人太少(一般不足3家)，缺乏竞争性。

如果所有投标均被拒绝，项目业主应当考虑修改其招标文件，而后重新招标或议标。

开标时，如果发现存在下列情况之一者，应当宣布标书作废：

①投标文件没有密封；

②投标文件没有公司和法定代表人或法定代表人的委托代理人的印鉴；

③投标文件没有按照要求的格式填写，内容不全或字迹模糊、辨认不清；

④逾期送达的标书；

⑤投标人未参加开标会议。

(三)评标定标方法

1. 评标定标方法概述

评标定标方法是对工程建设项目评标定标活动进行的具体方式、规则和标准的统称。评标定标方法的确定既要充分考虑到科学合理、公平正义，又要充分考虑到具体工程项目招标的具体情况、不同特点和招标人的合理意愿。工程建设项目招标评标定标方法所要研究解决的问题，主要是：

①评议什么。即评议因素或评议指标应当如何设置，是单纯考虑某单一因素，进行单项评议；还是综合考虑多方面的因素，进行综合评议。

②如何评议。即对已设置的评议因素应当如何进行评议。是进行定性分析，还是进行定量分析。

③如何确定各个评议因素所应占的权重。明确在定性评议中，以哪一项或哪几项评议因素为主；在定量评议中，各项评议因素所占权重应当如何分配，对各项评议因素要否再进一步分解细化为若干子项，其所占子分值应为多少。

④对评议过程如何进行归纳总结，形成评议结果。明确在定性评议中，是采用少数服从多数的投票表决制，还是采用民主基础上的集中决策制；在定量评议中，如何确定具体的打分标准、计分方式和打分规则。

⑤如何在评议的基础上定标。是以评标组织的评标意见直接确定评议结果排序的第一名的优秀投标人中标，还是以评标组织的评标意见为基础，由定标组织在评标组织推荐的中标候选人中择优选择一名中标人。前者称为直接定标法，后者称为复议定标法。

评标定标方法的方法多种多样。从理论上讲，评标方法和定标方法可以结合在一起，明确了评标的方法同时也就意味着明确了相应的定标方法，在很多情况下并没有什么独立的定标方法。但评标方法和定标方法是可以相对分开的，因为评标和定标毕竟是前后相连的两个环节，评标在前，定标在后，评标是定标的前提，定标是评标的结果。如侧重评标讲，可以分为单项评议法、综合评议法等评标方法。如侧重定标来讲，一般分为直接定标法和复议定标法等定标方法。

国外普遍将评标方法和定标方法相对分开，采用复议定标法。我国也普遍采用复议定标法。但在我国的实践过程中存在一些问题，主要是招标人通过定标组织进行复议定标，常常出现评标结果和定标结果不一致的现象，而对这种不一致，定标组织又往往很难作出令众多未中标人信服的说明，结果造成一些本不应当发生的矛盾和纠纷。为了克服评标方法和定标方法相对分开而出现的弊端，近几年来，在评标定标实践中，越来越多地将评标方法和定标方法相结合，尽量保持评标结果和定标结果的协调统一，避免评标、定标前后两阶段出现难

以协调的脱节问题。所以，在当前的实践中，一般不对评标方法和定标方法作严格的区分，而是尽量保持两者的统一性。

2. 单项评议法和综合评议法

具体的招标实践中，经常使用的评标定标方法主要是单项评议法和综合评议法。各地的评标定标方法在名称和具体做法上可能不尽相同，但其基本原理是相通的，主要是定性评价和定量评价两个方面。

(1)单项评议法

单项评议法又称单因素评议法、低标价法，是一种只对投标人的投标报价进行评议据以确定中标人的评标定标方法。单项评议法仅对报价因素进行评议，不考虑其他因素，报价低的投标人中标。当然，这里未考虑的其他因素，其实在资格审查阶段已获通过，所以在评标定标阶段不再作为评标定标时的考虑因素，因而也不是投标人竞争成败的决定性因素。

采用单项评议法评标定标，决定成败的唯一因素就是标价的高低。但是也不能简单地认为，标价最低就能中标。采用单项评议法通常的做法是，通过对投标文件进行分析比较后，筛选出低价标，通过再进一步的澄清和答辩，经终审证明低价标确实是切实可行、措施得当的合理报价，才予以授标。所以说，单项评议法不保证最低报价必然中标。

采用单项评议法对投标报价进行评议，通常有四种代表性的模式：

①将投标报价与标底进行分析比较的评议方法。

这种方法是将投标人的投标报价直接与经招标管理机构审定后的标底进行比较，以标底为基准来评判报价的优劣，经评标被确认为合理低报价的投标即能中标。通常有三种具体做法：

第一，报价最接近标底，即报价与标底之差的绝对值最小的合理低价标中标。

第二，报价与低于标底某一幅度值之差的绝对值最小或为零的合理低价标中标。

第三，允许报价围绕标底按一定比例浮动，在这浮动范围内的合理低标价可中标，超出该允许浮动范围的，则为无效标。

第四，将投标报价与标底进行分析比较的评议方法，是以标底为基础进行评标定标，且对确定中标的报价规定了限制范围，因而有利于充分体现招标人的招标意图，有利于有效防止投标人之间形成竞相压价的恶性竞争，评标定标工作也比较简便易行。这种方法的缺点主要是，过分强化了标底的作用，使标底的保密变得特别重要，在客观上也刺激了投标人对标底信息的打探欲望，这就对标底的保密工作提出了更高的要求。这种方法对标底编制的科学性、准确性的要求比较高，如果因招标人工作疏忽、时间仓促或其他原因导致标底内容不完整、不科学、不准确，则有可能导致不合理的投标报价中标，一些实力更强的承包商则会因把握不准标底而失去中标机会。

②将各投标报价相互进行比较的评议方法。

从纯粹择优的角度看，可以对投标人的投标报价不作任何限制、不附加任何条件，只将各投标人的投标报价相互进行比较，经评议报价为合理低报价的中标。

这种评议方法给了投标人充分自主报价的自由，评标工作也比较简单。不足之处是弱化了标底的编制作用。可能导致承包商对投标报价的预期和认同心中无数，事实上处于一种盲目状态，很难说清报价的科学合理性，还可能发生投标人为了中标进行竞相压价的恶性竞争，也极易形成串通投标。

在市场机制健全的情况下，这种方法应该说是一种比较简便可行的评标定标方法。因为作为一个完整成熟的市场主体一般不会承接无利可图的工程项目。即使承接也大多是出于市场战略考虑，不会以降低工程质量为代价降低造价。从业主的角度看，其是真正的利益主体，不可能不关心报价的可行性和工程建造质量，在业主十分关注报价可行性的前提下，当然是报价越低越好。但在市场机制不健全、市场主体不成熟、监管不到位的情况下，采用这种方法评议报价，常常得不到合理的报价，实践效果不好，不宜提倡。

③将报价与标底结合比较分析承包商投标报价的评议方法。

这种方法要借助一个可以作为评标定标参照物的价格。这个在评标定标中作为参照物的价格称为"最优评标价"，投标报价最接近于该价格时的合理报价中标。这种做法既考虑了招标人编制标底的作用，又考虑到投标人报价的整体水平。使得招标人对投标报价认同的盲目性减少，同时也考虑了投标人的自由报价。

实践中，"最优评标价"的确定方法通常有三种：

其一，以各投标报价相加的平均值为 A，以经审定的标底价为 B，然后取 A 和 B 的不同权重值之和，定为"最优评标价"，最接近于这个"最优评标价"的报价为中标价。例如，A 取 30%、40%、50%，则 B 取 70%、60%、50%。

其二，以低于标底一定幅度以内的各投标报价的相加平均值为 A，以经过审定的标底为 B，然后取 A 和 B 的不同权重值之和，定为"最优评标价"，最接近于这个"最优评标价"的报价为中标价。

其三，以各投标人的投标报价相加的平均值为 A，以各投标人对标底的测算价（让各投标人按照和招标人编制标底一样的口径和要求测算得出的价格，作为"投标人模拟标底价"）与标底相加的算术平均值为 B，然后取 A 和 B 的不同权重值之和，定为"最优评标价"，最接近于这个"最优评标价"的报价为中标价。

④将报价与标底结合投标人测算标底因素进行比较。

这种评议方法也要借助于"最优评标价"。"最优评标价"的确定方法是以各投标人对标底的测算价为 B；利用 B 对标底的准确性进行验算，若标底与 B 的误差在一定范围内（例如 ±2% ~ ±5%，误差具体范围可视标的的大小确定，一般标的额大的取小值，标的额小的取大值），则认为标底是准确的，否则则认为标底应当进行修正。若标底不需修正，则取 B 的一定权重值为 B_1，取标底的一定权重值为 B_2，然后以 B_1+B_2 的算术平均值，或以低于 B_1+B_2 的算术平均值的一定幅度为"最优评标价"，最接近于这个"最优评标价"的报价为中标价。

这种做法的优点主要是：投标人参与了标底测算，克服了投标报价的盲目性；通过对标底的验算，有利于正确、合理地发挥标底的积极作用；评标定标结合了标底和投标人模拟标底两方面的因素。主要缺点是评议工作较为复杂。

需要说明的是，对上述四种颇具代表性的投标报价评议方法，在实践中稍作局部改动，便可出现更多的具体不同做法。可以说，能够作某些局部改变的情形是很多的，但万变不离其宗，各种模式的基本原理是相通的。所以在具体实践中设计、改良或完善投标报价单项评议法时，必须切合实际不断加以修正，万不可搞一些没有实质意义的花样翻新。

(2)综合评议法

综合评议法，是采用科学的方法，按照平等竞争、公正合理的原则，对投标人的报价、工期、主要材料耗用情况、作业方案、质量实绩、资质信誉等进行综合评价，从而择优确定中标单位的一种方法。

综合评议法不仅要对价格因素进行评议，而且还要综合考虑其他因素，对其他因素进行评议，这就有一个评审因素或指标如何设置的问题。评审因素或指标主要包括：

①投标报价。主要评审报价的准确性和合理性。

②施工组织设计。主要评审施工方案或组织设计是否科学、合理、周全、完整；施工方法是否先进；施工进度计划和措施是否可靠，能否满足工期和竣工计划的要求；质量保证措施是否切实可行；HSE 保证措施是否有效齐备；施工装备是否先进、可靠；是否优化组合人力资源配备；主要管理人员及工程技术人员的数量和资质信誉是否良好等。

③施工质量。遵循的技术标准是否符合招标文件要求。

④工期。钻井周期是否满足业主建井周期的计划要求。

⑤资质信誉和施工业绩。包括经济技术实力；项目经理的施工经历、管理经验；近期工程承包合同的履约情况；服务态度；是否承担过类似钻井工程项目的施工及管理；曾取得的优良钻井工程纪录；经营作风；公司获得的表彰及奖励情况；社会公众整体形象等。

业主总是希望资质信誉好、经济技术实力雄厚的钻井承包商多得标、得好标，在综合评议诸项评审因素时，常常会适当侧重对施工方案、质量和资质信誉的评价，常常会突出对关键工序(部位)施工方法或特殊技术措施及施工质量、工期保证措施的评议。

3. 定性综合评议法和定量综合评议法

综合评议法又可分为定性综合评议法和定量综合评议法：

定性综合评议法。其通常做法是，由评标组织对工程报价、工期、质量、施工组织设计、主要耗材、HSE 保障措施、业绩、资质信誉等评审指标，分项进行定性比较分析，综合考虑，经评议后，选择其中被大多数评标组织成员认为各项条件都比较优良的投标人为中标人，也可用记名或无记名投票表决的方式确定中标人。定性综合评议法不量化各项评审指标，是一种定性的优选法。采用定性综合评议法，一般要按照从优到劣的顺序，对各投标人排列名次，最优者中标。采用定性综合评议法，有利于评标组织成员之间的直接对话沟通，能充分反映不同意见，在广泛深入地讨论分析的基础上，集中大多数人的意见，比较简便易行。但这种评议标准弹性较大，衡量的尺度不甚具体，有时个人的理解可能会相去甚远，致使评审意见悬殊过大，使得定标决策左右为难，令人难以信服。

定量综合评议法。又称计分评议法。其通常做法是，事先在招标文件或评标定标办法中将评标的内容进行分类，形成若干评价因素，并确定各项评价因素在百分之内所占的比例和评分标准，开标后由评标组织中的每一位成员按照评分规则打分，最后统计投标人的得分，得分高者为中标候选人。

定量综合评议法要量化各项评审因素。对各评审因素的量化，也就是评分因素的分值分配和具体打分标准的确定，这同时也是一个比较复杂、需要在招标实践中不断摸索、完善的问题。评标因素指标的设置和评分标准分值的分配，应当充分体现投标人的整体素质和综合实力，体现公开、公平、公正的竞争法则，使资质信誉好、施工能力强、工期质量优、报价准确合理的竞标方案中标。

采用定量综合评议法，确定各个单项评标因素分值分配，一般应当考虑的因素主要有：

第一，各个评标因素在整个评标因素中的地位和重要程度。重要或比较重要的评标因素所占的分值应当比重要程度不高的评标因素高。

第二，各评标因素对竞争性的体现程度。对竞争性体现程度高的评标因素不只是某一投标人的强项，而是对所有投标人都具有较强竞争性的因素，例如价格因素等，其所占的分值应适当高一些。对竞争性体现程度不高的竞争因素，例如质量因素等，所占的分值应适当低一些。

第三，各评标因素对招标意图的体现程度。单项分值的分配可以根据招标意向的不同侧重点进行设置。能够明显体现招标意图的评标因素所占的分值应适当高一些，例如工期紧迫，可以将工期等因素所占的分值适当提高一些。为了突出对施工质量的要求，可以将施工方案、质量保证措施等评标因素所占的分值适当提高一些等。

第四，各评标因素与资格审查内容的关系。确定各个单项因素的分值分配时，应当考虑资格预审和资格后审的差异性，处理好评标因素与资格审查内容的关系。某些在资格预审时已经作为审查内容的评标因素所占的分值可适当放低一些；如资格预审未列入审查内容或是采用资格后审的，其所占分值可适当放高一些。

定量综合评议法所有评标因素的总分值，一般设定为100分。其中各个单项评标因素的分值分配，各地区、各行业的情况千差万别，灵活机动，很难要求统一。而一般的做法是：报价30～70分；工期0～10分；质量及技术标准5～25分；施工组织设计5～20分；承包商资质信誉和业绩2～20分；其他0～5分。

定量综合评议法中各评标因素所占的分值确定之后，就可对不同的评标因素，采用不同的评分标准和方式进行具体评分。例如：

(1)对投标报价的评分

投标报价所占的分值一般设定在30～70分之间。对投标报价的打分，需要确定评标基准价和计分方式。所谓评标基准价，是指作为评分参照物的价格，亦即评分时可以得满分的价格。以评标基准价来衡量各投标人的投标报价，达到评标基准价的得满分；脱离评标基准价的，每偏离一定幅度或每增减一定比例，就扣除一定分值，得出该投标报价的应得分数。

综合评议法和单项评议法的共同之处就是要对投标报价进行审查评议，且方法一致。单项评议法中可以作为中标价的合理低标价或最优评标价，即为综合评议法中可以在设定分值内得满分的评标基准价。

在定量综合评议法中，评标基准价的确定要与计分方式结合起来，才能给各投标报价进行实际打分。所谓计分方式，是指对各投标报价进行评分时所采用的具体计分规则。实践中，计分方式主要有以下三种：

①限制式和无限制式计分法。评分时对投标报价设置一定限制范围的计分法称为限制式计分法；未设置限制范围的，称为无限制式计分法。采用限制式计分法，通常将围绕标底价的一定浮动幅度或者围绕评标基准价的一定浮动幅度设为限制范围，超出限制范围的，不参加评标计分或以0分计算，这对于投标人来说，意味着已经丧失了中标机会。采用无限制式计分法时，对所有的报价都要计分，不会出现因超出限制范围而丧失评标计分的机会。

②间断式和连续式计分法。对投标报价采用不同标价幅度得不同分数的跳跃式分值设定的，称为间断式计分法；对投标报价采用内插的方法计分的，称为连续式计分法。

③对称式和不对称式计分法。对投标报价偏离评标基准价以相同幅度增减分数的，称为对称式计分法；对投标报价偏离评标基准价以不同幅度增减分数的，称为不对称式计分法。

上述各种计分方式，可以结合起来使用。

（2）对施工方案或施工组织设计的评分

施工方案或施工组织设计所占的分值，一般设定为5～20分。评分时，可以将施工方案或施工组织设计的内容细分为若干个子项，例如：施工准备、钻井进度计划、钻机装备配置情况、人力资源配置情况、钻进技术参数选用情况、钻具组合、泥浆设计、井控技术、测井测试、固井设计、HSE管理情况、技术质量保证措施、项目主要管理及工程技术人员的配备和资历等，并分别对每一子项设定一定的分值，然后对每一子项进行打分。投标文件中有相应的方案设计的，可得基本分，基本分一般为满分的50%；内容欠缺或不够科学、合理、先进的，酌情予以扣分；方案设计科学合理可靠，完全符合招标文件要求的，得满分。也可采用组织投标人进行答辩的方式进行评分，以减少打分的随意性。

除了施工方案或施工组织设计存在严重失误或重大错误，招标人认为足以导致投标人不可能获得中标机会的以外，一般地对施工方案或施工组织设计的评分一般不能给予低于占该项评标因素总分值60%的得分。

（3）对工程质量的评分

工程质量所占的分值一般设定为5～25分。业主通常要求钻井施工质量必须达到其所规定的验收合格规范标准或优良标准。对工程施工质量的评分惯例是：满足招标文件要求，质量措施全面、可行的，得满分；质量保证措施有欠缺的，适当扣分；未满足招标文件要求的，不预计分。

（4）对钻井施工工期的评分

工期所占的分值一般设定为0～10分。对钻井承包商而言，工期即指钻井周期，包括设备调遣、搬安、开钻、钻进、完钻、交井等日期。投标文件承诺工期保证措施全面、科学、可行的，得满分；工期措施有欠缺的，适当扣分；未满足招标文件要求的，不预计分。一般认为，投标人对工期提前的承诺不是十分可靠，在评标阶段无需用加分或设定提前竣工奖励的办法来刺激投标人，只要求按照招标文件的要求如期保质保量地完成工程就行。所以在评标时，对于承诺提前完工的，一般不予加分；对延长工期的，则在合同违约条款中明确其应承担的责任。

（5）对项目经理及主要技术管理人员的评分

项目经理及主要技术管理人员所占的分值一般设定为5～10分。一般围绕对项目经理及主要施工技术管理人员的资历、承揽类似钻探工程的施工经验和施工质量情况等进行评分。投标文件中资质证件齐全、满足招标文件要求的，得满分；内容欠缺或资质证件不齐备的，酌情扣分。

（6）对业绩的评分

业绩所占的分值一般设定为5～10分。对投标人的经营业绩进行评分，可以先将反映投标人业绩的具体因素，如经济技术实力、财务状况、资金实力、生产经营和施工管理情况等细分出来，分别对每一子项进行打分。内容完整、证件齐全的，得满分；内容或证件欠缺的，适当扣分。

（7）对施工资质信誉的评分

施工资质信誉的分值一般设定为5～10分。反映承包商资质信誉的具体因素主要有：市场准入资质、资质等级、施工合同履约情况、服务态度、经营作风、业主评价、获得奖励及表彰情况、社会形象等。评分时可先将每一子项细分出来设定分值。投标文件中提交相应证照（件）、内容齐全的得满分；缺项的适当扣分。

(四)石油钻井工程建设项目招标评标管理例举

某石油公司采用定量综合评议法对钻井工程建设项目进行评标，其实施细则如下：

①对各投标文件进行评议与比较，评议投标报价、工程质量承诺、施工工期、施工组织设计和安全文明施工实绩、承包商资质信誉、资金技术实力等各项指标，依据评标打分标准表设定的标准进行；

②每个评分项目的得分不得超过该项目总分；

③评标打分标准表中每组“范围数字”，前者数值大于其数字本身，后者数值等于其数字本身；

④评分计算保留2位小数，第3位小数四舍五入；

⑤单项中各子项评分数值记入评标计分表；单项评分按计分人的有效评分平均计算，计入单项评分计分表；单项评分后，计入评标计分汇总表；

⑥有下列情形之一的为无效分，该单项分视为弃权：未按规定要求计分的；计分明显不合理的；一个计分内容有2个或2个以上计分的；评标人员未签名(章)的。

石油钻井工程项目评标打分标准表例举见表8-8。

表8-8　评标打分标准表例举(不拘泥局限于下列内容)

评分项目		具体情形	得分	备注
投标报价(40分)	较标底上浮	>0~0.5%	29	
		>0.5%~1%	28	
		>1%~1.5%	27	
		>1.5%~2%	26	
		>2%~2.5%	25	
		>2.5%~3%	24	
		>3%~3.5%	23	
		>3.5%~4%	22	
		>4%~4.5%	21	
		>4.5%~5%	20	
		>5%	无效标	
	较标底下浮	>0~0.5%	30	
		>0.5%~1%	32	
		>1%~1.5%	34	
		>1.5%~2%	36	
		>2%~2.5%	38	
		>2.5%~3%	40	
		>3%~3.5%	40	
		>3.5%~4%	38	
		>4%~4.5%	36	
		>4.5%~5%	34	
		>5%	无效标	
		总直接费与标底相比较，超过±3%	无效标	

续表

评分项目		具体情形	得分	备注
工程质量（25分）	质量目标（5分）	合格工程	0	
		满足招标文件质量等级	5	
		低于招标文件要求质量等级	不得标	
	地质质量承诺	地质剖面符合率		
		取心层位取准率		
		地质报告		
	工程质量承诺	井身质量		
		取心收获率		
		固井质量		
	近两年任务完成情况	地质资料完成情况		
		地质报告完成情况		
		有无单项最好指标		
		有无重大责任事故		
		有无因施工组织原因造成的地质报废		
	近两年项目经理施工管理情	成员职务、职称		
		本专业工作年限		
		完成井数		
		有不合格工程		
		无优良工程		
		有优良工程		
		任务饱满		
		组织实施过类似钻探工程		
		未实施过类似钻探工程		
		有质量事故		
		重大质量事故		
工期要求（10分）	工期承诺（3分）	满足招标文件要求	3	
		未达到招标文件要求	不得标	
	进度计划及保证措施(2分)	计划不科学、不合理	0	
		计划合理，措施一般	1	
		计划周密，措施得力	2	
	近两年工期履约情况(5分)	合同工期履约率80%以下(无拖期)	不得标	
		合同工期履约率80%～90%(无拖期)	2	
		合同工期履约率100%(钻井周期有效提前视同完全履约)	5	

续表

评分项目		具体情形	得分	备注
施工组织设计和安全文明施工实绩（15 分）	施工方案（5 分）	内容不齐，方案需补充完善	0 ~ 3 分	
		内容齐全，方案科学合理	5	
	HSE 管理情况（3 分）	HSE 管理一般	1 ~ 2	
		获得表彰	3	
		HSE 管理存在疏忽或意识不强	-2	
		存在重大安全隐患	不得标	
	文明施工及现场管理情况（7 分）	60 分以下	-2	
		60 ~ 70 分	-1	
		70 ~ 80 分	3	
		80 ~ 90 分	5	
		90 ~ 100 分	7	
承包商资质信誉及资金技术装备实力（10 分）	承包商资质(3 分)			
	公众影响（4 分）	一般	1	
		获得表彰及嘉奖	4	
		不正当经营行为	-4 ~ -2	
	招标人考察及评委评价（3 分）	差	0 ~ 1	
		一般	1 ~ 2	
		良好	3	
	财务状况			
	钻机装备			

石油钻井工程项目评标计分表例举见表 8 -9。

表 8 -9　评标计分表(不拘泥不局限于下列各式与内容)

钻井工程项目名称：　　　　　　　　　　　　　　　　　　　　　　　　计分人签名(章)：

评分项目		标准分	投标人					备注
			A	B	C	D	…	
投标报价	比标底上下浮动	40						
	小计	40						
工程质量	质量目标	5						
	地质质量承诺	5						
	工程质量承诺	5						
	近两年任务完成情况	5						
	近两年项目经理施工管理情况	5						
	小计	25						

续表

评分项目		标准分	投标人 A	投标人 B	投标人 C	投标人 D	投标人 …	备注
工期要求	工期承诺	3						
	进度计划及保证措施	2						
	工期履约情况	5						
	小计	10						
施工组织设计文明施工实绩	施工方案	5						
	HSE 管理	7						
	文明施工及现场管理	3						
	小计	15						
承包商资质信誉及资金技术装备实力	承包商资质							
	公众影响							
	招标人考察及评委评价							
	财务状况							
	钻机装备							
	小计							

石油钻井工程项目评标单项评分计分表例举见表 8－10。

表 8－10　单项评分计分表(不拘泥不局限于下列各式与内容)

钻井工程项目名称:　　　　　　　　　　　　　　　　　　　　编号:

序号	评审人	投标报价	工程质量	工期要求	施工组织设计及安全文明施工实绩	承包商资质信誉及资金技术装备实力	备注
平均计分							

石油钻井工程项目评标计分汇总表例举见表 8－11。

表 8－11　评标计分汇总表(不拘泥不局限于下列各式与内容)

钻井工程项目名称:　　　　　　　　　　　　　　　　　　　　编号:

序号	评分项目	标准分	各投标人投标单项平均分数			
			投标人 A	投标人 B	投标人 C	投标人…
1	投标报价	40				
2	工程质量	25				
3	工期质量	10				
4	施工组织设计及安全文明施工实绩	15				
5	承包商资质信誉及资金技术装备实力	10				
合计		100				

(五)联合国工业发展组织推荐的评标模式简介

世界银行及国际多边援助机构要求评标方法系统化，评标时尽可能做到客观一致、平等对待各投标人，尽可能地减少可能出现的任何有利或不利于任何投标人的偏向。为此，联合国工业发展组织特向世界各国推荐了评标步骤及建议一览表，供各国招标人在进行评标工作时参考。钻井承包商也应当了解这种评标模式，用以指导国际钻井工程项目投标。

1. 联合国工业发展组织推荐的评标主要步骤

核对所有投标报价的算术准确性，改正所发现的任何算术误差，并取得投标人同意改正的确认。对明显的错误，视其性质可请投标人予以改正，剔除比最低的两个报价的平均数高出一定比例(例如20%)以上的所有报价，不再予以考虑。根据合同的价值大小，使用的实际百分比可能要调整，但是应在开标以前予以确定，按预先准备好的一份技术方面和商业方面的一览表检查所有的报价。剔除不符合表列基本要求的报价。对每一项投标根据其是超过还是低于所要求的最低标准，或者根据其将使甲方负担较少还是较多的辅助费用，按财务奖金或罚款予以调整。这种奖金或罚款的基数应尽可能在开标之前确定下来，重新估价这些经过改正的投标，选出最倾向的两项进行讨论，把两个意向中的中标人请来，向他们提出一系列预先选定的问题，取得对有怀疑问题的确认。如果有任何不能当时解决的问题，要坚持由投标人在规定的时间内提出书面确认，根据这种经过调整的投标和会谈结果，做出最后的选择。这时对于投标提出的一切疑问都应当由投标人以书面形式进行解答或说明，避免以后发生争端。在得到任何必要的财务方面的核准以后就可以商签订立合同。

大型合同的评标工作可以分为两个阶段进行；第一阶段只检查各项投标是否符合基本要求。任何不符合基本要求的报价都将被放到一边，不再加以考虑，除非得不到任何可以接受的报价。在这种情况下，再重新检查以前已经被剔除的报价。第二阶段是对已经通过第一阶段检查的报价在财务方面的优点做出全面估价。用这种方式对多到难以应付的大量投标进行审议。虽然这种方法显得有些机械，但它毕竟是一种在一定程度上能够确保投标人能够按照招标方的要求提出标书，并确保评价工作是用一种行之有效的、客观的而不是主观的方式进行的有效办法。

2. 评价建议一览表

建议一览表通常用表格的形式画出，根据基本要求是否能够做到，在方格里画“√”或打“×”号，或在答案“是”与“否”中选删一个。

建议一览表的内容主要包括：

Ⅰ工期

①投标人是否符合规定的竣工日期？　是/否

②如果不符合，所提出的竣工时间是否早于可以接受的最后日期？　是/否

③如果所提出的竣工时间晚，但是仍在可以接受的限度内，应处以每周××美元的罚款，共××周。

④如果所提出的竣工时间提前，应给以每周××美元的奖金，共××周。

注：如果竣工时间是一项基本要求，则对①和②的答案为“否”的投标予以剔除，不再予以考虑。投标价格根据③应予以增加的或按④应从中扣除的金额，应是由于提前或延迟竣工对业主带来的实际价值或造成的实际损害，而不是合同中所载规定的违约赔偿金按比例缩减的金额。显然，根据④所给的奖金，只能是针对为业主带来真正好处的时期。

Ⅱ供应与支付

⑤所提出的备选方案对合同价格的影响，视计划更改的需要予以调整。

⑥所提出的设计对业主应进行的工作的影响。

⑦如果投标是以根据价格变动计算的方式提出的，在合同价格之外对整个合同期受到价格上涨条款的影响估计。

⑧在合同价格之外，投标人对拟议中合同条件提出的修正案所产生的影响估计。

⑨为提高投标人所提出的说明书规格使其达到所要求的标准而需要予以追加所引起的影响估计；或者，由于所包括的各项标准可以降低而允许予以减去所引起的影响估计。

⑩由于与标准有出入的除外事项表列项目而对合同价格予以增加或减少。

⑪操作工人标准的增减在资本利用方面的影响。这种影响要按例如为期十年的整个期间予以估计。

⑫由于投标人作为其说明书一部分所提出的设备或其他工作标准而引起的对维修费定额的任何增减在资本利用方面的影响，例如，采用初期资本费用低而操作费用高的材料设备和按照降低了的标准进行的项目。这种影响要按例如整个十年的时期来估计。

⑬由于投标人对加班加点所发津贴，与为比较的目的所采用的基数相比，而对合同价格予以增加或减少。

⑭为考虑到投标人报价中对应付生活津贴、工作条件津贴等方面存在任何估量不足之处而估计的对合同价格的增加。

⑮为支付投标人所要求提供的任何超出业主在招标时所考虑到的范围的服务，而对合同价格予以增加。

Ⅲ履约

⑯投标是否符合业主在他的调查表中所规定的最低工作性能标准？　是/否

⑰如果对⑯的答复为“是”，该项投标是否保证给业主以任何超过所规定的最低标准的财务利得？如果是，阐明按例如十年期间计算的估计利得的价值，并要考虑到业主为了赚取这种利得所必须支付的额外费用。　是/否

⑱投标人是否接受为未能达到保证的工作性能标准所规定的违约赔偿金？　是/否

⑲如果对⑱的答复为“否”，阐明业主因接受投标人关于一定程度降低效率的方案而会遭到的资本利用方面的损失。

完成上述各项工作以后，就能估计出各项投标经过调整后的价值。

三、定标与授标

（一）定标前的洽谈

大多数情况下，招标人根据全面评议的结果，选出2~3家得标候选人，分头进行商谈。商谈的过程也就是招标人进行最后一轮评标的过程，也是承包商为最终夺取投标项目而采取各种对策和进行各种辅助活动的竞争过程。在这个过程中，承包商的主要目标是击败对手吸引招标人，争取最后中标。

公开开标情况下，由于投标人业已了解可能影响其夺标的主要对手和主要障碍，其与招标人的商谈内容通常是在不改变其投标实质的条件下，对招标人承担种种许诺和附加优惠条件以及对施工方案的修改等。商谈期间，承包商应特别注意洞察招标人的反应。承包商在商谈的过程中应当努力抬升自己在招标人心目的地位。如向招标人递交有关资信的补充材料，特别是以对比的方式说明自己的优势，或者提出能够取胜对方的新技术、新工艺和施工组织方案，或对原投标文件中的某些技术或财务方面的建议借商谈的机会予以澄清或再做修

改等。

招标方由于需要最终选定得标人，在报价和投标建议反映不出较大差别时，只有靠进一步澄清的办法分头同中标候选人商谈，通过研究各家提出的辅助建议，结合原投标报价，排出得标顺序并定标。

如果是按照秘密开标程序，则开标后的商谈就显得更为重要了。采取秘密开标的最根本原因就是招标人要使自己处于绝对主动地位。这种情况下，招标人同投标人之间的商谈内容同公开开标情况大不一样。首先，招标人可以在商谈过程中利用投标人夺标心切而压其降价。其采用的手段常常是向投标人承诺在降价达到何种程度时即可授予合同，或者威胁对方"如果不降价则无希望中标"；或者故意向对方透露第一低标的报价，要求对方降至第一低标以下即可中标等。对于招标人的这些要求，特别是降低于第一低标以下的要求，投标人应当保持应有的谨慎和怀疑。因为有一些不诚信的招标人有时会"雇用"或以某种承诺引诱一家或几家承包商故意投出特别低的报价，继而要求得标心切的承包商降价，以达到低价成交的目的。

（二）定标与授标

定标也称决标，通常由招标人根据评标委员会的评审报告，在推荐的中标候选人中最后确定中标人的过程。在某些情况下，招标人也可以直接授权评标委员会确定中标人。

确定中标人后，工程项目业主或者招标机构代表业主向中标的投标人发出授标函或中标通知书，也可能发出一份授标的意向信。授标函或中标通知书通常简明扼要，写明该投标人的标书已被接受，授标的价格是多少，应当在何时、何地与业主商签合同。授标意向信则有所不同，只是说明向该投标人授标的意向，但最后取决于业主和该投标人进一步议标的结论。授标意向信通常不标明授标的价格，这也意味着投标人的报价未被业主完全接受，将在议标和商签合同时讨论。

在向中标的承包商授标并拟签合同后，对未能中标的其他投标人，也发出一份简要的未能中标的通知书，不必说明未中标的原因，但在通知书中应注明，回收招标文件和退还投标保证金的办法、时间、联系方式。

招标文件一般都规定了授标的最迟期限，或者规定了银行出具投标保函的有效期。在此期限内如果招标机构因各种原因不能作出授标的决定，应当通知投标人，并请投标人延长投标保函的有效期。假若某投标人不愿延长投标保函的有效期，则其投标保函自动作废，也就意味着他自动退出了这次投标竞争。一般来说，抱有中标希望的投标人一般都愿意接受授标延期的要求，及时办理投标保函有效期延长的手续。

承包商享有索取因业主方面原因延期决标而导致合同报价随通货膨胀发生减值的损失补偿权利。招标文件通常规定，由于招标机构的原因延期授标，而使投标人不得不办理投标保函有效期延长手续时，投标人可以得到合理补偿；有的招标文件甚至规定，投标人还可保留因延期决标而调整标价的权利。但是，投标人一般都不愿意提出这种权利主张，只要能够中标，延长投标保函的有效期所花费的费用毕竟是值得的。如果授标的时间延期太长，在通货膨胀较严重的情况下，中标人有理由要求调整其报价。

第九章　石油钻井工程项目合同管理

第一节　合同及合同法的概念与特征

一、合同的概念与特征

合同，又称契约，是当事人之间设立、变更、终止某种权利义务关系的协议。我国合同法中所指的合同，是平等主体的自然人、法人、其他组织之间设立、变更、终止民事权利义务关系的协议。

根据我国《合同法》的规定，合同具有以下法律特征：

①合同是平等主体之间的民事法律关系。合同当事人的法律地位平等，一方不得凭借行政权力、经济实力等将自己的意志强加给另一方。

②合同的主体必须有两个或两个以上，合同的成立是各方当事人意思表示一致的结果。

③合同是从法律上明确当事人间特定权利与义务关系的文件。合同在当事人之间设立、变更、终止某种特定的民事权利义务关系，以实现当事人的特定经济目的。

④合同是具有相应法律效力的协议。合同依法成立、发生法律效力之后，当事人各方都必须全面正确履行合同中规定的义务，不得擅自变更或者解除。当事人不履行合同中规定的义务，要依法承担违约责任。双方当事人可通过诉讼、仲裁，请求强制违约方履行义务，追究其违约法律责任。

二、合同法的概念与特征

合同法是调整平等主体之间商品交换关系的法律规范的总称，它调整合同的订立、效力、履行、变更和解除、终止、违约责任等关系。

合同法强调主体平等、自愿协商、等价有偿的原则。这些原则是商品交换的基本原则，在合同法中得到最充分的体现。

合同法贯彻契约自由的原则。在合同法中，主要是通过任意性法律规范而不是强制性法律规范调整合同关系。政府对当事人通过合同关系进行的经济活动的干预，被严格限制在合理与必要的范围之内。

合同法从动态的角度为当事人提供财产关系的法律保护。即合同法调整商品交换关系，调整动态的财产流转关系。

我国《合同法》在总则部分规定了以下基本原则：

①平等原则。合同当事人法律地位一律平等，一方不得将自己的意志强加给另一方，各方应在权利义务对等的基础上订立合同。

②自愿原则。自愿是贯彻合同活动整个过程的基本原则。当事人依法享有自愿订立合同的权利，任何单位和个人不得非法干预。自愿是活动准则，而前提是依法，即在不违反强制性法律规范和社会公共利益的基础上，当事人可自愿地进行合同法律行为。

③公平原则。当事人应当遵循公平原则确定各方的权利和义务。任何当事人不得滥用权利，不得在合同中规定显失公平的内容。要根据公平原则确定风险的承担，确定违约责任的承担。

④诚实信用原则。当事人行使权利、履行义务应当遵循诚实信用原则。当事人应当诚实守信，善意地行使权利、履行义务，不得有欺诈等恶意行为。在法律、合同未作出规定或规定不清的情况下，要依据诚实信用原则来解释法律和合同，平衡当事人间的利益关系。

⑤守法、不损害社会公共利益原则。当事人订立、履行合同，应当遵守法律、行政法规，尊重社会公德，不得扰乱社会经济秩序，损害社会公共利益。

第二节　石油钻井工程施工合同

一、石油钻井工程项目合同的概念

石油钻井工程项目合同是钻井承包商、钻井协作(配合)专业工程承包商与项目业主之间为完成一定钻井生产作业任务或一定期间的钻井生产作业任务并最终实现油气勘探开发投资的目的，而明确双方相互权利义务关系的契约，它是合同双方就有关的石油钻井工程项目事务和双方的责权义务关系作出的约定和规范。

石油钻井工程项目合同是合同双方自愿签署的具有法律效力的文件，是在钻井工程项目建设期间调节甲乙方关系、规范甲乙方经济行为的法律依据。合同双方应当共同科学组织钻井施工，将钻井作业过程管理、工程价款结算、完井交接、经济核算等紧密衔接起来，保证安全、优质、高效、低耗、经济地完成合同任务。

二、石油钻井工程施工合同的类型

(一)按照钻井工程工作量承包的范围划分

按照钻井工程工作量承包的范围可将钻井工程施工合同划分为总包合同、分包合同和部分承包三种类型。

1. 总包式合同

总包式合同在建设项目中又称为交钥匙合同(Turn—Key Contract)。它要求钻井承包商承担从前期工作直到项目结束的全部工作，最后交付给业主一个满足合同条款的最终建设产品——井。

总包式合同责任明确，合同关系简单明了，对于业主而言，只对一个乙方，无需进行过多的生产组织协调，一切施工作业风险所带来的费用损失都由作业方承担，即：承包商交不出合格的井，业主可能不支付任何的费用，同时承包商还可能承担赔付业主的损失费用。总包式合同由乙方对钻井工程项目的全部目标和活动总承包，钻井工程项目建设的各个生产作业环节受控于一个统一的管理系统，可以减少各钻井生产协作工程协调困难而产生的低效，有利于成本、工期和质量三个目标的实现。总包式合同将作业方的责权利有机地统一在一起，有利于项目管理技术方法的运用，这些项目管理技术方法会保证项目的综合优化。但是由于乙方承担管理责任和作业风险，可能会导致合同总价的提高，不利于业主降低油气勘探开发项目投资。

一般地，当业主在油气勘探开发建设项目管理方面的能力薄弱、管理水平不高、不具备项目建设管理所需的技术力量以及存在足够竞争程度的总包作业市场时，采用总包式合同。

总包式合同要求钻井承包商具备足够强的综合作业能力，承包商若某个环节比较薄弱也可在征得业主同意后分包(转包)给相应的钻井生产协作技术承包商，但总承包商必须对各个分包环节负全面责任。

2. 分包式合同

分包式合同是指由钻井承包商以及钻前准备、固井、录井、测井、测试、钻具服务、井控、钻进工艺技术服务(如井眼轨迹控制、MWD、LWD 随钻测量)、试油/试气、完井作业、环境保护、运输等钻井生产协作配合工程技术承包商共同承包某一钻井工程项目，各承包商负责相应专业的某个或几个子项目或某阶段的工程施工或劳务。

分包式合同可以针对不同性质、不同专业的作业项目分别选择承包商，能够最大限度地利用各个承包商的技术优势和可接受的最底报价，实现投资目标及技术效果的优化。分包式合同的生产管理协调责任及作业风险的预防和应变由业主承担，业主拥有项目运行所需的大部分权力，有利于业主根据项目的实施情况调整项目任务。但是，分包式合同使得业主生产协调工作量大，控制运行阻力大，易于产生项目运行系统的内耗等问题，在执行合同时应予以足够的关注。

采用分包式合同，业主的生产管理协调责任较大，项目运行过程的优化、投资目的与任务目标的契合，须靠业主做出积极的主观能动工作。因此，采用分包式合同要求业主具备项目运行所需的综合管理能力、技术支持能力以及既懂钻井生产专业技术又懂项目管理专业知识和实践的专业人才。

采用分包式合同，一般应有足够数量的钻井生产专业化公司形成一定的竞争局面。

3. 部分承包式合同

部分承包式合同是指将钻井工程项目的部分子项工程承包出去，其余部分工程项目由甲方自己承担的合同。承包出去的部分可按不同专业性质分别承包给多家作业承包商，也可承包给一家作业承包商。

采用部分承包式合同可以有效利用投资方自身拥有的资源，降低工程投资。

部分承包式合同适用于那些在某一方面有足够的能力或优势的业主。

(二)按照钻井工程计价方式划分

按照合同的计价方式划分，可将钻井工程施工合同划分为总价合同、单价合同。

1. 总价合同

单井工程收入的多少取决于所订立的合同包含多少钻井作业项目及钻井工程计价方式。钻井工程计价方式主要有日费制、进尺制和以完成的钻井工程量为基础结算工程价款三种方式。

总价合同以完成的钻井工程量为基础结算工程价款。即钻井工程施工单位在自行消化材料涨价因素的前提下，用相对固定的价格完成钻井合同规定的作业项目。目前，我国陆上油气田勘探开发均采用这种计价方式，其计价基础为石油专业工程定额。

2. 单价合同

单价合同可划分为日费制合同、进尺制合同等。

(1)日费制合同

采用日费制合同，除非合同另有约定，钻井工程施工单位一般只提供钻机和相应的钻井队员工，并完全按照业主派往施工现场的钻井监督的指令组织生产。其计价基础为日费标准。目前这种方法多用于海上钻井作业、地质情况不明或风险性较大的特殊井作业，海外市场及中外合作项目的陆上钻井项目常见该合同制式。

(2)进尺制合同

进尺制合同，即业主按照钻井进尺支付钻井工程价款。这种计价方式的计价基础是根据钻到某个深度的总的估计费用，加上利润和风险因素，除以目标深度确定的。

(三)按照成本补偿方式划分

按照成本补偿方式划分，可将钻井工程施工合同分为固定价格合同和成本加成合同两类。

1. 固定价格合同

固定价格合同是指项目的总价在合同签署时一次确定，此后不再变动的合同。其前提是甲方在合同签署后不再提出新的要求，乙方保证履行合同规定的义务。固定价格合同往往会使乙方承担较大风险。大型复杂项目不宜采用固定价格合同。但是这种合同在我国建设领域应用得比较广泛。固定价格合同可进一步划分为四种类型：

(1)基本固定价格合同

基本固定价格合同又称严格固定价格合同。当项目的作业任务得到详细确定且投标方存在激烈的价格竞争时，常常采用这种合同。这种合同把施工风险及相应的经营财务风险全部转嫁给了承包商，承包商承担全部风险，占有所有节余，甲方一般不再承担合同约定价款之外的费用，但逾量的价款可能被计入合同总价中。

如：业主按设计周期测算工程价款又折算为进尺计价的合同，可归类为这种合同模式。承包商则需靠优质高效快打进尺、节约足够的周期费用来实现盈余。

(2)递进式固定价格合同

这种合同在订立时先确定一个合同总价，然后随着合同的履行定期将未完成的合同部分的价格上调。这种合同主要适应于建设周期比较长的工程，通过价格的定期上调来补偿因通货膨胀给承包商带来的可能损失。定期上调的幅度主要根据政府公布的通货膨胀率来确定或根据主材市场价格的变动情况来确定。

(3)再确定式固定价格合同

当项目大部分作业任务得到充分确定但某些环节存在较多不确定因素时，例如施工进度难度不易估计、钻井耗用物资市场价格变动、某作业环节需采用一项全新技术且服务价格不甚明了等情况下，可采用这种合同，把能固定的固定下来，不能固定的待之后甚为明了时再行确定。

(4)奖励式固定价格合同

奖励式固定价格合同主要适用于通过承包商努力可大幅度降低成本的项目。具体作法是按照成本和管理费用的控制情况给予奖惩，从而保证获得最佳效益。通常是先确定项目的标准成本和承包商的标准利润，再由甲乙双方确定最高限价和价格调整因素(譬如确定：成本超支时甲乙双方的承担比例和成本节约时甲乙双方的分享比例)。奖励式固定价格合同的目的在于甲方的经济参与以及调动承包商控制耗用的积极性。

这种合同需要业主积极参与成本的过程写实，积累成本资料，剔除钻井生产的不合理额外耗费。

2. 成本加成合同

成本加成合同是指合同订立后承包商按合同约定进行作业，作业所需的所有合理成本甲

方都给予补偿，甲方另外根据合同条款规定的方式给予一定的酬金。这类合同由甲方承担财务风险，但可尽可能地减少不可预见费用的支出；乙方只承担作业责任。成本加成合同在运作的某些方面类同于再确定式固定价格合同。

一般来讲，当项目运行存在若干不确定因素，作业内容事先不易充分确定，项目成本难以精确估算，项目工期特别紧迫时，可以采用成本加成合同。

成本加成合同客观上要求作业公司必须具备较高的市场信誉和施工作业的丰富经验。同时要求业主积极参与成本的过程写实，积累准确可靠的成本资料。

成本加成合同可进一步划分为五种类型：

(1)成本加一定比例酬金合同

这种合同对所有允许的费用都给予乙方补偿，并根据实际费用的支出总额给予规定比例的酬金，比例的大小由甲乙双方谈判确定。采用这种合同，承包商对缩减支出没有足够的积极性，业主一般应尽量避免采用这种合同。对于业主来说，在工程特别紧急且对工程造价不甚明了的情况下可考虑这种合同形式，但同时应加强对钻井施工监督和生产过程的成本写实。

(2)成本加固定酬金合同

成本加固定酬金合同补偿承包商的所有合理支出，但酬金数量一定，不随成本多少变动。这种合同可避免承包商随意扩大成本支出。这类合同主要适应于那些生产经验成熟、历史资料丰富以及作业内容得到充分确定的项目。

(3)成本加奖励酬金合同

成本加奖励酬金合同类似于奖励式固定价格合同，它可以促使承包商为了获取额外的酬金而在成本、工期和技术效果等方面努力进取。最简单的成本加奖励酬金合同提供成本、工期及技术效果方面的奖励，也可把其他奖励因素包括其中。这类合同要有明确的目标成本、目标进度、基本酬金和奖罚因素。如果业主能够研究制订一个鼓励承包商的奖罚因素和措施并能提供给承包商一个很明确的和可能达到的目标，就应采用这种合同形式。采用这种合同，项目的内容必须得到充分确定。这种合同与奖励式固定价格合同的区别在于超支部分只要合理就应由甲方补偿。

(4)限定最高成本加固定酬金合同

采用这种合同形式，各种规范、作业内容和计价依据都已得到充分确定，并已确定出最高的成本额。在合同的执行过程中，如果成本未超出最高限额，承包商的合理支出全部得到补偿并获得事先商定的酬金；如果成本超过限额，承包商仍可获得固定的酬金，但超出最高成本限额的部分须由自己承担。

(5)成本加固定酬金加奖金合同

采用这种合同形式，承包商的全部合理支出按实际成本得到补偿，而酬金除固定部分外可再根据主客观条件而获得另外一定数额的奖金。这种合同往往需要承包商能够取得业主认可的技术效果、钻探成果等施工业绩。

三、石油钻井工程施工合同的文本格式

不同承包方式的钻井工程施工合同，其内容形式多种多样，亦无统一的文本格式。一般地其内容格式组成分为合同协议、商务和技术三大部分内容。合同协议部分主要包括合同当事人、合同的构成、合同订立日期、合同订立地点、合同当事人签字(章)等内容；商务部

分主要约定合同一般性(通用)条款、特别(专用)条款、合同价款确定方法、合同价款及支付等方面的内容；技术部分主要提出钻井工作量清单、施工人员数量及相应的素质能力要求、设备及技术规范、钻井生产施工组织方案、钻井设计、HSE 管理等方面的要求。

四、石油钻井工程施工合同的内容

(一)合同的内容

合同的内容，即合同当事人订立合同的各项具体意思表示，具体表现为合同的各项条款。根据我国《合同法》的规定，在不违反法律强制性规定的情况下，合同的内容由当事人约定，一般包括以下条款：

①当事人的名称或者姓名和住所；

②标的，即合同双方当事人权利义务所共同指向的对象；

③数量；

④质量；

⑤价款或者报酬；

⑥履行期限、地点和方式；

⑦违约责任；

⑧解决争议和纠纷的途径与方法。

(二)石油钻井工程施工合同主要的条款内容

一口钻井工程作为油气勘探开发项目的一个单项工程，它以钻井地质设计、钻井工程设计、单井预算、单井决算为一个基本单元。钻井工程施工合同内容主要有：井位地点、设计井深、井身结构、开钻日期、完井交井时间、质量标准、环境保护、钻机装备的要求、材料的供应与管理、技术资料的交付、工程价款及结算方式、计费办法、双方的经济责任和奖罚条件等。结合钻井工程项目的具体实际，钻井工程施工合同一般约定如下条款：

①钻井工程项目名称。

②地理位置和构造位置。地理位置包括具体国家(地区)行政区化描述；构造位置应包括盆地、坳陷、二级构造带及局部构造。

③工程范围和工程内容，即开列详细工作量清单。涉及的工程项目也可在合同附件中说明。

④建井周期或钻井周期。

⑤技术要求。应明确对钻井承包商的作业设备及工艺要求、质量和技术标准、具体技术指标要求、技术成果的形式与要求、工期或成果验收等。

⑥工程监督和地质监督。应明确监督的方式、权限和责任以及具体问题的处理程序。

⑦环境保护和安全。应明确环境保护和安全损失的责任承担。

⑧资料保密与归属。

⑨不可抗力。应明确双方关于不可抗力的规定，以及明确发生不可抗力的处理要求和相关的责任免除。

⑩工程费用及其支付、工程费用审计的权力。

⑪税务和保险。

⑫作业期间收入的归属。

⑬合同双方的责任与义务。

⑭违约责任。

⑮调解与仲裁。

⑯信息交流与协调。

⑰合同的生效、终止和解除。

⑱合同附件。应列出附件目录并应申明所有附件作为合同的组成部分。

⑲合同双方认为有必要的条款。

⑳其他，诸如合同双方的名称、地址、法定代表人或法定代表人委托的代表人签字（章）、联系方式、订立日期等事项。

五、合同的订立、履行、变更、终止与解除

（一）合同的订立

1. 授标

授标是指业主通过评审，确定最佳承包商并将合同签约权授予该承包商。获得授标的承包商有权与业主就工程服务合同内容进行谈判、签订。

2. 合同谈判

获得授标的承包商就履行合同条款的细节内容与业主进一步协商，最终双方对所有的权责义务进行明确，对所有的合同条款内容形成共识。

3. 订立合同

合同谈判完成后，业主及承包商的法人代表或由其书面授权的委托代理人在书面合同上签字（章）。至此，合同正式订立，具有了法定效力。下一步双方即进入全面执行合同阶段。

（二）合同的履行

合同的履行既关系到业主投资目标的实现，又关系到承包商获得合理经济利益。合同订立后，当事人各方要根据合同规定的内容，全面完成各自所承担的义务，并对合同实施有效的管理。当事人各方只有通过认真履行合同，才能达到各自一定的经济目的。

订立合同为甲乙方合作及合同的履行奠定了基础，当事人各方应当按照合同的约定，以最大诚信原则履行自己的职责义务。当事人各方不得无故不履行合同规定的责任。

在合同履行过程中，一方未履行合同约定的，应承担相应的经济或法律责任。

（三）合同的变更

1. 合同变更的概念

依法成立的合同受法律保护，对当事人具有法律约束力。当事人应当按照合同约定履行自己的义务，不得擅自变更或解除合同。但合同订立之后，也可能发生一些当事人在订立合同时未及预料的情况，影响到当事人订立合同目的的实现，需要依法进行调整。

必要的合同变更可以弥补初始合同约定不足和更能适应项目建设的需要，但是过于频繁或失去控制的变更会给项目造成某些损失。项目管理人员应将合同变更控制在最低限度内。

2. 合同变更的常见原因

引起合同变更的原因有项目运行所必需的，主要有：

(1)投资目的与作业目标的分离

钻井工程项目是油气勘探开发建设项目的单项工程，油气勘探开发建设项目的投资目的是寻找油气藏，提交可供开发的油气储量及建成产能。而承包商实施钻井工程项目是完成特

定的钻探任务，取得施工活动利润。当经过一定的施工作业证实勘探开发区域无油气远景目标或某口钻井工程无继续钻探至设计井深的必要时，继续作业即与业主投资的目的不再相关，中止作业导致合同变更即成必然。

(2)意外事项的出现

钻井施工作业过程中，除资源风险外，还有作业风险、钻遇未可预见地层、自然灾害、战争等不可抗力形成的风险，这些风险在合同订立时往往无法准确预测。这些意外问题出现必然会导致工期、质量、投资等诸方面发生变化，从而引起初始合同相关条款的变更。

(3)作业方案的变更

譬如，随着对地质规律认识的深化，可能会改变作业方案。作业方案改变，相应的合同条款也应变更。

(4)政策、法规的变化

国家的法律、法规以及政府有关主管部门的政策、规定在初始合同实施期间可能会出台或发生变化，例如税收、环境保护政策的出台或变化，可能会影响到合同当事人利益的调整或影响到某些合同条款的调整甚至整个合同的执行，则应作出相应的合同变更。

(5)管理原因及不可(或难以)施加影响的情况

例如，业主方没有及时批准某一项作业计划的执行；某项工程需要多个单位交叉作业，而作业期间未能科学地组织协调；作业区域的治安问题等。某些管理原因及不可(或难以)施加影响的情况的发生，往往会引起合同变更。

3. 合同变更的程序

合同变更有必要变更和不必要变更的区别，合同变更的控制就是要最大限度地减少不必要的变更。项目运行期间，控制合同变更应当以最大诚信为根本，本着“信誉、质量、友好”的原则协商一致，使必要的变更尽量提前，并及时沟通与变更合同有关的信息，尽量消除合同变更可能导致的工期拖延等问题的影响。

合同变更的程序应当在合同中作出明确的规定。对于钻井工程项目而言，合同变更一般应按如下程序进行：

①业主方或承包商根据作业需要提出合同变更的要求；

②业主方组织对合同变更要求的必要性、合理性及可行性的论证，避免不必要的变更；

③业主方与承包商协商合同变更事宜，提出对合同变更事宜对施工进度、费用的调整建议；

④业主方对有关合同变更事宜进行审批；

⑤合同变更要求获准后，订立合同变更协议。

实践中，钻井生产施工过程中合同变更不一定拘泥于上述程序。业主应当在办理工程验收和价款决算时补偿合同变更事宜对工期和费用的影响。

(四)合同的终止与解除

1. 合同终止与解除的概念

合同的终止，是指因发生法律规定或当事人约定的情况，使当事人之间的权利义务关系消灭，而使得合同终止法律效力。合同的解除，是指已经成立生效的合同因发生法律规定或当事人约定的情况，或经当事人协商一致，而使合同关系终止。

2. 合同终止与解除的情形

钻井工程施工合同终止与解除的情形主要有：

①完成合同；

②由于不可抗力使得合同的全部或部分义务不能履行；

③由于一方在合同约定的期限内没有履行合同。

出现上述第②、③种情况，当事人一方有权通知另一方解除合同。因解除合同而使一方遭受损失的，除依法或依照合同约定可以免除的责任外，责任方应当负责补偿他方因此受到的损失。

3. 后合同义务

合同的权利义务终止后，有时当事人还负有后合同义务。合同终止后，当事人应当遵循诚实信用原则，根据交易习惯履行通知、协助、保密等义务。

合同的权利义务终止，不影响合同外事宜后续结算及清算、清理事宜的效力。

六、合同的违约责任、争议与仲裁

（一）违约责任

1. 违约责任的概念

违约责任是指当事人违反合同义务所应承担的民事责任。违约责任是一种民事责任，因当事人违反合同义务而产生的，主要表现为财产责任，可由当事人在法律规定的范围内事先约定，如约定一定数额的违约金，约定对违约产生的损失赔偿额的计算方法，约定免除责任的条款等。

2. 项目业主的合同责任

钻井工程项目业主的合同责任主要表现在：

①未按照合同约定履行自己应付的责任，除竣工日期应当顺延外，还应按合同规定赔偿给承包商造成的损失；

②因设计变更、方案调整或因设计差错对钻井施工造成影响，应补偿给承包商造成的损失，影响工期的，竣工日期应当顺延；

③不按合同规定拨付工程进度款或办理工程决算，拖延资金支付，应当按合同中的相关条款承担责任，影响工期的，竣工日期应当顺延；

④合同约定的其他责任。

3. 钻井承包商的合同责任

钻井承包商的合同责任主要表现在：

①因施工质量不符合合同规定，负责返工或经济赔偿；

②不按交付时间完成或因返工造成工期延误，偿付违约金或经济赔偿；

③合同约定的其他责任。

（二）合同的争议与仲裁

合同在履行过程中，有时会发生争议甚至纠纷，解决争议或者纠纷的途径主要有：

①合同当事人协商解决；

②主管部门调解解决；

③仲裁机构仲裁解决；

④法院审判解决。

第三节　石油钻井工程项目业主对合同的现场管理

一、石油钻井工程项目业主对合同现场管理的概念

石油钻井工程项目合同现场管理是指项目业主及现场管理机构、承包商等当事人，通过经济和法律手段，对订立和履行合同的全过程进行监督、检查并执行的过程。通过现场合同管理，处理作业过程中与合同相关的事务，保证业主投资目的的实现，保证承包商得到合同规定的条件履行合同。

二、石油钻井工程项目业主对合同现场管理的内容

石油钻井工程项目合同现场管理的内容主要有：

①业主方向承包商提供技术规范、技术标准及有关资料，包括向承包商解释设计、技术标准、作业规范，提供地质、地理及社会环境资料；

②审核承包商参与作业人员的数量与素质，评定其作业设备的能力与状况，评估其顺利完成作业任务的能力；

③业主方审核支付申请，保证向承包商的资金支付；

④控制作业进度；

⑤业主方审查承包商的有关作业技术措施以及解决作业问题的技术方案；

⑥业主方监督作业质量，组织工程验收，包括各施工环节的质量验收和整个工程项目的全面质量验收；

⑦业主方检查承包商的 HSE 管理工作；

⑧业主方研究处理合同变更及合同外的附加作业事项；

⑨业主方研究处理索赔事项与合同争议或纠纷；

⑩作好工程资料和合同档案的管理工作。

合同付诸实施后，当事人为更好地履行自身的职责，需要围绕合同的要求和生产的实际情况进行经常性的交流沟通与联系，在相互尊重、相互合作的基础上顺利执行合同。合同实施过程中遇到的重大问题应当充分协商，取得一致意见后形成书面材料。信件(函)、施工指令、整改通知、会议纪要、补充协议等都应有正式的文字记录，并承担相应责任。通报作业情况的电话、电传、电子邮件、交谈等也应有相应的记录。

第四节　石油钻井工程项目施工索赔管理

计划经济管理模式下，承包商无须承担工程建设项目在实施过程中出现的不确定风险，当这些风险因素出现时，主要通过建设单位以“调整概算”或“补充概算”的方式给予补偿，无须“索赔”。目前，随着我国市场经济体制的不断完善和发展，索赔已经成为国际、国内工程承包中不可缺少的一个重要环节，甚至有人说：“得标靠低价，盈利靠索赔”。许多有经验的大承包商在激烈的竞争中，往往采取低价竞标策略得标，然后通过施工索赔获取利润。完全竞争市场型态下的工程承包市场，成熟承包商的施工索赔往往能够占到工程款项10% ~15%，有时高达30%。

石油钻井工程项目管理应当引入施工索赔管理的概念。我们可以把合同变更管理看作是施工索赔管理的一个方面的内容(合同变更是索赔的起因之一)，但施工索赔管理决不等同于合同变更管理。

一、施工索赔的概念

任何工程设计往往都会有考虑不周之处，不可能把各种可能都预见到。施工索赔是指在工程承包中，由于业主或其他方面的原因，使承包商在施工过程中付出了额外费用，承包商根据有关规定和约定，向业主提出补偿合理费用损失的要求。业主对承包商提出的索赔请求进行处理，称为理赔。

索赔是一种权利主张，而不是惩罚。索赔是提出的补偿自身合理损失的要求，并不意味着对过错的惩罚。索赔是一种正当的权利要求，是在正确履行合同的基础上争取合理补偿。

索赔是一种尚未达成协议的行为。当一方提出索赔时，另一方要对索赔要求作出判断和决定，在决定尚未作出之前，索赔仅是一种虚设的行为。合同双方均应正确对待索赔，提出索赔方应正确估价损失，合理引用合同规定、管理惯例，受理索赔方应尽快研究索赔报告，及时作出答复。

索赔的内容包括工程价款补偿和工期补偿两个方面。价款索赔的目的是调整合同的价款，通过索赔，提高合同价款，减小或规避工程施工的商务风险；工期索赔的目的是争取业主对已经拖延了的工期进行追加，减小合同责任，不支付或少支付工期罚款。

二、索赔的基本要件

承包商提出的索赔以及索赔的最终解决应当以具备索赔的基本要件为前提。索赔的基本要件见表 9－1。

表 9－1　索赔基本要件

要求	内容
客观性	(1)干扰事件确实存在 (2)干扰事件的影响存在 (3)造成工期拖延、承包商费用损失 (4)有证据证明
合法性	按照合同或法律规定应予补偿
合理性	(1)索赔要求符合合同规定 (2)符合实际情况 (3)索赔值的计算 —符合合同规定的计算方法和计算基础 —符合公认的会计核算原则 —符合工程管理惯例 (4)干扰事件、责任、干扰事件的影响、索赔值之间有直接的因果关系，索赔要求符合逻辑

三、索赔的分类

根据不同分类依据和标准，施工索赔有多种不同的分类方法。

索赔的分类见表 9－2。

表 9－2　索赔分类

施工索赔分类依据	施工索赔分类类别	索赔内容
按索赔要求分类	工期索赔	要求延长合同工期
	费用索赔	要求追加费用，提高合同价格或价款
按合同类型分类	总承包合同索赔	总承包商与业主之间的索赔
	分包合同索赔	总承包商与分包商之间的索赔
	合伙合同索赔	合伙人之间的索赔
	供应合同索赔	业主或承包商与供应商之间的索赔
	劳务合同索赔	劳务供应商与雇用者之间的索赔
	其他	向银行、保险公司的索赔等
按索赔的起因分类	业主方违约或过错	如业主未及时支付工程款、下达错误指令、拖延下达指令等
	合同变更	如新的附加协议、修正案；修改设计、施工进度、施工方案；合同缺陷、错误、矛盾、不一致等
	工程环境变化	如地质条件与合同约定不一致；物价上涨；法律法规变化；汇率变化等
	不可抗力影响	如自然灾害、政局动荡影响、战争、经济封锁等
按干扰事件的性质分类	工期的延长或中断索赔	由于干扰事件的影响造成工程拖期或工程中断一定时期
	工程变更索赔	干扰事件引起工程量增加或减少等
	工程终止索赔	干扰事件造成合同终止
	其他	如通货膨胀货币贬值、汇率变化、政策法规变化等
按处理方式分类	单项索赔	针对某一干扰事件，在该项索赔有效期内提出
	总索赔	将许多已经提出的但未获解决的单项索赔集中起来，提出一份总索赔报告，通常在工程竣工决算前提出，双方进行最终谈判，以一个一揽子方案解决

四、索赔事件

不同的合同条件，对索赔事件的枚举也不尽相同。在施工合同的履行过程中承包商可以提出的索赔事件主要有：

（一）工程变更引起的索赔

1. 工程变更条款引起的索赔

一般地，业主均保留工程变更的权利，在合同中订有合同变更条款。业主在任何时候均可对施工设计、合同进度等以书面文件的形式进行变更。工程变更不能带来人身危险或财产损失；不应额外增加工作量，如增加工程量业主须书面予以签证确认；不能因增加工程总价引起承包商承担合同外的工程量费用。除这三个方面外，业主方在发布工程施工通知时，有权提出较小的改动，并且这种改动必须与修建本工程的目标完全一致。

在工程变更的情况下，承包商必须熟悉合同规定的合同内容，以便确定执行的变更工程是否在合同范围以内。如果不在合同范围以内，承包商可以提出磋商订立补充协议。

如果因这种变更，合同造价有所增减或引起工期变化，合同费用也应作出相应调整。

2. 设计或工程量错误引起的索赔

改正设计或工程量错误使得工程费用增加或工期延长，承包商有权提出索赔。

3. 合同缺陷引起的索赔

由于合同文本意义不明或不一致或由于设计的错误或遗漏，造成工程变动使得工程费用增加或工期延长，承包商有权提出索赔。

（二）因意外风险及不可预见因素引起的索赔

1. 自然灾害、不利自然条件引起的索赔

因自然灾害、不利自然条件造成的工期延误，承包商可提出顺延工期的要求，即工期索赔。

2. 社会局势等特别风险引起的索赔

因战争、暴乱、动乱、内战、不法分子扰乱侵袭等特别风险引起的工程费用增加或工期延误，承包商有权提出索赔。

3. 遇到地下文物或建筑物

在工程现场发现有化石、有价值文物、建筑物以及其他在地质学或考古学方面有价值的遗物或物品，承包商应采取合理积极的预防措施，防止其员工及其他任何人员转移或损坏这些物品。由此引起的工程费用增加或工期延误，承包商有权提出索赔。

4. 非承包商的原因，业主方指令工程暂停或中止

承包商执行业主方指令，由于工程暂停或中止造成的额外费用，如现场日常性支出、薪酬、设备折旧与维护保养费用、执行本合同的管理费用、工期的拖延等，承包商有权提出索赔。

（三）因业主方面因素引起的索赔

1. 拖延提供施工场地

业主方未按规定提供施工现场的占用使用权而导致承包商付出费用及拖延工期，承包商有权提出索赔。

2. 延期支付工程款

由于业主方未及时支付工程进度款及工程价款，由此影响承包商的资金周转及工期拖延，承包商有权提出索赔，包括索赔利息。

3. 拖延提供物资材料

如合同约定业主供材供料造成的工期拖延及承包商的费用支出，承包商有权提出索赔。

4. 赶工引起的索赔

当工程遇到不属于承包商责任的事件发生，或改变了部分工程的施工内容而必须展延工期时，如果业主出于种种考虑坚持不予延期，就会迫使承包商赶工，可能会造成承包商费用的增加，此时，承包商有权对赶工措施费等提出索赔。

如因地层测试时间的增加、地质循环时间的增加等引起的展延工期的事件。

（四）因分包商违约引起的索赔

由分包商违约引起的索赔依据是合同文本规定：指定的分包商将作为分包合同主体的工作或货物向承包人承担，如同承包人根据本合同条款向业主所承担的同样的义务和责任，并就凡是由此引起的或与此有关的，或是由于未履行这种义务或责任引起的或与之有关的一切权利主张、要求、诉讼、损害赔偿费，各项费用的开支等，应给予承包人以相应的补偿。

（五）监理工程师职责缺失引起的索赔

1. 拖延发出各种指令、证书引起的索赔

监理工程师未曾或未能在规定的合理时间内及时发出施工指令、验收合格证书等造成承

包商工期拖延及费用增加，承包商有权提出索赔。

2. 工程质量要求的变更

一般地，合同中的技术规范对工程质量，包括材料质量、设备性能、工艺要求等均做出了明确的规定。而在施工过程中，监理工程师可能不认可某种材料，而迫使承包商使用比合同文件规定的更高标准的材料；或者监理工程师提出了更高的工艺要求，此时，承包商有权引用工程变更条款，要求对其损失进行补偿或重新核定单价。有时监理工程师拒绝某种材料和技术工艺，事后又证明监理工程师的认识是错误的，这种不当拒绝而导致的额外成本，承包商应当获得工期及费用方面的补偿。

如果有证据证明监理工程师进行了合同规定之外的过于频繁的检查或是采用与合同规定不同的检查标准对施工产生了严重干扰，承包商有权就此提出索赔。

3. 加快施工进度引起的索赔

由于业主方的原因造成工程暂停或中止，不能按施工进度如期完成，之后业主方又要求加速施工，夺回延迟的时间，而给承包商造成的额外费用负担，承包商有权就此提出索赔。

4. 删减工程量引起的索赔

单价合同中，增加或减少工程量可以从实际测量的完成的工程量来计算付款，一般不涉及费用索赔问题。总价合同中，监理工程师指令删减的工作量一般也不涉及费用索赔问题。但也有一些例外，如属于原合同中的某部分工作内容，业主可能会将其转给另一专业承包商去做，此时的删减原承包商工作内容的变更指令，则有可能引起索赔问题。索赔理由是，原承包商虽未从事这项工作理应不能取得这部分的报酬，但原承包商可能为此项工作作了前期准备，或该工程的总管理费用和预期利润是按原工作量计算分摊到每个单项工程中去的，减少工程量必将损失隐含在这些工程量造价中的管理费和利润，承包商有权就此提出索赔。

如：某浅井钻井合同原工作量包括设备调遣和钻进两部分内容，投标报价时测得设备调遣工作量的能够带来的隐含利润为10万元，钻进部分工作量隐含利润盈亏持平，但业主之后将这部分工作量以原价格分包给他方，使得钻井承包商不能实现投标时意求的原预期利润，承包商可就此与业主磋商提出索赔。

5. 监理不当引起的索赔

在承包商有权采取任何可以满足合同规定的进度和质量要求且最为经济的施工顺序和工艺方法的情况下，如果监理工程师对此进行了不必要或不合理的干预，那么承包商有权对这种干预引起的费用增加和工期拖延进行索赔。

（六）其他方面影响引起的索赔事件

例如：不可预见因素引起的索赔，额外试验和检查引起的索赔，劳务和材料价格涨落引起的索赔，货币贬值和严重经济失调引起的索赔，国家法律、法规、法令发生变化引起的索赔等。

五、索赔程序

在合同实施阶段中所出现的每一个索赔事件，都应按照索赔惯例和合同条件的规定抓紧协商解决，尽量与资金结算同步。有关施工索赔处理的全部程序，一般按以下五个步骤进行：

①提出索赔要求；

②报送索赔资料；

③协商解决；

④调解解决；

⑤提交仲裁或诉讼解决。

上述五个工作程序，可归结为友好协商解决和诉诸仲裁或诉讼解决两个阶段。对于每一项索赔工作，承包商和业主都应当力争通过友好协商的方式来解决，不要轻易地诉诸仲裁或诉讼。

索赔流程见图 9 - 1：

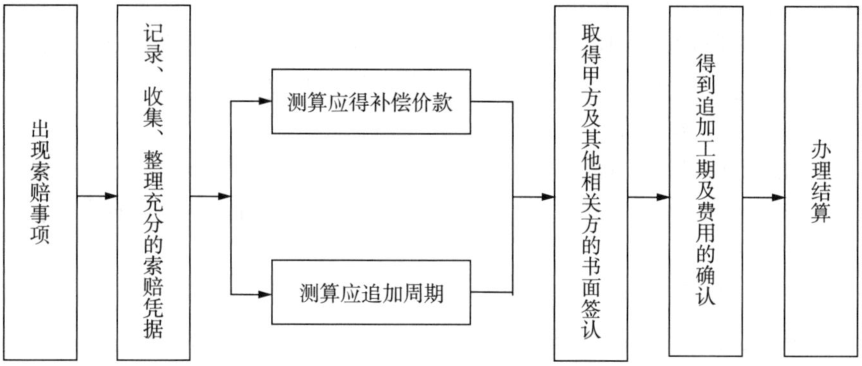

图 9 - 1　施工索赔流程示意图

钻井承包商进行施工索赔管理要注重索赔依据的记录、搜集和整理，并及早适时与项目业主或其他相关方沟通协商，取得对方的书面认同签认，施工索赔收入管理应当做到“应得尽得、应收尽收”。项目业主应当严格审核承包商提出的索赔事项依据、相应的工期签认及费用认定等方面的资料文件，确保认定的支付补偿事项客观存在、补偿金额适度合理。

六、工程索赔的原始资料

工程项目的各种资料是索赔的主要依据，项目资料不完整，索赔往往难以成功。承包商必须建立健全必要的业务管理制度，保存好完整的工程项目施工资料，这是索赔的首要环节，是搞好施工索赔的基础。这些资料主要包括：

（一）井史记录及工程纪录

1. 井史及施工进度记录

井史及施工进度记录是重要的记录。开工前和施工中记录编制的井史情况及所有工程进度情况，业主方和承包商都应妥善保管备查。

2. 监督日志与施工日志

一般地，业主方和承包商都必须按日作好工作记录。业主的责任是检查工程质量、工程进度，提供有关气候、施工人数、设备性能和运转以及完工情况等；承包商亦应对上述情况作详尽的记录，以便用它来调整或纠正业主作为正式文件所提出的各项资料和数据。

3. 工程检查和验收报告

工程检查和验收报告是反映某一单项工程在某一特定阶段完工的时间、验收日期和检查验收情况的资料记录，应留存备查。

4. 设计或合同变更记录

设计或合同变更记录是索赔的重要依据。

（二）业务记录

1. 定期与业主方的沟通记录

业主方往往对合同和工程实际情况掌握第一手资料，承包商与其交谈可能会了解到一些施工中可能发生的意外情况等，一旦发生进度延误或支付额外费用，便于承包商分析原因，作出索赔决策。

2. 会议记录

定期或临时召开的讨论工程施工情况的现场工作会议记录，可以帮助查阅业主签发工程变动通知的背景，也能帮助确定尽早发现某一重大情况的确切时间以及承包商对有关情况采取的行动等信息，以指导承包商索赔决策。

3. 来往信函

有关反映工程进展情况以及出现的各种需要解决或者需要双方解决的问题和有关的当事人等信函，能够指导承包商索赔决策。

4. 施工备忘录

施工备忘录应序时记录影响工期、资金支付以及工程价款决算的所有重大事项，以便查阅。

5. 工程照片

工程照片是工程施工情况的记录和证件，工程照片应标明工程名称和拍摄日期，保存完整的工程照片是工程索赔的证据之一。如修建井场前的地貌照片等。

6. 记工卡及费用核定单的管理

记工卡及费用核定单管理在国际工程施工中常见的日常工作，由业主方签字认可。正确运用记工卡是承包商建立成本核算的一种可靠方法。当业主方作出工程变更时，必然会相应地引起原计划作业程序、工时消耗和材料费用的改变，承包商应作好记工卡的管理，详细计算工程量和实际费用。整理记录存入工程档案备查。

（三）会计资料

没有完整的工程会计资料，就不能及时提供有价值的成本资料，就不能及时准确地计算索赔金额。会计资料包括业主的成本写实资料。

七、石油钻井工程施工索赔的具体内容

钻井承包商向业主及其他相关方索赔的事项包括但不仅限于下列事项：

（一）向项目业主索赔的事项

向业主索赔的事项包括：合同（设计）变更引起的应追加的收入及周期；业主生产组织存在瑕疵引起的应追加的收入及周期；应业主要求追加设施、措施投入应追加的补偿；实际耗用材料价差；地质地层情况引起的工期及费用增加；因税收、环保等政策在初始合同实施期间出台或发生变化的影响而多支付的费用及周期；不可抗力造成的损失等。

（二）向其他相关方索赔的事项

向其他相关方索赔的事项包括：因钻前劳务提供方问题、供井管具及井控问题、固井协作问题、地质录井协作问题、测井测试协作问题、钻井液技术服务方问题、设备及材料供应方问题影响施工造成的周期及费用损失等。

其中，施工索赔的费用主要有：人工费、材料费用、设备费用、分包费、保险费、保证金、管理费、工程利润、资金利息、工期补偿等。

八、石油钻井工程施工索赔的依据

（一）亟需出台石油钻井工程施工索赔的法律、法规依据或行业规章

当前，我国尚无钻井工程施工索赔的法律、法规依据或行业规章，但随着我国油气勘探开发市场化进程的不断推进，及早出台钻井工程施工索赔的法律、法规依据或行业规章，对推进油气钻探市场的市场化进程具有积极而又深远的意义。

（二）合同条件

在无钻井工程施工索赔的法律、法规依据或行业规章的背景下，约定尽可能详尽的合同条件是施工索赔的主要依据。

（三）默示条款

非合同规定的索赔亦称超越合同规定的索赔，即承包商的该项索赔要求，虽然在工程项目的合同条件中没有专门的文字叙述，但可以根据该合同条件的某些条款的含义，推论出承包商的索赔权。这种索赔要求同样有法律效力，有权得到相应的经济补偿。这种有经济补偿含义的合同条款，在合同管理工作中被称为"默示条款"或"隐含条款"。

默示条款是一个广泛的合同概念，它包含合同明示条款中没有写入、但符合合同双方订立合同时设想的愿望和当时签约环境条件的一切条款。这些默示条款，或者从明示条款所表述的设想愿望中引申出来，或者从合同双方在法律上的合同关系中引申出来，经合同双方协商一致，或被法律法规所指明，都应成为合同的有效条款，合同双方都应遵照执行。

默示条款为非合同索赔提供了索赔依据。承包商应善于利用合同条件来论证自己的索赔权，争取额外开支的经济补偿。

（四）管理惯例

在工程项目管理实践中逐步形成的，被业内普遍接受、认可、遵循的工程管理惯例和习惯作法亦为施工索赔依据的一个重要方面。

（五）道义索赔

所谓道义索赔，是指业主知悉承包商为完成某项困难的施工，负担了部分费用损失，而出于善良意愿，虽然在合同条件中找不到此项索赔的约定，但同意给承包商以适当的经济补偿。这种经济补偿称为道义上的支付，或称"优惠支付"，这是合同双方诚信友好合作的一种表现。

第十章　石油钻井工程造价管理

第一节　石油钻井工程造价管理概述

一、石油钻井工程造价的概念

工程造价是指某项工程建设所花费的全部费用，即该建设项目有计划地进行固定资产再生产和形成最低流动资金的一次费用总和。工程造价就是建设工程价值的货币表现形式。

石油专业工程造价是指完成某项石油专业工程建设所需费用的总和。即将构成石油专业工程产品的各种因素以货币形式表现，形成石油专业工程的概算价、预算价、结算价和决算价。由此，我们可以认为，石油钻井工程造价就是石油钻井工程价值的货币表现。

二、石油钻井工程造价的计价特点

石油钻井工程计价除具有一切商品价格运动的共同特点以外，同时又具有单件性计价、多次性计价和分部组合计价等特点。

（一）单件性计价

石油钻井工程的个体差别性决定了每口钻井工程都必须单独计算造价。即：对于石油钻井工程不能像对工业产品那样按品种、规格、质量成批地定价，只能按单口井计价。也就是说，国家及企业不会、也不可能对每口石油钻井工程规定统一的造价，而是通过一定程序，即编制投资估算、投资概算、工程预算、合同价、结算价及最终确定的竣工决算价等就每口井钻井工程项目计算工程造价。

（二）多次性计价

为了适应石油钻井工程建设过程中各方经济关系的建立，适应项目管理的需要，适应工程造价控制和管理的要求，需要按照钻井工程的实施阶段进行多次计价。多次性计价是个逐步深化、逐步细化和逐步接近实际造价的过程。石油钻井工程项目多次性计价特征见图10－1：

①投资估算。在编制项目建议书、进行可行性研究阶段，一般按照规定的投资估算指标、类似钻井工程项目的造价资料、现行的设备及材料价格并结合工程实际情况进行投资估算。投资估算是指在可行性研究阶段对工程项目预期造价所进行的优化、计算、核定及相应文件的编制，所预计和核定的工程造价称为投资估算造价。作为工程造价的目标限额，投资估算是判断项目可行性和进行项目决策的重要依据之一。

②概算造价。是指在初步设计阶段，根据设计意图，通过编制工程概算文件预先测算和确定的工程造价。概算造价较投资估算造价的准确性有所提高，但它受估算造价的控制。概算造价的层次性十分明显，分项目概算总造价、各个单项工程概算综合造价、各单位工程概算造价。

③修正概算造价。是指根据技术设计的要求，通过编制修正概算文件预先测算和确定的

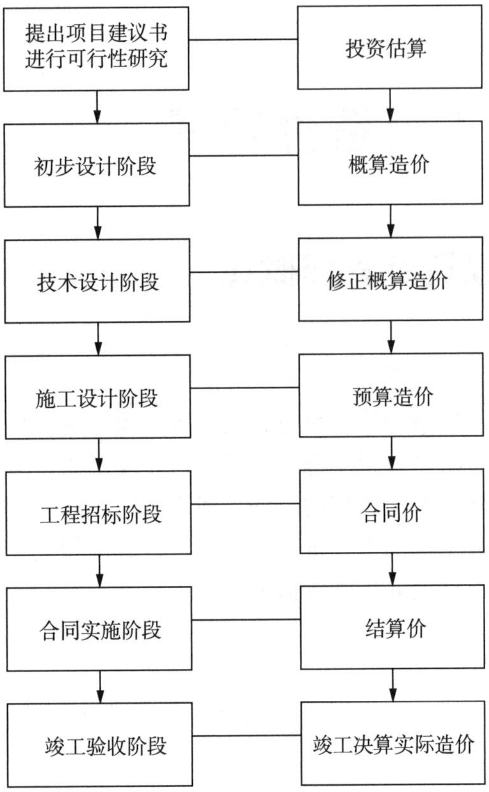

图 10－1　石油钻井工程多次性计价过程示意图

注：联线表示对应关系，箭头表示多次计价流程及逐步深化过程。

工程造价。它对初步设计概算进行修正调整，比概算造价准确，但受概算造价控制。

④预算造价。是指在施工设计阶段，根据施工设计编制预算文件，预先测算和确定的工程造价。它比概算造价或修正概算造价更为详尽和准确。但同样要受前一阶段所确定的工程造价的控制。

⑤合同价。是指在工程招（议）标阶段通过签订施工合同确定的价格。合同价具有市场价格的性质，它是由承发包双方，即商品和劳务买卖的双方根据市场行情共同议定和认可的成交价格，但它并不等同于实际工程造价。计价方法不同，合同也有许多类型。不同类型合同的合同价内涵也不同。

⑥结算价。是指在合同实施阶段，在工程结算时按合同调价范围和调价方法，对实际发生的工程量增减、设备和材料价差等进行调整后计算和确定的价格。

⑦实际造价。是指在竣工决算阶段，通过编制钻井工程项目竣工决算，最终确定的实际工程造价。

综上所述，多次性计价是一个由粗到细、由浅入深、由概略到精确、最后确定工程实际造价的计价过程，也是一个复杂而重要的管理系统。计价过程各环节之间相互衔接，前者制约后者，后者补充前者。

（三）分部组合计价

建设项目的工程造价是分部组合而成的，这一特征与建设工程的组合性有关。一个建设项目是一个工程综合体。这个综合体可以分解为许多有内在联系的、独立和不能独立的工程。在一个建设项目中，凡是具有独立的设计文件、竣工后可以独立发挥生产能力或工程效能的称为单项工程，也可将它理解为具有独立存在意义的完整的工程项目。各单项工程又可分解为各个能独立施工的单位工程。单位工程又可进一步分解为分部工程。按照不同的施工方法、构造及规格，分部工程又可更细致地分解为分项工程。分项工程是能用较为简单的施工过程生产出来的，可以用适量的计量单位计算并便于测定或计算的工程基本构造要素。

从计价和工程管理的角度可以看出，建设项目的这种组合性决定了计价的过程是一个逐步组合的过程。其计算过程和计算顺序是：分部分项工程单价—单位工程造价—单项工程造价—建设项目总造价。

石油钻井工程也有按照钻前准备工程、钻进工程、测井工程、测量工程、测试工程、录井工程、固井工程、钻具技术服务、井控工程、试油/试气工程、完井工程、环境保护工程等分部组合计价的特点。

三、石油钻井工程造价的计价依据

所谓工程造价计价依据，是用以计算工程造价的基础资料的总称。它包括工程造价定额、工程造价取费费率、造价指标、基础单价、工程量计算规则以及有关工程造价管理的经济法规等。

（一）造价定额

造价定额是指完成指定的单项施工内容(工程)在人力、物力、财力消耗方面所需的社会必要劳动量。工程造价定额一般属推荐性经济标准。经法定程序，也可使它具有规定范围内的法定性。用得较多的有预算定额和概算定额。

①预算定额。是在编制施工预算阶段，计算劳动、机械台班、材料消耗量使用的一种定额。预算定额是一种计价性定额。施工定额是预算定额的编制基础，预算定额是概算定额或估算指标的编制基础。预算定额在计价定额中是基础性定额。

②概算定额。这是在编制扩大初步设计概算时，计算和确定工程概算造价，计算劳动、机械台班、材料需要量所使用的定额。其项目划分粗细与扩大初步设计的深度相适应。它一般在预算定额的基础上编制，比预算定额综合扩大。概算定额是控制项目投资的重要依据，在工程建设投资管理中起着重要作用。

（二）造价指标

造价指标反映特定的单项工程或建设项目所需人力、物力和财力的综合的一般需要量。它具有较大的概括性、宽裕度和误差范围，属参考性经济标准。造价指标包括概算指标、投资估算指标、万元指标等。

①概算指标。是指在初步设计阶段，编制工程概算，计算和确定工程的初步设计概算造价，计算劳动、机械台班、材料需要量时所采用的一种定额。这种定额的设定和初步设计的深度相适应。一般是在概算定额和预算定额的基础上编制，比概算定额更加综合扩大。概算指标是控制项目投资的有效工具，它所提供的数据也是计划工作的依据和参考。

②投资估算指标。是在项目建议书、可行性研究阶段编制投资估算、计算投资需要量时使用的一种定额。它非常概略，往往以独立的单项工程或完整的工程项目为计算对象，其概略程度与可行性研究阶段相适应。它的主要作用是为项目决策和投资控制提供依据。投资估算指标虽然往往根据历史的预、决算资料和价格变动等资料编制，但其编制基础仍然离不开预算定额、概算定额和概算指标。

③万元指标。是以万元工作量为单位制定的人工、材料和机械台班消耗数量的标准。它是以实物工作量表示的。万元指标是一种计划定额，主要是为编制长期计划和年度计划提供依据。编制计划时，按照计划期的工作量用万元指标来计算人工工日、主要材料和主要机械台班的需要量，以便做好资源的平衡和分配。在计划定额中，还有单位生产能力造价指标，它们都是以金额表示，作为计划工作的依据。

（三）取费定额

取费定额一般以某个或多个自变量为计算基础，反映专项费用(应变量)社会必要劳动量的百分率或标准。它与造价定额具有同样特性和属性，是定额的一种特殊形式。如：其他直接费定额、现场经费定额、间接费定额、计划利润等。

（四）工期定额

工期定额是为建设工程规定的施工期限的定额天数。包括建设工期定额和施工工期定额两个层次。

①建设工期。是指建设项目或独立的单项工程在建设过程中所耗用的时间总量。一般以天数表示，包括从开工建设时起到全部建设投产或交付使用时止所经历的时间，但不包括由于计划调整而停缓建所延误的时间。

②施工工期。一般是指单项工程或单位工程从开工到完工所经历的时间。施工工期是建设工期的一部分。

（五）基础单价

基础单价是指工程建设中所消耗的劳动力、材料、机械台班以及设备工期具等单位价格的总称。

①劳动力的单位价格。一般是指日工资单价，由基本工资、工资性补贴、职工福利费、劳动保护费等组成。

②料单位价格。习惯上称材料的预算价格，是指材料从其来源地或交货地到达施工工地后的出库价格。

③施工机械台班单价。习惯上又称为机械台班费用定额，是各类施工机械使用台班的额定费用。

④设备费单价。是指各种设备从其来源地或交货地到达施工工地后的价格。

（六）工程造价指数

工程造价指数是说明不同时期工程造价的相对变化趋势和程度的指标。它是研究工程造价动态的一种重要工具，说明这一时期的工程造价比另一时期工程造价上升或下降的百分比，是工程造价动态结算的重要依据。

由于工程造价各构成要素的价格变动各有特点，所以工程造价指数一般应按各个主要构成要素分别编制，即按建设工程、设备工器具、工程建设其他费用等分类编制价格指数，然后再综合编制工程造价指数。

工程造价指数可以包括直接工程费和间接费两个价格和指数，而直接工程费中又包括材料费、人工费、机械费、其他直接费、现场经费等指数。

（七）有关工程造价管理的经济法规及各项税、费

包括有关工程造价管理的经济法规规定以及与钻井工程造价管理有关的各种税、费。

四、石油钻井工程造价管理的概念

石油钻井工程造价管理就是为了合理确定和有效控制石油钻井工程造价所从事的管理活动。即运用科学技术原理、经济和法律等管理手段，解决石油钻井工程建设活动中工程造价的确定与控制、技术与经济、经营与管理的理论、方法和实际问题而从事的管理活动。

石油钻井工程造价实际上是在规划、设计、实施的不同阶段，所计算或核定的钻井工程投资，而不是钻井承包商的实际施工成本。承发包合同中的确定价是钻井承包商控制施工成本的目标。

石油钻井工程造价有完全工程造价和直接工程造价之分。完全工程造价指的是一口钻井工程的总投入，是完成一口钻井工程建设所需的全部费用。工程直接造价指的是承发包合同价，而不是钻井承包商施工的实际费用。

与上述两种工程造价含义相对应的有三种工程造价管理：一是石油钻井工程投资管理控制，它属于投资管理范畴，是项目业主的职责；二是石油钻井工程承发包合同价，它属于价格管理范畴，是工程造价管理职能部门的职责；三是钻井承包商的内部施工成本控制，它属于施工单位成本管理、控制的范畴，是钻井施工单位的职责和内在管理要求。

五、石油钻井工程造价管理的目标和任务

工程造价管理的目标是按照经济规律的要求，适应市场经济的发展形势，利用科学管理方法和先进管理手段，合理地确定造价和有效地控制工程造价，以提高投资效益和施工企业的经营水平。

工程造价管理的任务是加强工程造价的全过程动态管理，强化工程造价的约束机制，维护有关各方的经济利益，规范价格行为，促进微观效益和宏观效益的统一。

对于甲方来讲，其对石油钻井工程造价管理的主要目标和任务就是要把钻井工程投资控制在投资估算范围内，把技术设计和施工设计控制在设计概算范围内，把工程竣工决算控制在工程预算范围内。通过层层制约，使投资不突破控制目标，实现最大的投资收益。

对于乙方来讲，石油钻井工程造价管理的主要目标和任务就是把施工预算、施工成本控制在合同价款之内，通过技术进步，有效管理，使钻井施工实际投入的人力、物力、财力消耗不超过合同价，实现盈余，谋求发展。

六、石油钻井工程造价管理的基本内容

石油钻井工程造价管理的基本内容就是合理确定和有效地控制石油钻井工程造价。

（一）石油钻井工程造价的合理确定

所谓工程造价的合理确定，就是在钻井实施的各个阶段，合理确定投资估算、概算造价、预算造价、合同价、结算价和竣工决算价。

（二）石油钻井工程造价的有效控制

所谓工程造价的有效控制，就是在优化建设方案、设计方案、施工方案的基础上，在钻井工程实施的各个阶段，采用一定的方法和措施把工程造价控制在合理的范围和核定的造价限额以内。具体地说，就是要用投资估算价控制设计方案的选择和初步设计概算造价；用概算造价控制技术设计和修正概算造价；用概算造价或修正概算造价控制施工设计和预算造价。以求合理使用人力、物力和财力，取得最佳投资效益。控制造价在这里强调的是控制项目投资。

工程造价的确定与控制之间存在相互依存、相互制约的辨证关系。首先，工程造价的确定是工程造价控制的基础和载体。没有造价的确定，就没有造价的控制；没有造价的合理确定，也就没有造价的有效控制。其次，造价的控制贯穿于工程造价确定的全过程，造价的确定过程也就是造价的控制过程，只有通过逐项控制、层层控制才能最终合理确定造价。最后，确定造价与控制造价的最终目的是同一的。即合理使用建设资金，提高投资效益，遵守价格运动规律和市场运行机制，维护有关各方合理的经济利益。二者相辅相成。

（三）石油钻井工程造价管理的工作要素

石油钻井工程造价管理的具体工作主要包括：

①可行性研究阶段对油气勘探开发部署方案进行认真优选，考虑风险，编好、定好投资

估算。

②择优选择钻井设计单位、施工单位、咨询(监理)单位，作好招/议标工作。

③科学合理确定钻井工程的设计标准、建设标准。

④按估算对初步设计(含应有的施工组织设计)推行量财设计，积极合理地采用新技术、新工艺、新材料，优化设计方案，编好、定好概预算。

⑤对设备、主材进行择优采购，作好相应的招标工作。

⑥协调好与各有关方面的关系，控制社会公共关系支出。

⑦严格按概预算对造价实行静态控制、动态管理。

⑧管好、用好石油钻井投资资金，保证资金合理、有效地使用，减少资金利息支出和损失。

⑨严格合同管理，作好工程索赔、理赔工作。

⑩造价管理部门要强化基础工作(定额、指标、价格、工程量、造价等信息资料)的建设，为石油钻井工程造价的合理确定提供动态的可靠依据。

⑪积极开展石油专业工程造价管理人员的选拔、培养、培训工作，不断促进石油专业工程造价管理人员的专业技能素质和工作水平的提高。

第二节　石油钻井工程定额

一、定额原理

(一)定额的概念

定额是物质生产部门在生产经营活动中，根据一定的技术组织条件，在一定的时间内，为完成一定数量的合格产品所规定的人力、物力和财力资源消耗及利用标准额度。定额需随着生产技术条件的改变及时修订。定额实际上是一种投入产出标准，是生产力水平的反映，是提高经济效益的一种手段。

定额是一种投入产出标准。它是预先规定的活劳动和物化劳动消耗与利用量的一种标准。定额反映了物质资料生产过程中，在现有生产力水平条件下的生产和消耗之间的数量关系。它是明确各环节经济责任的依据和尺度。定额的编制和执行离不开产品和工程的技术经济指标，离不开产品种类、工程对象及其建造质量、建造效率和施工消耗。

定额是生产力水平的反映。定额集中反映了劳动生产率的高低，它既规定了劳动工时、材料消耗、机械台班，也规定了产品的数量和质量，它是生产力水平的表现。劳动生产率是劳动者在生产中耗用活劳动同生产合格产品数量之间的比例。常用单位时间内生产某种产品的数量(或工程量)或生产单位产品(或工程)的劳动时间表示。定额水平的高低集中反映了劳动生产率水平的高低。因此，工程定额作为预先规定的活劳动和物化劳动消耗量的指标，是不断提高劳动生产率的重要手段。

定额是提高经济效益的手段。经济效益是物质生产活动中占用和消耗一定数量的活劳动和物化劳动同取得的劳动成果之间的比较。如果在生产中占用和消费了较少的活劳动和生产资料，而取得了较多的劳动成果，则说明经济效益较好，反之经济效益就差。在施工单位内部用定额去衡量和计算劳动生产率，严格按定员定额去组织施工生产和分配，建立各种经济责任制，进行经济核算，努力为实现缩短工期，降低工程造价，提高工程质量提供科学的依据。

（二）定额的意义

对于钻井承包商而言，推行石油钻井工程定额管理是创效之道。它是促进钻井生产提速提效、推进精细化管理的需要；是细化量化经营管理、强化过程控制、促进挖潜增效的需要；是钻井承包商不断加大绩效分配考核力度，不断改进完善考核分配机制的需要；是管理层面与一线钻井队员工明晰权责义务，明确工作目标和努力方向，齐抓共管，共同努力实现单井效益最大化的需要，是从根本上避免效益流失于管理细节的需要。对于项目业主而言，是节支之道。它是准确测算工程造价，努力实现油田勘探开发投资效益最大化的管理需要。

（三）定额研究的任务

定额研究的任务是以各个行业劳动对象的特点及各个行业生产活动的客观规律为依据，研究劳动对象、劳动工具及劳动者生产诸要素的合理配置及在此基础上的生产与消耗利用标准。其目的是科学地组织生产，用较少的投入完成较多的合格产品，不断提高劳动生产率和经济效益。

（四）定额的特性

1. 科学性

首先，定额的科学性表现在它是科学管理的产物。定额是 19 世纪末 20 世纪初，以被誉为“科学管理之父”的美国工程师泰罗为代表的古典管理理论学派，采用科学试验法对生产操作进行了长时间的动作和时间研究而产生的。

其次，定额的科学性表现在它测定手段的科学性。定额的测定技术方法和手段，需要利用现代科学技术和科学管理方法，从而能正确地测定单位产品生产中所需的活劳动和物化劳动的消耗量。

再次，定额的科学性还表现在定额的编制不是凭主观想象，更不是机械地反映客观实际，而是以现阶段的技术条件、劳动生产率为前提，根据广泛搜集到的技术测定资料，经过分析论证后制订的社会平均先进水平。即，定额水平不是先进生产者的水平，而是正常生产条件下，大多数工人经过努力可以达到或超过的平均先进水平。定额决不是建立在提高社会平均劳动强度、损害工人健康基础之上的，而是在利于推广先进经验，改进操作方法，改善劳动条件，保护工人的安全和健康，能够在提高劳动生产率的基础上增加劳动者的物质福利。

2. 法规性

定额在一定时期、一定范围内具有一定的法规性。定额是由国家授权各行业的管理部门编制的。定额一经国家或其授权的单位或主管部门批准、颁发，即具有了技术法规性质，任何单位或个人在规定的执行范围内都应当认真严格执行。若在执行中发现确有定额缺项或需调整定额水平，应当及时、适时经过一定的审批手续和程序加以修改、修正、补充和完善。

3. 群众性

首先，定额所预先规定的活劳动和物化劳动消耗和利用的数量标准，主要取决于生产实践，它是大多数生产工人已达到的劳动生产率和将要使劳动生产率提高到一定程度的综合反映。所以定额的测定与编制不能脱离广大生产工人的生产实践，并要接受实践的检验。如果定额起不到保护先进、鞭策落后、调动广大工人的生产积极性、实现优质高效低耗的目的，那就说明定额脱离实际、脱离群众。

其次，定额的执行归根结底要依靠广大生产工人。如果定额管理工作没有落实到基层，定额将是一纸空文，起不到它应有的作用。因此，定额不论是制订还是贯彻，都应当有广泛的群众基础。

4. 可操作性

定额应当具有较强的可操作性。定额作为一项活劳动和物化劳动消耗与利用的标准以及进行生产分配、经营决策的依据，必须简便易用，具有可操作性。它是生产者与经营者在具体的生产经营活动中都能具体掌握使用的、看得见、摸得着的一把尺子。

5. 针对性

定额具有一定的针对性。一种产品或者工序一项定额，而且一般不能互相套用。一项定额不仅是该产品或工序的资源消耗的数量标准，而且还规定了完成该产品或工序的工作内容、质量标准和安全要求。

二、石油钻井工程造价定额模型

石油钻井工程定额采用量价分离、直接费与间接费分列的方法将石油钻井工程造价划分为工程材料费、直接职工薪酬、工程直接费、固定资产折旧费、工程间接费、工程风险费、计划利润、定额编制测定费及税费等九大部分。其中：

工程材料费包括直接材料和辅助材料。直接材料是指构成井的工程实体耗用的主要材料；辅助材料是指不构成工程实体，但直接用于建井过程，有助于井孔形成，或被劳动工具全部消耗或部分折耗，或为创造正常劳动和生产条件所耗用的构成工程成本的各种物资。

直接职工薪酬是指直接从事钻井生产施工作业人员的薪酬。

工程直接费主要包括设计费、钻前准备工程费、企地关系费、营房费用、钻具费用、井控工艺费、固控装置摊销费、钻进工艺技术措施费、地质录井费、测井工程费、下管柱作业费、冬防保温费、复杂情况及事故处理费、固井工程费、试油(试气)作业费、完井作业费、环境保护费及其他种种直接费。

工程间接费主要包括企业管理费、资金占用费、科技进步费、HSE 管理费、其他间接费用等。

工程风险费是业主考虑石油钻井施工所具有的高风险的特点而给予的适当补偿费用。

定额编制测定费按有关规定取值。

计划利润是业主考虑钻井承包商的生产积极性而给予的适当补偿。

税金按有关法规规定的取值办法和取值标准取值。

本书将石油钻井工程定额模型划分为以上 9 大部分，主要是从费用归集的角度规范石油钻井工程造价的构成，以达到合理确定工程造价，有效控制工程造价水平的目的，同时也有利于建立推广以定额为基础的清单计价管理与会计核算。

量价分离是指材料、工时以及可以量化的施工机械的消耗量定额与统一发布的材料机械价格相分离。消耗量定额是材料、工时、施工机械在不同施工组织条件、不同施工环境下的消耗量标准，是根据统计资料、写实资料，按照取平均先进水平值的原则采用一定的数学模型计算。

石油钻井工程造价定额模型见表 10 – 1。

表 10－1　石油钻井工程造价定额模型

成本项目	数量	金额	备注
一、工程材料			
(一)直接材料			1. 直接材料是指构成井的工程实体耗用的主要材料 2. 直接材料的耗用数量、规格型号与主要与口井相关
1. 井口装置及部件			
2. 套管柱			
3. 水泥及添加剂			
4. 完井管柱			
(二)辅助材料			1. 辅助材料是指不构成工程实体，但直接用于建井过程，有助于井孔形成，或被劳动工具全部消耗或部分折耗，或为创造正常劳动和生产条件所耗用的构成工程成本各种物资 2. 其中：燃料、动力、设备配件备件、润滑油、密封脂、其他材料的耗用数量主要与台月耗费相关 3. 其中：钻头、取心器具、钻井液材料的耗用数量、规格型号主要与口井相关
1. 钻头			
2. 取心器具			
3. 钻井液材料			
4. 设备配件备件			
5. 燃料			
6. 动力			
7. 润滑油			
8. 密封脂			
9. 其他材料			
二、直接职工薪酬			
(一)职工工资			直接职工薪酬主要与台月耗费相关
(二)奖金			
(三)津贴			
(四)补贴			
(五)职工福利费			
(六)社会保险费			
(七)住房公积金			
(八)工会经费			
(九)职工教育经费			
(十)非货币性福利			
(十一)其他薪酬费			
三、工程直接费			
(一)设计费			与口井相关
(二)钻前准备工程			主要与口井相关
(三)企地关系费			主要与口井相关
(四)营房费用			1. 包括营房搭建、营房摊销及营房维护修理费用等 2. 营房搭建费用与口井相关；营房摊销费用与台月相关
(五)钻具费用			主要与台月耗费相关
(六)井控工艺费			1. 含井控装置使用费 2. 主要与台月耗费相关

续表

成本项目	数量	金额	备注
（七）固控装置摊销费			主要与台月耗费相关
（八）钻进工艺技术措施费			1. 工艺措施与口井相关； 2. 按周期计费情况下，费用发生主要与台月相关
（九）地质录井费			与口井相关
（十）测井工程费			与口井相关
（十一）下管柱作业费			与口井相关
（十二）冬防保温费			与口井相关
（十三）复杂情况及事故处理费			与口井相关
（十四）固井工程费			与口井相关
（十五）试油/试气作业			与口井相关
（十六）完井作业费			与口井相关
（十七）环境保护费			与口井相关
（十八）其他直接费			1. 零星运费、吊车、伙食、生活水费、差旅通信办公等费用 2. 主要与台月耗费相关
四、固定资产折旧费			与台月耗费相关
五、工程间接费			
（一）企业管理费			1. 主要指分摊抑或计提到单井的企业管理层费用。是钻井承包商为组织钻井施工生产经营活动而发生的管理费用 2. 主要与台月耗费相关
（二）资金占用费			主要与台月耗费相关
（三）科技进步费			按规定基数和比例计提，与口井相关
（四）HSE 管理费			按规定基数和比例计提（包括安全生产费用）与口井相关
（五）其他间接费用			如分摊的成本核算差异、长期待摊费用摊销以及上级主管部门分配下达的经营责任成本等，主要与台月耗费相关
六、工程风险费			按规定基数和比例计提，与口井相关
七、利润			按规定基数和比例计提，与口井相关
八、定额编制测定费			按规定基数和比例计提，与口井相关
九、工程总造价			
十、税费			按涉税政策执行，与口井相关

三、石油钻井工程定额的编制

石油钻井工程定额项目可以总括分为与口井相关的定额项目和与钻井台月耗用相关的定额项目两大部分。其中：与口井有关的定额项目主要依据工艺技术设计与算术平均法测算取值。各分项定额取值都与定额编制中区块划分、标准地质、工程设计有直接关系。由于不同区块的地质、地层条件差异很大，所以不同区块布井的井别、井型、井深的定额差异非常大，这也是全国统一的石油专业工程定额不易形成的一个主要原因。在定额编制的实际操作中，为了提高定额的符合率和覆盖面，提高定额总体水平对比的准确性，须认真做好区块划分与标准施工设计的编制工作。进行定额区块划分与标准施工设计，首先应对近年来大量的基础数据进行分析，特别是要对各油区区块的地质构造及井的分布情况进行分析，划分若干定额区块。标准施工设计要按所划分的区块进行，原则是根据每个区块完成的井深分布情况，以及油藏工程、地质勘探等有关方面的专家对今后各区块油层开发情况预测，编制各区块不同井别、井型、井深段的标准井地质及工程设计，作为定额编制的基本依据。工程标准设计是以分区块地质设计为依据，综合考虑区块地质构造、装备、技术状况等各种因素所作的标准工程技术设计。定额区块划分和标准施工设计的编制工作完成后，就可着手进行与口井有关的定额项目所有分项定额的编制工作。

与钻井台月耗用相关的定额项目是定额钻机台月费用与定额钻机月的乘积。定额钻机台月费用是各项定额钻机台月费用的总和，它主要包括工资及附加、油料消耗、一般材料费、折旧费、修理费、钻具费用、井控装置费用、固控设备摊销、运输费、水电费、保温费、营房摊销、管理费等若干定额项目构成。在单井预算中，有了单井钻机定额台月和台月费用定额标准就可以测算出一口井的钻机台月费用。

钻机台月费用是一个分摊费用，为了确保钻机台月费用定额的先进合理，首先要确定一个先进合理的年定额钻机台月。年定额钻机台月是钻机年运转能力，所以确定它时最重要的依据是“能力”而不是实际，定额编制时不应考虑钻井市场萎缩造成的工作量不足，而应立足于企业不断调整队伍结构、优化市场格局，力争达到能力工作量，提高钻井工作时效。

建井周期定额是一种劳动定额标准，它是指在目前正常生产组织条件下完成一口合格井所需的必要劳动时间消耗的总和。即一口井从搬迁到完井全过程所需的总时间消耗标准。一口井的建井周期定额通常表示为“d—h”，但具体到某个工序它可以表示为“h”、“min”、“s”等。建井周期定额按工序分类构成包括：迁装时间、钻进时间和完井作业时间。其中：钻进时间和完井时间之和构成钻井工作时间，也就是钻井周期。钻井周期是计算钻机台月的基础数据。

四、石油钻井工程定额水平的返算对比

石油钻井工程定额水平的返算主要是验证定额编制是否达到了预定的目标、定额与实际的符合程度、定额是否达到了平均先进水平，以确保定额的编制质量和实施效果。

（一）建井周期定额与实际建井周期的对比

建井周期定额水平在很大程度上决定了定额水平的高低，所以首先要进行建井周期定额水平的对比。

定额返算要与历史最好水平和上年实际平均水平进行对比。对比时要先分地区、区块、井型、井别和井深范围进行，然后汇总求出总体水平。

对比的基本参照点是标准工程设计。对比的方法是先按照标准设计，编制出对应的单井定额建井周期，代表的井深范围可以是上下相应的井深幅度，然后求出对应的历史最短周期或上年实际平均周期（实际统计资料周期中应剔除事故及复杂井），最后求出定额先进率。

$$定额先进率(\%) = [实际平均周期 - 定额周期] \div 实际平均周期$$

根据定额编制的实际经验，这个先进率一般控制在3%～8%为宜。

（二）工程定额与上年实际成本的对比

一是要分地区、井型、井别和井深范围进行；二是要同成本项目分别进行对比，以确保定额菜单中的每个构成项目的编制质量。

对比方法是根据标准的设计，用定额“菜单”搞单井预算，然后求出上年实际对应井的分项平均成本(剔除井下复杂情况及事故损失)，最后计算出定额升降率。

定额水平升降率 = [定额单价(元/m) - 单位客观增长额(元/m) - 对应实际单价(元/m)] ÷ 对应实际单价(元/m)

定额成本对比升降率一般控制在 -5% ~ -3% 为宜。

根据定额水平返算对比结果，进行定额水平的调整。对比中发现问题的定额项目是调整的对象。为了达到预期的目标值，对比调整工作一般要反复几次，直到满足整个编制工作的要求。

第三节　石油钻井工程概(预)算的编制

石油钻井工程概(预)算是根据设计文件、预算定额、施工组织设计和各种费用标准等资料来确定工程造价的详细文件。正确编制钻井工程概(预)算，对于控制油气勘探投资，合理确定工程预算造价，正确确定招标标底、投标报价、签订承包合同，办理工程价款结算，促进甲乙双方经营管理水平的提高具有重要意义。

一、石油钻井工程概算的编制

(一)石油钻井工程概算的编制依据

石油钻井工程概算的编制依据因编制方法不同而不同。用标井定额法编制钻井工程概算常用的依据是：

①部署方案。当年的勘探开发部署方案中确定的各区块的钻井口数、平均井深、取心要求、井别、井型、录井方法、测井要求等有关资料。

②标准设计。企业当年勘探开发部署方案中确定的各钻井区块，经过批准的各区块标准地质设计和标准钻井工程设计。所谓标准设计就是在地表状况、地质构造、地层层系、钻井井深、钻井井型、井身结构、钻井液体系、地层压裂系数、使用钻机类型等方面都能代表一个区块的钻井地质设计和钻井工程设计。

③定额标准。企业现行的钻前工程定额、钻井工程建井周期定额、钻井工程费用定额、录井工程定额、测井工程定额、固井工程定额、管具工程定额、井控工程定额和试油工程定额等企业标准。

④价格资料。即有关钻井工程概算价格，如设计年度的油料价格、套管价格、水泥价格、油管价格、钻井液材料价格和常用材料价格等。

⑤物价指数。根据国家统计局发布的设计年度国民经济和社会发展统计公报中的工业企业能源、原材料购进价格比上年上涨幅度(%)乘以要求施工企业的挖潜消化系数确定概算年度的物价指数。

⑥目的区块不同井型、井身结构的井所占比例。

⑦目的区块各种井型的井所占比例。

⑧目的区块使用各类型钻机所钻的井数。

⑨有关工程取费标准。

(二)石油钻井工程概算的编制方法

1. 建井周期编制方法

①依据不同区块、不同井深，编制定额建井周期。这种方法简单快速，但是与设计地

层、井身结构结合不够紧密，相对欠准确。

②依据不同区块、不同地层、不同钻头的定额进尺、钻速计算定额建井周期。这种方法的优点是能够与设计地层、井身结构、钻头定额进尺、钻速和工时定额紧密结合，编制的定额建井周期更符合实际，准确程度较高；缺点是计算相对比较麻烦。

2. 钻井工程费用概算编制方法

①实际成本法。即根据历史成本资料编制概算的方法。当各项工程定额不具备时，参照某年平均成本或近几年的历史平均成本确定概算，这种方法的计算结果较粗略，目前不提倡。

②标井定额法。即根据区块标准钻井设计以企业现行钻井工程定额为依据编制概算的方法。当总体设计方案确定后，选取各区块有代表性的井为标准井，由技术人员对标准井进行标准钻井设计。根据标准钻井设计，依据工程定额编制标准井概算，然后汇总编制区块概算，最后根据区块概算编制总体投资概算。

标准井概算 = 新区临时工程概算 + 钻前工程概算 + 钻井工程概算 + 录井工程概算 + 测井工程概算 + 固井工程概算 + 管具工程概算 + 井控工程概算 + 试油/试气工程概算 + 完井工程概算 + 环境保护工程概算 + 其他概算

区块投资概算 = 标准井设计概算总额 ÷ 标准井钻井进尺 × 区块设计钻井总进尺

某年度钻井工程总投资概算等于各区块投资概算之和。

标井定额法是根据区块标准设计以企业现行钻井工程定额为依据编制概算，充分地考虑了各区块的生产技术组织条件，并以企业现行钻井工程定额为基础，考虑了物价指数，因此比较科学合理。目前应当提倡使用。

（三）石油钻井工程概算的编制程序

石油钻井工程总体概算编制程序见图 10－2：

（四）石油钻井工程总体概算的审定标准

①年度油气勘探开发部署方案，部署区块标准钻井地质设计、钻井工程设计符合规定要求。

②概算的钻井工程量与部署区块标准钻井地质设计、钻井工程设计的工程量相符。

③建井周期和费用概算所依据的周期定额及费用定额应当是企业现行定额标准。

④工程费用概算所依据的有关价格和物价指数应当是企业发布的现行标准。

⑤建井周期和费用概算取费标准应当与区块标准钻井地质、钻井工程设计要求相一致。

⑥钻井工程概算书项目齐全，数据准确，并附简明扼要的编制说明。

⑦钻井工程概算依据充分，取费合理，概算不突破估算。

⑧概算编制人、审定人签章齐全。

二、石油钻井工程单井预算的编制

（一）石油钻井工程单井预算的编制依据

①钻井设计。经过审批程序，审定批准的单井钻井地质设计和单井钻井工程设计。

②工程定额标准。企业发布的现行钻前工程定额、钻井工程定额、录井工程定额、测井工程定额、固井工程定额、管具工程定额、井控工程定额和试油工程定额等企业标准。

③材料价格资料。价格在单井钻井工程预算中是重要的依据之一。有关单井钻井工程预算的价格，如油料价格、套管价格、水泥价格、水泥添加剂价格、钻井液材料价格、常用材

料价格和油管价格等均以编制预算时的预算价格为准。

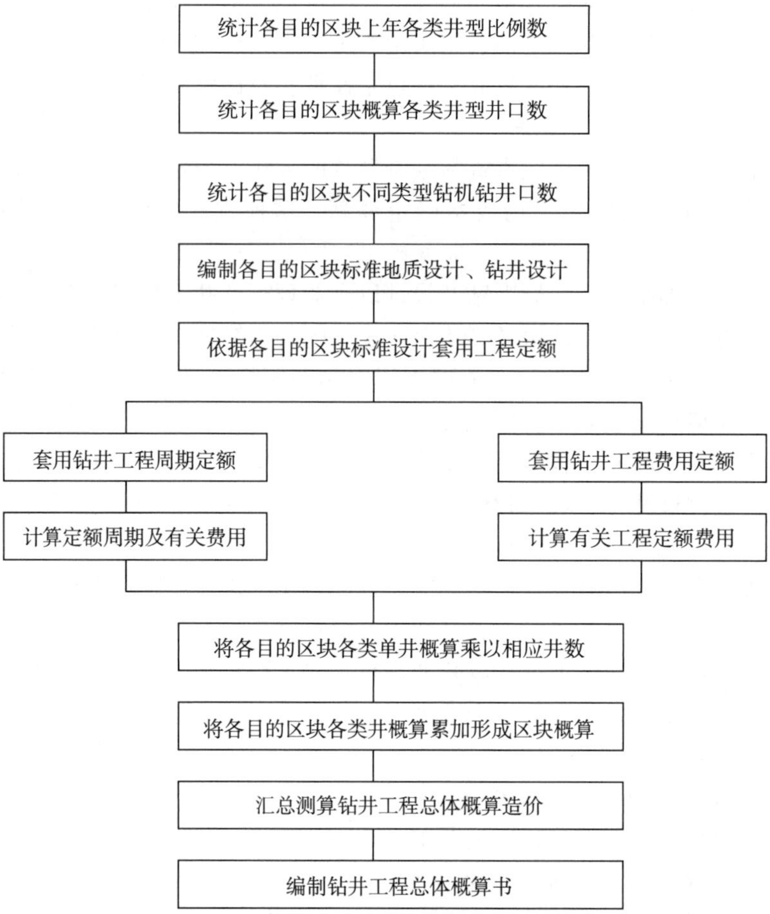
统计各目的区块上年各类井型比例数
统计各目的区块概算各类井型井口数
统计各目的区块不同类型钻机钻井口数
编制各目的区块标准地质设计、钻井设计
依据各目的区块标准设计套用工程定额
套用钻井工程周期定额
计算定额周期及有关费用
套用钻井工程费用定额
计算有关工程定额费用
将各目的区块各类单井概算乘以相应井数
将各目的区块各类井概算累加形成区块概算
汇总测算钻井工程总体概算造价
编制钻井工程总体概算书

图 10－2　编制钻井工程总体概算程序图

④有关单井钻井工程各类取费标准。

(二)石油钻井工程单井预算的编制方法及程序

石油钻井单井预算编制程序见图 10－3：

(三)石油钻井工程单井预算的审定标准

①单井钻井工程的钻井地质设计、钻井工程设计，符合规定要求。

②预算的钻井工程量与单井钻井地质设计、钻井工程设计的工程量相符。

③建井周期和费用预算所依据的工程定额应当是企业现行定额标准。

④工程费用预算所依据的有关价格应当是企业发布的现行价格标准。

⑤建井周期和费用预算取费标准应当与区块标准井钻井地质、钻井工程设计要求相一致。

⑥单井钻井工程预算书项目齐全，数据准确，并附简明扼要的编制说明。

⑦单井钻井工程预算依据充分，取费合理，预算不突破概算。

⑧概算编制人、审定人签章齐全。

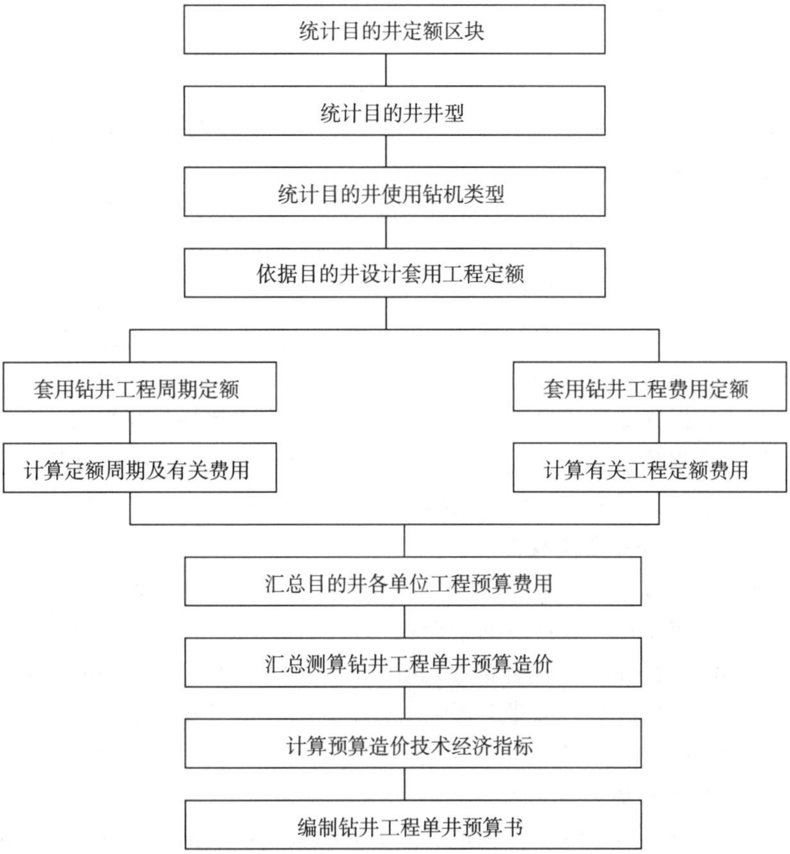

图 10－3　石油钻井工程单井预算编制方法和程序图

第四节　石油钻井工程量清单计价

一、工程量清单计价模式概述

(一)我国建设工程计价模式的演变与发展

长期以来，我国在建设工程领域的承发包计价及定价以工程预算定额作为主要依据。1992 年为了适应建设市场改革的要求，针对工程预算定额编制和使用中存在的问题，提出了“控制量、指导价、竞争费”的改革措施，工程造价管理由静态管理模式逐步转变为动态管理模式。其中：对工程预算定额改革的主要思路和原则是，将工程预算定额中的人工、材料、机械的消耗量和相应的单价分离，人、材、机的消耗量根据有关规范、标准以及社会的平均水平来确定。控制量的目的就是在保证工程质量的前提下，控制实际消耗量。指导价就是要逐步建立市场形成价格的机制。

然而，随着我国建设工程领域市场化进程的发展，这种做法仍然难以改变工程预算定额的指令性的状况，难以满足招投标和评标的要求，因为控制的量反映的是社会平均消耗水平，不能准确反映各个企业的实际消耗量，不能全面体现企业技术装备水平、管理水平和劳动生产率，不能充分体现市场公开、公平、公平竞争的机制，亟需改革。

工程量清单计价方法是一种区别于定额计价模式的新的计价模式，是一种主要由市场定

价的计价模式，是由建设产品的买卖双方在建设工程市场上根据供求状况、信息状况进行自由竞价，从而最终能够签订工程合同价格的方法。可以这么说，工程量清单计价方法是建设工程市场建立、发展和不断完善过程中的必然产物。在工程量清单计价过程中，工程量清单向建设工程市场的交易双方提供了一个平等的平台，是投标人在投标活动中进行公正、公平、公开竞争的重要基础。

工程量清单计价模式的基础是工程量计算规则统一化、工程价格市场化。我国工程造价管理体制改革的总体目标是，在统一工程量计算规则和消耗量定额的基础上，遵循价值规律，建立以市场形成价格为主的价格机制。推行工程量清单计价方法是工程造价计价方法改革的一项具体措施，也是与国际惯例接轨的必然要求。因为这种方法是国际上普遍使用的通行做法，已有近百年的历史，这种方法科学、合理、实用，具有广泛的适用性。国际上通行的工程合同文本、工程管理模式等与工程量清单计价模式也都是相配套的。

工程量清单计价改革了建设工程市场以工程预算定额为计价依据的计价模式。石油钻井工程量清单计价是单井工程造价计价方式的必然发展方向。

（二）工程量清单计价的基本概念

工程量清单计价是市场形成工程造价的主要形式。工程量清单计价方法，是指在建设工程招投标中，招标人或委托具有资质的中介机构按照《建设工程工程量清单计价规范》的要求编制反映工程实体消耗和措施消耗的工程量清单，并作为招标文件的一部分提供给投标人，由投标人依据工程量清单、拟建工程施工方案并结合自身实际情况和预计风险自主报价（经评审的最优低价标）的工程造价计价模式。

（三）工程量清单计价的基本内容

工程量清单计价分为两个阶段：一是工程量清单编制；二是工程量清单计价。

工程量清单计价的基本过程可以总结为：招标人在统一的工程量清单计算规则的基础上，按照统一的工程量清单标准格式、统一的工程量清单项目设置规则，根据具体工程的施工图纸编制工程量清单，计算各个清单项目的工程量，编制标底；投标人根据各种渠道所获得的工程造价信息和经验数据，结合企业定额计算编制工程投标报价。

1. 工程量清单编制

工程量清单又称工程量表，是表现拟建工程的分部分项工程项目、措施项目、其他项目名称和相应数量的明细清单，包括：分部分项工程清单、措施项目清单、其他项目清单。它是由招标人或委托具有相应资质的中介机构按照统一的项目编码、项目名称、计量单位和工程量计算规则，并结合施工设计、施工现场情况和招投标文件中的有关要求进行编制的。

工程量清单是由招标方提供的一种技术文件，是招标文件的组成部分，一经中标订立合同，即成为合同文件的组成部分。工程量清单的描述对象是拟建工程，其内容涉及清单项目的性质、数量等，以表格为主要表现形式。工程量清单的粗细程度和准确程度主要取决于设计深度，亦与合同形式相关。

2. 工程量清单计价

工程量清单计价包括编制招标标底、投标报价、合同价款的确定和办理工程价款决算等。

工程量清单计价包括投标人为完成由招标人提供的工程量清单所列项目的全部费用，具体分为分部分项工程费、措施项目费、其他项目费和规费、税金等。

工程量清单计价采用综合单价计价。综合单价是指完成规定计量单位合格产品（项目）

所需的人工费、材料费、机械使用费、管理费、利润，并考虑风险因素，即包括除规费、税金以外的全部费用。综合单价适用于分部分项工程量清单、措施项目清单和其他项目清单。分部分项工程量清单的综合单价不包括招标人自行采购材料的价款。

（四）工程量清单计价的特点

①强制性。主要表现在，一是由建设主管部门按照强制性国家标准的要求批准颁布，全部使用国有资金或国有资金投资为主的大中型建设工程应按计价规范规定执行。二是明确工程量清单是招标文件的组成部分，并规定了招标人在编制工程量清单时必须遵守的规则，做到“四统一”，即统一项目编码、统一项目名称、统一计量单位、统一工程量计算规则。

②实用性。工程量清单项目及计算规则的项目名称表现的是工程实体项目，项目名称明确清晰，工程量计算规则简洁明了，特别还列有项目特征和工程内容，易于编制工程量清单时确定具体项目名称和投标报价。

③竞争性。一是在工程量清单中只列“措施项目”一栏，具体采用什么措施，由投标人根据企业的施工组织设计，视具体情况报价，因为这些项目在各个企业间各有不同，是企业竞争项目，是留给企业竞争的空间。二是人工、材料和施工机械没有具体的消耗量，投标企业可以依据企业的定额和市场价格信息，也可以参照社会平均消耗量定额进行报价，实行工程量清单计价，将报价权交给了企业。

④通用性。采用工程量清单计价将与国际惯例接轨，符合工程量计算方法标准化、工程量计算规则统一化、工程造价确定市场化的要求。

（五）实行工程量清单计价的意义

实行工程量清单计价的意义主要体现在：

一是有利于实现建设工程定价机制的转变，推动从消极自我保护向积极公平竞争的转变。工程量清单计价对计价依据改革具有推动作用。特别是对施工企业，通过采用工程量清单计价，有利于施工企业编制自己的企业定额，从而改变了过去企业过分依赖定额的状况，通过市场竞争自主报价。

二是有利于公平竞争，避免暗箱操作。工程量清单计价，由招标人提供工程量，所有的投标人在同一工程量基础上自主报价，充分体现了公平竞争的原则；工程量清单作为招标文件的一部分，从原来的事后算账转为事前算账，可以有效改变目前建设单位在招标中盲目压价和结算无依据的状况，同时可以避免工程招标中的弄虚作假、暗箱操作等不规范的行为。

三是有利于风险合理分担。投标单位只对自己所报的成本、单价的合理性等负责，而对工程量的变更或计算错误等不负责任；相应的这一部分风险则应由招标单位承担，这种格局符合风险合理分担与责权利关系对等的一般原则，同时也必将促进各方面的管理水平提高。

四是有利于工程拨付款和工程造价的最终确定。工程招投标中标后，建设单位与中标的施工企业签订合同，工程量清单报价基础上的中标价就成为合同价的基础。投标清单上的单价是拨付工程款的依据，建设单位根据施工企业完成的工程量可以确定进度款的拨付额。工程竣工后，依据设计变更、工程量的增减和相应的单价，确定工程的最终造价。

五是有利于标底的管理和控制。在传统的招标投标方法中，标底一直是个关键因素，标底的正确与否、保密程度如何一直是投标人关注的焦点。而采用工程量清单计价方法，工程量是公开的，是招标文件内容的一部分，标底只起到一定的控制作用（即控制报价不能突破工程概算的约束），仅仅是工程招标的参考价格，不是评标的关键因素，且与评标过程无关，标底的作用将逐步弱化。这样能够从根本上消除标底准确性和标底泄漏所带来的负面影响。

六是有利于提高施工企业的技术和管理水平。中标企业可以根据中标价及投标文件中的承诺，通过对单位工程成本、利润进行分析，统筹考虑、精心选择施工方案，合理确定人工、材料、施工机械要素的投入与配置，优化组合，合理控制现场费用和施工技术措施费用等，以便更好地履行承诺，保证工程质量和工期，促进技术进步，提高经营管理水平和劳动生产率。

七是有利于工程索赔的控制与合同价的管理。工程量清单计价可以加强工程实施阶段结算与合同价的管理和工程索赔的控制，强化合同履约意识和工程索赔意识。工程量清单作为工程结算的主要依据之一，对工程变更、工程款支付与结算等方面的规范管理起到积极的作用，必将推动建设市场管理的全面改革。

八是有利于建设单位合理控制投资，提高资金使用效益。通过竞争，按照工程量招标确定的中标价格，在不提高设计标准情况下与最终结算价是基本一致的，这样可为建设单位的工程成本控制提供准确、可靠的依据，科学合理地控制投资，提高资金使用效益。

九是有利于招标投标节省时间，避免重复劳动。以往投标报价，各个投标人需计算工程量，计算工程量约占投标报价工作量的70%～80%。采用工程量清单计价则可以简化投标报价计算过程，有了招标人提供的工程量清单，投标人只需填报单价和计算合价，缩短投标单位投标报价时间，更有利于招投标工作的公开公平、科学合理；同时，避免了所有的投标人按照同一图纸计算工程数量的重复劳动，节省大量的社会财富和时间。

十是有利于工程造价计价人员素质提高，使其成为懂技术、懂经济、懂法律、善管理的复合型人才。

（六）工程量清单计价与定额的关系

定额是人们在工程施工生产实践活动中，认识客观自然界和自我所获得的实践知识，即科学与技术的量化总结。定额是建设工程项目实体形成的基础数据资源。没有形成工程实体相对应的定额，建设工程项目实体就无法达到最佳状态。工程实体的形成产生企业定额，企业定额的生成又高质量地促进工程实体的形成。两者是相互作用而生存、发展的统一体。定额的产生和应用是一个企业、一个社会富有生机和实力的重要标志。所谓“实行工程量清单计价后定额就无用”的说法是不符合人们所认识客观物质、物体、物性的生成、存在和发展事实的。实行工程量清单计价，使定额的应用将更加广泛，对定额的生成与发展将起到积极的推进作用。

（七）我国建设工程工程量清单计价规范的实施概况

推行建设工程招投标工程量清单计价是我国建设工程造价计价依据改革和规范建设工程市场承发包计价行为的一项重要工作。

为了全面推动和指导工程量清单计价方法的全面实施，国家建设部和质量监督检验检疫局联合发布了GB 50500—2003《建设工程工程量清单计价规范》，并于2003年7月1日起在全国范围内实施。2005年又颁布了《建设工程工程量清单计价规范》修订版，这套计价规范是统一工程量清单编制、规范工程量清单计价的国家标准，要求招标人在编制清单时必须执行。

这套规范共五章：第一章“总则”、第二章“术语”、第三章“工程量清单编制”、第四章“工程量清单计价”、第五章“工程量清单及其计价格式”。五个附录分别为建筑工程、装饰装修工程、安装工程、市场工程和园林绿化工程的清单项目及计算规则，包括项目编码、项目名称、计量单位、工程量计算规则和工程内容。

这套规范的编制以现行的全国统一工程预算定额为基础，特别是在项目划分、计量单位、工程量计算规则等方面，尽可能多地与定额衔接，并且借鉴了世界银行、菲迪克(FIDIC)、英联邦国家的一些做法和设计思路，结合了我国现阶段的具体情况加以确定。

这套计价规范规定的适用对象为全部使用国有资金投资或国有资金投资占主导地位的大中型建设工程项目。

二、石油钻井工程工程量清单计价

本书观点认为，石油钻井工程量清单计价规范尚处于研究和探讨阶段，当前尚未在国内石油钻井工程造价管理中全面施行。《建设工程工程量清单计价规范》对推动石油钻井工程量清单计价的实践具有现实的指导和借鉴意义。

(一)石油钻井工程量清单

石油钻井工程量清单应当由具有编制招标文件能力的招标人或其委托的具有相应资质的中介机构进行编制。石油钻井工程量清单应当作为招标文件的组成部分。借鉴《建设工程工程量清单计价规范》中的有关规定，石油钻井工程量清单亦应包括：石油钻井工程量清单总说明、石油钻井工程项目分部分项工程量清单、石油钻井工程技术服务清单、其他项目清单等表单式文件。

1. 石油钻井工程量清单总说明

该文件应当依据石油钻井工程施工的自然条件、工程质量要求与技术规范要求编制，主要内容包括：

①工程概况；

②工程量清单编制依据；

③工程质量、技术规范(标准)、主要材料及施工要求等；

④工程招标及分包范围；

⑤由招标人自行采购的材料名称、规格型号及数量；

⑥其他需要说明的事宜。

2. 石油钻井工程项目分部分项工程量清单

石油钻井工程项目的单项工程可以划分为：钻前工程、钻进工程、固井工程、地质录井工程、测井工程、完井工程、环境保护工程7个单项工程。每个单项工程又包括若干个分部分项工程。石油钻井工程量清单应当包括各个单项工程及其分部分项工程的项目编码、项目名称、计量单位、计算规则和工程数量。

石油钻井工程项目分部分项工程量清单可以参照《建设工程工程量清单计价规范》对项目编码、项目名称、计量单位及工程量计算规则作出的统一规范。

项目编码可以按照石油钻井各个分部分项工程的主要施工顺序进行规范设置。本书观点认同对石油钻井工程项目宜采用汉语拼音大写字母和6位阿拉伯数字进行编码，其中：拟建井工程项目以“建井”的汉语拼音第一个字母(大写)表示为“JJ”并置于首位(系考虑以采油/气树为界，可以将采油/气树之前的油气勘探开发工程划分为非建井性地质勘察勘探工程和建井工程两大类)；第一个阿拉伯数字表示单项工程的顺序码，其中：“1”表示钻前工程，“2”表示钻进工程，“3”表示固井工程，“4”表示录井工程，“5”表示测井工程，“6”表示完井工程，“7”表示环境保护工程，“8”表示建井技术服务措施项目，“9”表示其他及零星工程量；第二个阿拉伯数字表示单位工程的顺序码；第三个阿拉伯数字表示分部工程的顺序码；第四个阿拉伯数字表示分项工程的顺序码；第五个和第六个阿拉伯数字表示清单项目名称的顺序码。

项目名称可以按照《石油钻井工程量计算规则》中规定的项目名称及项目特征并结合石油钻井生产工艺加以规范设置。若出现了计算规则中未包括的项目，可作相应的补充。

计量单位采用基本计量单位和石油钻井专业要求的计量单位。工程数量按照石油钻井工程项目工程量计算规则中规定的工程量计算规则计算。

计量单位的设置见表 10 - 2。

表 10 - 2　石油钻井工程量清单计价计量单位设置

序号	计量单位	说明	备注
1	台月(个)		适用于以作业时间计价的费用项目
2	天(d)		
3	小时(h)		
4	次		适用于以单项工程量计价的费用项目
5	层		
6	颗	井壁取心施工中每取一颗岩心为 1 个取心颗	
7	点		
8	口井		
9	座		
10	测量米	测井施工每个项目沿井轴每测量 1m 为该项目的 1 个测量米	测井作业基本计量单位为测量米、深度米、计价米 射孔作业基本计量单位为射孔米、深度米 测井资料处理及解释基本计量单位为处理米 井壁取心作业的基本计量单位为取心颗、深度米
11	测井深度米	测井施工每个项目沿井轴每下深 1m 为该项目的 1 个深度米。计算深度米时以该项目的最深记录点到转盘面的井深为准	
12	射孔深度米	射孔施工射孔枪身沿井轴每下深 1m 为 1 个深度米。每下井一次无论枪身长度是多少，只计一次深度米	
13	取心深度米	井壁取心枪沿井轴每下深 1m 为 1 个深度米。每次下井只计最深取心点为本次深度米	
14	计价米	当某测井项目的深度米和测量米同价时，即可称为该项目的计价米价格。计价米 = 测量米 + 深度米	
15	射孔米	在井筒中每射开 1m 地层为 1 个射孔米	
16	处理米	对测井采集的每项资料(每条曲线)上机处理解释 1m 为 1 个处理米	
17	立方米(m^3)		适用于以体积计算的费用项目
18	平方米(m^2)		适用于以面积计算的费用项目
19	平方千米(km^2)		
20	米(m)		适用于以长度计算的费用项目
21	千米(km)		

续表

序号	计量单位	说明	备注
22	吨(t)		适用于以重量计算的费用项目
23	千克(kg)		
24	t/台月		适用于以单位工程量消耗材料计算的费用项目
25	t/次		
26	kg/m		
27	t/层		
28	元/台月		适用于以单位工程量消耗费用计算的费用项目
29	元/队月		
30	元/d		
31	元/次		
32	元/层		
33	元/颗		
34	元/点		
35	元/口井		
36	元/m		
37	元/炮		
38	元/m^3		
39	元/t·km		
40	元/车·km		

3. 石油钻井工程技术服务(措施项目)清单

石油钻井工程技术服务清单应根据拟建井的工艺技术措施投入的具体情况列项。

4. 其他项目清单

其他项目清单根据拟建井的具体情况列项。

(二)石油钻井工程量计算规则

计算工程量前应认真做好现场踏勘，仔细研读钻井设计，并应当了解掌握邻近井的地质资料和施工情况，以评估拟建井的可钻性和可能出现的施工困难及潜在风险。

石油钻井工程量计算规则考虑的主要因素有：拟建井的工程施工程序、施工方的专业胜任能力、工程内容、最小计费单位以及国际或行业通行模式和惯例。

1. 钻前工程量计算规则(参见表10-3)

表10-3 钻前工程(项目编码JJ100000)

项目编码	项目名称	项目特征	计量单位	计算规则	工程内容
JJ110000	井位测量	地理位置井位坐标测量	次	按井次计算	井位坐标测量定位
JJ120000	井场踏勘	地理位置 区块	次	按踏勘次数计算	井场地貌、气候等自然条件勘察
JJ130000	钻前准备		口	按口井汇总计算	
JJ131000	土建工程		口	按口井汇总计算	

续表

项目编码	项目名称	项目特征	计量单位	计算规则	工程内容
JJ131100	道路修建		口	按口井汇总计算	
JJ131110	道路	区块	km	按设计计算	按道路修建标准施工
JJ131120	桥涵	桥涵类型级别长度	座	按设计计算	按桥涵设计标准施工
JJ131200	井场修建		口	按口井汇总计算	
JJ131300	井场及营地平整	①区块②钻机类型	m^2	按占地标准计算	井场测量、推土、平整、余土清移
JJ131310	池类修建	①地形地类②钻机类型	m^3	按设计容积计算	按设计标准组织施工
JJ132000	设备基础		口	按口井汇总计算	
JJ132100	活动基础	钻机类型钻深设计周期	块	按规定基础数量计算	基础回收、转运、摆放
JJ132200	现浇基础	钻机类型钻深设计周期	块	按规定基础数量计算	备料、按设计标准现场浇注
JJ133000	设备迁装				
JJ133100	设备拆安	钻机类型	井次	按拆安井次计算	按拆、安方法及顺序组织拆或安
JJ133200	设备搬迁	钻机情况及动迁里程	井次或t/km	按井次或(t·km)费用计算	吊装、运输
JJ134000	井场供水、供电、供热		口	按口井汇总计算	
JJ134100	井场供水	供水方式	口或 m^3	布水井按口井计外购水按 m^3 计	打水井、外购水
JJ134200	井场供电	①区块 ②钻机类型	口	按口井计算	供电设施拆、安
JJ134300	井场供热	区块	井次	按设计要求计算	供热设备的迁、装、运行及检修等

2. 钻进工程量计算规则(参见表10-4)

表10-4 钻进工程(项目编码JJ200000)

项目编码	项目名称	项目特征	计量单位	计算规则	工程内容
JJ210000	钻进作业		口	按口井汇总计算	
JJ211000	正常钻进	正常钻进工艺	元/m或元/d	按设计周期或米费计算	钻进规程
JJ212000	取心钻进	取心钻进工艺	元/m或元/d	按设计周期或米费计算	取心作业规程
JJ220000	配合作业		口	按口井汇总计算	
JJ221000	配合固井	固井施工配合作业要求	d	按设计周期计算	配合协作固井作业
JJ222000	配合测井	测井施工配合作业要求	d	按设计周期计算	配合协作测井施工
JJ223000	配合中途测试	中途测试作业要求	d	按设计周期计算	配合协作中途测试
JJ230000	钻井技术服务		口	按口井汇总计算	
JJ231000	钻井液服务	钻井液设计要求	d	按设计周期计算	钻井液技术现场管理
JJ232000	下套管服务	井身结构要求	元/m	按井型、下套管类型及长度计算	下套管作业技术规程
JJ233000	井眼轨迹控制	井身结构及井眼轨迹设计要求	元/口井元/h元/m	按措施类型计算	井眼轨迹控制技术规程
JJ234000	欠平衡钻井服务	钻进工艺设计要求	元/口井元/m元/d	按设计服务周期计算	欠平衡钻井作业技术工艺规程

3. 固井工程量计算规则(参见表 10 –5)

表 10 –5　固井工程(项目编码 JJ300000)

项目编码	项目名称	项目特征	计量单位	计算规则	工程内容
JJ310000	水泥化验	水泥性能指标化验	次	按设计化验项目计算	水泥化验操作规程
JJ320000	水泥搅拌	混拌水泥	t	按设计水泥及添加剂用量计算	水泥混拌规程
JJ330000	套管检测	按检测要求检测	m 或口井	按设计套管长度或口井费用计算	
JJ340000	固井作业		口	按口井汇总计算	
JJ341000	固井设备机具物资动迁	动迁间距	km	按动迁里程计算	固井设备机具动迁
JJ342000	固井施工	相应的固井工艺技术要求	口井	按口井费用计算	固井施工

4. 录井工程量计算规则(参见表 10 –6)

表 10 –6　录井工程(项目编码 JJ400000)

项目编码	项目名称	项目特征	计量单位	计算规则	工程内容
JJ410000	设备动迁	录井设备机具及动迁里程	kg	按动迁里程计算	录井设备仪器机具动迁
JJ420000	录井作业		口	按口井汇总计算	
JJ421000	常规地质录井	常规录井工艺	d	按设计周期计算	常规地质录井工艺规程
JJ422000	气测录井	气测录井工艺	d	按设计周期计算	气测录井工艺规程
JJ423000	综合录井	综合录井工艺	d	按设计周期计算	综合录井工艺规程
JJ424000	地化录井	地化录井工艺	d	按设计周期计算	地化录井工艺规程
…	…	…	…	…	…
JJ430000	油气分析化验	油气分析化验	块或个	按地质设计确定	油气分析化验技术要求
JJ440000	资料解释处理	录井资料收集处理及解释报告	口	按地质设计要求确定	录井资料处理解释及报告规程

5. 测井工程量计算规则(参见表 10 –7)

表 10 –7　测井工程(项目编码 JJ500000)

项目编码	项目名称	项目特征	计量单位	计算规则	工程内容
JJ510000	测井		口	按口井次汇总计算	
JJ511000	测井设备仪器动迁	动迁设备及里程	km	按动迁设备及里程计算	测井设备仪器动迁
JJ512000	测井作业	测井工艺要求	m	按测量米或深度米计算	测井工艺技术规程
JJ513000	测井资料处理解释	测井资料收集处理及解释报告	m	按处理米计算	测井资料收集处理及解释报告规程
JJ520000	电缆地层测试		口	按口井次汇总计算	
JJ521000	测试设备仪器动迁	动迁设备及里程	km	按动迁设备及里程计算	测试设备仪器动迁
JJ522000	测试作业	电缆地层测试工艺要求	点或桶	测压按设计点数计算，取样按设计桶数计算	电缆地层测试工艺规程
JJ530000	井壁取心		口	按口井次汇总计算	
JJ531000	取心设备仪器动迁	动迁设备及里程	km	按动迁设备及里程计算	取心设备仪器动迁
JJ532000	井壁取心作业	井壁取心工艺要求	颗	按设计取心颗数计算	井壁取心作业规程
…					

6. 完井工程量计算规则(参见表10－8)

表10－8　完井工程(项目编码JJ600000)

项目编码	项目名称	项目特征	计量单位	计算规则	工程内容
JJ610000	常规试油(气)		口	按口井次汇总计算	
JJ611000	试油(气)装备动迁	动迁设备及里程	t·km	按动迁里程计算	试油(气)装备动迁
JJ612000	试油(气)作业	试油(气)作业工艺	元/d	按设计作业周期计算	常规试油(气)作业规程
JJ613000	试井	试井工艺要求	次	按设计要求项目计算	试井作业规程
JJ620000	射孔		口	按口井次汇总计算	
JJ621000	射孔设备及物资动迁	动迁设备、物资及里程	km	按动迁里程计算	射孔设备及物资动迁
JJ622000	射孔作业	射孔工艺要求	m	按设计射孔段长度和射孔深度计算	射孔作业规程
JJ630000	地层测试		口	按口井次汇总计算	
JJ631000	完井测试		口	按口井次汇总计算	
JJ631100	测试工具供井	测试工具动迁供井	km	按动迁里程计算	测试工具动迁供井
JJ631200	地层测试作业	地层测试作业工艺	层	按设计层数计算	地层测试工艺规程
JJ632000	地面计量		口	按口井次汇总计算	
JJ632100	地面计量设备供井	地面计量设备供井动迁	km	按动迁里程计算	地面计量设备供井动迁
JJ632200	地面计量作业	地面计量作业	d	按设计计量周期计算	按设计要求计量作业
JJ640000	解堵				
JJ641000	物理解堵				
JJ642000	化学解堵				
JJ650000	压裂酸化		口	按口井次汇总计算	
JJ651000	压裂		口	按口井次汇总计算	
JJ651100	压裂设备及物资供井	压裂设备及物资供井动迁	km	按动迁里程计算	压裂设备及物资供井动迁
JJ651200	压裂作业	压裂工艺	次	按设计次数计算	压裂设计作业规程
JJ652000	酸化		口	按口井次汇总计算	
JJ652100	酸化设备及物资供井	酸化设备及物资供井动迁	km	按动迁里程计算	酸化设备及物资供井动迁
JJ652200	酸化作业	酸化措施	次	按设计次数计算	酸化措施设计规程
JJ660000	排液				
…					

7. 环境保护工程量计算规则(参见表10－9)

表10－9　环境保护工程(项目编码JJ700000)

项目编码	项目名称	项目特征	计量单位	计算规则	工程内容
JJ710000	环境保护		口	按口井次汇总计算	
JJ711000	钻井液无害化处理	钻井液无害化处理措施	m^3	按实际处理方数计算	钻井液无害化处理措施
JJ712000	地貌恢复	地貌恢复措施	m^2	按占地面积计算	地貌恢复措施

8. 建井技术服务措施项目工程量计算规则（参见表 10－10）

表 10－10　建井技术服务措施项目（项目编码 JJ800000）

项目编码	项目名称	项目特征	计量单位	计算规则	工程内容
JJ810000					
…					

9. 其他项目及零星工作量计算规则（参见表 10－11）

表 10－11　其他项目及零星工作量（项目编码 JJ900000）

项目编码	项目名称	项目特征	计量单位	计算规则	工程内容
JJ910000					
…					

（三）石油钻井工程项目工程量清单格式

1. 石油钻井工程项目工程量清单格式的组成及填写要求

石油钻井工程项目工程量清单格式主要由封面、填表须知、总说明、分部分项工程量清单、技术服务（措施项目）清单、其他项目清单、零星工程项目清单组成。其中：工程量清单应由招标人或委托具有编制资质的中介机构填写；总说明部分应当说明工程概况（井号、地理位置、构造区块、井型井别、设计井深、目的层位、井斜角、地层岩性、地层层系、设计钻井周期、井身结构、取心要求、钻井液体系、钻井液密度、井控级别、固控净化级别、录井方法、测井系列、完井方法、措施改造方法、设计钻机级别等基本资料）、工程招标和分包范围、工程量清单编制依据、工程质量、技术标准、主要材料及施工工艺的特殊要求、招标人自行采购材料的明细及金额数量、其他需要说明的事宜。

2. 石油钻井工程项目工程量清单格式

石油钻井工程项目工程量清单格式内容参见表 10－12。

表 10－12　石油钻井工程项目工程量清单

工程名称：

序号	项目编码	项目名称	计量单位	数量	备注
一	JJ100000	钻前工程			
		…			
二	JJ200000	钻进工程			
		…			
三	JJ300000	固井工程			
		…			
四	JJ400000	地质录井工程			
		…			

续表

序号	项目编码	项目名称	计量单位	数量	备注
五	JJ500000	地球物理测井工程			
		…			
六	JJ600000	完井工程			
		…			
七	JJ700000	环境保护工程			
		…			
八	JJ800000	建井技术服务措施项目			
九	JJ900000	其他项目(含零星)			
		…			

(四)石油钻井工程项目工程量清单计价格式

1. 石油钻井工程项目工程量清单计价格式的组成及填写要求

石油钻井工程项目工程量清单计价格式须由投标人或其委托人填写。

石油钻井工程项目工程量清单计价格式主要由封面、投标总价、工程项目总价表、单位工程费用汇总表、主要材料(工具)清单计价表、分部分项工程量清单计价表、综合单价分析表、设备配备表、队伍人员配备表、技术服务(措施项目)清单计价表、其他项目清单计价表、零星工程项目清单计价表组成。其中:投标总价按照工程项目总价表的合计金额填写;工程项目总价表中的单位工程名称须按照单位工程费用汇总表的工程名称填写,表中单位工程金额应按照单位工程费用汇总表的合计金额填写,技术服务(措施项目)金额、其他项目金额、零星工程项目金额按照相应项目合计金额填写;单位工程费用汇总表中的金额应分别按照分部分项工程量清单计价表的合计金额及有关规定的规费、税金填写;分部分项工程量清单计价表中的序号、项目编码、项目名称、计量单位、工程数量必须按照分部分项工程量清单中的相应内容填写;技术服务(措施项目)清单计价表中的序号、项目名称、计量单位、工程数量须按照技术服务(措施项目)清单中的相应内容填写;其他项目清单计价表中的序号、项目名称应按照其他项目清单中的相应内容填写;零星工程项目清单计价表中的人工、材料、机械名称及计量单位和相应数量应按照零星工程项目表中的相应内容填写;日费单价分析表、设备配备表、队伍人员配备表、主要材料单价分析表应根据招标人提出的要求和实际配备情况填写。

2. 石油钻井工程项目工程量清单计价格式

(1)石油钻井工程项目总价表格式(参见表10-13)

表10-13　石油钻井工程项目总价表(格式)

工程名称:

序号	项目名称	金额/元
一	单位工程费用合计	
1	钻前工程	
2	钻进工程	

续表

序号	项目名称	金额/元
3	固井工程	
4	地质录井工程	
5	地球物理测井工程	
6	完井工程	
7	环境保护工程	
二	建井技术服务(措施项目)费用合计	
三	其他项目费用合计	
四	其他零星项目费用合计	
	合计	

(2)石油钻井单位工程量清单计价表格式(参见表10－14)

石油钻井单位工程量清单计价表包括:钻前工程费汇总表、钻进工程费汇总表、固井工程费汇总表、录井工程费汇总表、测井工程费汇总表、完井工程费汇总表、环境保护工程费汇总表。

表10－14　石油钻井单位工程费汇总表(格式)

工程名称:　　　　　　　　　　　　　　　　　　　　单位工程名称:

序号	项目名称	金额/元
1		
2		
3		
4		
…	…	
	合　计	

(3)石油钻井分部分项工程量清单计价表格式(参见表10－15)

石油钻井分部分项工程量清单计价表是对单位工程造价的进一步细化和说明。

表10－15　石油钻井分部分项工程量清单计价表(格式)

工程名称:　　　　　　　　　　　　　　　　　　　　单位工程名称:

序号	项目编码	项目名称	计量单位	数量	金额/元	
					综合单价	合价

续表

序号	项目编码	项目名称	计量单位	数量	金额/元	
					综合单价	合价
…	…	…				
		本页小计				
		合计				

(4)建井技术服务(措施项目)清单计价格式(参见表10-16)

表10-16 建井技术服务(措施项目)清单计价表(格式)

工程名称:

序号	项目编码	项目名称	计量单位	数量	金额/元	
					综合单价	合价
一						
1						
…	…					
二						
1						
…	…					
…	…					
		本页小计				
		合　计				

(5)其他项目清单计价表格式(参见表10-17)

表10-17 其他项目清单计价表(格式)

工程名称:

序号	项目名称	金额/元
一	招标人部分	
1	土地征用	
2	项目监理	
(1)	工程监督	
(2)	地质监督	
(3)	HSE监督	
3	工程设计	
4	地质设计	
…	…	

续表

序号	项目名称	金额/元
	小计	
二	投标人部分	
1	伙食费	
…	…	
	小计	
	合计	

(6)其他零星工作项目清单计价表格式(参见表10－18)

表10－18　其他零星工作项目清单计价表(格式)

工程名称：　　　　　　　　　　　　　　　　　　　　　　项目名称：

序号	费用明细	计量单位	数量	金额/元	
				综合单价	合价
一	人工				
…	…				
	小计				
二	材料				
…	…				
	小计				
三	机具				
…	…				
	小计				
	合计				

三、工程量清单计价对合同的影响

(一)工程量清单在合同中的作用

现行工程施工承包合同主要有总价合同和单价合同两种形式。总价合同的特点是总价包干，按总价办理结算。这种合同管理的工作量较小，没有工程量计量工作，结算工作也比较简单。但在施工设计不明确时，会给合同管理工作带来诸多不便，承包商的风险责任会加大。

单价合同的特点是合同中的各个细目单价明确，承包商所完成的工程量要通过计量来确定。单价合同弥补了总价合同的不足，单价合同在合同管理工作中具有便于处理工程变更及施工索赔的特点，且合同的公正性、透明度及可操作性相对较好，因而国际工程施工项目多采用单价合同。

工程量清单是单价合同的产物。它是一份与技术标准规范相对应的文件，其中详细说明了合同中需要或可能发生的工程细目及相应的工程量。工程量清单在合同管理中的作用在于提供合同中关于工程量的足够信息，使投标人能够精确地测算报价、编写标书。标有单价的工程量清单是控制投资、办理工程价款结算的主要依据。

（二）工程量清单的编写质量对合同管理工作的影响

1. 工程细目的划分对合同管理工作的影响

工程细目划分得粗，可以减少工程量的计量工作，但划分得过粗可能会难以发挥单价合同的优点，不利于工程变更的处理，且工程细目划分过粗，会使得工程款支付周期延长。

从单价合同的性质而言，工程细目划分得细致一点为好，因为那样便于处理工程设计变更及施工索赔。

2. 开办项目对合同管理工作的影响

开办项目是指那些一开工就要全部或大部分发生甚至在开工前就要发生的项目，如工程保险、施工设备(队伍)动迁、土地征用等。工程细目划分要求将开办项目作为独立的工程细目单列出来。如果将这些开办项目包含在其他项目的清单中，可能会造成承包商开支的上述款项不能得到及时支付，影响到合同的公正性及承包商的资金周转。

3. 工程量的整理对合同管理工作的影响

工程量的整理要求细致、精确。整理工程量的依据是设计和相关技术标准规范。整理工程量是一项技术性的工作，决不是简单地罗列设计文件中的工程量。

整理工程量时要认真阅读技术规范中的计量与支付结算办法。同一工程项目，其计量方法不同，整理出来的工程量也不一样。设计文件中的工程量所对应的计量方法与技术标准规范中的计量方法不一定一致，这就需要在整理工程量的过程中，对设计文件中的工程量进行分解、合并等技术处理。

在工程量的计算过程中，要努力做到不重不漏，避免发生计算错误。因为工程量的错误一旦被承包商发现和利用，可能会给业主带来不必要的损失；工程量清单的错误可能会引发其他不必要的施工索赔；工程量错误还会增加工程变更及施工索赔的处理难度；工程量错误还会增加投资和预算控制的难度。因此工程量计量的准确性应予必要的保证，其误差最大不得超过5%。

四、工程量清单招标的基本做法

在工程方案、工程设计确定后，招标方要根据工程项目实际及招标文件中的有关要求，依照施工设计和工程量计算规则计算工程量并提出具体的质量要求。工程量的内容可以根据设计深度、特殊的质量要求以及便于计量的原则进行编制。在对每一分部分项工程量计量时要注意详细说明该分项所包含的项目和工作内容以及相应的质量要求，只有这样才能避免漏项或重复计算工程量，同时也有利于投标方对各分部分项工程做出正确的报价。工程量清单由招标方审定后，作为招标文件的一个组成部分发放给投标人。工程量清单编制的粗细程度、准确程度取决于工程设计的深度以及编制人员的技术水平和现场经验。在工程量清单招标方式下，工程量清单的作用主要是为投标方提供一个共同的投标基础，供各投标人使用；便于比选价格、评标定标；作为工程进度款的支付依据；是合同总价调整、办理工程价款决算的依据。

招标人按照工程量清单计算直接费，并进行工料分析，然后按照现行定额或拟定的人工、材料、机械价格和取费标准、取费程序及其他条件计算综合单价，包括完成该项工程内容所需的所有费用(工程直接费、工程间接费、材料价差、利润、税费等)并组成综合合价，最后汇总计算编制标底。

投标人根据招标文件及工程量清单的内容，结合自身的实力和竞争所需要采取的优惠条件，评估施工期间所要承担的价格、取费变动等风险，提出有竞争力的综合单价、综合合价、总报价及相关投标文件进行投标。

投标人接到招标文件后，应对工程量进行认真的复核。如果没有较大的错误，即可考虑多方面因素进行标底测算和投标报价工作；如果发现有工程量的误差过大，投标人可以要求招标人进行澄清。一般地，投标人不得擅自变更工程量。

在分项工程的单价确定过程中，要充分考虑招标人对工程的质量要求以及投标人的施工组织设计，譬如工程量的大小、施工方案的选择、施工设备和人力资源的配备、材料供应等因素的影响。

关于分项工程单价的报价方式，有两种方式可供选择：一种是目前国际上普遍采用的综合单价方式，即分项工程的单价中包含了完成此分项工程所需的直接费、间接费、有关文件规定的调价、材料价差、利润、税费、风险准备金等全部费用，将综合单价乘以相应的工程量，再汇总相加，即得该工程项目的总报价；另一种是我国目前普遍使用的工料单价法，即先套用定额单价(即定额基价)，确定工程项目的直接成本，再以此为基数计算工程的间接费、利润及税费等，最后再将这几部分费用汇总相加，即得该工程项目的总造价。这两种分项工程单价报价方式各有利弊，互有长短。采用综合单价有利于对报价进行拆分，在施工过程中发生工程变更时便于进行费用索赔的计算。工料单价报价方式比较直观，价格的总体构成脉络比较清晰，但不利于进行单价的核定与调整，也很难反映工程实际的具体质量要求和投标人的真实技术水平。因此，在实行工程量清单招标时，应推广使用综合单价报价方式，这样既可以与国际管理迅速接轨，又可以在招投标和工程管理过程中充分发挥工程量清单的作用，并保持前后工作的统一性和一致性。

采用工程量清单招标方法，使得所有投标人都站在同一起跑线上。

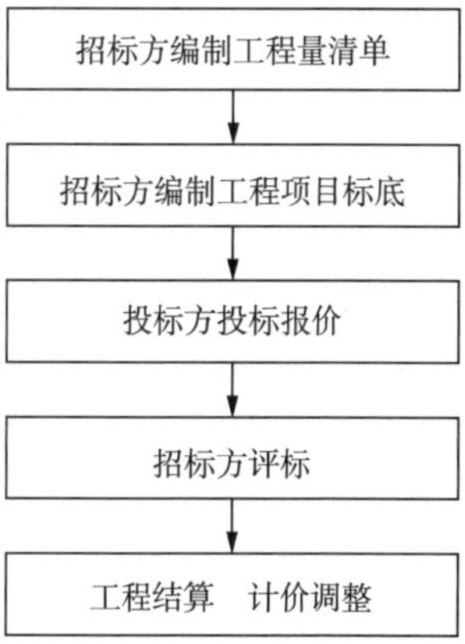

图 10－4　工程量清单招标的基本做法示意图

在招标文件及施工合同中，规定中标人投标的综合单价在结算时不做调整。当实际工程量与原提供的工程量有一定的出入时，可以按实调整，但只调总量、不调单价。对于不可预见的工程施工内容，可以施行虚拟工程量招标单价或明确在结算时补充综合单价的确定原则。

工程量清单招标一般程序与基本做法见图 10－4：

第五节　石油钻井工程造价的控制

一、石油钻井工程造价控制的含义

石油钻井工程造价管理的落脚点是工程造价控制，是为建立公平、效率、统一的石油钻井工程市场而进行的与有关石油钻井工程定额与工程造价、市场规则、经济法规等的制订、贯彻等一系列的管理控制活动，其任务是提高油气勘探开发工程的建设效率、工程质量和功能，提高油气勘探开发投资效益。

石油钻井工程造价控制是一项系统工程，是油气勘探开发甲乙方共同的职责。石油钻井

工程造价控制对甲方来讲是投资控制，投资控制是一个有意识的对投资驾驭、支配的活动，指的是甲方为提高油气勘探开发投资效益，为使投资控制控制在勘探开发效益指标之内，从确定油气勘探开发部署方案、优化地质工程设计、优选施工队伍到进行合同制约等所作的一系列决策、实施等管理控制活动。对钻井承包商来讲就是施工成本控制，指的是在确保工程质量和工程功能的前提下，为使施工的实际成本控制在合同价之内，并不断创造成本优势，实现盈余，不断发展。

二、项目业主对钻井工程造价的控制

项目业主对石油钻井工程造价控制要点示意图见图 10－5：

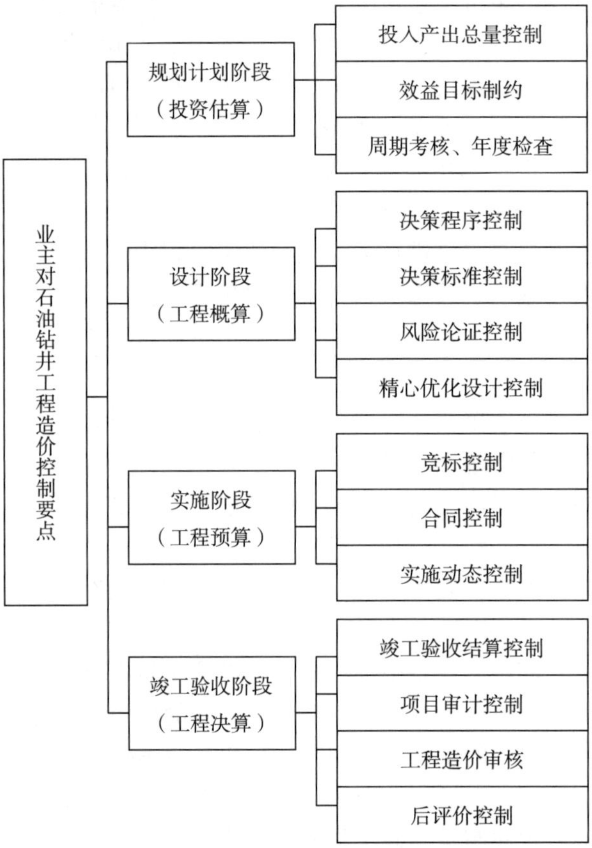

图 10－5　项目业主对石油钻井工程造价控制要点示意图

（一）规划、设计阶段工程造价的控制

国外统计资料表明，影响工程造价最大的阶段，是技术设计结束前的工作阶段。至初步设计结束，影响工程造价的程度约为 35% 左右；至技术设计结束，影响工程造价的程度约为 75% 左右；而至施工开始，通过技术组织措施节约工程造价的可能性只有 5% ~10% 。显然，控制工程造价的关键在于施工以前的投资决策和设计阶段，而在项目作出投资决策后，控制工程造价的关键在于设计。

油气勘探开发规划计划阶段是投资决策期，这一阶段工程造价控制的主要做法是投入产出总量控制，用效益目标制约。

其一，是探明地质储量、新增产量和投资总量控制。钻井投资按批准的油气勘探开发井位部署确定的工作量和工程概算核定。钻井工程投资计划不应按实物工作量核定，而应按油气勘探开发投资效益指标和所需完成的探明储量任务、新增产量目标编制。钻井实物工作量，即钻井口数、钻井进尺，应由项目投资、工程成本和规定的投资效益指标确定。把储量增长、新增产量方式从过去主要依靠增加工作量，靠生产要素数量扩张，变成主要依靠提高生产要素的使用效率及合理构成，努力提高单位投入工作量所探明的地质储量、新增产量来实现，达到少投入多产出的目的。其二，储量、产量投资指标周期承包、周期考核、年度检查，应当允许在完成地质储量任务、油气产量任务和油气勘探开发投资效益指标的前提下跨年使用。

设计阶段是投资决策期的第二阶段，在这一阶段应主要从决策程序控制、决策标准、风险论证控制以及精心优化方案设计等方面进行工程造价控制。

决策程序控制主要应明确什么阶段做什么事，具备什么条件做什么事，不具备什么条件不能做什么事。一是油气勘探开发程序控制，如不做盆地模拟不打区域探井，不做圈闭描述不打预探井，不搞油藏描述不打评价井等。二是工作程序控制，若没有批准的地质任务书，没有进行地质、工程、经济“三论证”，没有按一定的程序审查的项目不能立项；立项后没有进行工程技术设计的不能招标；井位部署、工程设计、完井方法、试油/试气方案，未经提出、评估、审查不可交决策层决策等。

决策标准控制主要是技术经济界限控制。如符合什么条件进行风险勘探，不同类型的井最低资源预测值应是多少，井距是多大，符合什么条件下技术套管等，都应有具体的技术规定、标准和技术经济界限的约束。

风险论证控制主要是加强“不可行研究”。用所失预期约束决策行为，提高方案论证的深度。因为决策效益大小的关键因素不是所得预期，而是所失预期。对决策行为产生约束的不是已遭受的损失，而是一开始就担心可能遭受的损失，只有风险论证充分才能使决策慎重而可靠。风险论证由地质风险、工程风险、经济风险三部分论证组成。其中，资源风险(即干井风险)是最大的风险。因此，要以资源风险论证为主搞好地质、工程、经济风险论证。在资源落实、工程技术还不具备条件的情况下，必须充分考虑工程风险。经济风险主要是价格、社会环境、地方关系等因素。除了社会因素，经济风险还是主要来自资源风险和工程施工风险。风险论证应当运用“木桶理论”和“短板效应”，“木桶理论”就是讲由木板构成的一只木桶能盛多少水，并不取决于木板中最长的那一块，而取决于最短的那一块，木桶中最短的那一块短板是木桶盛多少水的决定因素。因此，在风险论证中，一定要特别注意找“短板”，即不利因素，要特别注意对“短板”的论证及利弊分析，不要仅根据一些优越条件而忽略一项哪怕是占的比重很小的不确切因素，因为决定油气勘探开发投资效益的不是有利因素，而往往就是这个不确切因素。

精心优化方案设计是工程造价控制的前提和首要条件。精心设计不是设计的保险系数越大越好，设计内容越多越好，那样会产生剩余投入而无法发挥作用；也不是花钱越少越好，而是采用的钻井工艺技术应当先进、适用、经济。例如在优化探井井型方面，应当以能满足完成地质任务最困难的条件和进行测井、试油所需的条件来确定钻井工程方案，不要单纯追求某个环节的“节约”而影响了工程功能。如探井的井身结构设计必须要适应完成地质任务所必需的条件，该下技术套管的就下技术套管，有的探井本来可以多钻几个目的层，但是由于设计时没从最复杂的情况出发，井身结构适应不了地下情况，无法完成地质任务，不得不再钻一口井，结果是省了几十万却丢了几百万，还延误了勘探时间。再如钻井液设计，钻井液密度是保护油气层的一个关键因素，但并非越轻越好，对一些力学不稳定的地层，如区域性易垮地层和特殊岩性地层，如果钻井液密度偏低，则有可能造成井下出现复杂情况。因此，优化设计一定要注意应用条件的论证，从实际出发，做到需要和可能相结合，防止单一因素决定问题。

（二）工程实施阶段的造价控制

1. 竞标控制

在钻井工程实施阶段，工程造价最大的失控就是让没有行为能力或行为能力不足的钻井承包商承担施工作业任务。因此，施工队伍的选择必须严格挑选。

①招标前要严格考察施工队伍的主体资格、装备能力、人员素质、履约能力、市场信誉等因素。

②投标应分技术标和商务标两种。技术标指的是工程设计方案、施工方案、工程可达到的技术经济指标及队伍的装备技术能力与水平、工程质量进度保证措施等；商务标主要是指工程报价、市场信誉等方面的内容。

③决标前要组织投标答辩，投标答辩应首先进行技术标答辩。以地质任务和钻井工程的技术难点为重点，对乙方的装备能力、技术水平，对该工程的地质任务及工程施工技术难点、工程质量保证措施等进行考询，以进一步验证投标队伍完成钻井施工的能力。在保证技术标答辩质量的前提下，再进行商务标答辩。坚持这个程序有利于抓住工程造价控制的核心——施工单位的技术水平和施工能力，避免一开始就陷入到对价格的争执上，而影响了对施工方案、技术能力等主要问题的考虑。两者结合起来考虑才全面。

④评标决标要规范化、制度化。由评标小组按决标标准和程序进行，防止个人行为。特别是标底一经确定，必须严格保密。

2. 合同控制

市场经济是契约经济，合同首先是甲方经营目标和管理意志的体现。工程造价控制应当充分发挥合同的制约作用。

（1）规范合同文本

合同文本一定要明确回答干什么、何时干、怎么干、达到什么标准、给什么报酬、达不到怎么办等问题。钻井工程合同应当包括的内容主要有工区、工作量、施工队伍、钻井装备要求、地质任务、提交成果、技术质量标准、工期进度、工程造价、甲乙方的权利义务和违约责任、资料的归属和保密、争议的解决、合同的生效、合同的变更与终止、工程索赔等内容。这些条款必须明确、严密、量化、可操作，避免使用含糊其辞的语言表述。对每项工作要求都应有相应的权利义务和违约责任做制约。

（2）严格合同订立程序

实行钻井工程承包招标投标制度，严格合同审查，严把合同监督，严格按合同履约。

3. 实施动态控制

实施动态控制是指要根据工程实施情况，及时做好方案调整和完井方法决策。对于钻井工程来讲，应当做好随井、随层、随钻分析，及时确定完钻层位，精心确定完井方法。努力做到不多打一米无效进尺，不多下无效套管，不多试一层无效油层。

4. 精心优选试油层位和增油措施

搞好试油层位的优选和增油措施的地质条件论证是钻井工程造价控制的一个重要环节，论证不充分就有可能造成许多无效和低效的投入。

（三）钻井工程竣工验收阶段的工程造价控制

1. 工程施工结算控制

钻井工程施工验收结算是工程造价控制最后阶段的一道程序。应当严格按照合同规定，对达不到进度、质量等要求的部分严格按违约责任结算。如果放松了这个关口，甲方就等于放弃了对工程造价的控制权。结算应做到三个为准：

①以合同约定的结算价格、结算进度、违约责任等结算原则为准。

②以竣工质量验收标准为准。竣工验收时应对合同约定的工作量、质量、进度及甲乙方权利义务的履约情况进行对照检查。竣工质量验收书应由甲乙双方审查签字（章）后方能作为结算的依据。

③以甲方批准的设计变更、工程索赔事项为准。

2. 项目审计

钻井工程项目审计主要是对钻探任务、钻井投资效益指标完成情况，市场运作情况，财务制度及财经纪律的执行情况，钻井工程决算价款等进行审计。这些问题最终都会影响钻井工程的实际造价。

3. 项目施工决算后评价控制

项目施工决算后评价是指，通过对每口钻井工程的投入产出效益分析及失利原因进行总结分析，为下步有效的决策和管理积累经验，尽量减少、规避无效投入，以提高钻井工程投资效益。这是不断提高钻井工程造价管理水平的重要环节。

三、钻井承包商对钻井工程造价的控制

（一）投标阶段的工程造价控制

钻井工程商对钻井工程的造价控制是从投标准备阶段做起的，这是钻井承包商进行造价控制的第一个环节，这既要考虑市场竞争的需要，又要考虑自身的承受能力和盈利目标，为此需要做好以下几个方面的工作：

1. 研读吃透招标文件

钻井承包商层面的工程造价控制取决于施工对象。因此尽可量地吃透招标文件、了解工程任务、掌握地质情况才能对工程报价进行准确的预计。

2. 搞好工区踏勘和社会环境调查

交通、水利、农田、牧场等的占用与施工方案和工程造价关系很大，在条件允许的情况下，应做好工区踏勘和社会环境调查。许多钻井承包商在钻井工程投标中有时忽略了这一点，造成工程报价出现问题，有的虽能中标，但不能取得较好的经济效益。

3. 了解同行业先进水平，准确把握市场信息，按照市场成本法，制定经营策略

同行业的先进水平是最重要的市场信息。市场竞争以质优、高效、价廉取胜。因此，钻井承包商不能只固守自身的经验、做法，特别是在市场竞争日益激烈的今天，生产技术水平提高很快，谁掌握的市场信息多而快，谁在市场竞争中取胜的机会就多。因为价格是市场决定的。只有了解掌握同行业的生产技术发展水平，才能确定合理的施工设计方案、生产组织方案，从各个方面挖掘潜力，使工程报价经济合理，这种做法就是市场成本法。

市场成本是由市场价格倒算出来的，是能保证钻井承包商的施工活动利润和市场竞争能力的成本。

市场成本＝市场价格－目标利润。

市场成本法的实质是市场决定价格，价格控制成本，把市场信号换算成目标成本，这不仅是一种管理方法，而且体现着一种经营理念。这种经营理念的核心就是承认市场的否决权，在市场竞争中不断调整自己去适应市场。

（二）施工准备阶段的工程造价控制

施工实际成本在一定程度上取决或受制于工程的施工设计和施工准备。在工程施工的准备阶段，施工设计和生产准备对工程成本的影响很大。在这一阶段，首先要做好工程资源的配置和技术准备，其次是在成本控制方面建立以"目标利润"为导向成本控制责任制，并逐级、逐方面层层制定成本管控措施。

1. 工程资源配置方面

工程资源配置控制主要是指要对钻井工程所要完成的工作任务和所需的装备能力、技术能力及人力资源状况进行深入的分析，严格按照劳动定额、装备配备标准确定施工要素，做到人员、装备、材料的合理优化配置。确定哪些功能是必要的，哪些功能是过剩的或是不必要的。削减过剩功能，去掉不必要的功能，补充不足功能，使有限的人力、物力、财力资源能够保证必要的施工要素。做好工程资源控制要按照系统工程原理的要求，着眼于整体效益的提高，搞好施工要素的合理优化配置。

2. 成本管控责任制的建立与执行方面

在这一阶段，除了要做好工程资源配置和技术准备工作外，在成本控制方面还应做好以下基本工作，以建立健全切实有效的成本管控责任制。

①制订工程目标成本：

工程目标成本 = 工程承包合同价 - 目标利润

②按工程目标成本和施工设计，优化施工方案。

③按工程目标成本和施工设计，编制控制工程造价的施工预算。编制的施工预算应在保证工程质量的前提下，使施工成本控制在目标成本之内。

④按施工预算落实工程造价管理经济责任。

⑤负责施工的钻井队再按上述原则，层层分解目标成本并切实制定工程质量保证措施。

（三）施工过程中的工程造价控制

施工过程中的工程造价控制主要是通过工程质量、工程进度、工程成本三个方面的控制来实现的。

质量成本在工程造价管理中的含义是指，为使产品达到质量标准所发生的一切费用，包括为了保证和提高产品质量所支出的费用、因未达到质量标准所造成的损失和处理质量缺陷所发生的费用。

对于钻井工程来讲，在某种意义上说，无工程事故就是最大效益。因为钻井事故所能带来的只是损失，甚至灾难性的后果。一个钻井承包商如果钻了一口工程报废井甚至发生井喷失控事故，有时一两年翻不了身，它需要若干口安全无事故、有效益的井才能将损失弥补回来。钻井施工过程中一定要做好各种事故的安全防范工作。

进度控制就是要在保证安全生产和工程质量的前提下，努力提高钻井速度。缩短建井周期是钻井承包商降低施工成本的重要途径。工程进度计划应符合实际并紧凑衔接，不可超前更不可拖后，要紧密结合施工情况进行。

成本控制就是要按目标成本对实际发生的成本及时进行差异分析，找出产生差异的原因，预计钻井施工按此状态完井时的最终成本状况，应采取什么措施降低成本。应当建立明确的成本预算，作为目标成本落实到人。做好现场成本的跟踪分析，及时纠正和补救偏离目标成本的情况。做好材料采购和装备管理工作，避免因材料设备质量、性能不合格引成的施工质量和施工中断。

为了在施工中做好上述控制，应当建立及时、通畅的有关质量、进度、成本执行情况的信息反馈制度，对施工进度、质量和施工成本进行统计。

(四)交井后的工程造价控制

完井验收交井后，工程施工的实际成本已经确定。但在这一阶段还应对成本控制的成绩与经验、问题与教训进行总结。主要工作有：

1. 成本分析

①综合成本分析。即对工程的实际成本与目标成本的对照分析。一是要进行成本差异分析，从技术、安全、质量、材料、设备以及生产技术管理、生产组织、经营管理等方面，认真总结成本结余的成功经验和成本超支的失败教训；二是要进行成本构成分析，分析各类成本占总成本的比重，以确定一定时期内钻井工程合理的成本结构，在下步工作中挖掘提高效益的潜力。

②材料成本分析。一是要进行各类材料设备订货的合同及使用效果分析；二是要进行材料消耗与材料消耗定额之间的对比分析；三是要进行材料消耗成本与原目标控制成本之间的差异分析。通过这些分析进一步落实材料供应责任制和材料消耗定额的贯彻执行。

2. 进度分析

主要是对钻井生产时效进行分析，分析组织停工、事故时间、修理时间、复杂情况处理时间等情况，并认真查找原因，提出规避和改进生产的措施。

3. 工程质量分析

主要是对发生影响钻井生产组织施工的井下复杂情况及钻井事故进行分析，并认真查找发生的原因并测算对工期、费用的影响，提出下步预防和规避措施。

4. 提交工程造价控制总结

应当建立工程造价控制总结报告制度，其内容应当包括工程总结和专题分析。总结和分析的内容主要包括：工程技术分析、工程成本分析(应包括设计、材料及施工成本分析)、施工进度分析、合同执行情况分析等。

第十一章　石油钻井工程项目统计信息管理

第一节　做好石油钻井工程项目统计信息管理的意义

现代管理离不开信息的收集、加工和运用，管理活动也是一种信息活动。做好统计分析工作有助于提高决策水平，是企业管理的一项重要基础工作。钻井生产统计信息资料是钻井生产经营管理活动的记录，是甲乙双方组织钻井生产经营管理水平的综合反映。

作好石油钻井工程项目统计信息管理，就是要在钻井生产的全过程中，取全取准各项资料，认真作好资料的录取、填写、整理、分析、审核、建档、移交和保管工作，利用有关统计信息资料反映钻井生产经营管理活动，并从数据和文字记录中分析活动，不断总结经验、寻找不足、制定措施、解决问题、改进工作，不断强化细化钻井生产经营管理。

作好石油钻井工程项目统计信息管理要坚持真实准确的原则，取全取准第一手资料，坚决杜绝假资料，切实保证基础资料的真实准确；要坚持齐全完好的原则，确保统计信息资料齐全完整、保存完好；要坚持精简实用的原则，从钻井生产的实际情况出发，注重钻井生产统计信息资料的实用性，合理设置统计信息资料的种类，避免繁杂琐碎；要坚持科学规范的原则，统一制定统计信息资料的分类、录取、编制、分析、保存和使用标准，全方位与国际标准和国际惯例接轨；要落实统计信息岗位责任的原则，由甲方对乙方、上级主管对下级责任人、不同岗位之间进行监督，严格审查，明确各级岗位应承担的统计信息责任，并制订细致的考核办法，据以进行奖惩兑现。

作好石油钻井工程项目统计信息管理应当加快网络信息化建设，积极开发建设石油钻井工程项目统计管理信息系统，实现石油钻井工程项目统计信息资料的采集、整理、储存“数出一门，资料共享”；输送、使用快速便捷，及时准确。

准确、及时、适用的生产统计信息始终贯穿并服务于钻井生产技术管理和经营管理之中。钻井生产统计信息在组织钻井施工、强化细化施工管理、会计核算、财务管理、定额编制及修订等诸多方面起着极为重要的作用。项目业主及钻井承包商组织钻井生产，获得的不应该仅仅是金钱，更有生产统计信息这一重要的经济资源。

第二节　石油钻井工程项目主要统计指标

一、石油钻井井型统计

石油钻井井型直接体现着钻井生产的目的。井型不同，其钻探工艺要求、考核项目、各项经济技术指标的水平也不同。正确统计钻井井型，对于分析各类井型的比例关系和经济效益、决定有关的经济政策和技术政策有着十分重要的意义。石油钻井井型、井号统计是最基础的统计工作。各种井型以地质部门的确定为准，变更井型应由地质设计部门认定。

实际中，一般综合地质设计目的以及钻井井身轨迹的轴线方向分别探井、开发井和直井、定向井为其井型表征，分构造、分区块进行统计。统计中对单井井别划分为探井和开发井两大类十一个类别。

（一）探井井别及命名规则

探井井别分为：区域探井（含参数井或科学探索井）、预探井、评价井、地质井和水文井。

1. 区域探井（含参数井或科学探索井）

区域探井是在油气区域勘探阶段，在地质普查和地震普查的基础上，为了解一级构造单元的区域地层层序、岩性、生油条件、储层条件、生储盖组合关系，并为物探解释提供参数而部署的探井。它是对盆地（坳陷）或新层系进行早期评价的探井。区域探井以基本构造单元（盆地或地区）统一命名，取井位所在盆地或地区名称的第一个汉字加“参”或“科”字组成前缀，后面再加盆地参数井的布井顺序号（阿拉伯数字）命名。

2. 预探井

预探井是在油气勘探的圈闭预探阶段，在地震详查的基础上，以局部圈闭、新层系或构造带为对象，以发现油气藏、计算控制储量或预测储量为目的而部署的探井。预探井按其钻探目的不同，又分为新油气田预探井（在新的圈闭上以寻找新油气田为目的）和新油气藏预探井（在已探明油气藏边外或在已探明浅层油气藏之下为寻找新油气藏为目的）。预探井以井位所在的十万分之一分幅地形图为基本单元命名或以二级构造带名称后缀1～2位阿拉伯数字的布井顺序号命名。

3. 评价井

评价井是在已获得工业油气流的圈闭上，在地震精查的基础上，为查明油气藏类型，探明油气层的分布、厚度变化和物性变化，评价油气田的规模、生产能力及经济价值，计算探明储量而部署的探井。评价井以油气田（藏）名称为基础加3位阿拉伯数字的布井顺序号命名。

4. 地质井

地质井是在盆地普查阶段，当地层、构造复杂或地震方法不能满足查明地下情况的需要时，为了确定构造位置、形态和查明地层组合及接触关系而部署的探井。地质井以一级构造单元统一命名，取井位所在一级构造单元名称的第一个汉字加汉语拼音字母“D”组成前缀，后面再加一级构造单元内的地质井布井顺序号命名。

5. 水文井

水文井是为了解决水文地质问题和寻找水源而部署的探井。水文井以一级构造单元统一命名，取井位所在一级构造单元名称的第一个汉字加汉语拼音字母“S”组成前缀，后面再加一级构造单元内的水文井布井顺序号命名。

（二）开发井井别及命名规则

开发井井别分为生产井、注入井、观察井、资料井和检查井。

1. 生产井

生产井是在已探明储量的区块或油气田，为完成产能建设任务和生产油、气所钻的井，包括直井、定向井、水平井、套管开窗侧钻井等。

2. 注入井

为了提高采收率或开发速度，而对地层进行注液（注水、注液态CO_2等）、注气、注汽、注微生物等驱注物，以补充和合理利用地层能量所钻的井，统称为注入井。

3. 观察井

观察井是为观察油气生产能力而部署的井。

4. 资料井

资料井为获取油、气层物性资料或特殊资料所部署的井。

5. 检查井

检查井是为检查油气层开发效果、驱驻物注入效果、产层物性变化等情况而部署的井。

开发井按井排命名，一般采用“油气田(藏)名称—开发区—井排—井点”方案命名。开发井类别中的生产井、注入井等按开发井统一命名，不再单独命名，但须在井别一栏中作出说明。

(三)特殊井的命名规则

特殊工艺井是指工艺上非直井的钻井，如斜井、丛式井、多底井、水平井等。斜井或丛式井在第一个汉字后面加“斜”字为前缀，后面加布井顺序号编排命名，丛式井按顺时针方向的布井顺序号编排命名；多底井加“—多”字前缀，再按顺时针方向加布井顺序号命名；如直井后面是水平多底井，则在直井后面加“—平”字前缀，再加布井顺序号命名。

特殊目的井可在第一个汉字后加上表征特殊目的的第一个汉字命名，其余表征参照相应的命名规则类推命名。

(四)海上钻井命名规则

滩海油田或国内自行开发的海上油气田钻井命名与陆上油气田钻井井号的命名规则相同，所钻各类探井和开发井均按陆上相同类别的井号命名规则进行编排。

与外方合作开发的海上油气田的探井按照“区－块－构造－井号”的命名方案，按经度、纬度面积分区，每区用海上或岸上的地名命名；区内按经度、纬度细分若干块，每块内根据物探解释对局部圈闭进行编号，每个圈闭上所钻的预探井为1号井，评价井为2、3…号井。海上油气田开发井按“油田的汉语拼音字头－平台号－井号”命名规则命名。

二、石油钻井工程技术经济评价指标统计

石油钻井工程技术经济评价指标是指用于评价一个考核单位钻井过程中设备、原材料、燃料、动力、人力资源、资金及时间利用情况以及工作效率的指标。石油钻井工程技术经济评价指标包括钻井工作量、钻井工程质量、钻井施工效率、安全和经济效益等五个方面的指标。

(一)石油钻井工作量指标统计

统计描述钻井承包商在一定期间所完成工作量的主要指标有14项，见表11－1。

表11－1　石油钻井工作量指标列表

序号	石油钻井工作量指标	计量单位	备注
1	开钻井口数	口	
2	完钻井口数	口	
3	完成井口数	口	
4	交井口数	口	
5	工程报废井口数	口	
6	钻井进尺	m	

续表

序号	石油钻井工作量指标	计量单位	备注
7	取心进尺	m	
8	返工进尺	m	
9	工程报废进尺	m	
10	钻井工作量价值	元	
11	钻机动用台数	台或部	
12	钻机开动台年	年	
13	钻井台月	台月	
14	完钻井平均井深	m	

1. 钻井口数指标统计

(1)开钻井口数指标统计

开钻井口数是指报告期内钻头接触地面或在导管内第一次开始钻进的井口数量，不包括固井后的第二次、第三次等开钻口数。多井底定向井从原井眼第一次侧出钻井时应作为开钻井口数统计。

(2)完钻井口数指标统计

完钻井口数是指报告期内钻头到达原设计目的层，或虽未钻到目的层，但经批准提前完钻的井的数量，不再往下钻进，钻头提出井口时作为完钻井口数统计。

(3)完成井口数指标统计

完成井口数是指完成了设计规定的全部工序，经检验合格或经补救合格的井的数量。完钻后的地质报废井应作为完成井口数统计。

(4)交井口数指标统计

交井口数是指完成了该井设计的全部工序，钻井承包商交给项目业主的井口数，在办理完井移交手续时作为交井口数统计。原钻机试油(气)、钻井生产转入试油(气)工序应作为交井口数统计。

(5)工程报废井口数指标统计

工程报废井口数是指未钻达目的层，且未取得设计要求的地质资料，又不能作为生产井或辅助生产井的井口数。

2. 钻井进尺指标统计

钻井进尺是反映钻井工程进度和工作量的基本指标。钻井进尺从转盘方补心表面算起，多井底定向井的钻井进尺从原井眼侧出的位置开始计算，与原井眼累计计算进尺。钻井进尺计量单位为 m。

钻井进尺包括取心进尺、地质报废进尺和自然灾害等造成的其他报废进尺，不包括工业水井进尺、钻井工程报废进尺和返工进尺。

取心进尺是指取心钻进的进尺。

工程报废进尺是指由于钻井工程事故造成的报废钻井进尺。某些探井未钻到目的层，因钻井事故决定不再继续钻进时，对按照设计要求取全取准各项资料的井段，可以计算钻井进尺；没有取得设计上要求的地质资料的井段，计算工程报废进尺。某些井由于钻井事故未钻到目的层，也未取得设计上要求的地质资料，但是穿过了油气层，可作为生产井或辅助生产

井投产，可以利用的井段应计算钻井进尺，不能利用的井段计算工程报废进尺。

返工进尺是指回填、重钻的钻井进尺，重钻到原井深后再计算进尺，但未达到原井深而完井，则未达到部分计入工程报废进尺。多次重钻需多次计算返工进尺，返工进尺不作为钻井进尺统计。

3. 钻井工作量价值指标统计

钻井价值工作量是钻井实物工作量的货币表现。钻井价值工作量等于钻井进尺乘以每米进尺单价。根据统计需要，每米进尺单价可以根据实际使用对象的不同，选用合同价款折算的米费、完钻平均每米钻井费用、完成井平均每米进尺综合费用或预算单价计算。

钻井价值工作量 = 钻井进尺 × 每米进尺单价

返工进尺和工程报废进尺的损失价值等于返工进尺或工程报废进尺乘以每米耗费。

返工(工程报废)的价值损失 = 返工进尺或工程报废进尺 × 每米耗费

4. 钻机动用台数指标统计

钻机动用台数是指为从事建井、测试、试油(气)等活动动用的钻机台数。计量单位为台或部。

5. 钻机开动台年指标统计

钻机开动台年是指在一个报告期内动用钻机从事建井活动的所有时间的总和。

钻机开动台年 = (钻前时间 + 钻井时间 + 完井时间) ÷ (30 × 12)

6. 完钻井平均井深指标统计

完钻井平均井深是反映已完钻井平均井深的指标。计量单位为 m。

完钻井平均井深 = 已完钻井井深之和 ÷ 完钻井口数

(二) 石油钻井工程质量指标统计

统计描述钻井承包商所承钻井工程质量的技术指标主要有 6 项，见表 11 - 2。

表 11 - 2　石油钻井工程质量指标列表

序号	石油钻井工程质量指标	计量单位	备注
1	井身质量合格率	%	
2	固井质量合格率	%	
3	取心质量合格率	%	
4	取心收获率	%	
5	钻井工程质量合格率	%	
6	定向井中靶率	%	

1. 井身质量合格率指标统计

井身质量合格率是反映井身质量的指标之一。井身质量合格井是指符合钻井设计的井身质量标准要求的井。

井身质量合格率(%) = (井身质量合格的完成井口数/完成井口数) × 100%

2. 固井质量合格率指标统计

固井合格率是反映固井工程质量的指标之一。

综合固井质量合格率(%) = (固井质量合格井口数/完成井口数) × 100%

3. 取心质量合格率指标统计

取心质量合格率是取心合格回次与总取心回次之比。

取心质量合格率(%)=(取心合格回次/总取心回次)×100%

4. 取心收获率指标统计

取心收获率是指实取的岩心从井底提出地面后实际丈量的长度与取心进尺之比。

取心收获率(%)=(实取岩心长度/取心进尺)×100%

5. 钻井工程质量合格率指标统计

钻井工程质量合格率是综合反映钻井工程质量的指标。

钻井工程质量合格率(%)=(钻井工程质量验收合格井口数/完成井口数)×100%

钻井工程质量合格井口数是指钻井的井身质量、固井质量、取心收获率、地质资料全部合格的完成井口数。

6. 定向井中靶率指标统计

定向井中靶率是报告期定向井达到设计要求的井口数与报告期全部定向井完成井口数之比。

定向井中靶率(%)=(达到设计要求的定向井口数/全部定向井完成数)×100%

(三)石油钻井效率指标统计

统计描述钻井承包商生产运行效率及技术能力的指标主要有 11 项，见表 11-3。

表 11-3 石油钻井效率指标列表

序号	石油钻井效率指标	计量单位	备注
1	机械钻速	m/h	
2	钻机月速(台月效率)	m/台月	
3	完钻井平均钻井时间	d/口	
4	完钻井平均建井时间	d/口	
5	平均钻机开动台年进尺	m/年	
6	钻机利用率	%	
7	进尺作业台时率	%	
8	辅助作业台时率	%	
9	特种作业台时率	%	
10	钻井停待台时率	%	
11	修理台时率	%	

1. 机械钻速

机械钻速是衡量单位纯钻进时间内钻井效率的指标，以每小时纯钻进时间完成的进尺数来表示，计量单位：m/h。

机械钻速=钻井进尺(包括取心进尺)÷纯钻进时间(包括取心钻进有进尺时间)

纯钻进时间是指钻头在井底转动，破碎岩石形成井眼的钻进时间。包括取心而有进尺的时间，不包括纠正井斜、划眼、扩眼时间和井壁取心时间。

2. 钻机月速(台月效率)

钻机月速(台月效率)是指一部钻机在一个钻井台月所完成的进尺。计量单位：m/台月。

钻机月速(台月效率)=钻井进尺(包括取心进尺)÷钻机台月

钻井台月是综合反映钻进工作时间长短的指标，计量单位：台月。

钻井台月=各井自第一次开钻到完钻时的全部钻井工作时间(d 或 h)÷30d(或 720h)

3. 完钻井平均钻井时间

完钻井平均钻井时间是综合反映钻井速度的指标。计量单位：h/口井。

完钻井平均钻井时间=各完钻井钻井时间之和÷所统计的完钻井口数

4. 完成井平均建井时间

完成井平均建井时间是综合反映建井速度的指标。计量单位：d－h。

完成井平均建井时间＝各完成井建井时间之和÷完成井口数

5. 平均动用钻机台年进尺

平均动用钻机台年进尺是一个反映平均动用钻机在一年内所打进尺的指标，以此反映所动用钻机的工作量饱满程度。计量单位：m/队·年。

平均动用钻机年进尺＝钻井进尺÷钻机开动台年之和

平均动用钻机是指报告期内用于石油钻井的平均钻井队数，不包括用于打工业水井、钻机试油（气）的钻机。

6. 钻机利用率

钻机利用率是反映一个报告期内钻井承包商钻机综合利用程度的指标。

钻机利用率＝（30×报告期内钻机动用台月）÷（实有钻机台数×360）×100%

＝报告期内钻机动用台月÷（实有钻机台数×12）×100%

7. 进尺作业台时率

进尺作业台时率是与进尺作业直接相关的时间利用率。

进尺作业台时率＝进尺作业时间÷钻井时间×100%

8. 辅助作业台时率

辅助作业台时率是反映辅助作业时间占钻井时间的比率。

辅助作业台时率＝辅助作业时间÷钻井时间×100%

9. 特种作业台时率

特种作业台时率是反映特种作业时间占钻井时间的比率。

特种作业台时率＝特种作业时间÷钻井时间×100%

10. 钻井停待台时率

钻井停待台时率是反映钻井停待时间占钻井时间的比率。

钻井停待台时率＝钻井停待时间÷钻井时间×100%

（四）石油钻井安全指标统计

统计描述石油钻井安全技术的指标主要有4项，见表11－4。

表11－4　石油钻井安全指标列表

序号	石油钻井安全指标	计量单位	备注
1	异常台时率	%	
2	故障台时率	%	
3	复杂台时率	%	
4	修理台时率	%	
5	钻井进尺损失率	%	
6	钻井千人死亡率	人/千人	
7	钻井伤害严重率	d/百万工时	

1. 异常台时率

异常台时率是反映钻井过程中异常作业时间占钻井时间的比率。

异常台时率＝异常作业时间÷钻井时间×100%

异常台时率可进一步细分为故障台时率、复杂台时率和修理台时率三个指标。

(1)故障台时率

故障台时率是反映钻井过程中故障影响作业时间占钻井时间的比率。

故障台时率 = 故障作业时间 ÷ 钻井时间 ×100%

(2)复杂台时率

复杂台时率是反映钻井过程中出现复杂情况及处理影响作业时间占钻井时间的比率。

复杂台时率 = 复杂情况及处理时间 ÷ 钻井时间 ×100%

(3)修理台时率

修理台时率是反映钻井生产过程中修理时间占钻井时间的时率。

修理台时率 = 修理时间 ÷ 钻井时间 ×100%

2. 钻井进尺损失率

钻井进尺损失率是反映工程报废进尺及返工进尺之和占钻井进尺的比率。

钻井进尺损失率 =(工程报废进尺 + 返工进尺)÷ 钻井进尺 ×100%

3. 钻井千人死亡率

钻井千人死亡率是指报告期内平均每千名钻井从业人员中，因钻井事故死亡的人数。

钻井千人死亡率 =[报告期内死亡人数 ÷(报告期内平均钻井从业人数 ÷1000)]×100%

4. 钻井伤害严重率

钻井伤害严重率反映所考察的钻井施工单位每百万工时因各个从业人员人身伤害而影响其本人正常工作的天数之和，占报告期平均钻井从业人数每百万工时的百分比。

钻井伤害严重率 = 报告期内从业人员应人身伤害损失的工作日之和 ÷
(报告期内钻井从业人数工作总天数 ×24 ÷1000000)

(五)石油钻井经济效益指标统计

统计描述钻井承包商在一定期间承钻井经济效益的指标主要有 10 项，见表 11 –5。

表 11 –5　石油钻井效益指标列表

序号	石油钻井效益指标	计量单位	备注
1	完钻井钻头平均进尺	m/只	
2	钻井台月耗柴油量	t/台月或 m^3/台月	
3	钻井台月耗机油量	t/台月或 m^3/台月	
4	钻井台月备件消耗费用	元/台月	
5	完成井平均每米固井费用	元/m	
6	完成井平均每米钻井液费用	元/m	
7	完成井平均每米钻井费用	元/m	
8	完成井平均每米进尺综合费用	元/m	
9	钻井人均产值	万元/人	
10	钻井人均增加值	万元/人	

1. 完钻井钻头平均进尺

完钻井钻头平均进尺是反映钻头工作效益和质量的重要指标。

完钻井钻头平均进尺 =(钻井进尺 + 工程报废进尺 + 工程返工进尺)÷ 完钻井钻头消耗

在同一区块分不同厂家、不同型号钻头统计钻头平均进尺可以反映钻头的性能、质量，以此评价钻头的优劣及适用性及利用情况。

2. 钻井台月耗柴油量

每钻机台月耗柴油是反映钻井燃料消耗水平的指标。计量单位：t/台月或 m^3/台月。

每钻机台月耗柴油 = 柴油消耗量 ÷ 钻机月

3. 钻井台月耗机油量

每钻机台月耗机油是反映钻井润滑油料消耗水平的指标。计量单位：t/台月或 m^3/台月。

每钻机台月耗机油 = 机油消耗量 ÷ 钻机月

4. 钻井台月备件消耗费用

钻井台月备件消耗费用是衡量在钻井过程中，在一个钻机月内在现场消耗更换的钻机备件费用。计量单位：元/台月。

钻井台月备件消耗费用 = 现场消耗备件费用 ÷ 钻机月

5. 完成井平均每米固井费用

完成井平均每米固井费用是综合反映每米进尺固井工程成本的指标。计量单位：元/m。

完成井平均每米固井费用 = 口井固井工程费用 ÷ 完成井井深

固井工程成本包括固井服务费及固井材料费。固井材料费包括水泥及添加剂等。每米钻井进尺耗水泥是反映钻井工程水泥消耗量的指标。计量单位：t/m。

每米钻井进尺耗水泥 = 水泥消耗量 ÷ 完成井井深

6. 完成井平均每米钻井液费用

完成井平均每米钻井液费用是综合反映每米进尺钻井液成本的指标。计量单位：元/m。

完成井平均每米钻井液费用 = 口井钻井液成本 ÷ 完成井井深

钻井液成本包括钻井液技术服务费及钻井液材料费。

7. 完成井平均每米钻井费用

完成井平均每米钻井费用是综合反映每米进尺直接钻井成本的指标。直接钻井费用包括：钻井作业费、定向作业费、取心作业费、钻头费用、钻井工具租赁费以及与井相关的其他有形资产消耗支出。计量单位：元/m。

完成井平均每米钻井费用 = 直接钻井费用 ÷ 完成井井深

8. 完成井平均每米进尺综合费用

完成井平均每米进尺综合费用是按口井全部钻井费用计算的，以综合反映完成井每米进尺成本的指标。计量单位：元/m。

完成井平均每米进尺综合费用 = 完成井全井综合费用 ÷ 完成井井深

9. 钻井人均产值

钻井人均产值用以衡量全部钻井从业人员在一定时期内所创造的价值。计量单位：万元/人。

钻井人均产值 = 报告期完成的钻井工作量价值总和 ÷ 报告期钻井平均从业人数

10. 钻井人均增加值

钻井人均增加值是钻井生产过程中新增加的价值与钻井平均从业人数的比值。计量单位：万元/人。

钻井人均增加值 = 报告期内钻井工作增加值 ÷ 报告期钻井平均从业人数

三、石油钻井工程时间利用指标统计

统计中表征石油钻井工程时间利用情况的时间或时点概念分类见表 11 - 6。

表 11－6　钻机时间分类列表

全年时间	（一）钻机动用时间	1	建井时间	（1）	钻前时间	调遣、安装、试车
						钻前待命
				（2）	钻井时间	进尺作业时间
						辅助作业时间
						特种作业时间
						异常作业时间
						钻机停待时间（待料、待命）
				（3）	充井时间	完钻测井
						下生产套管、完井管柱及固井
						通井　刮管　洗井
						起下油管
						射孔
						诱喷
						测试
						安装井口
						完井停待
		2	测试时间	中途测试		
				原钻机试油（气）		
		3	设备拆装及调遣时间			
	（二）停待及整训时间					

（一）全年时间分类

1. 钻机动用时间

钻机全年动用时间是指订立服务合同后，从设备动迁开始到完成合同、复员结束的所有时间的总和。它包括建井时间、测试时间、设备迁装时间。

2. 停待及整训时间

停待及整训时间是指完成合同复员结束后的停待、培训及设备修理、维护保养等时间的总和。

（二）钻机动用时间分类

1. 建井时间

建井时间即建井周期，是完成一口井所需要的全部时间，即从本井搬迁开始，到完成为止的全部时间，包括搬安时间、钻前准备时间、钻进时间和完井作业时间。搬安时间是指从上一口井搬迁第一台设备的时间开始到本井开钻为止的全部时间；钻进时间是指本口井自开钻时间起到本井完钻为止的全部时间；完井时间是指从本井完钻时间起到完成时为止的全部时间。钻井工作时间等于钻进时间加完井时间之和。由此，建井周期等于搬安时间加钻井工作时间之和。其中：原钻机试油（气）时间、中途测试时间、自然灾害损失时间、人员整训时间和设备大修、有计划停钻、关系纠纷等其他非钻井因素的影响而损失的时间不统计在内。

建井周期＝搬安时间＋钻井工作时间

钻井工作时间＝钻进时间＋完井时间

2. 测试时间

测试时间是指以为测试准备的最后一趟钻起出转盘面为起点，测试管柱甩完或下入井中不再测试为终点的所有时间。测试时间包括中途测试时间和原钻机试油(气)时间。

3. 设备解体及运输时间

设备解体及运输时间是指钻井装备动迁及完成合同、复员结束止的所有时间。

(三)建井时间的分类

1. 钻前准备时间

钻前准备时间是指从第一车钻井设备运抵井场到第一次开钻时的时间。它包括钻井设备的安装、调试及一开验收等时间。

2. 钻井时间

钻井时间是指从第一次开钻到完钻时的时间总和。钻井时间又可划分为进尺作业时间、辅助作业时间、异常作业时间、特种作业时间和钻井停待时间。

第一次开钻时间是指下入导管后，第一只钻头开始钻进的时间；完钻时间是指全井段钻进结束，最后一只有有效进尺的钻头起出转盘面的时间。

3. 完井时间

完井时间是指利用原钻机进行完井的时间，不包括原钻机试油(气)时间。完井时间包括完钻测井、下产层套管固井、起下油管、射孔、储层改造、诱喷、安装井口等作业时间。

(四)钻井时间的分类

1. 进尺作业时间

进尺工作时间是指与钻井进尺直接相关的所必需的钻井作业时间。进尺工作时间包括纯钻进时间(包括取心)、起下钻时间、接单根时间、扩划眼时间、换钻头时间、循环钻井液时间以及定向等作业时间。

纯钻进时间是指钻头在井底转动，破碎岩石形成井眼的钻进时间，包括取心钻进时间，不包括扩划眼时间和井壁取心时间。

起下钻时间是指为正常钻进和取心钻进所必需的起钻、下钻时间，除此以外的起下钻时间不计入此。起钻时间是指停止泥浆泵后，从上提方钻杆开始到起完最后一根立柱，钻头提出转盘表面为止的全部时间；下钻时间是指从钻头进入转盘起，到下完最后一根立柱、接上方钻杆为止的全部时间。

接单根时间是指为正常钻进和取心钻进过程中的接单根时间，包括从上提方钻杆开始到接上单根后又接上方钻杆为止的全部时间。

扩划眼时间包括为扩、划眼而进行的起下钻、换钻头、接单根等时间，不包括处理井下复杂情况的扩、划眼时间。划眼时间是指在钻井过程中按照钻井操作规程规定所必需进行划眼的时间；扩眼时间是指取心后的扩大井眼时间。

换钻头时间是指为正常钻进和取心钻进，因钻头磨损而引起的更换钻头时间，包括从卸旧钻头开始到换装好新钻头开始下钻为止的全部时间，不包括检查、测量钻头的时间。

循环钻井液时间是指为取得钻井进尺而必须进行的正常的钻井液循环时间。包括起钻前和接单根前的钻井液循环时间以及钻进过程中其他正常的钻井液循环时间，如正常扩、划眼中的钻井液循环时间，但不包括电测、固井、下套管前以及处理事故或井下复杂情况等所进行的钻井液循环时间。

2. 辅助作业时间

辅助作业时间是指与钻进作业密切相关的循环处理钻井液、起下钻、保养钻机、倒大绳、测斜等作业时间。

辅助工作时间包括：为了保证正常钻进所作的一切准备工作时间；根据工程设计要求和合理使用钻具，将井下钻具定期倒换上下位置、起钻前配立柱或钻至一定深度时由于钻机负荷限制需要更换较小直径钻具所需要占用的时间；落实岗位责任制和交接班等制度所需的检查工作时间；为取心而进行的检查装配取心工具、割心、岩心出筒等所需要的辅助工作时间；在正常的钻进过程中，需调整、更换、配制钻井液所占用的调配钻井液时间(因处理复杂情况、堵漏等所进行配制钻井液的时间计入处理复杂情况时间)；更换易损件时间以及诸如地质观察取样、校对井架、校对悬重、校正指重表、指重表悬重下降、泵压降低所需观察判断所占用的其他辅助工作时间。

3. 特种作业时间

特种作业时间是指在钻井过程中为评价地层或安全钻井而进行的作业时间。它包括测井、下套管、固井、候凝、装封井器及试压、回堵、挤水泥等作业时间。

其中：测井工作时间是指在钻井过程中按照地质、工程设计要求进行的电测、气测、井壁取心以及放射性测井所占用的时间。固井工作时间是指为固井所进行的一切正常工艺措施所占用的时间，包括固井前准备工作、下套管、钻井液循环、注水泥、替钻井液、碰压候凝、测声幅、探水泥面、钻水泥塞、换装井口等全部工作时间。

4. 异常作业时间

异常作业时间是指因井下或地面设备异常而影响正常钻井作业的时间。主要包括故障作业时间、复杂情况及处理时间、修理时间。

(1)故障作业时间

故障作业时间是指自发生故障或发生有异常情况证实为故障时起，至故障解除恢复原有生产状态为止所占用的全部时间。它主要包括处理井喷、井下故障、机械故障、人身伤害等事件影响的正常钻井生产时间。

事故损失时间具体包括：钻具事故时间、钻头事故时间、卡钻事故时间、固井事故时间、测井事故时间、机械设备故障排除时间以及诸如井喷、顿钻、溜钻、井下落物、顶天车、拉倒井架等其他事故时间。

(2)复杂情况及处理时间

复杂情况及处理时间是指在钻井过程中出现复杂情况及处理复杂情况所影响的正常钻井生产时间。

复杂情况及处理时间包括：由于井斜超过规定标准而必须进行纠正的时间；因井壁坍塌等原因造成的需要回填重钻的时间；处理井漏、井涌、溢流、气侵、水侵、盐侵、石膏侵、黏土浸的时间；循环钻井液发生故障、钻井液性能改变需要进行处理的时间；处理起下钻遇阻、井内键槽、跳钻、憋钻的时间；修正井眼的时间；处理事故中发生的侧钻时间；处理井架基础下沉等其他原因引起的复杂情况时间等。

(3)修理时间

修理时间是指由于钻井机械设备运转失灵或钻井工具损坏而被迫进行修理，停止钻井生产的时间。它包括钻井机械修理时间和钻具修理时间等。不影响钻井生产的修理时间不计入在内。

5. 钻井停待时间

钻井停待时间是指在正常钻井生产期间的停工待料、待命等停待时间。又可分为组织停工时间和其他停工时间。其中：组织停工时间是指按甲方指令停工或由于钻井施工组织不善、物资材料供应保障不力等原因而造成的停工时间；其他停工时间是指不属于上述各项的其他停工时间。

(五)石油钻井生产时效分析

钻井时效分析就是在钻井工作时间加以分类的基础上，计算各项钻井工作时间与钻井工

作时间之比，并以此反映钻井工作时间构成及其利用情况。

$$钻井工作时间 = 生产时间 + 非生产时间$$

$$各项钻井工作时间所占比重(\%) = [各项钻井工作时间(h) \div 钻井工作时间(h)] \times 100\%$$

四、石油钻井工程成本统计

钻井成本统计应分构造、分区块、分井型统计计算钻井总成本和钻井单位成本。

第三节 石油钻井工程项目统计信息资料管理

石油钻井工程项目统计信息资料主要包括：钻井队(平台)生产技术基础资料、钻井队(平台)经营管理基础资料、钻井队(平台)HSE管理基础资料、钻井队(平台)资产管理基础资料以及钻井承包商编制的钻井生产统计月报、季报、年报。

一、钻井队(平台)生产技术基础资料

钻井队(平台)生产技术基础资料包括但不仅限于表11－7中列示的资料记录。

表11－7 钻井队(平台)生产技术基础资料资料

资料类别		基础资料明细	备注
钻井生产管理	报表类	钻井工程日报表	
		钻井液班报表	
		油料消耗报表	
		施工总结	
	资料台账类	指重表自动记录仪卡片	
		测斜卡片(底片)	
		试压卡片	
		各次开钻检查验收书	
		钻开油气层检查验收批准书	
		地质、工程基本数据表	
		钻井工程设计	
		钻井地质设计	
	记录类	钻井井史	
		钻井液小型实验记录	
		钻井液材料消耗记录	
		钻具、工具、套管检查使用记录	
		井控坐岗观察记录	
		井控资料记录	
钻井施工质量管理	报表类	质量检查报表	
	记录类	质量会议记录	
		QC小组活动记录	

二、钻井队(平台)经营管理基础资料

钻井队(平台)经营管理基础资料包括但不仅限于表 11 -8 中列示的资料记录。

表 11 -8　钻井队(平台)经营管理基础资料资料

<table>
<tr><th colspan="2">资料类别</th><th>基础资料明细</th></tr>
<tr><td rowspan="16">钻井队(平台)生产经营管理基础资料</td><td rowspan="2">报表类</td><td>员工收入汇总报表</td></tr>
<tr><td>食堂月报表</td></tr>
<tr><td rowspan="12">资料台账类</td><td>招待费使用台账</td></tr>
<tr><td>误餐费支出台账</td></tr>
<tr><td>医药品领用发放台账</td></tr>
<tr><td>完井主要经济技术指标统计台账</td></tr>
<tr><td>材料收发存管理台账</td></tr>
<tr><td>单井成本写实记录</td></tr>
<tr><td>单井综合项目表</td></tr>
<tr><td>单井定额成本表</td></tr>
<tr><td>单井实际成本与定额成本单项对比表</td></tr>
<tr><td>单井完井考核兑现表</td></tr>
<tr><td>单井主要成本对比表及考核兑现汇总表</td></tr>
<tr><td>完井经营管理总结与完井分析</td></tr>
<tr><td rowspan="2">记录类</td><td>会议记录</td></tr>
<tr><td>伙委会活动记录</td></tr>
</table>

三、钻井队(平台)HSE 管理基础资料

钻井队(平台)HSE 管理基础资料包括但不仅限于表 11 -9 中列示的资料记录。

四、钻井队(平台)资产管理基础资料

钻井队(平台)资产管理基础资料包括但不仅限于表11－10中列示的资料记录。

表11－9　钻井队(平台)HSE管理基础资料资料

资料类别		基础资料明细
钻井队(平台)HSE管理基础资料	报表类	HSE管理表
		特殊工种人员统计表
	资料台账类	职工健康档案
	记录类	HSE工作记录(包括HSE教育培训、HSE会议、HSE考核记录)
		班组HSE活动记录
		环境保护工作记录

表11－10　钻井队(平台)资产管理基础资料资料

资料类别		基础资料明细
钻井队(平台)资产管理基础资料	资料台账类	钻井队(平台)设备简明档案
	记录类	井控设备保养检查记录
		钻台设备运转保养记录
		机房设备运转保养记录
		固控设备运转保养记录
		发电房设备运转保养记录
		油水检验记录
		钻井机械运转保养记录
		电动钻机电器设备运转保养记录
		电动钻机机房设备运转记录
		油水检验原始记录
		设备管理活动记录

五、钻井生产统计月(年)报

钻井生产统计报表是组织钻井施工过程中的各项经济技术指标的信息载体。钻井生产统

计月(年)报主要包括主要指标同期对比表、石油钻井工作量及经济技术指标表、石油钻井时效表、分构造石油钻井主要经济技术指标表、分队分井主要指标表、完成井主要经济技术指标表、完成井时效分析月报表和钻井队钻井情况表。

(一)石油钻井生产主要指标同期对比表

主要指标同期对比表主要提供本期与基期的开完钻井口数、进尺、钻机月、平均井深、机械钻速、平均建井周期、队平均进尺、取心收获率、井身质量合格率、固井合格率、工程返工进尺、上万米队数、上双万米队数及其对比情况。主要统计内容见表11－11。

(二)石油钻井工作量及经济技术指标表

石油钻井工作量及经济技术指标表主要提供本期完成的探井、开发井的开完钻井口数、钻井进尺、完成井全部进尺、完成井井深之和、返工进尺、工程报废进尺及地质报废进尺、钻机月、纯钻进时间、油层套管固井次数及合格次数、取心进尺及岩心长度、井身质量合格口数、见工业油气流井口数、钻井耗柴油、钻井耗机油、完成井耗钢材、完成井建井周期之和、年平均队数、年平均动用队数等信息资料。主要统计内容见表11－12。

(三)石油钻井时效表

石油钻井时效表主要统计当年全部钻井时间、生产时间和非生产时间以及生产时间、非生产时间占全部钻井工作时间的比重情况。主要统计内容见表11－13。

(四)分构造石油钻井主要经济技术指标表

分构造石油钻井主要经济技术指标表主要分钻机类型、分地区构造、分井型提供平均动用队数、开完钻井口数、进尺、钻机月、钻机月速度、累计取心情况、平均完井井深、平均建井周期以及累计完成产值情况。主要统计内容见表11－14。

(五)分队分井主要指标表

分队分井主要指标表主要提供当月某一支钻井队在某一地区(构造)钻井井型、井号、钻井日期、设计井深、累计进尺、当月进尺、当月钻机月、当月钻机月速度、当月取心以及井下复杂和事故情况。主要统计内容见表11－15。

(六)完成井主要经济技术指标表

完成井主要经济技术指标表主要统计当月(年)累计完成的井口数、井号、井型、钻井日期、建井周期、完钻井深、完成井累计钻机月、完成井累计钻机月速度、井身质量、固井情况、取心情况以及钻头消耗情况。主要统计内容见表11－16。

(七)完成井时效分析月报

完成井时效分析月报主要统计当月完成井井号、井型、地区(构造)、动用钻机、全部钻井时间、生产时间和非生产时间以及生产时间、非生产时间占全部钻井工作时间的比重情况。主要统计内容见表11－17。

(八)钻井队钻井情况表

钻井队钻井情况表主要统计某一支钻井队当月(年)累计开钻及完井情况。主要统计内容见表11－18。

表 11－11　石油钻井生产主要指标同期对比表

单位代码：　　　　　　　　　　××制订
填报单位：　年　月

年份	计划			完成			钻机月/台月	钻机月速/(m/台月)	完成井机械钻速/m/h	平均井深/m	平均建井周期				队平均进尺	上万米队/个	上双万米队/个	取心			井身合格率/%	固井合格率/%	工程返工进尺/m
	开钻/口	完井/口	进尺/m	开钻/口	完井/口	进尺/m					合计	迁装	钻井	完井				进尺/m	心长/m	%			
×年×月																							
×年×月																							
对比情况																							
××年																							
××年																							
对比情况																							

表 11－12　石油钻井工作量及技术经济指标表

单位代码：　　　　　　　　　　××制订
填报单位：　　　　　　　　　　年　月

	代码	计算单位	本月总计	本月累计		本年累计	
				探井	开发井	探井	开发井
甲	乙	丙	1	2	3	4	5
综合井							
一、开钻井口数							
二、完成井口数							
三、钻井进尺							
四、完成井全部进尺							
五、完成井井深之和							

续表

	代码	计算单位	本月总计	本月累计		本年累计	
				探井	开发井	探井	开发井
六、返工进尺							
七、工程报废进尺							
地质报废进尺							
八、钻机月							
纯钻进时间							
九、油层套管固井次数							
合格次数							
十、取心进尺							
十一、岩心长度							
十二、井身质量合格口数							
十三、见工业油气流井口数							
十四、钻机耗柴油							
十五、钻机耗机油							
十六、完成井耗钢材							
十七、完成井建井时间之和							
十八、年平均队数							
十九、年平均动用队数							

表 11－13　石油钻井时效表

单位代码：　　　　　　　　××制订
填报单位：　　　　　　　　年　月

	编号	全部钻井工作时间		占全部钻井工作时间/%		其中：探井钻井工作时间	
		本月	本年本月止累计	本月	本年本月止累计	本月	本年本月止累计
全部钻井工作时间	1						
一、生产时间	2						
其中：进尺工作时间	3						
纯钻进时间	4						
二、非生产时间	5						
1、事故时间	6						
其中：卡钻	7						
2、修理时间	8						
3、组织停工损失时间	9						
4、处理复杂情况时间	10						
5、自然灾害停工时间	11						
6、其他停工时间	12						

表 11－14　分构造石油钻井主要经济技术指标表

单位代码：　　　　　　　　××制订
填报单位：　　　　　　　　年　月

井型钻机类型地区构造	平均动用队数		开钻		完井		完成进尺		钻机月		钻机月速度		自年初累计取心			平均完井井深	平均建井周期				累计完成产值
	本月	累计	本月	累计	本月	累计	本月	累计	本月	累计	本月	累计	进尺	心长	收获率/%		全井	迁装	钻井	完井	
本月总计																					
一、探井																					
……																					

续表

井型钻机 类型地区构造	平均动用队数		开钻		完井		完成进尺		钻机月		钻机月速度		自年初累计取心			平均完井井深	平均建井周期				累计完成产值
	本月	累计	本月	累计	本月	累计	本月	累计	本月	累计	本月	累计	进尺	心长	收获率/%		全井	迁装	钻井	完井	
二、开发井																					
……																					
按钻机类型分																					
1500																					
2000																					
2500																					
3200																					
4500																					
5000																					
6000																					
7000																					
按地区构造分																					
××地区																					
(一)探井																					
……																					
(二)开发井																					
……																					

表 11－15　分队分井主要指标表

单位代码：　　　　　　　　　　　　　　　　××制订

填报单位：　　　　　　　　　　　　　　　　年　月

序号	队号	井号	地区	井型	钻井日期			设计井深	累计井深	本月进尺	钻机月	钻机月速度	本月取心			事故			备注
					开钻	完钻	完井						进尺	心长	收获率	事故名称	事故次数	损失时间	
合计																			

表 11－16　完成井主要经济指标表

单位代码：　　　　　　　　　　　　　　　　××制订

填报单位：　　　　　　　　　　　　　　　　年　月

序号	队号	井号	井型	钻井日期			完钻井深	钻机月	钻机月速度	井身质量	固井			固井质量	取心			建井周期				钻头消耗			
				开钻	完钻	完井					表层	油层	技套		进尺	心长	收获率	全井	迁装	钻井	完井	钻头			取心钻头
																						类型	数量	进尺	
合计																									
累计																									

表 11 – 17　完成井时效分析月报表

单位代码：
填报单位：

××制订
年　月

序号	队号	井号	井型	地区	钻井总时间	生产时间/h									非生产时间/h								
						进尺工作时间						固井	辅助	合计	修理	事故			自然灾害	处理复杂情况	组织停工	其他停工	合计
						小计	纯钻进	起下钻	接单根	划眼	其他					时间	次数	其中卡钻					
合计																							
累计																							

表 11 – 18　钻井队钻井情况表

单位代码：
填报单位：

××制订
年　月

序号	队号	开钻		完井		本月完成进尺			自年初累计进尺	平均井深	累计钻机月	固井质量			井身质量		取心			备注
		本月	累计	本月	累计	计划	实际	完成率				固井口数	合格口数	合格率	合格口数	合格率	进尺	心长	收获率	
合计																				

第十二章　石油钻井工程项目会计核算

第一节　石油公司关于石油钻井工程建设项目的核算

石油公司是钻井工程的项目业主，是钻井工程的投资方。钻井工程是石油公司的建设项目，石油公司的建设目标是取得能够发挥应有效益的油气资产——井。

石油公司关于钻井工程项目核算的主要任务是，不断加强石油钻井工程建设资金管理，建立健全“油气资产”及其折耗的明细账，正确区分应计入“油气资产”的成本和应计入当期费用核销的钻井工程建设成本支出，准确核算“油气资产”的价值及其折耗，以真实准确地核算油气资产成本、油气生产成本和当期经营成果。

一、石油和天然气会计核算基础

（一）石油天然气勘探开发的四种基本成本

石油和天然气会计核算，是关于石油公司进行石油和天然气勘探和生产活动所发生的四种基本成本的计量与核算。这四种基本成本是：矿区权益取得成本、油气勘探成本、油气开发成本和油气生产成本。

1. 矿区权益取得成本

矿区权益取得成本是指发生在购置探矿和采矿权上的成本，即发生在取得石油和天然气勘探、生产权利方面的成本。

2. 油气勘探成本

油气勘探成本是指在矿区进行油气勘探发生的成本。油气勘探成本包括钻井勘探支出和非钻井勘探支出。钻井勘探支出主要是指钻探区域探井、勘探型详探井、评价井和资料井等活动发生的支出；非钻井勘探支出主要是指进行地质调查、地球物理勘探等活动发生的支出。

3. 油气开发成本

油气开发成本是指为了取得探明矿区中的油气而建造或更新井和相关设施等活动所发生的支出。油气开发成本主要包括开发井的建造支出、构建提高采收率系统发生的支出以及构建矿区内集输管线、分离处理设施、计量设备、储存设施等发生的支出。

4. 油气生产成本

油气生产成本是指为把石油和天然气提升至地面以及石油和天然气的集输、处理和储存以及矿区管理等所发生的支出。油气生产成本主要包括井及相关矿区权益折耗、生产设施折耗、辅助设备和设施折旧以及操作费用等。其中：操作费用主要包括油气集输、处理、现场加工、现场储存和矿区管理活动发生的直接和间接费用。

（二）成果法与全部成本法的概念

用于核算上述四种基本成本公认的历史成本法有成果法和全部成本法两种。将这四种基本成本联系起来，其基本的核算结果是将发生的成本或者资本化或者费用化。

成果法与全部成本法的主要区别是当成本发生时是资本化还是费用化、冲抵收入的费用或亏损的时间选择以及成本归集和摊销的成本中心的范围不同。成果法下，成本中心是一个矿区、一个油田或者一个油藏；全部成本法下，成本中心是一个国家或地区。

在成果法下，成功的勘探成本作资本化处理，非成功勘探成本作费用化处理。而在全部成本法下，成功的勘探成本和非成功的勘探成本都作资本化处理。两种方法下的取得成本和开发成本都作资本化处理，生产成本都作费用化处理。

成果法核算的基本流程及主张的会计政策见图 12－1：

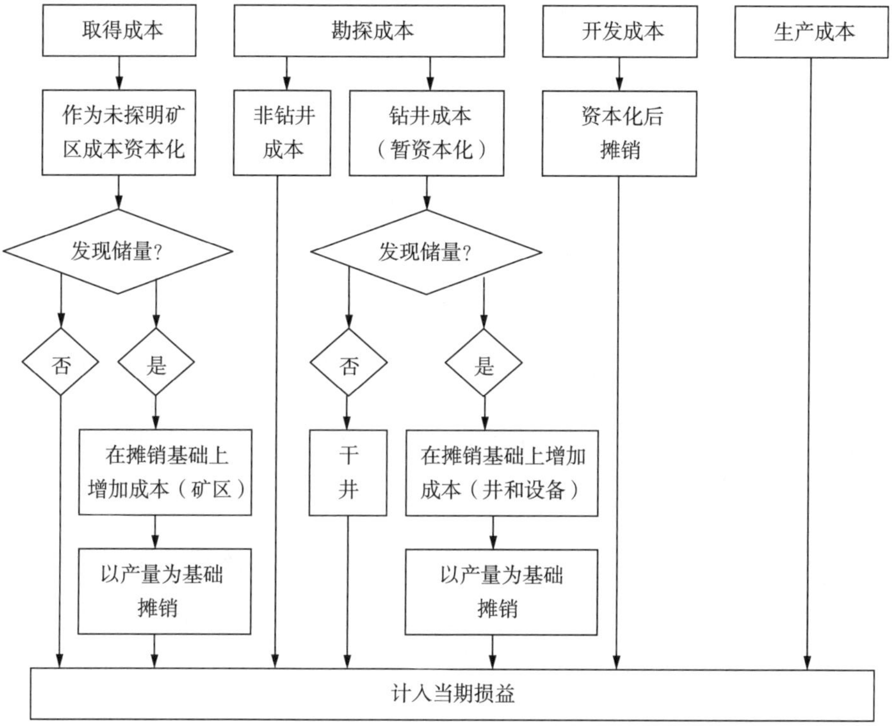

图 12－1　成果法核算流程示意图

全部成本法核算的基本流程及主张的会计政策见图 12－2：

成果法与全部成本法所主张会计政策的差异对比见表 12－1。

表 12－1　成果法与全部成本法对比

对比项目	成果法	全部成本法
地质和地球物理勘探成本	费用化	资本化
取得成本	资本化	资本化
勘探干井	费用化	资本化
成功的探井	资本化	资本化
开发干井	资本化	资本化
成功的开发井	资本化	资本化
生产成本	费用化	费用化
摊销计入的成本中心	矿区、油田或储层	国家或地区

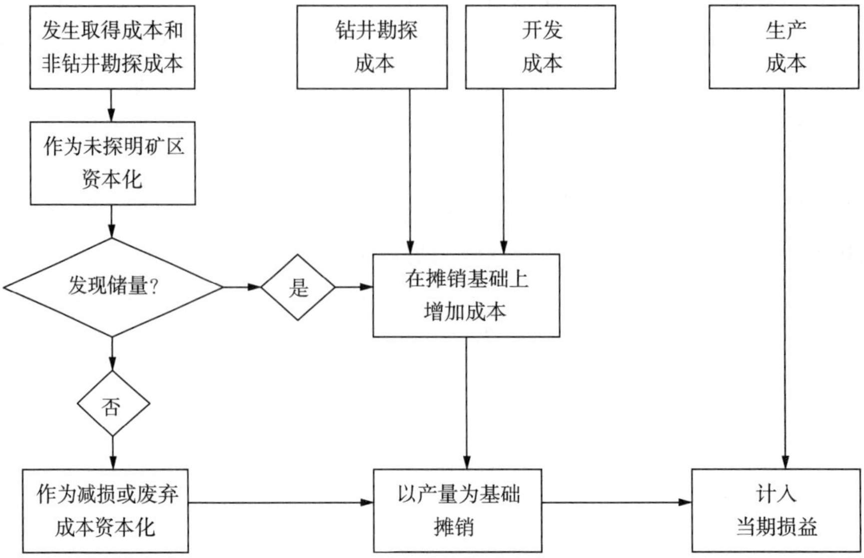

图 12－2　全部成本法核算流程示意图

成果法与全部成本法相比较之下，对未成功探井成本的财务处理方法不同，对石油公司的损益表有实质性的影响。成果法下，一定的勘探干井成本对石油公司一定会计期间的净收入产生不利的影响，而采用全部成本法核算的石油公司把勘探干井成本资本化，这部分成本将被分期摊销计入不同的会计期间。

二、成果法与全部成本法在石油钻井工程建设成本核算中的应用

(一) 成果法与全部成本法在石油钻井工程建设成本核算中的选用

石油公司对钻井成本的核算主要有两种基本方法，即全部成本法和成果法。大型石油公司一般采用成果法，小型石油公司多采用全部成本法。

成果法下，探井干井成本计入费用，成功的探井作资本化处理；所有开发井的支出，包括开发参数井和辅助生产井的支出，不论其是干井，还是成功的井，都作资本化处理。全部成本法下，所有钻井工程建设成本的支出，不论其是探井还是开发井，也不论其成功与否，都作资本化处理。

大型石油公司每年都要安排大量的钻井作业，他们可以把钻井风险分散到众多的项目中去，使其成功率接近于全行业的平均水平，从有利于税收考虑，他们偏向于采用成果法核算；而小型石油公司由于其资源有限，达不到大型石油公司那样的风险分散程度，从有利于均衡收益、吸收资金考虑，他们倾向于采用全部成本法核算。

采用全部成本法的公司认为：第一，没有取得结果的勘探费用支出是一种不可避免的勘探成本，如在完成的探井工作量中出现一定数量的干井是必然的，所以这些支出只要发生就应当资本化，并且应在勘探取得的成功结果的收益中予以摊销；第二，投资者最想了解的就是公司所拥有的石油和天然气储量的价值，而全部成本法提供的资产负债表在大多数情况下比成果法更接近于公平的市场价值；第三，全部成本法提供较高的收益数字，有利于提高公司的股票价格。

采用成果法的公司则认为：第一，对于未来收益不明确的支出，应当尽快作为即期费用

予以核销，对于完全没有开采价值的干井费用更应如此；第二，成果法下资产的计量小，费用发生时就认可损失，符合“稳健性”原则；第三，成果法反映的情况与石油工业的实际情况相符合。统计资料表明，在美国国内钻的初探井中，有80%以上的井探明的油气储量没有工业开采价值。假如，采用全部成本法，实际上就要有80%以上的资本化成本成为资本化损失，而成果法则可以避免这种不符合实际情况的做法。

2005年，我国财政部在借鉴国际会计准则，并结合我国实际情况的基础上，为规范石油天然气开采活动的会计处理及相关信息批露，根据《企业会计准则——基本准则》制订并发布了《企业会计准则27号——石油天然气开采》，要求采用成果法对勘探支出进行资本化，规定：对发现了探明经济可采储量的钻井勘探活动的支出进行资本化处理，其他的取得成本和勘探支出做费用化处理。

（二）“油气资产——井”的计价一般原则及会计处理

1. 探井计价的一般原则及会计处理

①钻井勘探支出在完井后，确定该井发现了探明经济可采储量的，应当将钻探该井的支出资本化，转作“井及相关设施”成本。确定该井未发现探明经济可采储量的，应当将钻探该井的支出扣除净残值后费用化，计入当期损益。确定部分井段发现了探明经济可采储量的，应当将发现探明经济可采储量的有效井段的钻井勘探支出结转为井及相关设施成本，无效井段钻井勘探累计支出转入当期损益。

②未能确定该探井是否发现探明经济可采储量的，应当在完井后一年内将钻探该井的支出予以暂时资本化。在完井一年时仍未能确定该探井是否发现探明经济可采储量，同时满足下列条件的，应当将钻探该井的资本化支出继续暂时资本化，否则计入当期损益：

其一，该井已发现足够数量的储量，但要确定其是否属于探明经济可采储量，还需要实施进一步的勘探活动；

其二，进一步的勘探活动已在实施中或已有明确计划并即将实施。

③钻井勘探支出已费用化的探井又发现了探明经济可采储量的，已费用化的钻井勘探支出不作调整，重新钻探和完井发生的支出应当予以资本化。

2. 开发井资产的计价一般原则及会计处理

开发井资产的初始成本予以资本化。在探明矿区内，钻井至现有已探明层位的支出，作为油气开发支出。为获得新增探明经济可采储量而继续钻至未探明层位的支出，作为钻井勘探支出，按照探井计价的一般原则及会计处理办法进行处理。

油气开发形成的井及相关设施的初始成本主要包括：钻前准备支出和井的设备购置及建造支出。其中：钻前准备支出包括前期研究、工程地质调查、工程设计、确定井位、清理井场、修建道路等活动发生的支出；井的设备购置支出包括套管、油管、抽油设备和井口装置等支出；井的建造支出包括钻井和完井支出。

（三）特殊情况下“油气资产——井”的计价及会计处理

1. 井在报废情况下的计价及会计处理

由于设备的问题或由于地层构造复杂以及其他影响钻井施工的不利因素，而被迫放弃第一口探井，而在附近钻探的第二口探井证明是成功的，这种情况下，应把废弃的第一口探井的成本计入勘探干井予以核销；如果原先钻的第一口井是一口开发井，那么所有的相关费用作资本化处理。

2. 侧钻或另钻新孔情况下的计价及会计处理

如果发生井下复杂而无法钻井，这时需要回堵，并进行侧钻的情形，该探井证明是成功的，这种情况下，回堵成本支出和回堵井段部分的钻井成本应计入费用核销；如果是一口开发井而被迫放弃该井的下面一部分，并且侧钻或继续定向钻进，那么报废部分的费用应当作为该井全部成本的一部分。

3. 钻深超过产层深度情况下的计价及会计处理

在钻一口探井时，如果在发现探明储量的生产层完井，又将该井加深，以勘探其他还没有发现有工业开采价值的地层。从生产层加深钻井但未发现证实储量的层位，所支出的钻井费用应当作为不成功的探井费用予以核销。同样，如果在一口生产井加深钻到一个未探明层位，但较深的层位未发现探明储量，从生产层到加深钻探井段，但没有发现探明储量层位所花费的钻井成本也应作为费用予以核销。

4. 回堵在较浅层位完井情况下的计价及会计处理

钻一口探井，目的层位是干井，但回堵到较浅层位完井证明是成功的，从完井地层到原设计目标深度这一井段的钻井费用计入不成功钻井费用予以核销，而钻到生产层的钻井成本以及完工费用应作为井和设备的成本予以资本化。例如，钻一口探井，目标地层是3000m，在2000m处钻遇含油气地层，继续钻至3000m设计井深时，但是在该深度没有发现油气，于是回堵到2000m深度，在2000m深度作为一口生产井完井，那么，从2000m钻至3000m的井段所花费的支出应当作为不成功的探井费用予以核销，而钻至2000m生产层连同完井费用应当作为井和相关设备的支出予以资本化。

以上四种情况中，重要是如何分配钻井成本，因为钻井成本一部分要资本化，一部分要计入费用核销。一般地以进尺为依据分配钻井费用。

5. 探井在地质结论不明确情况下的计价及会计处理

当探井的钻井工作结束后，仍不能确定该井是否为干井或成功探井时，按下列规定处理：

①若探井发现了石油和天然气储量，但在生产开始之前需一笔高额资本投入，对发现的油气储量能否划归为探明储量，取决于是否值得作出这项重大投资，取决于增钻其他探井能否发现相当大的储量，来补偿这笔大额资本支出。在这种情况下，在没有对探井所发现的油气储量是否可以划归为探明储量作出判断之前，只要同时满足以下两个条件：第一，该探井发现的油气储量足以用于弥补其完井成本费用支出，即使需要大额资本支出也没有关系；第二，正在新钻探井或计划在近期内开钻新探井。那么该探井的累计成本就可以递延作为一项资产，甚至超过一年以上。否则将认为该探井失败，并将其累计成本支出作为费用予以核销。

②不需要大额资本支出的探井，在钻井结束时发现了油气储量，但尚未确定是否可以划归为探明储量，在这种情况下，该探井费用可以在该井完钻后一年内递延作为一项资产。同时，必须在该探井完钻后一年内对发现的是否可划归为探明储量作出判断。如果该井完工后一年内，发现的油气储量仍不能证实为探明储量，则应认为该探井失败，将该探井累计成本支出作用费用予以核销。

③如果勘探参数井完工后，需要花费一大笔成本支出，才能将这一油气储量划归为探明储量，在这种情况下，在没有对勘探参数井所发现的油气储量是否可划归为探明储量作出判断之前，只需同时满足以下两个条件，该钻井成本可以递延，直到对该井最终结果作出判

断。其一，该井不但是一口参数井，而且在该井中发现了一定的油气储量，足以补偿该井完井成本支出；其二，正在钻新的参数井或计划在近期内开钻新的参数井。

（四）石油公司有关石油钻井工程建设成本核算的会计科目设置与使用

1.“油气资产”科目

“油气资产”科目核算各采油气区块的油气井及相关设施的成本。本科目期末借方余额，反映石油公司所拥有的油气资产的原价。

石油公司的井及相关设施应当参照油气资产计价的一般原则及会计核算的有关规定，确定其原价记账。其中：自行构建的油气田勘探、开发工程完工交付使用时，借记“油气资产”科目，贷记“地质勘探支出”或“油气开发支出”科目；钻凿的探井转为开发井时，按照有效井段和适当单价计算井的成本结转纳入资产核算，借记“油气资产”科目，贷记“地质勘探支出”科目。

2.“油气资产折耗”科目

我国《企业会计准则27号——石油天然气开采》引入了产量法计提油气资产折耗，但同时保留了年限平均法。探明矿区权益和井及相关设施的成本，要通过计提折耗加以收回。

矿区权益和井及相关设施等油气资产应当采用产量法或年限平均法按月计算折耗。井及相关设施包括确定发现了探明经济可采储量的探井和开采活动中形成的井，以及与开采活动直接相关的各种设施。

当月增加的油气资产，当月不计提折耗，从下月起计提折耗；当月减少的油气资产，当月照提折耗，从下月起不计提折耗。油气资产提足折耗后，不管能否继续使用，均不再计提折耗；提前报废的油气资产，也不再补提折耗。所谓提足折耗，是指已经提足该项油气资产应提的折耗总额。应提折耗总额等于油气资产的初始化成本减去预计净残值。油气资产一般不计残值。

成果法下，油气资产折耗是按油气区块计提并单独列入油气生产成本。折耗额可按照单个矿区计算，也可按照具有相同或类似的地质构造特征或储层条件的相邻矿区所组成矿区组计算。

产量法下油气资产折耗的计算公式如下：

$$\text{油气资产折耗率} = \text{探明矿区当期产量} \div (\text{探明矿区期末探明已开发经济可采储量} + \text{探明矿区当期产量}) \times 100\%$$

式中：探明已开发经济可采储量，包括矿区的开发井网钻探和配套设施建设完成后已全面投入开采的探明经济开采储量，以及在提高采收率技术所需的设施已建成并已投产后相应增加的可采储量。

$$\text{油气资产折耗额} = \text{期末油气资产账面价值} \times \text{油气资产折耗率}$$

平均年限法下油气资产折耗的计算公式如下：

$$\text{油气资产月折耗率} = 1 \div (\text{规定折耗年限} \times 12) \times 100\%$$

$$\text{油气资产月折耗额} = \text{月初油气资产总额（原值）} \times \text{月折耗率}$$

油气资产计提折耗时，借记“油气生产成本”科目，贷记本科目。

油气资产折耗应按照油气资产分类进行明细分类核算。需要查明某项油气资产的已提折耗，可以根据油气资产卡片上记载的该项油气资产原折耗率和实际使用年数等资料进行计算。

“油气资产折耗”科目贷方余额反映已提取的累计油气资产折耗额。

3.“地质勘探支出”科目

(1)地质勘探支出的计价

地质勘探支出包括按规定申请取得探矿权时交纳的探矿权使用费；为取得国家出资勘察形成的探矿权交纳的探矿权价款；在自行勘探过程中发生的各项费用等。出包勘探项目除包括工程支出外，还包括交纳的探矿权使用费和支付的勘探出包项目价款。

(2)地质勘探支出的结转

勘探项目结束形成资产的部分，转作有关资产核算；未形成资产的部分，经批准予以核销计入当期损益。

本科目期末借方余额反映勘探尚未完工或没有明确地质结论的地质勘探支出。

(3)“地质勘探支出”科目在探井工程成本核算中的使用

“地质勘探支出”科目核算进行石油天然气地质勘探过程中所发生的各项费用。

石油公司在勘探生产过程中发生的探井工程费用支出，要根据作出的地质结论分别处理：其一，当探井完工后，若发现有商业价值的油气流，应当按照有效井段和适当的单价计算成本转为生产井，纳入资产核算。借记“油气资产”科目，贷记本科目。未形成资产的部分(包括探井部分废弃时按钻井进尺分配的费用)，借记“勘探费用”科目，贷记本科目。其二，如果探井完工后超过一年还没有地质结论，其支出计入损益。借记“勘探费用”科目，贷记本科目。

4.“油气开发支出”科目

“油气开发支出”科目核算进行石油天然气开发、钻凿开发井、补充井、调整井、注水井等以及相应的地面开发配套设施所发生的支出以及支付的采矿权价款。本科目应按油气开发区块和工程项目进行明细核算，期末借方余额，反映尚未完工交付使用的油气开发工程的实际支出。

石油公司发生的开发建设工程的实际支出，借记“油气开发支出”科目，贷记有关科目。开发工程项目完工交付使用时，属于油气资产的，借记“油气资产”科目，贷记本科目。

5.“勘探费用”科目

“勘探费用”科目核算石油公司“地质勘探支出”科目归集的地质勘探支出中除成功的探井和勘探参数井外所应计入损益的部分。

地质勘探支出可以划分为探矿权支出、非钻井勘探支出和钻井勘探支出。如果地质勘探支出是钻井支出(一般为勘探探井或参数井)，在钻井最终结果出来之前，暂在“地质勘探支出—××探井”科目归集，如果发现了探明储量，则将这口井累计所发生的全部支出转入“油气资产”科目纳入资产核算；如果钻井作业的最终结果证实这口井是干井，则将这口井所发生的全部支出转入“勘探费用”科目，借记本科目，贷记“地质勘探支出—××探井”科目。期末，应将本科目借方余额全部转入当期损益，本科目期末应无余额。

第二节　钻井承包商关于石油钻井工程施工项目的核算

钻井承包商是钻井工程的施工方，钻井工程是钻井承包商的施工项目。钻井承包商组织钻井工程施工项目管理的目的是生产出合乎要求的建设工程产品——井，使得施工作业成本控制在合同价款之内，实现盈余，取得施工活动利润和工程价款。钻井承包商关于钻井工程项目核算的主要任务是，准确计量和确认钻井工程收入，真实完整地核算钻井工程成本，准确计算单井损益，并监督检查成本计划的执行情况和执行结果，作好单井成本和目标利润考核，促进经济责任制的落实。认真作好工程价款回收和资金管理，认真作好债权管理，合理安排钻井施工活动中形成的债务偿还。保证有关管理部门能够取得并积累真实可靠的钻井经济技术指标资料和成本核算资料，用以指导钻井工程施工和成本管理。

作好单井工程项目核算是钻井承包商真实、完整、准确地反映企业在一定时点的财务状况和一定时期的经营成果、现金流量的基础。

一、钻井工程收入的核算

（一）单井工程收入构成及管理目标

单井工程收入的可能构成与管理目标见图 12－3：

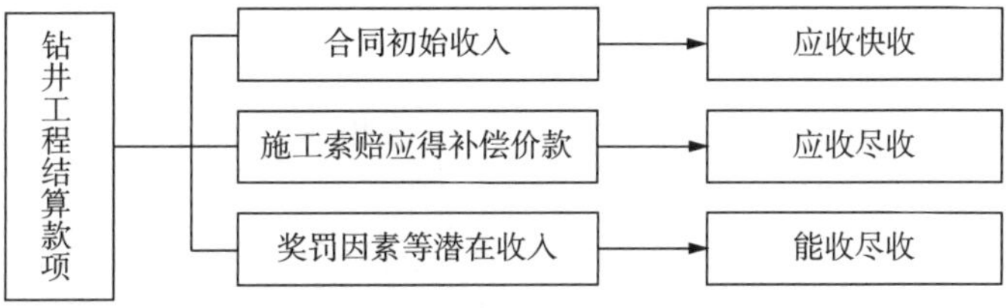

图 12－3　钻井工程收入构成及管理目标示意图

单井工程收入的多少取决于所拿到的合同包含多少钻井作业项目及钻井工程计价方式。钻井工程计价方式主要有日费制、进尺制和以完成的合同工程量为基础结算工程价款三种方式。计价方式不同、单井工程承包合同拿到的协作配合工程项目不同，都会影响单井工程收入的高低和单井成本项目的不同。

钻井工程合同收入包含以下部分内容：一是与业主订立的合同中规定的合同初始收入，即钻井承包商与业主在双方签订的合同中最初商定的合同总金额，它构成了合同收入的基本内容；二是因合同变更、施工索赔等应得补偿价款形成的收入，这部分收入并不构成合同双方在签订合同时已在合同中商定的合同总金额，而是在执行合同过程中由于合同变更、施工索赔等原因而形成的追加收入；三是奖罚条款隐含的潜在收入。

合同变更是指业主为改变合同规定的作业内容而提出的调整。合同变更收入在同时满足以下两个条件时，才能构成合同收入：一是业主能够认可因变更而追加的收入；二是该收入能够可靠地计量并得以回收。

施工索赔应得补偿款是指因业主或其他第三方的原因造成的，向业主或第三方收取的、用以补偿不包括在合同造价中成本的款项。索赔款在同时满足以下两个条件时，方可确认：一是根据谈判情况，预计对方能够同意该项索赔；二是对方同意接受的金额能够可靠地计量。

奖励款是指工程质量达到或超过规定的标准以及周期节约等原因，业主同意支付的额外款项。奖励款在同时满足以下两个条件时，方可确认：一是根据合同目前完成情况，足以判断工程进度和工程质量能够达到或超过规定的标准；二是奖励金额能够可靠地计量。

合同初始收入应当及时提请业主按照合同约定的拨付进度及时拨付施工进度款，做到“应收快收”；施工索赔要注重索赔依据的记录、搜集和整理，并及早与业主或其他相关方协商沟通，取得对方的书面认同签认，施工索赔收入应当做到“应收尽收、应得尽得”；奖励条款形成的潜在收入努力做到“能收尽收”；因合同罚则而丧失的收入应当视同“能收未收”，因为它是可以由钻井承包商通过严格执行甲方指令、精心组织钻井施工加以规避的潜在效益流失。

（二）完成井单井工程收入的确认与计量

钻井承包商在同一会计年度内开始执行合同并完成合同的钻井工程项目，应当在劳务完成时确认收入，确认的金额为办理完井工程价款决算的金额或合同、协议的总金额。

1. 日费制下单井工程收入的确认与计量

日费制下单井工程收入的确认时间和确认金额应当以甲方实际签认的工作量确认单为依据进行计量。若合同周期跨月，应在月末按已完成的合同周期及相应的日费标准确认收入。

$$日费制下单井工程收入 = \sum(不同日费标准 \times 相应计费周期) \pm 合同变更 \pm 工程索赔事项 \pm 奖罚 \pm 其他$$

$$日费标准 = 钻机日租赁费 + 钻井队人员日工资 + 其他费用$$

$$钻机日租赁费 = 钻机原值 \div (钻机预计使用年限 \times 365 \times 设备利用率)$$

一般地，日费标准、计费周期、奖罚条款等在钻井施工合同中有明确的约定。

2. 进尺制下单井工程收入的确认与计量

进尺制下，单井工程收入的计价基础是根据钻到某个深度的总的估计费用，加上利润和风险因素，然后除以目标深度确定的。业主按照钻井进尺和合同约定的计价基础（米费）支付钻井工程价款。

$$进尺制下单井工程收入 = \sum(相应井段的米费标准 \times 钻进深度) \pm 合同变更 \pm 工程索赔事项 \pm 奖罚 \pm 其他$$

一般地，米费标准及相应的计费井段、奖罚条款等在钻井施工合同中有明确的约定。

3. 按合同工作量计价情况下单井工程收入的确认

钻井工程是多专业、多工种、多部门协同施工的工程，施工过程复杂，各个环节都有相应的专业公司分工负责、协作配合。钻井生产的主体是钻井队，钻前准备、管具供井技术服务、钻井液技术服务、钻井工艺技术服务、测井、测试、地质录井、试油（气）以及修理、运输等协作施工单位为钻井生产提供辅助生产作业。相应地，口井工程造价包括上述作业成本及业主给予补偿的风险费、计划利润及税金等费用。在这种计价方式下，单井工程承包合同拿到的协作配合工程项目多少，都会影响到单井工程收入的高低和单井成本项目的不同。目前，我国陆上油气田勘探开发大多采用这种计价方式，其计价基础为石油专业工程定额。

$$按工作量计价情况下的单井工程收入 = 合同初始价款 \pm 合同变更 \pm 工程索赔事项 \pm 奖罚 \pm 其他$$

一般地，合同初始价款、奖罚因素等在合同中有明确的约定。

（三）非日费制下在钻井当期收入与费用的确认与计量

1. 完工百分比法

（1）完工百分比法下在钻井当期收入与费用的确认与计量原则

完工百分比法是指根据合同完工进度确认收入与费用的方法。

如果劳务的开始和完成分属不同的会计期间，且在资产负债表日能够对该项交易的结果作出可靠估计的，应当按照完工百分比法确认收入并同时结转相应的成本。即：按一定的标准确认收入，跨期在钻井已发生的成本当期可转销，但是不能超过参照合同价及施工进度确定的成本结转数。

如果钻井施工合同结果不能够作出可靠估计的，应当区别以下情况处理：合同成本能够收回的，合同收入根据能够收回的实际合同成本加以确认，合同成本在其发生的当期确认为费用；合同成本不可能收回的，应在发生时立即确认为费用，不确认收入。

如果预计总成本将超过预计总收入，应当将预计损失立即确认为当期费用。

(2)完工百分比法下合同完工进度的测定

合同完工进度可以选用以下方法确定：一是甲方或专业技术人员确认的完工进度；二是累计实际发生的成本占合同预计总成本的比例。

当按甲方或专业技术人员测量确认的工作量计算出完工进度，较按实际发生成本占预计工程总成本所计算的完工进度快时，按实际成本计算完工进度；当甲方或专业技术人员测量确认的工作量计算出完工进度，较按发生实际成本占预计工程总成本所计算的完工进度慢时，按甲方或专业技术人员确认的工作量计算完工进度。

(3)完工百分比法下在钻井当期损益的确定

在钻井收入当期确认的收入和费用可按下列公式计算：

当期确认的合同收入 =（合同总收入 × 完工进度）– 以前会计期间累计已确认的收入

当期确认的合同毛利 =（合同收入 – 合同预计总成本）×

完工进度 – 以前会计年度已确认的毛利

当期确认的合同费用 = 当期确认的合同收入 – 当期确认的合同毛利

以上所计算的完工进度实际上是累计完工进度，在具体应用时应分别以下情况进行账务处理：

一是当期开工、当期未完工的工程在确认合同收入和合同费用时，以前会计期间累计已确认的合同收入、合同毛利均为零；

二是以前会计期间开工、当期仍未完工的工程可直接用上述公式计算；

三是以前会计期间开工、在本期完工的工程当期确认的收入等于工程总收入(工程决算收入)扣除以前会计期间累计已确认的收入，当期计量确认的合同毛利等于合同总收入(工程决算收入)扣除实际总成本减以前会计期间累计已确认的毛利。

2. 分部组合计价法

(1)分部组合计价的概念

分部组合计价法是完工百分比法的延伸应用。分部组合计价法亦适用于非日费制下跨年在钻井当期收入与费用的确认与计量。分部组合计价法比照我国财政部发布的《企业会计准则第 15 号——建造合同》规定的完工百分比法设计，完工进度要分别测算各分部分项工程的施工进度。

一口井的工程造价可以简要划分为：设备动遣费用、钻前准备作业成本、钻进成本、有形成本支出、税金、其他费用以及业主给予补偿的风险费和计划利润。其中：本书观点认为，此间的钻进成本包括钻井液技术服务及钻井液材料成本、测井测试费用、地质录井费用、井控费用、供井钻具费用、动力费用、固井工程费用等；有形成本主要包括完井井口装置、套管柱及附件、水泥及含添加剂、完井管柱等支出。

相应地，在非日费制钻井承包方式下，合同价款亦由上述部分或全部分项工程的造价及风险费、计划利润等组成，根据各分部分项工程的完工进展情况，在资产负债表日可以累计确认已实现的分部分项工程收入。

分部组合计价法下，各分部分项工程的完工进度可按以下原则确认：

第一，开钻情况下，设备动迁及钻前准备作业工程按 100% 确认完工进度，按合同价款

全额确认设备动迁及钻前准备作业工程收入；

第二，钻进及完井工程按正常钻进已耗用钻头成本及欠平衡钻进成本占预计总钻头成本及合同内欠平衡钻进费用的比例确定完工进度。

分部组合计价法下，资产负债表日在钻井已实现工程收入可按下式测算：

在钻井已实现收入 =（合同初始收入 – 合同内有形成本费用）×[（正常钻进已耗用钻头成本 + 与取得进尺相关的欠平衡工艺钻进成本）÷（预计钻头总成本 + 合同内与取得进尺相关的欠平衡工艺钻进费用）± 修正系数] ± 合同（设计）变更调整收入 + 工程索赔事项 ± 其他因素影响应调整的收入 + 实际耗用有形成本费用 + 设备动迁及钻前准备作业收入

式中：修正系数一般取值为0，实际应用中可按同区块相近井型已完井的有关成本及统计资料测定。

（2）分部组合计价法应用举例

某钻井工程设计井深6000m，当年 7 月份设备迁装到位，至 12 月 31 日安全顺利生产，三开钻进钻至井深5000m。该井合同价款 7020 万元（含 17% 增值税，下同），其中：调遣费 58.5 万元，钻前工程费用 234 万元，套管及附件费用 2340 万元，钻进、完井及计划利润合计 4387.5 万元。该井预计钻头总成本 300 万元（不含税），实际已耗用钻头成本 220 万元（不含税），实际已下套管及至该井段应下套管费用预计 1700 万元（不含税）。则该井在当年可确认收入 4870 万元，计算过程如下：

该井已实现收入 $= [(7020 - 2340) \div 1.17] \times (220 \div 300) + 1700 + [(58.5 + 234) \div 1.17] = 4000 \times 0.73 + 1700 + 250 = 4870$ 万元

二、石油钻井工程成本的核算

（一）石油钻井成本的核算对象

钻井成本核算以单井为核算对象计算单井成本。钻井成本的计算方法以单井成本核算为基础，并进一步核算一定期间的钻井综合单位成本及分区块、分构造、分井型的钻井单位成本。

（二）石油钻井成本的核算步骤

①根据实际发生的口井成本资料，填制单井成本明细表（成本分配单），并做出相应的账务处理。

②根据钻井成本明细账汇集的各成本项目实际发生数，计算单井成本。

③根据统计资料或生产记录，整理单井有关经济技术指标。

④分区块、分井型、汇总计算不同承包方式下的钻井总成本。

⑤分区块、分井型、汇总计算不同承包方式下的钻井综合单位成本及单井单位成本。

（三）石油钻井成本核算程序

①对所发生的费用进行审核，确定其是否符合规定的开支范围，确定是否应计入钻井成本。

②将应计入钻井成本的费用，区分哪些应计入本月成本，哪些由以后月份成本负担。

③将应计入本月钻井成本的各项费用在各单井之间进行分配，计算出本月和本年累计单井总成本和单位成本，然后分区块分井型计算探井、开发井总成本、单位成本，最后计算出综合总成本和综合单位成本。

（四）石油钻井成本项目的划分

钻井承包商需要核算的成本项目取决于与业主订立的合同所能承揽的作业项目。本书观点认为，在总承包合同形式下，钻井承包商需要核算的成本项目可能包括但不仅限于表 12－2所列示的建井成本项目。

表 12－2　总承包合同下建井成本项目的划分成本

成本项目	数量	金额	备注
一、工程材料			
(一)直接材料			直接材料是指构成井的工程实体耗用的主要材料
1. 井口装置及部件			构成工程实体
(1)套管头			构成工程实体
(2)油管头			构成工程实体
(3)采油树			构成工程实体
(4)采气树			构成工程实体
(5)井口装置常用部件			构成工程实体
(6)其他			构成工程实体的其他材料、部件
2. 套管柱			构成工程实体
(1)表层套管			构成工程实体
(2)技术套管			构成工程实体
(3)生产套管			构成工程实体
(4)衬管			构成工程实体
①割缝筛管			构成工程实体
②冲缝筛管			构成工程实体
③绕丝筛管			构成工程实体
④镶嵌式筛管			构成工程实体
(5)尾管			构成工程实体
①钻井尾管			构成工程实体
②采油尾管			构成工程实体
(6)套管附件			构成工程实体
(7)其他建井管柱			如尾管等构成井身结构的管柱
3. 水泥及添加剂			构成工程实体
(1)水泥			构成工程实体
(2)添加剂			构成工程实体
4. 完井管柱			构成工程实体
(1)油井完井管柱			构成工程实体
(2)注水井完井管柱			构成工程实体
(3)天然气井完井管柱			构成工程实体
(二)辅助材料			辅助材料是指不构成工程实体，但直接用于建井过程，有助于井孔形成，或被劳动工具全部消耗或部分折耗，或为创造正常劳动和生产条件所耗用的构成工程成本的各种物资
1. 钻头			建井过程直接耗用或折耗，但不构成工程实体

续表

成本项目	数量	金额	备注
(1)一开钻进耗用钻头			
(2)二开钻进耗用钻头			
(3)三开钻进耗用钻头			
(4)三开后续钻进耗用钻头			
2. 取心材料			建井过程直接耗用或折耗，但不构成工程实体
(1)取心工具费			
(2)取心钻头			
(3)取心工艺其他材料费			
3. 钻井液材料			直接用于建井过程，但不构成工程实体
4. 设备配件备件			钻井设备耗用或折耗，但不构成工程实体
5. 燃料			建井过程直接耗用，但不构成工程实体
(1)柴油			
(2)汽油			
(3)天然气			
(4)其他燃料			
6. 动力			建井过程直接耗用，但不构成工程实体
(1)电			
(2)其他动力			
7. 润滑油			生产过程耗用，但不构成工程实体
8. 密封脂			生产过程耗用，但不构成工程实体
9. 其他材料			生产过程耗用，但不构成工程实体
二、直接职工薪酬			
(一)职工工资			
(二)奖金			
(三)津贴			
(四)补贴			
(五)职工福利费			
(六)社会保险费			
1. 医疗保险费			
2. 养老保险费			
3. 失业保险费			
4. 工伤保险费			
5. 生育保险费			
6. 其他保险费			
(七)住房公积金			
(八)工会经费			
(九)职工教育经费			

续表

成本项目	数量	金额	备注
(十)非货币性福利			
(十一)其他薪酬费			
三、工程直接费			
(一)设计费			
1. 工程设计费			
2. 地质设计费			
(二)钻前准备工程			
1. 井场踏勘费			
2. 井场道路修建费			
3. 井场修建			
4. 设备底座基础费			
(1)活动基础费			
(2)固定基础费			
5. 钻机调遣费			
6. 设备安装费			
7. 水井工程费			
8. 其他钻前作业费			
(三)企地关系费			
1. 土地占用费			
(1)永久占地费			
(2)临时占地费			包括青苗赔偿费支出
2. 其他企地关系费			
(四)营房费用			包括营房搭建、营房摊销及营房维护修理费用等
(五)钻具费用			
1. 钻具供井费			
2. 自有钻具摊销费			
3. 钻具租赁费			
4. 井口工具费			包括自有工具摊销和外协工具租赁费用
5. 钻具修理费			
6. 钻具探伤检测费			
7. 涡轮钻具费			
8. 螺杆钻具费			
9. 井下工具费			
10. 其他钻具费用			
(六)井控工艺费			
1. 井控装置供井费			
2. 井控装置使用费			包括自有井控装置摊销和外协井控装置租赁使用费

续表

成本项目	数量	金额	备注
3. 井控装置修理费			
4. 井控装置拆安费			
5. 井控工艺其他费			
(七)固控装置摊销费			
(八)钻进工艺技术服务费			
1. 测斜			
(1)电子测斜			
①单点测斜			
②多点测斜			
(2)随钻测斜			
①有线随钻			
②无线随钻			
(3)照相测斜			
①磁性单点照像测斜			
②磁性多点照像测斜			
(4)陀螺测斜			
①单点陀螺测斜			
②多点陀螺测斜			
③电子陀螺			
④地面记录陀螺			
(5)测斜工艺其他费			
2. 垂直钻进技术服务费			
(1)VertiTrack 全自动闭环垂直钻井系统			Baker Hughes 公司
(2)Power V 全自动旋转导向垂直钻井系统			Schlumberger 公司的系统配置随钻测斜仪
3. 欠平衡工艺钻井技术服务费			
其中：多工艺空气钻井技术服务费			
4. 地质导向钻井技术服务费			
5. 顶部驱动钻进技术服务费			含顶部驱动装置使用费
6. 取心工艺技术服务费			
7. 其他钻进技术服务费			
(九)地质录井费			
(十)测井工程费			
1. 工程测井			
2. 井壁取心			
3. 中途测试费			
(1)电缆地层测试工艺费			
(2)钻柱地层测试工艺费			

续表

成本项目	数量	金额	备注
(3)随钻地层测试工艺费			
(4)中途测试其他费			
4. LWD 无线随钻测井工程费			
5. 其他测井工程费			
(十一)下管柱作业费			
1. 下表层套管作业费			
2. 下技术套管作业费			
3. 下产层套管作业费			
4. 下其他管柱作业费			
(十二)冬防保温费			
(十三)复杂情况及事故处理费			
(十四)固井工程费			
1. 表层套管固井费			
2. 技术套管固井费			
3. 产层套管固井费			
4. 其他固井作业费			
(十五)试油(试气)作业			
(十六)完井作业费			
1. 射孔作业			
2. 压裂作业			
3. 酸化作业			
4. 投产配套作业			
5. 其他完井作业			
(十七)环境保护费			
(十八)其他直接费			
1. 运输费			
(1)材料运费			
(2)钻井液倒运废			包括污水供井费
(3)油料及燃料运费			包括原油、柴油、液化气等运费
(4)吊车使用费			
(5)值班车费用			
(6)其他零星运费			
2. 生活服务及伙食费			
3. 生活水费			
4. 差旅费			
5. 通讯费			
6. 办公费			

续表

成本项目	数量	金额	备注
7. 其他直接支出			
四、固定资产折旧费			
五、工程间接费			主要指分摊抑或计提到单井的管理层费用(如薪酬)、成本核算差异、长期待摊费用摊销以及上级管理费等经营责任成本

本书观点认为：应当建立以建井成本核算为目标指导下的钻井成本核算。以此为原则，本书将钻井成本分为有形成本支出和无形成本支出两大类。

有形成本支出主要是指构成井身结构、构成工程实体的主要材料。本书列举了井口装置、构成井身结构的管柱、固井用水泥及添加剂等有形成本支出。

无形成本支出分为辅助材料、直接职工薪酬、工程直接费、固定资产折旧及工程间接费用。其中：辅助材料是指直接用于建井过程，有助于井孔形成，或被劳动工具全部消耗或部分折耗，或为创造正常劳动和生产条件所耗用的，但不构成工程实体的各种物资；直接职工薪酬是指直接参与建井生产一线员工的各项薪酬支出；工程直接费是指建井工艺可能要求或必然要进行的各种作业及劳务协作项目，本书将其划分为设计费、钻前准备工程、企地关系费、营房费用、钻具费用、井控工艺费用、固控装置摊销费、钻进工艺技术服务费、地质录井费、测井工程费、下管柱作业费、冬防保温费、复杂情况及事故处理费、固井工程费、试油(试气)费、完井作业费、环境保护费及其他直接工程费17大项；固定资产折旧费是指用于建井过程的装备设备资产的折旧额；工程间接费主要指分摊抑或计提到单井的管理层费用(如薪酬)、成本核算差异、长期待摊费用摊销以及上级管理费等经营责任成本，工程间接费用可能会因管理层管理水平的高低以及企业经营政策、经营责任成本的大小、经营压力的宽松程度而存在很大的变数。

钻井承包商在对钻井工程项目进行会计核算的过程中，应当正确区分钻井工程收入与其他业务收入、营业外收入的区别，避免将取得的与钻井工程劳务收入无关的各项收入计入单井收入。应当正确区分钻井工程成本与其他业务支出、营业外支出以及期间费用的区别，避免将与钻井工程成本无关的费用支出计入单井工程成本。应当注意正确划分每口单井工程费用之间的界限，准确计算单井成本。应当注意钻井工程收入和钻井工程成本确认的时间标准，避免早计收入或延期确认收入，早计成本或延期确认成本，造成当期损益不实。

第十三章 石油钻井工程项目审计

第一节 审计概述

按照审计主体的不同，审计分为国家审计、注册会计师审计和内部审计，以此相应形成了三类审计组织机构，即：国家审计机关、社会中介审计组织（会计师事务所）以及政府部门、企事业单位因内部管理机能的需要而设置的所属审计部门。

国家审计是指由国家审计机关依法组织实施的审计。

注册会计师审计又称社会审计、民间审计。在我国，注册会计师审计是指依据《中华人民共和国注册会计师法》的规定，由注册会计师执行的独立审计。所谓独立审计，是指注册会计师依法接受委托，对被审计单位的会计报表及其有关资料进行独立审查并发表审计意见。会计师事务所是社会审计机构。

内部审计是指由部门和单位内部设置的审计机构和专职审计人员依法对本部门、本单位及其下属单位进行的审计。内部审计是根据本部门、本单位的自身需要而建立的，是本部门、本单位管理机能的一部分，在本部门、本单位主要负责人的直接领导下开展工作。内部审计不只局限于财务收支的审计监督，而且要对内部控制、生产经营等各个方面的经济活动进行检查、分析、评价，其范围比外部审计要广。内部审计可随时了解企业经济活动动态和信息，针对发现的问题，及时、有针对性地采取措施，提出建议，督促纠正和改正。

内部审计是组织内部的一种独立客观的监督和评价活动，它通过审查和评价经营活动及内部控制的适当性、合法性和有效性来促进组织目标的实现。企业内部审计应当贴近企业的各项生产经营活动，紧密围绕各项工作中心，围绕企业是否能够完成既定的、最基本的经营目标、财务目标和合规目标开展各项活动，超前分析预警，及时纠正偏差，确保企业能够顺利地、优质高效地完成的各项经营指标，确保发展目标的实现。内部审计应当以规避或减轻被审计单位可能存在的各种经营风险、财务风险和合规风险为切入点，为企业生产经营活动的有序运行、健康发展提供一份保障。

本章节主要从企业内部审计的角度对石油钻井工程项目的审计进行阐述。从审计主体上划分，可以分为以项目业主为主体的对钻井工程建设项目的审计和以钻井承包商为主体的对钻井施工项目管理的审计两个方面。前者属于石油钻井投资管理审计的范畴，后者属于财务审计的范畴。

第二节 石油钻井工程建设项目审计

一、石油钻井工程建设项目审计的概念

石油公司对钻井工程项目的审计，是建立在建设项目投资管理审计基础之上的审计，项目审计是整个建设项目管理系统的重要组成部分。建设项目审计是指审计机构依据国家的法

令和财务制度、企业的经营方针、管理规章和管理标准，检查建设项目运行及其结果的真实性、合法性和效益性，及时发现错误，纠正弊端，防止舞弊，加强和改善管理，保证建设项目投资目标顺利实现的一种管理活动。

石油钻井工程是油气勘探开发建设项目的单项工程，对钻井工程建设项目的审计是某一油气勘探开发建设项目审计中的一部分内容。本节将根据建设项目审计的一般原理，分项目前期审计、项目建设期间的审计以及项目结束时的审计三个阶段，对石油钻井工程建设项目的审计内容作轮廓性概述。审计部门应当积极开展石油钻井工程建设项目审计，为管好、用好石油钻井工程建设投资发挥应有作用。

二、石油钻井工程建设项目审计的内容

(一)项目前期审计

1. 项目可行性研究审计

可行性研究审计就是对可行性研究的组织、程序、内容、方法和研究结果进行调查和审核，避免低效、无效甚至负效的投资。审计的重点内容主要包括：

(1)地质论证的审计

地质论证的审查包括生油条件、储油条件、构造条件、油气保存条件、主要目的层评价、资源风险、地质勘探规模等方面所作论证的评审。地质论证是关系实现油气勘探开发投资目的的物质基础，审计其论证的全面性和科学性是保证投资决策正确可行的关键。

(2)项目运行方案的审计

项目运行方案的审计主要是审查油气勘探开发项目的总体部署、勘探(开发)方案、油气勘探开发项目中的单体项目——钻井工程的设计方案、作业方案的科学性和合理性。

2. 项目投资决策审计

石油钻井工程投资大，决策失误极易造成重大经济浪费。投资决策的审计主要审查投资决策是否符合决策程序，是否存在凭主观臆断进行决策的问题，有无越权决策的问题；审查投资决策是否有可靠的技术经济依据，有无与国家法令法规、企业规章标准不符之处；审查多方案条件下的投资决策是否经过优选。

3. 项目计划审计

项目计划审计主要审查计划体系是否完整，计划是否衔接，计划是否可行以及编制计划的依据是否可靠等。除此之外，还应当对如下专业计划进行重点审计：

(1)进度计划审计

进度安排包括每一作业环节的起止时间和整个项目的工期。进度计划审计主要审查进度计划安排的合理性、可行性，进度计划安排是否考虑了项目资源的有效配置和资源条件的限制，是否进行了工期和成本的分析，关键环节有无应急预案，工期裕量是否合理等。

(2)项目预算审计

项目预算包括成本估算和成本计划两个方面，前者是对整个项目投资的成本预算安排，后者是对每项作业和每个时间区间所需资金的支付安排。项目预算审计主要审查成本预算的依据是否充分可靠，成本计划能否满足控制投资成本的要求。

(3)质量计划审计

质量计划审计主要审查对甲乙双方的责任规定是否明确，质量标准是否明确、先进，对质量控制的程序和方法是否作出了规定。

4. 项目招标审计

项目招标审计主要审查招标策略、招标方式、招标程序、拟邀请投标单位、拟采用的主合同及主要分包合同的类型、招标的时间安排等内容。重点审计：

(1)招标程序审计

不同的招标方式具有不同的招标程序和不同的工作内容。审计部门应当对招标活动是否按照科学完备的程序运行进行审计把关。

(2)招标文件的审计

招标文件的审计主要审查招标文件是否齐备、招标文件的编制是否合法、合规，标底的编制是否合理，各种费用的计算是否合规、准确，招标通告或邀请投标书是否规范、内容是否全面。

(3)投标单位资质和能力的审计

投标单位资质的审查内容主要包括：审查投标单位是否具备相应的市场准入资质；审查投标单位的简历；审查近期内承包同类工程的业绩和经验；审查投标单位的技术力量，主要从人才、装备、工艺、无形资产等几个方面进行审查；审查投标单位的经营管理情况，特别是钻井施工项目管理水平；审查投标单位的财务状况，评价其财务实力。

审计部门应当参与招标的有关会议，关注招标过程中可能存在的涉嫌违法、违纪的行为。如果发现内外勾结、营私舞弊以及严重差错，应当及时揭露、制止或报请有关部门处理，切实保证招标工作公开、公平、公正、合理地进行。

(二)项目建设期间的审计

在项目建设期间，审计部门应当全过程或适时地对项目运行过程中的管理状况、财务收支情况以及财经纪律的遵守情况进行检查，以及时纠正偏差，促进管理水平的不断提高，保证投资目标的实现。

1. 项目管理组织的调查与评审

没有良好的项目管理组织和运行机制，某些问题的发生是在所难免的。所以，有必要对项目管理组织进行必要的评审。首先，应当审查信息传递网络是否通畅，即各部门和岗位之间的汇报、通报、接受和执行的指令是否准确无误；其次，应当评审机构设置对项目管理工作的适应情况以及机构运行的效率、活力和灵活性；其三，应当评审部门和岗位职责的设置情况；其四，应当评审项目管理组织制定的管理标准、工作程序及其他管理政策是否科学适用，是否与国家法令法规、企业管理规章标准有相悖之处；其五，应当评审项目管理组织的管理效能和管理能力。

2. 报表、报告的审计

报表、报告审计的内容主要包括：

(1)进度报告审计

进度报告审计的内容主要包括：审查项目管理组织是否具备有效的进度追踪手段；审查进度报告是否有统一规范的格式和要求；审查进度报告与实际进度的吻合情况，特别是要结合投资成本审计和资金支付进度审计，判断是否存在较大的进度耽搁，并分析影响施工进度的原因。

(2)成本报告审计

成本报告审计的内容主要包括：审查成本报告的内容是否全面、正确；审查成本报告的格式是否符合统一的规范；结合进度报告和质量报告评判成本报告的真实性，审查成本报告与实际成本的吻合情况。

(3)质量报告审计

质量报告审计的内容主要包括：审查质量报告的内容是否全面、真实；审查质量报告的格式是否符合规范要求；建议和措施是否有效。

(4)有关报表的审计

有关报表的审计主要包括对资金平衡表、项目投资报表、应核销支出及转出投资明细表、交付使用资产报表、专用资金表以及项目成本计划表等财务报表的审计。

3. 项目运行中的收入审计

石油钻井工程在建设期间可能会取得一些零星的收入，譬如落地油收入等，这些收入原则上归项目业主所有。这部分收入很难在时间和数量上有确切的实现预测，易产生舞弊问题，所以应当关注这些收入是否及时全额回收、准确纳入会计核算。

4. 管理绩效审计

石油钻井建设项目管理绩效主要体现在作业进度、投资成本控制、作业质量和投资目标的实现程度四个方面。

(1)作业进度审计

影响建井周期的因素很多，有钻进速度方面影响，也有不同专业工程施工协调协作方面的影响等。这里主要是审查与管理工作相关的内容，包括调查作业进度与计划安排的偏差对建井周期的影响，查明是否存在严重影响作业进度甚至可能造成工期拖延的问题；调查项目管理人员的工作效率以及与作业单位之间的协调管理能力，查明是否存在协调不力、相互扯皮而造成的窝工问题；审查作业进度计划与控制技术的应用情况，评价控制系统的有效程度，查明是否存在凭借主观臆测安排施工的问题。对所查出的影响施工进度的各种因素要进行综合分析，找出原因，并提出奖惩建议和解决措施。

(2)投资成本审计

投资成本审计的内容主要有：审查投资成本控制的方法、程序是否有效，是否建立健全严密有效的内部控制制度，查明有无因管理不善等原因造成的成本超支问题；审查成本节超的幅度及其原因；审查成本开支的合理性、合规性；审查是否存在涉嫌转移、挪用、甚至截留、贪污投资资金的问题。对于存在的成本失控问题，要查明原因，提出整改措施。

(3)作业质量审计

作业质量审计包括对已完成的作业进行质量评估；审查质量保证体系的有效程度，检查质量控制的实施情况；对作业质量的监测手段、方法和质量标准进行评审，检查质量标准是否先进可行；对审计中发现的作业质量问题和质量隐患，应当查明原因，并提出整改措施，对提高作业质量的有效措施和先进做法、经验，应当加以总结、推广。

(4)投资目标实现程度的审计

对投资目标实现程度的审计主要是对钻探成果进行评估。对发生的钻探干井情形，要认真分析，查找原因，总结经验教训。

5. 合同管理审计

(1)审查项目管理组织是否配备合格的合同管理人员

石油钻井合同涉及若干专业合同，合同之间往往同时或交叉进行，合同间的接口关系也显得较为复杂，且在合同履行中还常常发生变更事项，所以，配备合格的合同管理人员是做好合同管理工作的基础。

(2)合同变更审计

合同变更审计主要审查合同变更事项和变更程序是否合理、必要、合规；审查因合同变更对投资成本控制、资金支付、工期及其他相关条款的影响是否作出了及时处理；是否签署订立正式的合同变更书；是否存在因之造成纠纷或索赔的问题；审查合同变更后的文件处理工作，检查有无导致废止合同条款仍继续履行的瑕疵。

(3)合同终止审计

合同终止审计主要审查合同终止是否正常、资料处理和归档是否合乎规定、合同终止是否及时等。

(4)合同结算审计

合同结算审计主要审查合同当事方的合同履行情况、审核最终的合同费用及其支付情况。

(三)项目结束审计

1. 竣工验收审计

项目竣工验收主要包括作业质量验收和钻探成果的验收。竣工验收审计主要审查项目验收的程序和内容是否符合验收规范要求，验收工作是否严格按验收标准执行，验收资料和手续是否齐全完备等。

2. 竣工决算审计

竣工决算审计主要审查项目预算的执行情况；竣工决算文件的编制是否及时、真实、齐全；项目资金的来源及使用情况；干井费用的核销及油气资产的核算情况；单井工程造价审核等。

第三节　石油钻井工程施工项目审计

一、石油钻井工程施工项目审计的概念

钻井承包商对钻井工程项目的审计，是建立在经营管理与会计核算基础之上的审计，它分为对单井工程项目管理的审计和对钻井施工单位总体经营情况的审计两个层面，其中对单井工程项目管理的审计是对钻井施工单位总体经营情况审计的基础。

对单井工程施工项目管理进行审计，是钻井工程施工单位强化细化管理的内在要求，是加强经营管理的重要手段。审计的基本内容主要有：检查钻井施工单位在组织钻井施工的过程中是否能够按照财务规章制度的规定，真实、准确、完整地核算各项钻井工程收入及相应的钻井工程成本，准确计算单井工程损益；是否能够建立健全各项基础资料台账、报表，保证钻井工程施工单位和有关管理部门能够及时、准确地掌握完备的、合乎实际、合乎要求的，能够用以指导钻井工程施工管理的钻井经济技术指标资料和真实的历史成本资料；检查工程物资管理工作，不断促进工程物资管理水平的提高，降低物料消耗；检查单井工程价款的资金结算和回收情况，督促工程价款的资金回收；检查项目团队管理工作，评价是否能够为打好每一口井提供组织保障和人力资源支撑。审计的基本目的就是为单井施工项目考核提供有力依据和制度保障，切实保证单井施工项目管理目标的实现。

审计人员可以分业主、分区块、分构造、分井型将单井生产的基本资料记录下来，初步了解本期共动用多少配套钻机为哪些业主、在哪些油区、区块、构造提供了多少井次、何种井型的钻井工程劳务；已完井单井建井周期、定额周期、动用钻机月、完钻井深、合同价款、单位成本、单井利润率、钻速等资料。可以将不同的钻井队本期在同区块、同井型的钻井施工中完成的钻速水平和单位成本水平的高低进行对比分析；也可以对某一支钻井队本期在同区块、同井型、不同井次的施工中完成的钻速水平和单位成本水平进行对比分析；了解某钻井队在某区块实施某种井型的钻井作业，完成的一些平均先进的经济技术指标和成本水平，借以发现某些单井是否存在异常情况、存在什么异常情况，并以此为切入点、从单井成本核算、单井利润这一最基本的角度对钻井工程施工单位的经营状况进行审计。审计中，应当掌握期初在钻井情况、本期钻井开钻口数、已完井情况、井号、动用钻机、井型、区块、设计井深、完钻进尺、累计进尺、单井建井周期、钻井工程合同、合同价款、计入损益确认的单井收入、单井成本、期末在钻井情况、钻井工程成本报表、钻井工程成本卡片、井史资料，以及与会计核算、统计分析相关的经济技术指标等文件资料。

二、石油钻井工程施工项目审计的内容

（一）钻井工程收入的审计

对钻井工程收入的审计，主要是检查是否真实、准确、完整地确认单井工程收入，并计入当期损益。检查是否存在错记、少计、漏计、延期记录或有意隐瞒部分钻井工程收入甚至涉嫌截留、坐支、转移、侵占甚至贪污部分钻井工程收入的情形；检查是否存在虚列多计钻井工程收入的情形。

1. 完成井单井工程收入的审计

完成井单井工程收入审计的方法与步骤主要是：检查业主的行业背景及合作背景；检查已完井办理工程决算情况；检查已办理决算的已完井是否完整正确地确认收入；检查未办理决算的已完井确认收入的标准；检查完井日期及纳入收入核算的日期；检查主营业务收入明细账、应收账款明细账等，检查是否分业主、分单井作收入核算，是否分业主、分单井准确记录钻井工程价款的回收情况；检查收到的工程价款是否及时足额纳入会计核算，是否存在隐瞒、坐支甚至涉嫌截留、转移、挪用、侵占、贪污资金的问题。审计流程见图 13－1。

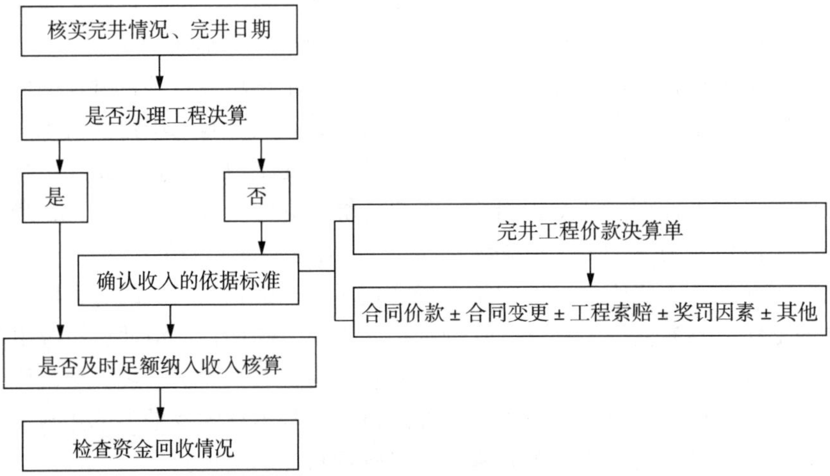

图 13－1　完成井单井工程收入审计流程示意图

2. 在钻井单井工程收入的审计

(1)采用不确认在钻井工程收入的会计政策下单井工程收入的审计

当钻井采用不确认收入的会计政策时，在钻井发生的工程成本不应结转计入当期损益，可将已发生的在钻井工程成本结转计入“工程施工”科目，在资产负债表的资产项下列示。

审计应重点关注：核实在钻井的井号及实际完工程度；检查是否存在违背既定会计政策，确认在钻井单井损益的情况；检查是否存在将已完井的部分成本调计在钻井成本，即：完整地确认已完井单井收入，而不完全结转已完井单井成本，隐瞒部分已完井工程成本，虚增当期利润的问题；检查是否存在将部分在钻井工程成本调计已完井工程成本在当期结转计入损益，即：调增已完井工程成本，调减当期损益的问题；检查是否分业主、分单井准确记录钻井工程价款的回收情况；检查收到的工程价款是否及时足额纳入会计核算，是否存在隐瞒、坐支甚至涉嫌截留、转移、挪用、侵占、贪污资金的问题。

(2)采用确认钻井工程收入的会计政策下单井工程收入的审计

①对在钻井采用确认收入的会计政策下，在资产负债表日能够对该项钻井合同的结果作出可靠估计的，审计应关注：在资产负债表日对该项钻井合同的结果作出可靠估计的依据是否可靠、充分；确认和计量在钻井工程收入的准则、方法；检查在钻井已发生的工程成本是否在当期转销计入损益，成本结转数是否合理、准确；在运用完工百分比法计量合同收入与费用时，要检查当期确认的合同收入、当期确认的合同毛利以及当期确认的合同费用是否正确；检查是否分业主、分单井作收入核算，是否分业主、分单井准确记录钻井工程价款的回收情况；检查收到的工程价款是否及时足额纳入会计核算，是否存在隐瞒、坐支甚至涉嫌截留、转移、挪用、侵占、贪污资金的问题。审计流程见图 13－2。

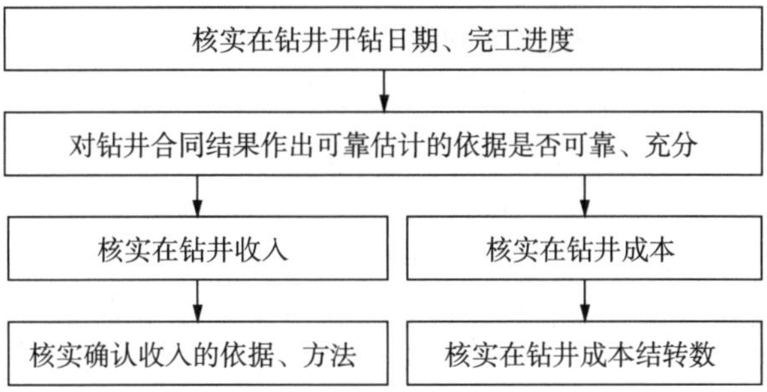

图 13－2　对钻井合同结果能够作出可靠估计情况下的在钻井工程收入审计流程示意图

②如果该项钻井合同的结果不能作出可靠的估计，审计应关注：在资产负债表日对该项钻井合同的结果作出不可靠估计的缘由是否充分；合同成本能够收回的，合同收入是否根据能够收回的实际合同成本加以确认，合同成本是否确认为当期费用予以转销计入损益；合同成本不能够收回的，是否将已发生的成本立即确认为费用在当期转销计入损益，是否存在确认收入的问题；如果合同预计总成本将超过合同预计总收入，是否将预计损失立即确认为当期费用予以转销计入损益。审计流程见图 13－3。

(二)钻井工程成本的审计

在实际工作中，审计人员应当根据钻井承包合同中所包括的成本项目进行审计。重点关注成本项目发生的合理性，判断成本发生是否真实、记录是否准确完整。

审计应重点关注的单井情形主要有：单井利润异常的；建井周期脱离定额周期较大

差异的；确认的单井收入或单井成本与合同造价存在较大差异的；完成的经济技术指标与平均先进水平存在较大差异的；工程成本水平与平均先进水平存在较大差异的；存在其他异常情况的。审计人员应重点关注此类情形的单井成本项目。审计流程见图13－4。

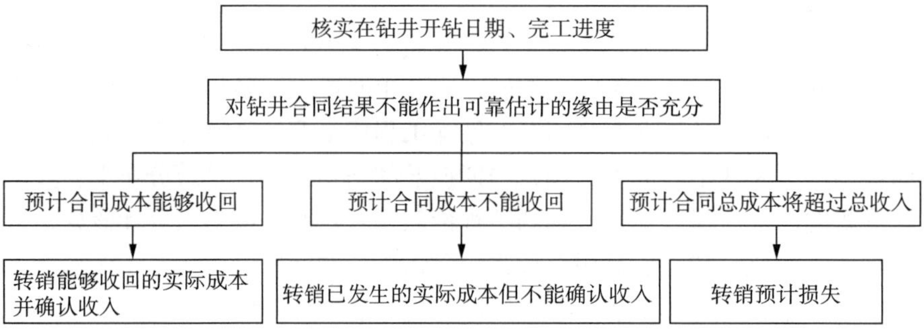

图 13－3　对钻井合同结果不能够作出可靠估计情况下的在钻井工程收入审计流程示意图

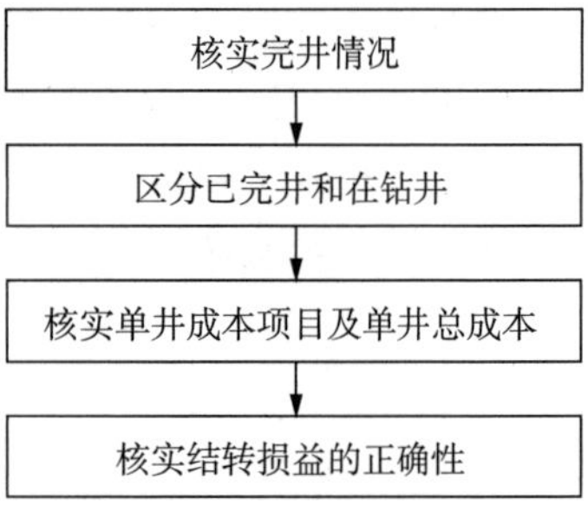

图 13－4　钻井工程成本审计流程示意图

（三）货币资金审计

货币是商品交换的媒介和支付手段，持有货币资金是企业进行生产经营活动的基本条件。货币资金是企业资产中流动性最强的一种资产。根据存放地点不同，货币资金分为现金、银行存款和其他货币资金。现金是留存在企业可直接用于各项支出的货币资金；银行存款是企业存放在银行或其他金融机构的货币资金；其他货币资金包括外埠存款、银行汇票存款、银行本票存款、信用证保证金存款、信用卡存款、在途货币资金、存出投资款等。

货币资金审计的目的就是促进企业加强货币资金管理，准确地核算货币资金，真实地反映货币资金的收付和结存情况，认真执行国家有关货币资金的管理制度，合理地安排货币收支，切实保证货币资金的安全完整，不断提高货币资金的周转速度和使用效益。

货币资金审计的内容包括：现金的审计；银行存款的审计；其他货币资金的审计；现金流量审计。审计流程见图 13－5。

（四）物资管理审计

物资管理审计的内容主要有：检查物资采购计划执行情况及比质比价情况；检查物资验收入库；检查物资使用是否作到预算管理，领用物资是否有审批；检查物资仓储管理是否能够确保仓储安全；检查物资采购会计核算是否及时、正确；检查是否按受益期间、受益对象归集分配材料成本，会计核算是否及时正确。审计流程见图 13－6。

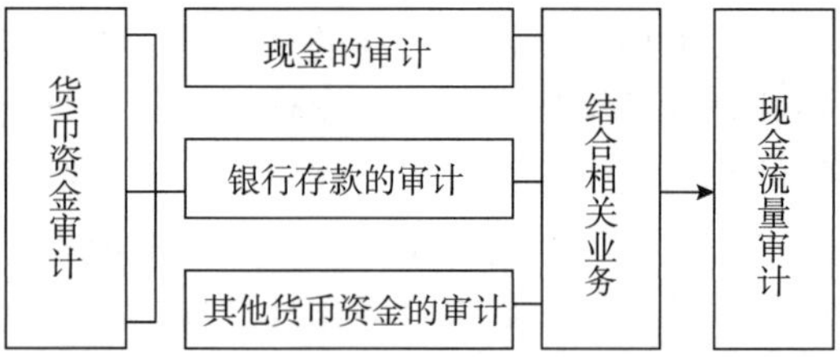

图 13－5　货币资金审计流程示意图

（五）固定资产的审计

固定资产审计的内容主要有：取得固定资产明细账，检查本期资产的增减变动情况，检查折旧计提情况，对照固定资产报表及现场盘点情况，印证钻机装备的账、卡、物、资金“四对口”情况；检查固定资产折旧成本的核算情况。审计流程见图 13－7。

（六）债权债务的审计

1. 债权的审计

对债权审计的主要目的在于督促积极主张债权，加快资金回收，减少资金占用。审计的重点是检查是否存在隐瞒、少记债权以伺机截留、挪用甚至涉嫌侵占、贪污的情形。审计的内容主要有：检查债权记录的完整性、正确性；核实债权是否真实存在，核实债权是否归被审计单位所有；评估债权的可收回性；核实坏账准备的计提情况。审计流程见图 13－8。

2. 债务的审计

对债务审计的主要目的在于加强债务管理，在能够坚持最大诚信原则的基础上，合理安排债务偿还。审计的重点是检查是否存在巧立名目，虚列债务，以伺机转移，甚至涉嫌侵占、贪污的情形。审计的内容主要有：检查债务记录的完整性、正确性；核实债务是否真实存在；检查债务偿还计划安排的合理性。审计流程见图 13－9。

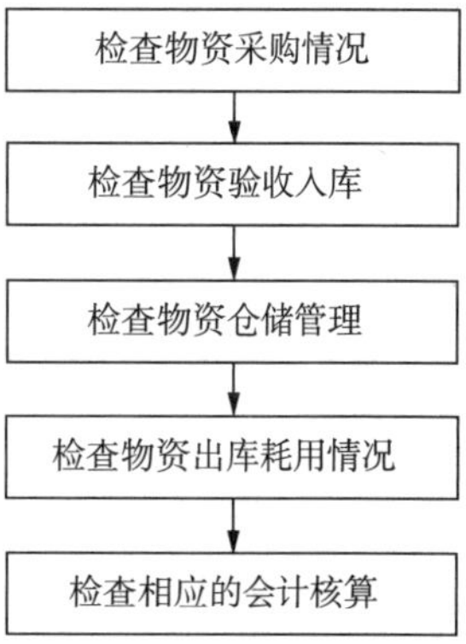

图 13－6　物资管理审计流程示意图

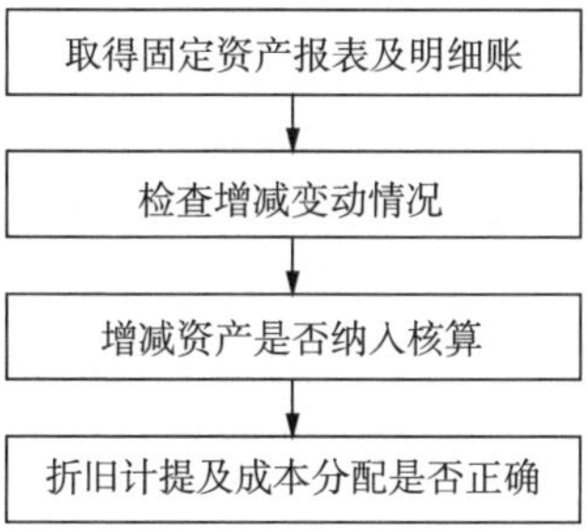

图 13－7　固定资产审计流程示意图

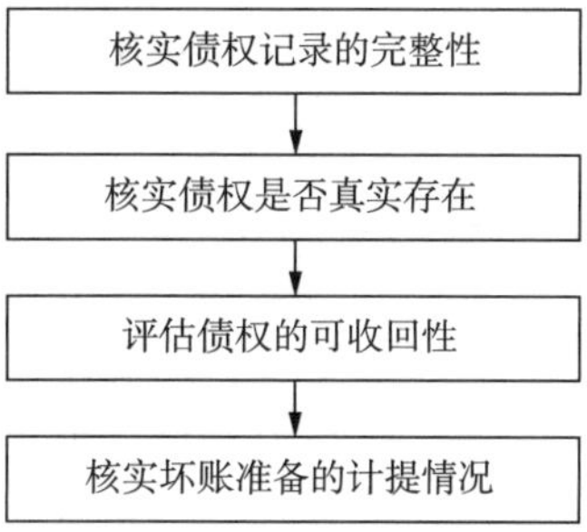

图 13－8　债权审计流程示意图

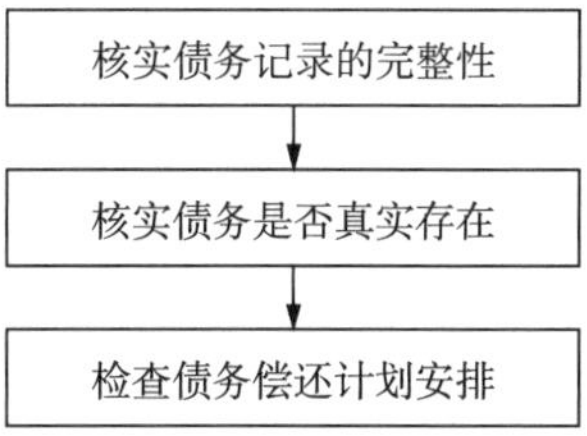

图 13－9　债务审计流程示意图

（七）其他业务利润的审计

其他业务利润审计的内容主要有：检查是否存在混淆与主营业务收支和营业外收支的问题；检查其他业务收支事项是否作到分类核算、分类管理；检查是否存在隐瞒少计或虚列多计本期其他业务收支的事项；检查是否及时准确地纳入会计核算。审计流程见图 13－10。

（八）营业外收支的审计

营业外收支审计的内容主要有：检查是否存在混淆与主营业务收支和其他业务收支的问题；检查营业外收支事项是否作到分别核算，是否存在以营业外支出直接冲减营业外收入的问题；检查是否存在隐瞒少计或虚列多计本期营业外收支的事项；检查是否及时准确地纳入会计核算。审计流程见图 13－11。

（九）期间费用审计

期间费用的审计包括管理费用的审计、财务费用的审计以及营业费用的审计。审计的内容主要有：检查是否存在混淆期间费用与其他支出和耗费的开支界限的问题；检查期间费用

的应计期间是否正确；检查期间费用开支的合理性；检查是否存在虚列多计或隐瞒少计期间费用的问题；检查期间费用会计核算是否及时、准确。审计流程见图 13－12。

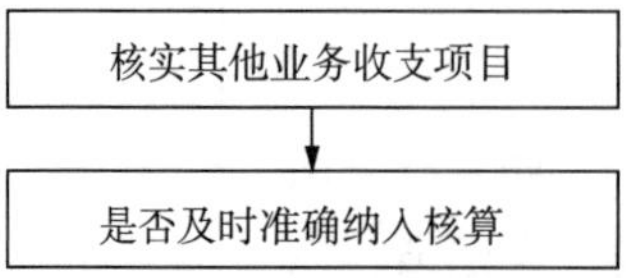

图 13－10　其他业务利润审计流程示意图

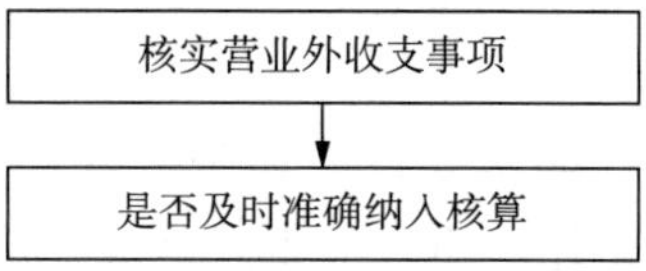

图 13－11　营业外收支审计流程示意图

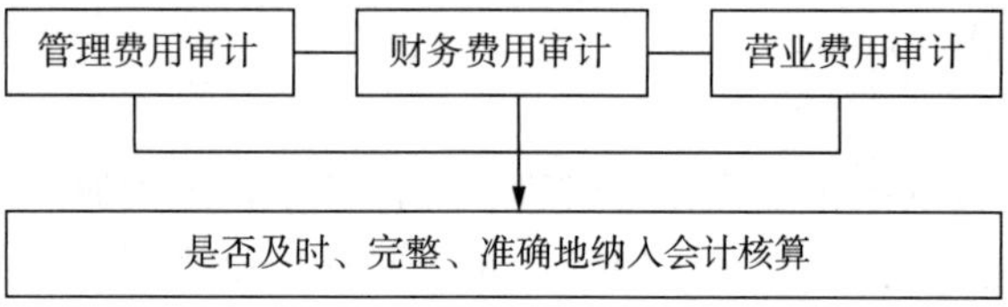

图 13－12　期间费用审计流程示意图

（十）利润及利润分配审计

利润是企业在一定时期内的经营成果，是衡量企业经营管理水平和经济效益的重要综合指标。利润总额由营业利润、投资净收益、补贴收入、营业外收支净额组成。净利润为利润总额减去所得税后的余额。我国《公司法》对利润分配顺序作出了规定，企业应当严格按照法定顺序对一定时期的利润进行分配。利润及利润分配审计的主要目的是核实一个会计期间内所形成的利润的真实性、完整性以及利润分配的合法性。审计流程见图 13－13。

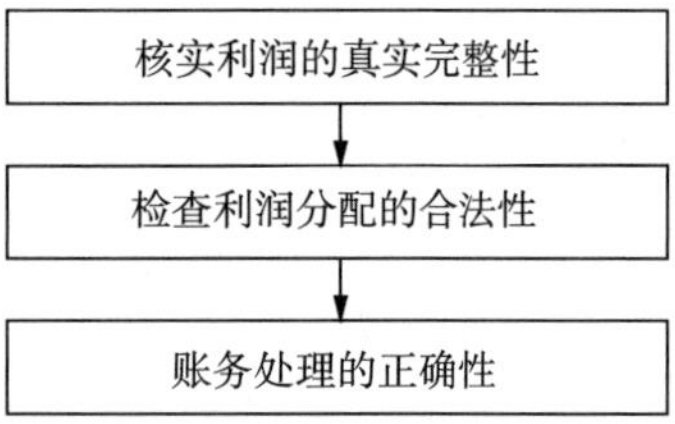

图 13－13　利润及利润分配审计流程示意图

第十四章　石油钻井工程建设项目管理组织与施工团队管理

第一节　项目组织(团队)管理概述

一、项目管理组织的概念

固然，资金、技术、装备直接影响着项目的成败，但人是决定事物发展的决定性因素。组织是一切管理活动取得成功的基础，和谐、高效的项目管理团队是项目成功的关键。科学的项目管理体制和高效率的项目组织机构是项目成功的组织保证，也是项目管理的重要内容和组成部分。

项目管理组织是指为了完成某个特定项目任务而由不同部门、不同专业人员组成的一个工作组织。在一个既定的项目中，项目组织从总体上表明一个项目。其构成是综合的，是影响项目内部和外部活动的中心。根据项目活动的繁简程度和集中程度，其机构可能是一个精简的临时性组织而仅由少许的人员组成，也可能是一个作为管理机能的必要组成部分而长期设置的机构齐备健全的组织系统。

二、项目组织(团队)管理的主要内容

项目组织(团队)管理的内容主要有：设置健全的部门、机构，进行明确的岗位划分，任命或聘用优秀的项目经理和专业胜任、数量足够的不同专业岗位的员工，并适时检查评价项目经理的领导力、评估员工的专业胜任能力、项目团队的凝聚力，全体成员是否有科学合理的分工与协作、员工间的相互信任度及沟通的有效性、是否有共同的美好发展愿景，建立健全各项管理制度、管理流程并切实保证能够得到有效的贯彻实施。同时，能够针对项目组织(团队)管理中出现的问题，及时进行有针对性、有成效地纠正、改进。

项目组织(团队)管理检查、测评、评价流程见图 14-1。

第二节　石油钻井工程建设项目管理组织

一、石油钻井工程建设项目管理组织的层次划分

石油公司必须突出以增加探明储量和新增产能建设为目标，合理、高效地利用有限的钻井投资，以获取最优的投资收益。这就需要健全石油钻井建设项目管理组织，建立能够给油气勘探和油气生产提供组织保障的石油钻井建设项目管理体制，重点作好项目决策、项目执行和项目监督体系的建设。

“井”的建设属于基本建设工程领域的管理范畴。从管理程序和管理层次上看，石油钻

井工程建设项目管理分为三个层次：

第一层次为投资决策层。这一层次对科学地制定油气勘探开发方案的战略部署，确定投资方向、投资规模和投资结构，对提高油气勘探开发的投资效益和降低固有的资源风险起着决定性的作用，它在具体项目的实施中对项目的运行负责提供支持和宏观调控。

第二层次为项目管理层。这一层次就是业主的钻井建设项目管理组织，它负责落实具体的油气勘探开发方案的论证、部署，负责项目运行期间的各项管理决策，负责钻井设计、工程招标、生产运行、造价控制、施工队伍考核等具体工作，对具体的项目任务目标的完成和投资目的的契合负有不可分担的责任。

第三层次为项目作业层，即施工项目管理层。中标的钻井承包商及相应的钻井施工协作配合单位属于这一层次，它负责钻井施工作业的组织和解决各种施工技术问题，满足项目业主的各项工作要求。

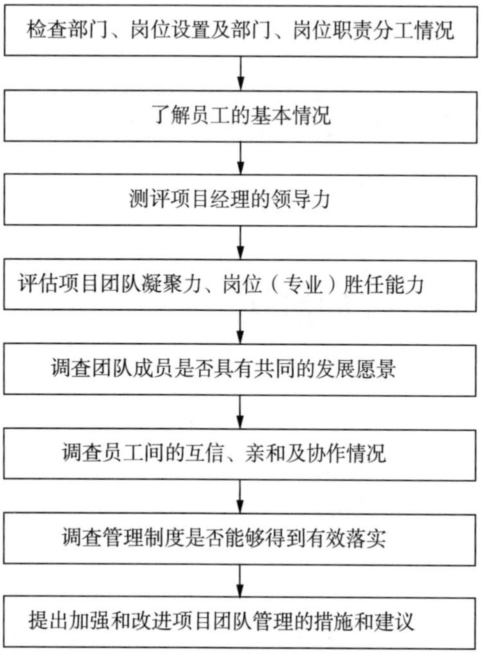
检查部门、岗位设置及部门、岗位职责分工情况
了解员工的基本情况
测评项目经理的领导力
评估项目团队凝聚力、岗位（专业）胜任能力
调查团队成员是否具有共同的发展愿景
调查员工间的互信、亲和及协作情况
调查管理制度是否能够得到有效落实
提出加强和改进项目团队管理的措施和建议

图 14－1　项目组织(团队)管理检评流程示意图

二、石油钻井工程建设项目管理组织的任务和职责

项目决策层、项目管理层、项目作业层这三个层次参与石油钻井工程建设项目管理的时间、内容和程度是不同的。

准备立项、作出投资决策、投资计划控制、对第二层次的管理机构进行考核以及项目后评估主要是第一层次的管理机构——项目决策层完成的。

在第一层次作出投资决策后，工作重点便移至第二层次——项目管理层。其主要职责就是以有效的组织管理工作对各单井项目实施全过程的安全、成本、质量和工期进行监控和管理，控制造价，合理使用投资资金，做到专款专用，以一定的投资，争取最快的速度和最佳的投资效益，完成既定的项目管理目标。其主要任务有：根据经主管部门审查批准后实施的油气勘探开发部署及调整意见，掌握相应项目钻探部署的井位动态，编制单井钻井设计、单井工程招标文件、单井施工任务书及钻井施工合同中的技术、商务要求，提出安全、优质、快速、高效钻井的管理措施；组织或参与钻井招标、评标活动，优选施工队伍，审查乙方施工设计，安排钻机运行；管理或担任钻井监督、地质监督，依据施工合同、施工设计和相关技术标准、规范，对工程实行监督、管理，行使检查、监督或生产指挥权；编制生产运行计划，严格按照计划进度控制实施，做好生产的组织衔接；建立生产汇报制度，掌握日常生产动态，主持或参与主要生产问题的讨论和决策，根据项目实施情况及时提出调整意见；组织钻井工程质量验收，做好单项工程的竣工验收，考核工程质量、工期和费用，依据合同规定实施奖罚；根据钻井施工合同的履行情况提出钻井工程价款的结算意见；作好对工程项目的经济核算；组织开展或接受石油钻井工程建设项目投资管理审计；完成上级交派的其他各项工作。

石油钻井工程施工项目管理是石油钻井工程建设项目管理的组成部分。招(议)标工作完成后，第三层次的施工队伍——项目作业层才参与进来，中标的钻井承包商负责“石油钻井工程建设产品——井”的主体施工作业，其管理范畴是石油钻井工程施工项目管理，接受第二层次——项目管理层的管理、监督和考核。

项目结束后，这三个层次都还要不同程度地参与项目后评估、石油钻井工程项目投资管理情况总结、石油钻井工程建设投资效果评价以及施工管理情况总结等项目管理工作。

第三节　石油钻井工程施工项目团队管理

管理以人为本，积极探索当代中国一个有着远大理想和抱负、一个有着美好发展愿景的钻井承包商在新形势下的企业文化建设，创建学习型组织，努力构筑现代化的科学管理平台，打造一支和谐、高效，富有团队精神、竞合意识和创新能力，富具战斗力和凝聚力的钻井劲旅，为钻井施工作业提供强有力的人力资源支撑和组织保证是钻井施工项目管理团队建设的根本任务，也是作好石油钻井工程施工项目管理的内在要求。

一、石油钻井工程施工项目的人力资源管理

(一)石油钻井工程施工项目团队的人员构成

钻井队(平台)施行劳动定额管理。不同类型、不同钻深能力的钻机劳动定额不同。石油钻井工程施工项目团队一般由钻井工程监督、地质监督、平台经理、平台副经理、HSE监督官、钻井工程师、机械师、电气工程师、工长、司机长、司钻、副司钻、井架工、钻工、泥浆工、柴油机工、发电工、成本员、采办、炊事员等岗位(工种)组成。各岗位、工种都有相应的任职资格和岗位技能要求。

(二)项目经理(平台经理)的素质与能力要求

金无足赤，人无完人。但是，对于一名优秀的项目经理(平台经理)来讲，他应当是一名诚恳、诚信、专业、有高度责任感和敬业精神、有长远发展战略眼光、公道正派、富具人格魅力的领导干部。因为石油钻井工程是野外露天作业的地下隐蔽工程，施工地点一般都远离城镇、远离社区，施工队伍高度分散，独立作战，流动性大；施工工艺复杂，工程风险巨大。因此，要做好石油钻井施工项目管理、实现生产经营目标，首先需要一个专业素质过硬、能够取得大家信服和信赖的领班人。

1. 品格素质

项目经理的品格素质是指项目经理从行为作风中表现出来的思想、认识、品行等方面的特征。项目经理的道德品质决定其品格素质。

(1)良好的社会道德品质

良好的社会道德品质，是指项目经理对社会的安全、和谐、文明、发展负有道德责任。在项目建设中，项目经理不但要考虑经济效益，还要考虑对社会利益的影响。当项目的经济效益与社会效益发生冲突时(如钻井生产与环境保护目标之间发生不能同步协调的情况)，项目经理应合理地加以处理解决，不可一昧考虑项目的利润利益，而置社会利益于不顾。因为那样可能会丢掉一个钻井承包商的信誉，被评判为一个没有或欠缺社会责任感的公司，失去项目业主抑或社会公众的信任。用这样的价值评判标准来约束项目经理，并不意味着否定项目经理的经济目标价值，而是要求项目经理把追逐利润的经济行为限定在社会和公众允许

的范围之内。

(2)良好的个人行为和管理道德品质

良好个人行为的管理道德品质决定着个人处事行为的方式和原则，也是对项目经理提出的特质要求。作为一名项目经理，应当诚信，应当具备坦率的心境、对过失勇于负责的诚恳态度，光明磊落、公道正派、勤勉廉洁，能够充分发挥先锋模范带头作用，身体力行，率先垂范，做讲政治的表率、讲大局的表率、讲团结的表率、讲学习的表率、讲正气的表率，不仁之事不为，不正之风不染，不义之财不取，不法之事不干。

2. 健康的体魄要求

项目经理应当具备能够完全适应钻井生产工作负荷要求的健康体魄和良好的心理素质。钻井生产的劳动强度、施工条件要求每一个员工都应当具有一个健康的体魄和良好的心理素质，特别是项目经理更应当有坚强的意志，能够经受住并解决好遇到的暂时挫折和失败。

3. 足够的专业胜任能力

项目经理应具备一定的专业知识和管理技能，熟悉石油钻井工程项目管理程序，具备一定的钻井地质、钻井施工组织、钻井装备管理、HSE 管理、钻井工程项目招投标、钻井工程造价管理、合同管理、人力资源管理等专业素养。

4. 娴熟的管理能力与技巧

所谓管理能力就是把各种专业知识和钻井生产管理实践结合起来运用于钻井工程项目管理的技能和技巧。项目经理应具备的管理能力主要有：

①决策能力。石油钻井工程项目从立项到交井，特别是组织施工过程中常会出现可能需要立即处理的问题，这些事宜的解决就是一个个的决策过程。项目经理必须具备果敢正确的决策能力，“当断立断、不留后乱”。

②计划能力。石油钻井工程项目是在严格的约束条件下实现项目目标的，因此要求制订周密细致的管理计划加以控制，并付诸实施。在此过程中，项目经理都应全过程地主持或参与计划的制订、控制和实施，因此要求项目经理须具备较强的计划管理能力。

③组织能力。具有较强组织能力的项目经理能够知人善任、科学分工，最大程度地调动发挥每一名员工的积极性和创造性，为团队贡献聪明才智。

④交际协调能力。项目经理的交际协调能力是指能够妥善处理好各种内外部关系的能力。一方面是生产协调、指挥调度能力，钻井生产过程中各工种之间以及与参与施工的协作配合单位之间都需要紧密加强协作；另一方面是社会交际公共关系能力，需要项目经理协调处理好有关的外部关系。项目经理良好的社会交际与协调能力能够为钻井生产创造良好的内部和外部环境。

(三)钻井工程监督的职责

钻井工程监督的职责主要有：下达作业指令，掌控作业进度；监督合同实施，协调建井各方关系；监督检查 HSE 管理；监理工程造价；做好时效记录；签署合同费用支付意见；及时报告施工中的亟需解决的事宜，提出或参与制订解决措施；填报监理日记；填报或监督检查、验收工程报表及完井总结报告等。

(四)钻井地质监督的职责

钻井地质监督的职责主要有：取全取准地质资料，及时提供地质信息；认真观察岩性变化，确定取心井段；发现储层并拟定提出保护措施；提出完钻或加深钻探的建议；监理地质部分预算投资；填报地质日志、地质报表、完井地质总结及各种地质资料、图表；协助做好单井评价等。

(五)钻井队(平台)基层队伍建设

加强钻井队(平台)基层队伍建设，是夯实企业管理基础、促进钻井生产安全顺利进行的重要保证。

1. 加强基层班子建设，充分发挥领导干部的先锋模范带头作用

钻井队(平台)及其下属班组是石油钻井工程项目生产经营的基本单元。平台经理等基层干部及各班组长处在生产经营第一线的重要位置，担负着抓生产、带队伍的重要职责，其领导力量的强弱、作用发挥的好坏，直接影响着钻井生产经营任务能否落到实处。所以配齐配强基层领导班子，切实加强基层的领导力量，通过加强基层班子建设，不断改善基层班子的年龄、文化和知识结构，提高基层干部的思想政治素质和业务工作能力，使基层班子成为团结带领广大员工勇于决战、决战必胜的战斗堡垒。

2. 加强生活基础设施建设，营造安全、文明、舒适的生活环境

生活基础设施是保证员工正常工作、生活的重要物质条件。搞好生活基础设施的配套和完善，改善员工的劳动安全保障、食宿和文化娱乐条件，不提倡吸烟，严禁喝酒、严禁赌博，营造安全、文明、舒适的生活环境，可以使员工安心一线工作，可以保证员工有高昂的精神斗志和饱满旺盛的精力体力投入到生产经营工作之中。

3. 强化基本功训练，创建学习型组织

美国著名的《财富》杂志指出："未来最成功的公司，将是那些基于学习型组织的公司"。基本功训练，是企业发现人才、培养人才，作好人力资源开发利用的有效途径。对员工而言，它是适应岗位要求、完成责任目标、履行岗位职责、做好本职工作的前提；对于企业来说，它是夯实管理基础、激发基层活力的保证、不断提高企业核心竞争力的根本途径，对于企业提高生产管理水平、实现可持续发展具有重要意义。

施人千金不如授人一技。钻井队(平台)应当以强化基本功训练为载体，大力开展创建学习型团队，争做学习型员工活动，积极营造学技术、练本领的浓厚氛围，引导员工善于学习、钻研技术，苦练内功。一是要结合不同工种、不同岗位的实际，通过业务培训、岗位练兵、技术比赛、名师带徒等形式，强化应知应会训练，努力做到"六懂七会"：懂基础知识、懂专业知识、懂相关知识、懂管理知识、懂操作规程、懂安全生产；会本岗操作、会兼岗操作、会设备维护、会成本核算、会质量控制、会复杂情况预防及处理。二是应积极建立复合型技能人才资格证书制度，积极开展一人多岗、一专多能的兼岗训练及复合型技能操作训练，对关键生产技术岗位实行一人双证、一人多证，拓展职工的知识面和技能范围，增强其对未来岗位变化的适应能力。三是要紧密结合职业技能鉴定和国家(行业)职业资格证书核发及管理制度，以考促学，保证培训效果。因为职业资格证书是表明劳动者具有从事某一职业所必备的学识和技能的证明，是职业标准在社会劳动者身上的体现和定位，使职业技能鉴定结果的凭证，在某一行业、某一领域乃至某一国际劳工领域、全社会具有通用性。

二、石油钻井工程施工企业文化建设

建设时代特色鲜明的石油钻井文化，勾画共同的美好发展愿景，对于树立企业的形象，形成企业的价值观，对于营造企业员工积极向上的精神面貌，形成良好的职业道德和职业行为习惯，具有重要的意义。

企业文化的核心是共同愿景。共同愿景是一个组织中各个成员发自内心的共同目标，是

蕴藏在人们心中一股令人感召的力量。其基点是实现企业与员工的共同发展。它通过建立全体员工共同为之奋斗的目标，形成企业的凝聚力和向心力，激发员工原动力，使之成为同呼吸、共命运、风雨同舟、和衷共济的命运共同体、利益共同体，戮力同心、无坚不克、战则必胜的坚强集体，并为企业的生存和发展提供永续经营的精神内核和文化软实力。共同愿景不同于战略目标会明确告诉成员什么时间能达成什么，一个共同的美好发展愿景，是对组织成员的宏伟承诺，是对发展前景勾画的宏伟蓝图，它能够唤起全体成员的希望，并为之折服、为之奋斗！

市场瞬息万变，运作不失良机。困难与希望同在，挑战与机遇并存。锐意进取、创业永恒，与时俱进、创新不止，为生存而奋争，为发展而超越，不断创造卓越业绩、创效不竭，方能成就未来！

作为当代中国一个有着远大理想和抱负、一个有着美好发展愿景的钻井承包商，应当始终能够满足适应市场需求的先进钻探技术和钻探能力的发展需要，能够始终顺应时代先进石油钻井文化的前进方向，能够始终代表利益各方及最广大员工的根本利益，以理性竞争、合作双赢的理念正确处理好与项目业主及竞争对手的关系，营造和谐美好的发展环境，不断提高钻井施工项目的管理水平，不断提高综合竞争实力，志存高远，追求卓越，以面向世界，放眼未来的气魄，努力打造国际一流的世界级钻井承包商！

参 考 文 献

[1] 丁贵明，王慎言．油气勘探项目管理工作手册[M]．北京：石油工业出版社，1995.

[2] 康心浩．石油勘探开发建设项目管理[M]．北京：石油工业出版社，1991.

[3] 白思俊．现代项目管理(上、中、下册)[M]．北京：机械工业出版社，2002.

[4] 陈庭根．管志川．钻井工程理论与技术[M]．东营：石油大学出版社，2000.

[5] 孙明光，等．钻井、完井工程基础知识手册[M]．北京：石油工业出版社，2002.

[6] 常子恒．石油勘探开发技术(下册)[M]．北京：石油工业出版社，2001.

[7] 《钻井手册(甲方)》编写组．钻井手册(甲方)[M]．北京：石油工业出版社，1990.

[8] 万仁溥．现代完井工程(第二版)[M]．北京：石油工业出版社，2000.

[9] 李诚铭．新编石油钻井工程实用技术手册[M]．北京：中国知识出版社，2006.

[10] 塔里木石油勘探开发指挥部钻井监督办公室．钻井监督指南[M]．北京：石油工业出版社，1999.

[11] 中国石油天然气集团公司 HSE 指导委员会．钻井作业 HSE 风险管理[M]．北京：石油工业出版社，2001.

[12] 查金才，等．国外钻井承包和管理方法研究[M]．中国石油天然气总公司信息研究所．1998.

[13] 程广存．国际石油钻井工程承包惯例[M]．北京：石油工业出版社，2003.

[14] 陈慧玲，马太建．建设工程招标投标指南[M]．南京：江苏科学技术出版社，2001.

[15] 许焕兴．国际工程承包[M]．辽宁，大连：东北财经大学出版社，2002.

[16] 梁鑑编．国际工程施工索赔[M]．北京：中国建筑工业出版社，2002.

[17] 《油气勘探工程定额与造价管理》编委会．油气勘探工程定额与造价管理[M]．北京：石油工业出版社，1999.

[18] 程旭东．建设工程造价管理[M]．石油大学(华东)建工系．1999.

[19] 全国造价工程师考试培训教材编写委员会．工程造价的确定与控制(第二版)[M]．北京：中国计划出版社，2001.

[20] [美]Rebecca A. Gallun John，W. Stevenson Linda，M. Nichols. 石油和天然气会计学基础[M]．王国梁，等译．北京：石油工业出版社，1997.

[21] 魏伶华，黄伟和，周建平，等．石油天然气勘探与钻井工程量清单计价规范研究[M]．北京：石油工业出版社，2007.